特大型镍矿充填法开采技术著作丛书

特大型镍矿充填法开采
理论与关键技术

陈得信　蔡美峰　王永前　高　谦　姚维信　著

科学出版社

北　京

内 容 简 介

本书是《特大型镍矿充填法开采技术著作丛书》的第十一册,全面介绍金川特大型镍矿深部矿床多中段安全高效开采理论与关键技术。

本书以金川大型复杂难采矿床开采为工程实例,介绍了高应力条件下分层卸荷开采理论与采矿工艺技术、水平矿柱开采技术与回采工艺、高压头低倍线高浓度料浆管道输送阶梯增阻降压技术以及光纤光栅三维变形监测和灾变风险预测技术。

本书可供采矿、地质、水电和土木工程等领域从事采矿设计、生产实践、科学研究的科研人员,以及从事采矿教学的大专院校和科研院所的教师和研究生参考。

图书在版编目(CIP)数据

特大型镍矿充填法开采理论与关键技术/陈得信等著 . —北京:科学出版社,2014.6

(特大型镍矿充填法开采技术著作丛书)

ISBN 978-7-03-041170-9

Ⅰ.①特…　Ⅱ.①陈…　Ⅲ.①镍矿床-金属矿开采-充填法-研究　Ⅳ.①TD864

中国版本图书馆 CIP 数据核字(2014)第 128286 号

责任编辑:谷　宾　周　炜 / 责任校对:钟　洋
责任印制:肖　兴 / 封面设计:陈　敬

科 学 出 版 社 出版
北京东黄城根北街 16 号
邮政编码:100717
http://www.sciencep.com

北京源海印刷有限责任公司 印刷
科学出版社发行　各地新华书店经销

2014 年 6 月第　一　版　开本:787×1092　1/16
2014 年 6 月第一次印刷　印张:19 3/4
字数:394 380

定价:105.00 元
(如有印装质量问题,我社负责调换)

《特大型镍矿充填法开采技术著作丛书》编委会

主　　　编：杨志强

副　主　编：王永前　蔡美峰　姚维信　周爱民　吴爱祥　陈得信

常务副主编：高　谦

编　　　委：（按姓氏汉语拼音排序）

把多恒	白拴存	包国忠	曹　平	陈永强	陈忠平	陈仲杰
崔继强	邓代强	董　璐	范佩骏	傅　耀	高创州	高建科
高学栋	辜大志	顾金钟	郭慧高	何煦春	吉险峰	江文武
靳学奇	康红普	雷　扬	李　马	李德贤	李国政	李宏业
李向东	李彦龙	李志敏	廖椿庭	刘　剑	刘同有	刘育明
刘增辉	刘洲基	马　龙	马成文	马凤山	孟宪华	莫亚斌
慕青松	穆玉生	乔登攀	乔富贵	侍爱国	束国才	孙亚宁
汪建斌	王　虎	王　朔	王海宁	王红列	王怀勇	王五松
王贤来	王小平	王新民	王永才	王永定	王玉山	王正辉
王正祥	吴满路	武拴军	肖卫国	颉国星	辛西宁	胥耀林
徐国元	许瀛沛	薛立新	薛忠杰	颜立新	杨长祥	杨金维
杨有林	姚中亮	于长春	余伟健	岳　斌	翟淑花	张　忠
张光存	张海军	张建勇	张钦礼	张周平	赵崇武	赵千里
赵兴福	赵迎州	周　桥	邹　龙	左　钰		

《特大型镍矿充填法开采技术著作丛书》序一

金川镍矿是一座在世界上都享有盛誉的特大型硫化铜镍矿床。自1958年被发现以来,金川资源开发和利用一直受到国内外采矿界的高度关注。由于镍钴金属是一种战略资源,对有色工业和国防工程起到举足轻重的作用。因此,加快和扩大金川镍钴矿资源的开发和利用,是金川镍矿设计与生产的战略指导思想。

采矿作业的连续化、自动化和集中化是地下金属矿采矿技术无可争议的发展方向。自20世纪80年代以来,国际矿业界对实现连续强化开采给予高度关注,把它视为扩大矿山生产、提高经济效益最直接和最有效的重要途径。随着高效的采、装、运设备的出现和大量落矿采矿技术的发展,井下生产正朝着大型化和连续化方向发展。金川特大型镍矿的无间柱大面积连续机械化分层充填采矿技术,正是适应了地下金属矿山开采的发展趋势。该技术的应用使得金川镍矿采矿生产能力逐年提高,目前已建成年产800万吨的大型坑采矿山。

金川镍矿所固有的矿体厚大、埋藏深、地压大、矿岩破碎和围岩稳定性差等不利因素,使金川镍矿连续开采面临巨大挑战。在探索适合金川镍矿采矿技术条件的采矿方法和回采工艺的过程中,大胆引进国际上最先进的采矿设备,在国内首次应用下向机械化分层胶结充填采矿技术,成功地实现了深埋、厚大矿体的大面积连续开采,为深部矿体的连续安全高效开采奠定了基础。

金川镍矿大面积连续开采获得成功,受益于与国内外高等院校和科研院所合作开展的技术攻关,也依赖于金川人的大胆创新、勇于实践、辛勤劳动和无私奉献。40多年的科学研究和生产实践,揭示了金川特大型镍矿高地应力难采矿床的地压规律,探索出采场地压控制技术,逐步形成了特大型金属矿床无间柱大面积连续下向分层充填法开采的理论和技术。

该丛书全面系统地总结了金川镍矿采矿生产的实践经验和技术攻关成果。该丛书的出版为特大型复杂难采矿床的安全高效开采提供了技术和经验,极大地丰富了特大型金属矿床下向分层胶结充填法的开采理论与实践;是我国采矿科技工作者对世界采矿科学发展做出的重要贡献,也是目前国内外并不多见的一套完整的充填法开采技术丛书。

王思敬

中国科学院地质与地球物理研究所研究员

中国工程院院士

2012年6月

《特大型镍矿充填法开采技术著作丛书》序二

金川镍矿是我国最大的硫化铜镍矿床。矿体埋藏较深、地应力高、矿体厚大、矿岩松软破碎具有蠕变性,很不稳固,且贫矿包裹富矿,给工程设计和采矿生产带来极大困难。

针对金川镍矿复杂的开采技术条件及国家对镍的迫切需求,在二矿区采取"采富保贫"方针。20世纪80年代中期,利用改革开放的有利条件,金川镍矿委托北京有色冶金设计研究总院与瑞典波立登公司和吕律欧大学等单位合作,进行了扩大矿山生产规模的联合设计。在综合引进瑞典矿山7项先进技术的基础上,结合金川的具体条件,在厚大矿体中全面采用了机械化进路式下向充填采矿法,并且在进路式采矿中选用了双机液压凿岩台车和6m³铲运机等大型无轨设备,这在世界上没有先例。这种开发战略为金川镍矿资源的高效开发奠定了坚实基础。

在随后的建设和生产过程中,有当时方毅副总理亲自主持的金川资源综合利用基地建设的指引,金川公司历届领导都非常重视科技攻关工作,长期与国内高校和科研院所合作,开展了一系列完善采矿技术的攻关。先后通过长时期试验,确定了巷道开凿的"先柔后刚"的支护系统,并利用喷锚网索相结合的新工艺,使不良岩层中巷道经常垮塌的现象得以控制。开发出棒磨砂高浓度胶结充填技术,改进了频繁施工的充填挡墙技术,提高了充填体强度和充填质量。试验成功全尾砂膏体充填工艺,进一步降低了充填作业成本。优化了下向充填法的通风系统,改善了作业条件。为了有效地控制采场地压,通过采矿系统分析和参数优化,调整了回采顺序,改进了分层道与上下分层进路布置形式,实现了多中段大面积连续开采,并实现了大面积水平矿柱的安全回收。这些科研成果不仅提高了采矿效率和资源回收率,而且还降低了矿石贫化,获得巨大的经济效益和社会效益;同时也极大地提高了企业的竞争力。金川镍矿通过数十年的艰辛努力,将原本属于辅助性的采矿方法发展成为一种适合大规模开采的采矿方法,二矿区年生产能力突破了400万吨;把原本是低效率的采矿方法改造成为高效率的安全的采矿方法,为高应力区矿岩不稳固的金属矿床开采提供了丰富的技术理论和实践经验。对采矿工艺技术的发展做出了可贵的贡献。

该丛书全面论述了金川特大型镍矿在设计和采矿生产中所取得的技术成果和工程经验。内容涉及工程地质、采矿设计、地压控制、充填工艺、矿井通风和安全管理等多专业门类,是目前国内外并不多见的充填法,特别是下向充填法采矿的技术丛书。该丛书中的很多成果出自于产、学、研结合创新与矿山在长期生产实践中宝贵经验总结,凝结了矿山工程技术人员的聪明智慧,具有非常鲜明的实用性。该丛书的出版不仅方便读者及相关工程技术人员了解金川镍矿充填法开采的理论与实践,也为国内外特大型金属矿床,特别是高应力区矿岩不稳固矿床的充填法开采设计和规模化生产提供了难得的珍贵技术参考文献。

中国恩菲工程技术有限公司研究员
中国工程院院士
2012年7月

《特大型镍矿充填法开采技术著作丛书》序三

近 20 年来,地下采矿装备正朝着大型化、无轨化、液压化和智能化方向发展,它推动着采矿工艺技术逐步走向连续化和智能化。在采掘机械化、自动化基础上发展起来的地下矿连续开采技术,推动着地下金属矿山的作业机械化、工艺连续化、生产集中化和管理科学化的进程,大大促进了矿山生产现代化,并从根本上解决了两步回采留下的大量矿柱所带来的资源损失,它是地下金属矿山采矿工艺技术的一项重大变革,它代表着采矿工艺技术的变革方向,是采矿技术发展的必然。

金川镍矿是我国最大的硫化铜镍矿床,矿床埋藏深、地应力高、矿岩稳定性差。针对这一采矿技术条件,金川镍矿与国内外科研院所和高等院校合作,采用大型无轨设备的下向分层胶结充填采矿方法,开展了一系列采矿技术攻关。通过"强采、强出、强充"的强化开采工艺,使采场围岩暴露时间缩短,有利于采场地压控制和安全管理,实现了安全高效的多中段无间柱大面积连续回采。在采矿方法与回采工艺、充填系统与充填工艺、采场地压优化控制及采矿生产管理等关键技术方面,取得了一系列重大成果,揭示了大面积连续开采采场地压规律,探索出有利于控制地压的回采顺序与采矿工艺。在科研实践中,对采矿生产系统、破碎运输系统、提升系统、膏体充填系统,进行了优化与技术改造,扩大了矿山产能,降低了损失与贫化,提高了矿山经济效益,为金川集团公司的高速发展提供了重大技术支撑。

该丛书全面系统地介绍了金川镍矿在采矿技术攻关和生产实践中所获得的研究成果和实践经验,是一套理论性强、实践性鲜明的充填采矿技术丛书。该丛书体现了金川工程技术人员的聪明才智,展现了我国采矿界的研究成果和工程经验,是国内外不可多得的一套完整的特大型矿床充填法开采技术丛书。

中南大学教授
中国工程院院士
2012 年 8 月

《特大型镍矿充填法开采技术著作丛书》编者的话

金川镍矿是我国最大的硫化铜镍矿床,已探明矿石储量5.2亿吨,含有镍、铜等23种有价稀贵金属。矿区经历了多次地质构造运动,断裂构造纵横交错,节理裂隙十分发育。矿区地应力高,矿体埋藏深、规模大、品位高,是目前国内外罕见的高地应力特大型难采金属矿床。不利的采矿技术条件使采矿工程面临严峻挑战。剧烈的采场地压活动,导致巷道掘支困难;大面积开采潜在着采场整体灾变失稳风险,尤其在水平矿柱和垂直矿柱的回采过程中面临极大困难。巷道剧烈变形,竖井开裂和垮冒,使"两柱"开采存在重大安全隐患,采场地压与岩移得不到有效控制,不仅造成两柱富矿永久丢失,而且将破坏上盘保留的贫矿,使其无法开采,造成更大的矿产资源损失。

众所周知,高地应力、深埋、厚大不稳固矿床的安全高效开采,关键在于采场地压控制。金川镍矿的工程技术人员以揭示矿床采矿技术条件为基础,以安全开采为前提,以控制采场地压为策略,以提高资源回收和降低贫化为目标,综合运用了理论分析、室内实验、数值模拟和现场监测等综合技术手段,研究解决了高应力特大型金属矿床安全高效开采中的关键技术。

本丛书揭示了高地应力复杂构造地应力的分布规律,探索出工程围岩特性随时空变化的工程地质分区分级方法,实现了对高应力采场围岩分区研究和定量评价;探索出与采矿条件相适应的大断面六角形双穿脉循环下向分层胶结充填回采工艺,实现了安全高效机械化盘区开采;采用系统分析方法进行了采矿生产系统分析,实现了对采场地压的优化控制;建立了矿区变形监测与灾变预测预报系统;完善了高浓度尾砂浆充填理论,解决了深井高浓度大流量管道输送的技术难题,形成了高地应力特大型金属矿床连续开采的理论体系与支撑技术,成功地实践了10万平方米的大面积连续开采。矿山以每年10%的产能递增,矿石回采率≥95%,贫化率≤4.2%;建成了我国年产800万吨的下向分层胶结充填法矿山,丰富了特大型金属矿床安全高效开采理论与技术。

本丛书是金川镍矿几十年来采矿技术攻关和采矿生产实践的系统总结。内容涉及矿山工程地质、采矿设计、充填工艺、地压控制、巷道支护、矿井通风、生产管理、数字化矿山、产能提升和深井开采等10个方面。本丛书不仅全面反映了国内外科研院所和高等院校在金川镍矿的科研成果,而且更详细地总结了金川矿山工程技术人员的采矿实践经验,是一套内容丰富和实践性强的特大型复杂难采矿床下向分层充填法开采技术丛书。

《特大型镍矿充填法开采技术著作丛书》编委会

2012年9月于甘肃金昌

前　言

　　金川镍矿是我国最大的有色金属矿床,也是世界上不多见的特大型硫化铜镍矿床之一。矿床以埋藏深、地应力高、矿体厚大和围岩破碎不稳固等不利采矿技术条件著称于国内外,给矿床开采设计与采矿生产带来巨大的困难和安全隐患。随着开采深度的增加,地压随之加大,充填系统压力增大和倍线减小,多中段作业衔接难度加大以及开采条件趋复杂多变,由此导致深部矿床开采困难更大。为此,作为"十一五"国家科技支撑计划项目,长沙矿山研究院和北京科技大学与金川集团股份有限公司合作,共同开展了特大型矿床深部开采综合技术研究。本书是对该研究成果的全面总结,内容涉及高应力条件下卸荷开采技术、深部多中段作业衔接开采工艺、大范围充填体强度特性、深部高浓度尾砂充填工艺技术、高压头低倍线充填管路输送技术,以及大面积开采地压及灾变控制技术6个方面。

　　首先,通过对矿山工程地质、开采现状和前期研究成果的调查分析,采用理论分析、数值模拟、地压监测等集成技术和工业试验等综合手段,研究开发了特大型深部矿床开采的综合配套工艺技术,实现了大规模、低成本和安全高效开采,建成了盘区生产能力达到1000t/d的示范工程,并在金川二矿区深部开采得到推广应用。然后,在多中段矿柱水平工程地质调查的基础上,采用综合研究手段,开展了复杂难采特大型水平矿柱卸压开采理论研究,开发了相应的工艺技术,并得到了现场工业试验的验证,实现了复杂难采特大型水平矿柱的安全、经济和高效开采。其次,通过分析深部矿岩地质情况,调查采掘工程及回采工艺,结合数值模拟,建立了深部开采充填体与采矿工艺相匹配的力学模型,提出了满足不同采矿工艺条件下安全合理的充填体强度指标,开展了充填体强度随开采过程的变形监测,由此指导充填料的制备和输送。在此基础上,通过充填材料配比试验、充填料浆流变参数测试以及充填系统的工艺优化,使得膏体泵送充填系统实现制备输送能力达到80m³/h,膏体浓度提高了76%~80%,年充填能力达到20万m³,为二矿区实现安全高效开采提供了技术保障。与此同时,在开展充填管路调压理论与管道压力计算研究的基础上,开发了高压头充填管路增阻圈调压装置与充填管路优化布置技术,在二矿区978m水平进路的高压头充填管道调压输送工业试验获得成功。最后,开展了大面积连续开采灾变预测预报与地压技术研究,揭示了大型难采矿床地压显现规律,提出了灾害防控技术及灾变预测预报理论和方法,实现了二矿区难采矿床的安全、经济和高效开采,为国内外大型难采矿床开采地压灾变控制奠定了基础。

　　大型复杂难采矿床的安全高效开采理论与技术研究属于世界性难题。针对金川镍矿开展此类研究并获得了丰富的研究成果,尤其在高应力卸压开采、多中段作业衔接开采、高浓度和低倍线尾砂充填、高压头低倍线充填管路输送,以及大面积开采地压监测等理论和技术方面取得了创新性成果。但由于矿山开采技术条件的复杂多变性,本书所介绍的研究成果有待于进一步在生产实践中加以检验和深化研究。在编著本书过程中参考和引用了金川镍矿的研究报告和学术论文(在书中不再一一标注),在此对有关研究单位和作者表示衷心的感谢。限于著者的知识水平,书中难免有不当之处,请读者不吝指正。

著　者

2013 年 10 月于甘肃金昌

目　　录

第1章 绪 论

1.1 引 言

金川镍矿是世界著名的多金属共生的大型硫化铜镍矿床之一,发现于1958年。矿床集中分布在龙首山下长6.5km、宽不足1km的范围内,已探明矿石储量约为5.2亿t,镍金属储量约为550万t,列世界同类矿床第三位;铜金属量约为343万t,居全国第二位;伴生钴、铂族等17种元素,现可回收利用的有14种。

金川集团有限公司(简称金川公司)是我国最大的有色金属采、选、冶联合企业,是国内最大的镍钴生产和铂族金属提炼中心,生产镍、铜、钴、稀有贵金属、硫酸等化工产品和相应系列深加工及盐类产品,主要金属产量在全国的占比为:镍90%以上,钴70%以上,铂族金属90%以上。1983年公司镍产量首次突破万吨大关,1984年突破1.5万t,1985年达到2万t,实现了金川公司的第一次腾飞。1995年,金川公司达到了4万t镍、2万t铜以及相应的钴、贵金属和40万t硫酸的产能,实现了第二次腾飞。进入21世纪以来,金川公司放眼全球,大胆改革,锐意进取,按照走新型工业化道路的要求,依靠科技进步,立足全球发展,实施国际化经营,经济总量迅速壮大,经济增长的同时质量也显著提高,成为一业为主,相关产业共同发展的大型企业集团,步入了快速发展的新阶段。2009年营业收入突破700亿元大关。2010年有色金属产品总量突破50万t,营业收入突破900亿元大关。

50年来,金川公司累计产镍137.4万t,铜190.1万t,钴4.2万t,铂族贵金属26.3t,累计实现营业收入2745亿元、利税总额477亿元,是国家投资的11倍。目前,公司已具有年产镍15万t、铜40万t、钴1万t、无机化工产品250万t的综合生产能力。镍产量居世界第四位,钴产量居世界第二位,国际地位和竞争力显著提升,已经成为世界同类企业中生产规模大、产品种类多、产品质量优良的知名企业。

二矿区是金川公司的主要生产矿山之一,目前主要开采1#矿体,年产矿石量稳定在400万t以上,是我国目前机械化程度最高的下向进路充填采矿法矿山。目前的主要生产中段是1150m、1000m和850m中段,开采深度达千米,开拓深度已达1165.5m,属世界公认的深部开采矿山。随着开采深度加深,呈现高应力条件下矿岩碎胀蠕变明显、渗水压力大等现象,采矿作业环境更加复杂恶劣,面临着地热、岩爆、通风、充填等一系列问题,制约了企业的长期稳定发展。目前,我国很多大型矿山已逐渐进入深部开采,将面临同样的开采难题,为此,金川矿山与长沙矿山研究院和北京科技大学联合开展了特大型矿床深部开采综合技术研究。研究内容包括通深井高应力卸荷开采技术、深部多中段衔接及水平矿柱开采技术、深部开采大范围充填体强度特性、深部高浓度尾砂充填工艺与技术、高压头低倍线充填管道输送技术,以及大面积开采采场地压及灾变控制技术等6个专题。通过该研究形成了金川矿床深部复杂条件下高效大规模成套开采技术,不仅解决金川矿山大型矿床的安全高效充填法开采的技术难题,同时也为我国类似深部矿床开采提供借鉴与参考。

1.2　矿床地质与开采技术条件

1.2.1　地质概况

金川公司镍矿区位于甘肃省河西走廊中部金昌市区,矿区坐落在市区以南的龙首山中东端北麓、阿拉善台地南缘,与市区连成一片。矿区铁路专线与兰—新铁路金昌站接轨,距省城兰州 372km。永昌—(河西堡)—雅布赖公路从矿区通过,向南 48km 于永昌县城与 312 国道相接。同周边市县形成公路网,四通八达,交通十分方便。

矿区中心地理坐标:东经 102°13′,北纬 38°30′。矿区北面为戈壁滩,地势西南高,东北低。市区平均海拔 1563m,矿山海拔 1700～1830m。矿区干旱,属大陆性气候,春季多风,一般 5～6 级,夏季酷热短促,仅一两个月,冬季寒冷漫长,达 5 个月,终年雨雪较少,蒸发量大于降水量,全年降水量 120～160mm,多集中在 6～8 月。据金昌市新近的气象资料统计,年平均最高气温 15.4℃,年平均最低气温 3.9℃,极端最高气温 39.5℃,极端最低气温－23.3℃。年平均降水量 139.8mm,一日最大降水量 129.5mm,年最大降水量 282.16mm,年平均蒸发量 2837.4mm。

矿区处于阿拉善台块的南部边缘隆起区,北部为阿拉善台块内部区,南部为北祁连山加里东地槽边缘过渡拗陷带。矿区总体上属于阿拉善台块的边缘部分,具有地台区的主要地质特征。但北祁连山褶皱区强大的构造对矿区产生了巨大影响,其突出的表现是深断裂的存在和火成岩的多次侵入活动等。这些复合的地质构造作用促使本区成为内生成矿作用的有利地区。

金川镍矿床赋存于中朝地台阿拉善地块西南边缘龙首山隆起的超镁铁岩侵入岩石中。南邻早古生代北祁连褶皱带,以龙首山南侧深断裂与祁连山地槽的走廊过渡带毗邻;北依晚古生代准噶尔褶皱带,以龙首山北侧深断裂 F_1 与阿拉善隆起区内部的潮水断陷相接。

金川矿区位于龙首山东段北东侧,主要出露地层为下元古界白家嘴子组的蛇纹石化白云质大理岩、黑云母片麻岩及云母石英片岩和条痕混合岩等深变质岩,这些露出地层构成了金川镍矿床的基底,地层总走向 N35°W,倾向 SW,倾角 40°～70°。矿区与整个龙首山一样经历了自昌梁运动以来的历次地质构造运动,留下了以断裂为主的构造形迹,大小断裂纵横交错,十分发育,主要由 NWW-NW 和 EW 向构造交织而成。矿区东北侧的大断裂 F_1 与地层走向大体一致,倾向南西,倾角 40°～50°,长 200 多千米,断裂带宽十几米至几十米,是潮水盆地与龙首山区的分界。矿区内与其平行的断层较多,如 F_{16}、F_5、F_3等;与 F_1 斜交的断层有 F_8、F_{16-1} 等断层,与 F_1 正交且规模较大的断层有 F_{17}。矿区小断层和层间挤压带及节理也十分发育,矿区地质构造概况如图 1.1 所示。

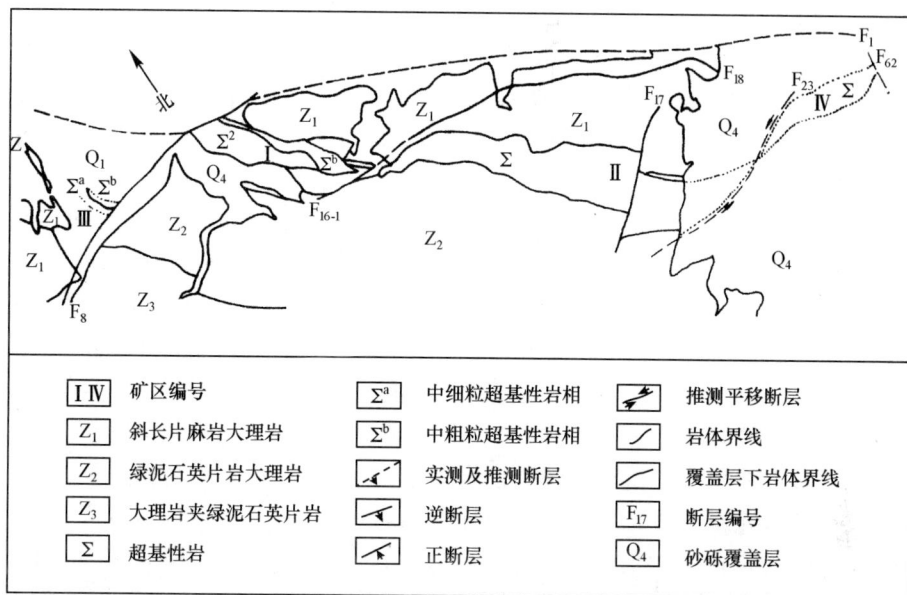

图 1.1　金川硫化铜镍矿床地质略图

20 世纪 70 年代,中国科学院地质研究所对矿区进行了详细的工程地质研究。根据地质构造、岩体结构、水文地质等对矿区岩体进行了岩组分类,划分为 6 个岩带,11 个工程地质岩组(表 1.1)。其中,二矿区含矿超基性岩体的下盘存在多种频繁穿插的中薄层大理岩破碎岩组,该岩组稳定性极差。矿体上盘为超基性岩和混合岩,并在其间有较发育的大理岩组。

表 1.1　金川矿区工程地质岩带及岩组

岩带	代号	岩组
混合岩带	I₁	F₁ 断层破碎岩组
	I₂	层间挤压混合岩组
	I₃	较完整的混合岩组
片岩片麻岩带	II₁	粗粒片麻岩组
	II₂	F₁₆断层破碎岩组
大理岩带	III₁	多种岩浆岩侵入的中薄层大理岩
	III₂	厚层块状大理岩组
	III₃	多种岩浆岩频繁穿插的中薄层大理破碎岩组
混合岩带	IV	均质条带状混合岩组
花岗岩带	V	肉红色细粒花岗岩组
含矿超基性岩带	VI	含铜镍矿超基性岩组

金川矿区岩浆活动频繁,有多种不同时期和规模的岩浆岩侵入,从超基性岩至酸性岩,从深成岩至派生脉岩均有产出。矿床赋存于超基性岩体中,金川含矿超基性岩体侵入 F₁ 断层斜交的次级断裂构造中,属铁质超基性岩。含矿超基性岩体的岩相有纯橄榄岩、含二辉橄榄岩、橄榄二辉岩、二辉岩、斜长含二辉橄榄岩和斜长二辉橄榄岩。

金川含矿超基性岩体以 10°交角侵入于白家嘴子组地层中,直接与大理岩、片麻岩和条痕混合岩接触。岩体长约 6.5km,宽 20～527m,延伸数百米至千余米,最大延伸超过 1100 余米,为一不规则岩墙。岩体东西两端被第四系覆盖,中部出露地表,上部已遭剥蚀。岩体走向 N50°W、倾向 SW,倾角 50°～80°,沿倾向呈板状或楔体。岩体受后期 NEE 向压扭性断裂(F_8、F_{16-1}、F_{17}、F_{23})错断影响,由西向东分为四段,即依次称为 Ⅰ、Ⅱ、Ⅲ 和 Ⅳ 矿区(图 1.1)。各个矿区含矿超基性岩体的规模、形态、产状、岩相、含矿性等均有差别。

矿区东端以 F_{16-1} 断层与二矿区相连,但深部与二矿区岩体相连,到矿区西北部至 F_8 断层与 F_1 深断裂的交界处为止。岩体长约 1500m,走向北西 50°～60°,沿走向自东向西共布置 34 条勘探线。8 行以西岩体出露地表,长约 1200m;8 行以东岩体隐伏于地下,并且较窄,仅宽 15～30m。岩体自东向西逐渐变宽,最宽可达 320m。岩体由东南向西北侧伏,岩体倾向西南,倾角较陡,一般在 75°～80°,钻探至 700～800m 深度,含矿岩体尚未完全尖灭。16 行以东主要以中粗粒二辉橄榄岩为主,次为中粗粒含二辉橄榄岩、橄榄二辉岩。24～34 行则以中细粒诸岩相为主。两种不同岩相之间呈突变接触,分界明显,各岩相均呈似层状与岩体平行延伸。富含金属硫化物的岩相,东部主要为硫化物纯橄榄岩,西部主要为硫化物二辉橄榄岩,呈大透镜状不连续分布于岩体中下部及底部围岩中。矿石中金属硫化物粒度因所属岩相矿物粒度不同而异,中细粒岩相中的金属硫化物集合体与造岩矿物一般为 0.5～5mm,中粗粒岩相中的金属硫化物集合体一般为 2～6mm。贫矿体主要赋存于二辉橄榄岩中,分布于 14～32 行岩体的中下盘,延伸至 1100m 水平尚未尖灭;富矿体主要分布于 8～16 行以及 22～24 行(后者埋藏较深,延伸也深),呈透镜体接于岩体底盘或贯入底盘片麻岩、大理岩以及它们与花岗岩的接触带中。接触交代形成的矿体主要发育于较深部岩体外接触带的大理岩中,埋藏较深,宽 20～25m,上下盘又延伸不过百米,矿石呈稀疏浸染状和稠密浸染状,矿化极不均匀。

1.2.2 矿区地质

矿区经历了自吕梁运动以来多期构造运动作用、变质作用和多期岩浆侵入作用,形成了复杂的岩石组合,造成矿区断裂、节理纵横交错、层间挤压发育。矿区内较大的一些断裂如 F_1、F_{16} 等走向压扭性断裂,F_{16-1} 等北东东向断裂都受到不同程度的挤压,破碎带较宽,破碎的岩石多未胶结,局部地段储水,断层泥含量高。加之成矿后受以 F_{17} 为代表的断层切割作用(F_1、F_{16}、F_{16-1} 见表 1.2)。这些因素致使工程地质条件极为复杂。

表 1.2 金川矿区主要断裂构造一览表

断层编号	位置	产状、规模	特征	性质	影响	备注
F_1	位于矿区北部山麓边缘,距含矿岩体 600～1100m	倾向 S25°W,倾角 60°左右,下部可能变陡,长数百千米	前震旦系地层逆冲于第四系砾石层之上。老地层普遍见 0.4～0.7m 宽断层泥,3～40m 断层破碎带,10～25m 断层影响带,有复活现象	压性仰冲断裂	对含矿岩体具控制作用	成岩(超基性岩)前断层

续表

断层编号	位置	产状、规模	特征	性质	影响	备注
控制含矿岩体的断层	含矿超基性岩体侵入部位	据岩体产状推测倾向 S50°W,倾角 60 ~ 70°,长数千米	岩体两侧围岩产状相交。Ⅰ矿区 14 行 CK₇ 孔在岩体下盘见侵入前断层角砾岩	据区域构造推测应属 F₁ 次一级张扭性断裂	对岩、矿体下盘围岩稳固性有影响	同上
F₁₆	位于矿区北-北西部的黑云余长片麻岩与蛇纹大理岩接触线上,在Ⅰ矿区 3 行附近与 F₁₆₋₁ 平堆断层相交	倾向 S15°W,倾角 75°左右,长 4km 以上	断层两侧岩层产状相交,上盘大理岩常形成褶曲,下盘断层面见仰冲阶梯,呈挤压性特征。断层带宽6~30m	压扭性仰冲断层	对岩体下盘围岩有破坏作用	—
F₁₆₋₁	位于Ⅰ矿区 3 行以西	倾向 S15°E,倾角 75°~85°,长 700m	断层两侧在水平方向有较大距离的相对位移,断层破碎带宽 2~3m,由大理岩、混合岩的破碎物、角砾及断层泥组成	压抑性左推仰冲断层	系成岩前断层,成岩后又有复活,对岩矿体有破坏作用,可能使矿体上部 4 行有短距离的垂向位移	—
F₁₇	位于 38 行附近	倾向 S40°E,倾角 73°左右,长 1800m	横切岩体及围岩地层。断层带宽 2~6m,物质组分因地而异,由所处附近的岩石破碎物、断层泥及角砾组成。受断层影响,上下盘节理发育,岩石破碎,裂隙显著	张扭性右推俯冲断层	使 2#号矿体在 40 行左右断开,水平断距 130~260m,垂直断距 90~150m,破坏了矿体的完整性	—
F₁₉	位于 40 行以东岩体南 80~140m	倾向 S15°W,倾角 80°~85°左右,长 400m 以上	断层带宽 0.8~4m。由两侧岩石破碎物及角砾组成,局部地段见断层泥,下盘石英脉壁有清晰仰冲台阶和擦痕,上盘拖引现象明显	压扭性抑冲断层	无标志层,断距无法判定。倾向与含矿岩体一致,于勘探地段之上未见影响	

断层编号	位置	产状、规模	特征	性质	影响	备注
F$_{37}$	位于 22～30 行岩体之中	倾向 S42°W,倾角 60°～70°,长 400 余米	断层带宽 1～10m,由糜棱结构的绿泥蛇纹石片岩组成	压扭性抑冲断层	断层斜切岩体上部,对下部主矿体无直接影响	—

1. 地层

在矿区内出露的地层为前震旦系变质岩和第四系堆积物,下古生界分布零散,仅在局部地段见有寒武系薄层碎屑沉积,其他的地层一概缺失。

本区地层由前震旦系白家嘴子组深变质岩系组成。总走向 N55°W,倾角 40°～70°,第四系分布于矿区东部。其层序为:

(1) 第四系,全新统 Q^4 现代坡积～洪积层,厚 0～10m。

(2) 中上更新统 Q$^{2-3}$ 古河床砂砾层,砾石层,厚 110m。

(3) 前震旦系,白家嘴子组。

(4) 第二段 A$_n$Z$_b$Z$_1$ 条痕—均质混合岩,厚 91～399m。

(5) 第一段 A$_n$Z$_1$Z$_3$ 蛇纹大理岩,厚 6～325m。A$_n$Z$_b$Z$_2$ 混合岩化黑云斜长片麻岩,厚 40～234m。

(6) 含矿超基性岩体沿断裂与围岩走向呈 5°～10° 交角侵入于白家嘴子组第一段蛇纹大理岩和第二段条痕-均质混合岩之间。

2. 构造

1) 构造层

根据构造岩相,本区划分为 3 个主要构造层,各层之间均以显著的角度不整合分开。

(1) 上构造层。上古生界、中生界、新生界陆相含煤建造及碎屑沉积。

(2) 中构造层。震旦系、寒武系浅变质岩。

(3) 下构造层。前震旦系基底深变质片麻岩、结晶片岩系。

矿区地层为一倾向南西的单斜构造,层间褶曲发育,常形成紧闭的小背斜和小向斜。断裂为矿区主要构造形式。

矿区断裂构造形态与特征受区域构造的控制,主要分为 3 组。

(1) 第一组。走向压扭性断裂,表现为仰冲断层,倾向 S15°～25°W,倾角 50°～85°,以 F$_{16}$ 为代表。

(2) 第二组。北东向张扭性断裂,表现为伴有右推的俯冲断层,倾向 S35°～40°E,倾角 70° 左右,以 F$_{17}$ 为代表。

(3) 第三组。北东东向压扭性断裂,表现为以左推为主的仰冲断层,倾向 S10°～20°E,倾角 70° 左右,以 F$_{16-1}$ 为代表。此外,南北向、北西—南东向断裂也较发育。矿区主要断裂构造见表1.2。

由于后期构造变动,岩体形成时的边缘冷却或热液活动,在岩体边缘或内部形成构造破碎带、片岩带,其规模一般不大,厚一至数米,长数十米,部分大于百米。片岩带分布方向和岩体走向一致,在岩、矿体边缘特别发育,仅局部缺失,由绿泥石、蛇纹石、透闪石、滑石、黑云母、钙质及片岩两侧岩石角砾组成,纤状鳞片变晶结构,片状构造;在 2# 矿体中,普遍发育有这种片岩带,对矿石开采不利。

2)褶皱

前震旦系基底在本区为一向南倾的单斜构造,可能相对于阿拉善基底复背斜的南翼,褶皱轴向北西西,伴随基底褶皱产生了区域深断裂和大量酸性岩侵入。

震旦系、寒武系在本区为一个复向斜构造,轴部位于孩母山一带,轴向北西西。两翼出露震旦系底部石英砾岩,上部则为灰岩、板岩和千枚岩。

上古生界陆相含构造及中生界、新生界碎屑沉积,多数表现为微弱褶皱的向形盆地,受基底隆起或凹陷形态的控制。

3)断裂及断层

断裂是本区最主要的构造形式,对地层分布、岩浆活动及现代地貌都具有重要的影响,并对铜镍矿床和其他内生矿床起着主导控制作用。矿区主要断裂构造及分布见表1.2。

(1)深断裂。龙首山南、北两侧分别存在区域性深断裂,北带为白家嘴子深断裂,南带为东大山—平口峡—岌岭深断裂。深断裂的特征是切割前震旦系基底岩系,沿断裂带地层有推覆现象;断裂带内由于大规模花岗岩的侵入,片麻岩呈线状分布;沿断裂带有岩浆岩的多次侵入和大量脉岩类分布,脉岩本身代表了深断裂的裂隙系统;断裂作用具有时代上的延续性,从前震旦纪延续至现代。

(2)断层。晚期断层多以逆断层出现,延伸方向与区域构造线一致,前震旦系逆掩在震旦系和寒武系之上,而三者又往往直接逆掩在一切较新地层之上,形成地堑。另一类是北东或北西向平移断层,其延伸不远,水平断距由数米至百米。

(3)节理。矿区矿岩体发育极不均,生产初期在超基性岩体和矿体内做了大量的统计分析,按其力学性质可分为4组:

① 走向压性节理。该组节理最发育,岩矿体内均出现、走向 N50°～70°W,倾向以南西为主,倾角 50°～80°,节理面光滑平直,一般呈闭合状态,延伸较远。

② 扭性节理。该组节理较发育,走向 N30°W～N10°E,变化较大,倾角一般大于 65°,节理面平直,延伸较远,在地层中往往斜切片理或层理面。

③ 扭性节理。该组节理走向 N60°～80°E,倾角变化大,一般在 30°～70°,倾向北西,延伸较远,地层中斜切或平行片理面或层面。

④ 张性节理。该组节理走向 N30°～40°E,倾角 60°～80°,节理面粗糙,延伸差,一般为后期岩脉充填,多为碳酸盐脉、次生石英脉等。从节理的力学性质和组合特征能够反映出压应力为北东—南西向。

4)岩浆岩

本区地质构造复杂,岩浆活动频繁,时代上以吕梁期和加里东期为主,海西和燕山期零星分布,以酸性岩最为发育,岩体规模不等,呈岩株、岩脉产出,超基性岩次之,规模小至

中等,呈岩墙、透镜体、岩脉产出。从深成岩体至派生脉岩均有产出,依生成顺序,其种类有以下几种:

(1) 吕梁期。超基性岩,本成矿岩体形成时代用 K-Ar 法测定为(1509～1506)Ma,用 Sm-Nd 法为(1508±31)Ma。斜长角闪岩(Am-p)、微晶闪长岩(δi)。

(2) 加里东期。红色碎裂花岗岩(rs)、伟晶花岗岩(ρr)、灰白色花岗岩(rb)。

(3) 海西期:变辉绿岩($\beta\mu'$)、花岗闪长岩细脉(r$\delta\pi$)闪斜煌斑岩(x)、闪长岩(δ)、闪长斑岩($\delta\pi$)、辉绿岩($\beta\mu$)。

5) 含矿超基性岩体

与本矿床成矿密切相关的岩体主要由橄榄石和辉石组成的超基性岩。仅少部分岩石中含数量不多的斜长石。含矿超基性岩体呈不规则岩墙侵入于由白云质大理岩、云母石英片岩、黑云母片麻岩和条痕混合岩等组成的下元古界深变质岩中。岩体走向 N50°～60°W,倾向南西,倾角较陡,一般为 70°左右,局部稍缓 50°左右,沿走向和倾斜方向有明显的膨缩变化和波形起伏,岩体深部有分支或复合现象。

含矿超基性岩体长达 6.5km,依岩体产出状况及后期断层影响,形成四个相对独立的岩段,自西向东依次被分为Ⅲ、Ⅰ、Ⅱ、Ⅳ四个矿区(图 1.2)。其中二矿区长 3.0km。二矿区有两个主矿体(1#、2#)作为开采对象。1# 矿体位于二矿区西部,长 1500m 以上,埋深 300m 左右,矿体延深千余米。

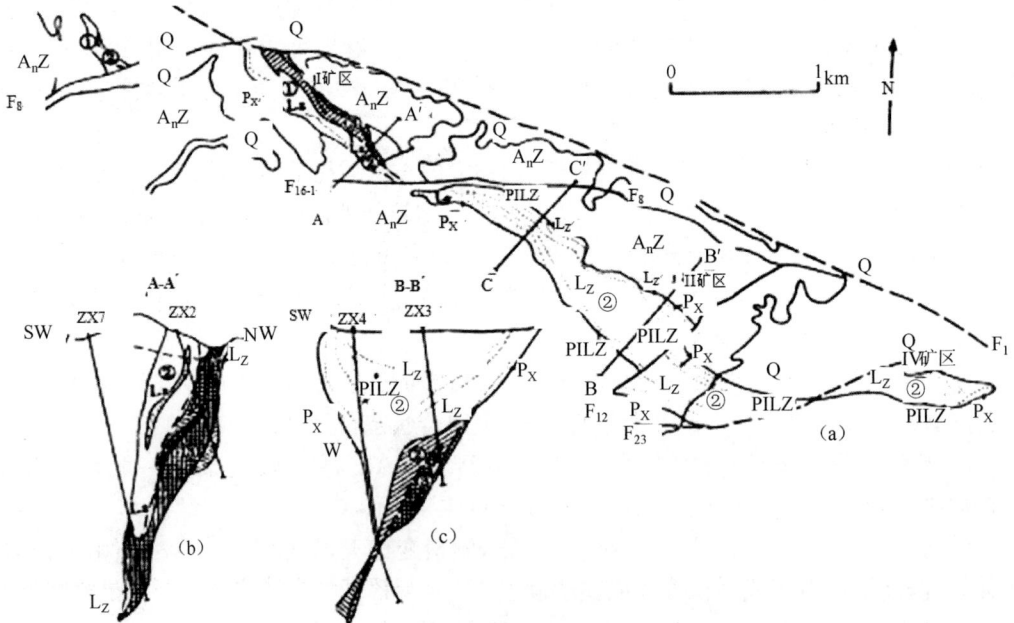

图 1.2　金川硫化铜镍矿床地质略图

超基性岩体岩相呈同心壳状分布,以含辉橄榄岩为核心,向两边依次为含辉橄榄岩—斜长含辉橄榄岩—二辉橄榄岩—斜长二辉橄榄岩—橄榄辉石岩—辉石岩—蛇纹石透闪石绿泥石片岩(边缘相)。岩体深部主要为含辉橄榄岩、二辉橄榄岩组成。斜长含辉橄榄岩、斜长二辉橄榄岩主要分布在岩体上部,在下部多呈不规则扁豆体出现,规模不大,沿岩体走向部分地段缺失。各岩相一般为渐变过渡关系。矿物结晶粒度分为中粗粒、中粒、中细粒三种结构,由岩体中心向外逐渐变细,边部尤为明显,二矿区巨大的海绵陨铁状富矿石主要赋存于含辉橄榄岩中,而贫矿则分布于富矿体两侧、顶底部或附近的岩相中。岩相依岩体造岩矿物划分如表 1.3 所示。

表 1.3 金川矿区超基性岩体岩石分类表

岩石名称(代号)	主要造岩矿物含量/%		次要矿物	备注
	橄榄石	辉石		
含辉橄榄岩(Σ2)	70～95	30～5	磁铁矿、铬尖晶石	根据矿物含量命名原则,结合以下情况分类命名
二辉橄榄岩(Σ3)	30～70	70～30	磁铁矿、铬尖晶石、拉长石、钛铁矿	结构按矿物结晶颗粒大小分:中细粒<1mm,中粒 1～5mm,中粗粒>5mm
橄榄辉石岩(Σ4)	10～30	90～70	角闪石、拉长石、磁铁矿、铬尖晶石、钛铁矿	当含斜长石,含量在1%～5%时参加命名冠以"含"字,如含长二辉橄榄岩;>5%直接参加命名,如斜长二辉橄榄岩
辉石岩(Σ5)	0～10	100～90	角闪石、拉长石、黑云母、钛铁矿	
辉长岩(r)	辉石、拉长石		磁铁矿、黑云母、白钛石、角闪石、滑石	蚀变岩系:本区系指原岩变为碳酸盐、菱镁矿、滑石、绿泥石、金云母的岩石,而非指普遍发育的蛇纹石化、透闪石化、绿泥石化、绢石化等
蛇纹透闪绿泥片岩	绿泥石、透闪石、蛇纹石、碳酸盐		滑石、磁铁矿、硫化物等	

1.2.3 矿体地质特征

金川硫化铜镍矿床属岩浆熔离-贯入复式矿床,根据成矿作用、成矿期次的不同,主要划分为以下几种类型。

1. 岩浆熔离型

含矿岩浆侵入后熔离形成,金属硫化物集合体成粒状稀疏地散布于二辉橄榄岩中的橄榄石、辉石颗粒间,构成矿床中的铜镍贫矿体,矿体与超基性岩体之间呈渐变过渡状态。

2. 岩浆深部熔离-贯入型

含矿岩浆侵入后,金属硫化物因熔离而富集于深部,在一定的地质条件下,与分异富集在深部的橄榄石、辉石一起再次贯入上米,形成本矿床中最有价值的富矿体,并在富矿体上端或边部形成贫矿体。矿体规模巨大,长数百米至千余米,厚数十米至数百米。

3. 晚期贯入型

含极少的硅酸盐矿物的金属硫化物矿液沿构造裂隙再次贯入形成。本类矿体形态不规则,规模大小不一,长数厘米至近百米,厚数厘米至几十米。赋存于贫富矿或超基性岩体中,或岩矿体与围岩接触带及其围岩中裂隙等软弱结构发育部位,且严格受构造控制。

4. 接触交代型

含矿岩浆或矿液与非超基性围岩接触产生化学作用而在围岩中使金属硫化物富集形成铜镍富矿体或贫矿体。矿体规模一般不大,主要赋存于超基性岩体较深部的底盘大理岩、混合岩等围岩中,以大理岩中的交代型矿体规模较大。

1.2.4　矿石结构构造

1. 矿石构造

依据矿石中金属硫化物集合体颗粒大小、含量及与脉石相互间的空间分布特点,矿石构造主要分为:星点状构造、局部海绵状构造、半海绵状构造、海绵状构造、云雾状构造、稠密浸染状构造、半块状-块状构造。

1) 星点状构造

金属硫化物为磁黄铁矿、镍黄铁矿、黄铜矿等,呈 0.5～2.2mm 的集合体(白色),以星点状稀疏地充填于一些橄榄石和辉石的颗粒间。

2) 局部海绵状构造

金属硫化物为磁黄铁矿、镍黄铁矿、黄铜矿等,呈 0.5～2mm 的集合体,局部充填于橄榄石和少量辉石的颗粒间,没有金属硫化物的地段,橄榄石减少,辉石增多,形成花斑一样。

3) 半海绵状构造

金属硫化物为磁黄铁矿、镍黄铁矿、黄铜矿等,呈 1～3mm 的集合体,稀疏并不连续地充填于橄榄石和少量辉石颗粒间。

4) 海绵状构造

金属硫化物为磁黄铁矿、镍黄铁矿、方黄铜矿、黄铜矿等,呈 1～5mm 的集合体,紧密充填于橄榄石颗粒间,偶见少量辉石。

5) 云雾状构造

后期强烈矿化作用,原矿被同化,溶解到无法辨认的地步,形成 0.005～0.2mm 云雾状的金属硫化物集合体,浸染在蚀变了的橄榄石中,并使橄榄石的颗粒界线消失。

6) 稠密浸染状构造

金属硫化物为磁黄铁矿、镍黄铁矿、黄铜矿等,呈 1～3mm 集合体,浸染于滑石菱镁矿石中(橄榄岩经过强烈的滑石—碳酸盐化作用的结果)。

7) 半块状-块状构造

金属硫化物为磁黄铁矿、镍黄铁矿、黄铜矿和少量的磁铁矿、透辉石组成致密块状。

其间海绵晶铁状构成巨大的富矿体,半块状—块状矿石构成特富矿石,稠密浸染状构成交代型富矿石,其他构造矿石均构成各类型贫矿体。

2. 矿石结构

根据各类矿石中各金属矿物的形状、大小、相互关系及其组合特点,按成因主要分为 4 大类。

(1) 结晶作用形成的自形至他形粒状结构。早先析出的铬尖晶石呈自形晶,稀疏散布在橄榄石、辉石及硫化物中。半自形晶的等轴粒状的镍黄铁矿常呈粒状,嵌布在磁黄铁矿中;其他硫化物多呈他形晶结构。该类型结构多产在星点状、斑点状、海绵状和块状矿石中,在浸染状矿石中偶见。

(2) 固溶体分离作用形成的结构。固溶体分离作用形成的结构主要为焰状、针状、乳滴状、板状、叶片状、格状结构,在本区由固溶体作用形成的结构类型在各成矿期形成的矿物中均有出现。交代溶蚀作用形成的网状、树枝状、环带状、文象状、网环状、脉状及交代残余结构。

(3) 分解作用形成的结构:如似文象结构、乳滴状结构。

(4) 动力作用形成的结构:镶边结构、压碎结构、角砾岩状结构、皱纹结构。该结构以结晶分异作用形成的半自形-他形晶粒状结构,交代溶蚀作用形成的网状结构,残余结构及固溶体分离作用形成的板状、叶片状、结状结构为主,其他次之。1$^\#$ 矿体固溶体分离作用形成的结构比较发育;2$^\#$ 矿体交代溶蚀作用形成的结构比较发育。

主要金属硫化物为磁黄铁矿、镍黄铁矿、黄铜矿、方黄铜矿,金属硫化物的粒度,在各矿石类型中大体相同,略有差异,海绵状矿石主要变化 $0.05\sim1$mm;局部海绵状矿石主要变化于 $0.05\sim0.8$mm,其中少量磁黄铁矿达 $0.8\sim0.9$mm;星点状矿石变化于 $0.01\sim0.6$mm,少量达 $0.6\sim0.7$mm;云雾状矿石主要变化于 $0.05\sim0.3$mm;稠密浸染状矿石变化于 $0.05\sim0.4$mm;块状矿石变化于 $0.1\sim1.0$mm。以块状矿石矿物颗粒最粗,其次为海绵状矿石、局部海绵状矿石、星点状矿石、云雾状矿石、稠密浸染状矿石较细,各矿石类型矿物粒度小于 0.01mm 者,一般不超过 1%。

1$^\#$ 矿体海绵状矿石矿物粒度比 2$^\#$ 矿体同类矿石略粗,表现在前者粗粒含量比后者相对为高。二矿区是金川镍矿床矿体规模最大、矿石品位最高、储量最多的矿区。其西部以 $F_{16\text{-}1}$ 断层与一矿区相隔,但岩体一直延伸至一矿区 4 行附近,岩体全长 3000 余米。岩体总体走向约为北西 $50°$,倾向南西,倾角 $50°\sim80°$。

1.2.5 矿区原岩应力

矿区矿岩中储存有较大的构造残余应力,根据矿区构造体系分析及中国科学院地质研究所、国家地震局地震地质大队对矿区及外围原岩应力测定,矿区构造应力场的主压应力方向近于 N40°E,以压应力为主。接近地表测得的最大主应力值为 3MPa 左右,说明矿区地表应力并不大。但应力值随深度增加而增大,在 $200\sim500$m 深度最大主应力值一般为 $20\sim30$MPa,最高达 50MPa。矿区地应力实测结果见表 1.4。

表 1.4　金川矿区地应力测量表

地点	岩性	深度/m²	最大主应力 方向和倾角	中间主应力 方向和倾角	最小主应力 方向和倾角	年份
1350 中段 二矿区 16 行下盘	花岗岩	375	19.8MPa N3°E	—	10.8MPa	1975
1250 中段 二矿区 16 行下盘	花岗岩	480	25.5MPa N25°W	—	15.4MPa	1980
1300 中段 二矿区 30 行下盘	大理	460	50MPa　N130°E 倾向 SE,倾角 6°	33.4MPa　N76°E 倾向 NE,倾角 6°	28.2MPa　S63°E 倾向 NW,倾角 81°	1976
二矿区 1250 中段 38.5 行沿脉道	特富矿	480	32MPa　N32°E 倾向 SW,倾角 6°	21.4MPa　S43°E 倾向 NW,倾角 67°	20.6MPa　N60°W 倾向 SE,倾角 22°	1978
二矿区 1200 中段 13 行巷道	富矿体	520	22.1MPa　N54°W 倾角 12°	11.4MPa　S27°E 倾角 33.8°	9.7MPa　S53°W 倾角 53.6°	1986
二矿区 1200 中段 21 行巷道	富矿体	520	18.4MPa　N38°W 倾角 21.6°	9.4MPa　N85°E 倾角 56.7°	6.8MPa　S47°W 倾角 24°	1986
二矿区 1200 中段 21 行巷道	富矿体	520	20.5MPa　N86°E 倾角 47°	9.19MPa　N7°E 倾角 2.8°	3.99MPa　N10°W 倾角 42.9°	1986

1.2.6　开采技术条件

二矿区共有 351 个矿体,其中主矿体两个,即 1# 矿体和 2# 矿体,镍金属量占矿区的 99% 以上。1# 矿体位于二矿区西部(二矿区 28 行至一矿区 4 行间),大部分由富矿组成,富矿体长 1300 余米,平均厚 69m,镍金属量占 1# 矿体的 87%,占二矿区的 76.5%。2# 矿体分布于 30~56 行,其中富矿体长约 900m,平均厚 37m,矿体上端比 1# 矿体略浅,大致于地表下 200m 见矿,在 40 行由于被 F_{17} 断层错段,断层以东矿体下降,矿体向下延伸 600~750m,倾角较 1# 矿体缓,为 25°~60°,富矿体向东变缓。2# 矿体以贫矿为主,镍金属量占 2# 矿体的 58.71%,富矿体赋存于贫矿体的中下部,贫富矿体之间的界线不及 1# 矿体明显。所开采的 1# 矿体厚度大、埋藏深、节理裂隙发育、原岩应力大,其倾向为 S50°W、倾角 60°~75°。金川二矿区岩石力学参数见表 1.5。

表 1.5　二矿区岩石力学性质参数

岩石名称	内聚力 /MPa	摩擦角 /(°)	抗拉强度 /MPa	抗压强度 /MPa	泊松比	弹性模量 /GPa	节理密度 /(条/m)
混合岩	0.1-0.2	49-57	6.6-15.8	40-160	0.20	57~96	8~5
片麻岩	0.15	35	3.7	20~115	0.19	50	7~10
绿泥石石英片岩	0.15~1.5	40	—	20~60	0.19~0.38	53~77	10~15
黑云母片	0.15~0.28	40	0.6	20~40	0.30	14.0	>15
中薄层大理岩	0.2	43	3.7~6.4	41.9~159	0.22~0.28	20~57	13.7~15.8

续表

岩石名称	内聚力/MPa	摩擦角/(°)	抗拉强度/MPa	抗压强度/MPa	泊松比	弹性模量/GPa	节理密度/(条/m)
厚层大理岩	0.2	45	4.0～9.2	61.8～125.5	0.31	77	3
斜长角闪岩	0.6	—	—	63.8～94.5	0.20	82	8～15
肉红色中细粒花岗岩	0.3	49	9.0～15.6	100～184.7	0.21	67	8～45
海绵状富矿	1.4～35	50	2.3～21.4	87.3～137.0	0.19～0.36	45～64	3～5
特富矿	>3.5	>50	5.7～25.0	95.0～150	0.18～0.23	74	3
贫矿	0.7～1.2	40	2.1～14.4	82～125	0.19～0.25	60～81	5～6

1.2.7 矿区水文地质

1. 矿区水文地质特征

矿区水文地质条件相对简单,对工程直接危害不大。按水文地质条件将矿区划分为西部基岩出露区和东部第四系覆盖区。

1) 西部基岩出露区

由震旦纪深变质岩组成的剥蚀低山,岩层构造、节理裂隙比较发育,并有多次岩浆岩侵入,加之强烈的新构造运动,使岩体支离破碎,地下水的补给来源为大气降水,通过岩石裂隙渗入地下形成基岩裂隙水。地下水呈静储量特征,局部富水地段可能发生突然涌水,其涌水地段主要在张性断裂带、压性断裂带、压扭性断层裂隙带和小岩体接触破碎带。

2) 东部第四系覆盖区

由第四系冲积砾卵石、亚黏土等组成的河谷阶地,第四系深度由西向东逐渐变厚,至金川河厚度达 125m(金川河距 56 行勘探线 1000m 左右)。金川河为季节性河流,由于上游修建了金川峡水库,很少有地表水流。仅有夏季山洪和市区宁远堡—双湾水渠渗漏对地下水有补给作用。补给极为有限。

(1) F_{17} 张扭性断层断裂带。对矿区内 F_{17} 断裂带、压性、压扭性断层上盘裂隙带及超基性岩体、花岗岩体的涌水量进行了测定,涌水量在 $104～201.4m^3/d$,水量稳定并逐渐减少,以静储量为主。

(2) 第四系含水层。上部为 10～20m 的洪积砾石层,下部为土、砂、砾卵石互层,底部为厚度不大的钙质胶结的砂岩、含砾砂岩。据小孔径钻孔抽水试验结果,单位涌水量为 $0.31～3.38L/(s \cdot m)$。

(3) 第四系下部基岩风化裂隙含水层。分布范围与第四系含水层相同,受第四系地下水补给。风化裂隙含水层随岩性变化,大理岩一般不到 10m,花岗岩和含矿超基性岩一般在 40m 左右,平均 25.13m。岩层富水性受构造、岩性的影响,大理岩及岩浆岩体含水较富,小孔径钻孔抽水试验结果,单位涌水量为 $0.012～1.53L/(s \cdot m)$。水质属硫酸盐-重碳酸盐型。

从地下水位标高和水质情况分析,第四系和下部基岩风化裂隙含水层间有密切的联系,可以看成是一个统一的孔隙裂隙含水组合体。

2. 矿坑内充水因素分析

由于采用胶结充填法采矿,充填体在一定程度上对地下水的运移产生阻隔作用,第四系含水层和基岩裂隙含水层的地下水只有通过基岩裂隙向下渗透补给,因此,涌水量主要取决于岩石裂隙发育程度。

1) 涌水量预测

地质报告中涌水量预测结果:采用大井法计算第四系含水涌水量为 4019.10m³/d;第四系下部基岩风化带涌水量为 2392.8m³/d;用比拟法计算 54 行以西基岩裂隙水涌水量为 471m³/d。矿坑涌水量计算见表 1.6。

表 1.6　矿坑涌水量计算结果表

计算项目	计算方法	计算公式	主要计算参数			计算结果地下水动储量 Q
第四系涌水量计算	大井法	$Q=\dfrac{\pi K_{cp}H_{cp}^{2}}{\lg R_0-\lg r_0}\cdot 40\%$	平均渗透系数 $K_{cp}/(m/d)$		23.65	4019.10m³/d
			平均含水层厚度 H_{cp}/m		14.1	
			引用半径 r_0/m		330	
			引用影响半径 R_0/m		1430	
			大井修正系数/%		40	
54 行以西基岩裂隙水涌水量计算	比拟法	$Q=L\cdot q$	Ⅱ矿区 1250m 中段设计巷道长度 L/m		5900	1. 正常涌水量 471.0m³/d
			Ⅱ矿区特有含水岩体实际涌水量/(m³/d)	F_{17} 断层带	201	2. 突然涌水量 1272m³/d
				大型花岗岩体	146	
			单位涌水量 $q/[L/(d\cdot m)]$		21	

根据相关实测资料,二矿区 1150m 中段水泵房目前平均排水量为 5100m³/d,该水量中主要为生产回水。由于 850m 以下地下水增加不大,如果今后生产回水不发生显著变化,该预测值可代表 850m 标高以下可能的涌水量。

2) 水质评价

地勘时期对二矿区地下水化学成分共报告了 21 个水样的分析结果,第四系含水层水质较好,水质为重碳酸-硫酸盐型,矿化度小于 1g/L。21 个结果中有 5 个 pH 大于 9,其他 pH 为 7.6~8.9,略偏碱性。但开采以来,工业用水很大,主要是开采凿岩用水或采空区充填用水。由于充填所用材料是砂石和水泥,水质被严重污染,含磷较高。经测定排往地表的混合水 pH 为 9~12,碱性有所增强,具有一定的腐蚀性。

1.3　本章小结

本章概括性了金川镍矿床地质与开采技术条件,包括矿区的区域地质、地质结构特征以及矿区的原岩应力。在此基础上给出了矿区的水文地质概况。

第2章 深井高应力卸荷开采理论

2.1 高应力条件下开采方法选择

2.1.1 开采技术现状调查分析

金川二矿区目前矿石生产能力 420 万 t/a,主要生产中段为 1150m、1000m 和 850m,采用机械化盘区下向分层水平进路胶结充填采矿法,主要由凿岩、爆破、出矿、支护、充填等工艺组成。已形成由凿岩台车、铲运机、服务车、振动放矿机等设备和细砂管道充填组成的完整的机械化采矿工艺系统。

二矿区采用机械化盘区下向分层水平进路胶结充填采矿法。该采矿方法采场结构参数为:采矿中段高度为 100~150m;一个中段划分为若干个分段,分段高 20m;每个分段分成 5 个分层,分层高 4m;中段与分段有分斜坡道相通;分段至各分层有分层联络道相通。沿矿体走向或垂直矿体走向布置进路,回采顺序为自上而下逐层进行,盘区内回采顺序为先下盘后上盘,先两翼后中间。目前二矿区回采中段主要为 1150m 中段和 1000m 中段及 850m 中段。1150m 中段主要在 1178m 分段和 1158m 分段回采,1000m 中段主要在 1098m 分段和 1078m 分段回采。850m 中段的 978m 分段目前正在做首分层无假顶回采。

1. 运输提升系统

二矿区目前的主运输水平有 1150m 水平和 1000m 水平。1150m 中段各盘区采出的矿石由盘区脉外矿石溜井下放到 1150m 运输水平,采用矿用卡车经 1150m 水平无轨运输巷道,卸入 1150~1000m 的 1#、2# 中心溜井,溜井内的矿石经振动放矿机放入破碎站;1000m 中段各盘区采出的矿石则由盘区脉外矿石溜井下放到 1000m 运输水平,由矿用卡车经 1000m 水平运输巷道直接卸入破碎站。矿石经过破碎站破碎后,利用 1#、2#、3# 皮带转至 4# 矿仓,再由 4# 皮带转运至西主井箕斗,由西主井箕斗将矿石提升至地表,卸入 5#、6# 矿仓,再经过 5#、6#、7# 皮带倒运至矿石转运站,装火车运往选矿厂。

2. 通风系统

二矿区不仅是金川公司现代化开采的大型矿山,也是我国井下无轨设备开采的大型矿山,日产矿石 13000t/d,每天动用设备 100 多台,产生大量的尾气(烟气),再加上凿岩爆破产生的炮烟粉尘,必须通过通风系统排至地表。二矿区通风采用多机站并串联、抽压联合负压通风系统。

东西副井、2 行西风井、斜坡道和 18 行副井进风,分别供给 1250m 两个进风双机站(压入 1150m 中段各分段采矿掘进工作面)、1200m 中段东侧机站、1150m 东西两侧的进风双机站(压入 1118m 及其以下各分段采矿掘进工作面)和 1000m 水平运输道。1150m

中段各分段污风通过充填回风井到 1200m 副中段,通过 14 行回风井排出地表。1000m 中段各分段污风通过充填回风井进入 1100m 副中段充填回风系统送入 14 行回风井。1150m 运输水平的污风经过粉矿回收道,进入 14 行回风井排出地表。1000m 主运输水平的污风经过 1000m 水平的 14 行风井联络道,由 14 行回风井排出地表。

3. 排水排泥系统

二矿区排泥排水系统经过多年的技术改造,形成了如下系统:1150m 中段东部Ⅰ～Ⅲ盘区的泥水通过排污钻孔(1178～1150m 水平)排到 1150m 水平的 1#、2# 中转水仓;1150m 中段西部Ⅳ～Ⅵ盘区的泥水通过排污钻孔(1198～1150m 水平)排到 1150m 水平的西部水仓后,再倒仓至 1150m 水平的 1#、2# 中转水仓。然后由中转水仓集中排放至西副井井底中心水仓,从 1150m 中心水仓排至地表;1000m 中段东西部各盘区的泥水通过东西两翼的 4 条排污钻孔分别排至 1000m 中段的东、西部中转水仓后,再排到 1000m 水平中心水仓,从 1000m 中心水仓通过 2 条排污钻孔排至地表;931m 水平水仓的水通过 1000～931m 排污钻孔排至 1000m 水平中心水仓;850m 中段的泥水通过排污管线经过 978m 废石倒运系统、978～1000m 通风小井,排到 1000m 中心水仓。

4. 动力系统

二矿区生产使用动力系统主要有供风、供水和供电等系统。

(1) 供风、供水。井下用水及高压风主要由地表风水供应站经 1672m 平硐通过专用风水钻孔下到各生产中段。

(2) 供电。二矿区生产用电来自二矿区新总变电所(46# 变电所)。该变电所经二矿区各级配电站输送至各用电场所,其中 6# 配电站通过 2 行风井配电站供应西部采区用电及 TB6、TB7 用电;井下其他场所生产用电主要通过井下 1#、2#、3#、4# 配电站输送。

2.1.2 开采现状及发展趋势

1. 国内外深井开采技术发展状况

矿产资源的发掘利用一直贯穿人类不断发展进步的历史进程。工业革命以后,人类对矿产资源的需求量空前增长,但经过长期开发,浅部和开采条件较好地区的矿产资源日渐枯竭,开采活动逐渐向深部和条件复杂地区拓展。据不完全统计,国外开采超千米深的金属矿山有 80 多座。南非大多数金矿的开采深度超过 1000m,其中 Anglogold 有限公司的西部深水平金矿采深已接近 4000m;印度戈拉尔金矿区已有 3 座金矿采深超过 2400m,其中钱皮恩里夫金矿采深为 3260m;美国加力纳银铅矿采深为 2800m;俄罗斯的克里沃洛格铁矿区已有捷尔任斯基、基洛夫、共产国际等 8 座矿山的开拓深度达到 1570m。我国在 20 世纪 60 年代兴建的一批金属矿山也已相继进入深部开采,如金川镍矿、红透山铜矿、冬瓜山铜矿、夹皮沟金矿、寿王坟铜矿、凡口铅锌矿等,开采深度都已超过或接近 1000m。

随着开采深度的增加,深部岩体处于多场、多相耦合作用之下,高地应力、地下水、温度等对岩体基本性质和工作环境带来很大影响,致使开采条件和作业环境恶化,开采难度

增加,其主要表现在以下几方面:

(1) 地应力增加,地压显现加剧,冲击地压危险性增加,造成巷道及采场维护困难,维护费用上升,作业安全程度降低。

(2) 随着开采深度增加,岩温随之增高,致使井下工作面气温高,生产环境恶化。

(3) 随着开采深度增加,井筒深度不断延伸,人员、材料、矿岩提升难度加大,成本上升,通风排水费用也相应增加。

为解决深部资源开采过程中的诸多工程技术问题,实现深部资源的高效、安全、经济开采,美国、加拿大、澳大利亚、南非等国家先后开展了深部开采相关技术的基础研究工作,如加拿大针对 Ontario 地区岩爆频繁发生的情况,开展了为期 10 年的深部研究计划(The Canadian Ontario Industry Project:the Canadian Rockburst Program);美国 Idaho 大学、密西根工业大学等开展了深部开采研究,并与美国国防部合作,就岩爆引发的地震信号与天然地震和核爆信号的差异进行了研究;南非从 1998 年也启动了"Deep Mine"研究计划。这些研究取得了一系列成果,在生产实际中取得一定成效。

20 世纪 80 年代以来,随着开采深度增加,深部开采事故越来越严重,深部开采合理工艺技术问题成为不得不面对的难题。国外通过一系列重大研究计划,深部采矿方法得到迅速发展,基本实现了设备大型化、无轨化,有些矿山已实现自动化和遥控作业。例如,加拿大 INCO 公司萨德伯里矿区为加快其深部开采,开展了深部开采工艺研究,开发了井下无线通信系统、定位和导航系统、凿岩、装药、爆破和出矿的远程遥控系统,可实现井下无人采矿,该技术可减少井下通风,缩小巷道断面,利于深部条件下巷道稳定,同时可减少采准工程量,取得了良好的效果。

针对深部开采岩石力学及地压显现的特点,南非早在 20 世纪 30 年代就着手研究并提出了一些岩体破坏机理假说。归纳起来,深部开采岩体破坏机理理论主要包括强度理论、能量理论、刚度理论以及冲击倾向理论。80 年代开始,国内外学术界结合现代岩体力学新的研究成果,又提出了关于深部开采岩体破坏机理的若干新假说,主要包括岩石失稳理论、断裂理论、损伤理论和突变理论等。这些理论目前尚处于萌芽和假说阶段,实际应用较少。

2. 国内外深井开采装备现状

国外地下采矿掘、采、装、运设备广泛采用大型、高效、无轨化、自动化设备。近几年来,我国地下采矿凿岩、采、装、运设备也在向大型、高效、无轨化、自动化方向发展。例如,我国已使用了高阶段大直径深孔凿岩设备(ϕ165mm,孔深达 60m),采场出矿已使用振动出矿机和组合式出矿机,采场综合生产能力达 $900 \sim 1000 \mathrm{t/d}$,最高可达 $2418 \mathrm{t/d}$。我国已使用电力铲运机斗容达 $3 \sim 6.1 \mathrm{m}^3$,在地下开采中已开始使用无轨辅助作业设备,如维修车、装药车、运人车等。我国地下采矿方法也发生了变革,如斜坡道和自行设备在地下采矿应用;研究应用堑沟平底底部结构,完善并简化底部出矿结构;已成功地使用大直径深孔阶段落矿法等。尤其近年来我国已应用了高强度、高阶段落矿法,在深孔爆破、采场地压显现规律、高阶段放矿规律等方面研究都取得了可借鉴的成果,为我国地下采矿凿岩、采、装、运设备向大型、高效、无轨化、自动化方向发展创造了有利条件。

2.1.3　卸荷开采方案选择

由于矿床矿岩破碎,地应力大,矿岩极不稳固,开采难度很大。目前矿岩体开挖后允许暴露的面积和允许暴露的空间小,允许暴露的时间短,开挖的原岩空间极易发生顶板冒顶和垮塌现象,还有侧帮垮塌、侧鼓和底鼓等变形地压现象。因此,采矿方法只能采用下向胶结充填采矿法,利用高强度胶结充填体作为回采后的直接顶板来有效避免顶板冒落和垮塌,回采也只能采用进路回采方式,只有这样,矿床开采工作才能有效进行。否则,可能无法找到其他有效的采矿方法,或无法找到其他更经济更高效的采矿法(如若不采用下向胶结充填法,则支护成本很高、支护时间长而影响采矿效率),也是金川矿床40多年来,通过国内外多家科研机构长期的科研攻关和矿山的生产实践,逐步探索出目前的采矿方法。

原岩体在开挖之前,应力处于平衡和相对均布状态。开挖后,应力将重新分布以求新的应力平衡,在离开挖周边某一围岩区域内产生应力集中。导致某些范围的应力值增高,而另一范围的应力降低。例如,只存在垂直应力的情况下,处于相同水平标高的相互平行的且相距较近的两条开挖巷道,两巷道之间的隔墙属于应力降低区域(免压拱内)。分步骤间隔进路回采时,掌握好回采和充填的时机和工艺,第二步骤进路回采时,地应力反而降低了,开采安全性提高。利用这一现象,采取一些工艺手段,使开采区域的应力降低(即卸荷),提高开采安全性,或降低开采成本,便是卸荷开采。

卸荷开采技术是根据矿床地压显现的特点和规律,通过改变采矿方法,或通过开采次序、开采步骤甚至开采工艺的合理布置与优化,将地下地应力转移到离回采进路、巷道、采空区周边围岩更远的地域,降低地应力对开采的影响,减少支护量或降低支护要求。最大限度地降低或避免矿山地压的危害,达到安全、经济的开采矿床的目的。

利用卸荷开采技术具有以下意义:

(1)减少支护量或降低支护要求,或降低胶结充填体的强度要求,可达到降低开采成本的目的;

(2)在不降低支护要求和不降低胶结充填体强度要求时,可提高开采安全性,扩大回采进路尺寸,提高劳动生产率。

金川矿床目前已进入深部开采,随着开采深度的增加,地应力越来越大,地压显现的频率也会越来越频繁,巷道返修的时间会越来越短,对充填体和支护体强度也会越来越高,若不采取有效措施,则开采成本将增加、开采难度加大,或开采效率和开采安全程度降低。采用卸荷开采工艺技术则是一种积极主动的有效控制措施。

二矿区采用机械化盘区下向水平分层进路胶结充填采矿法,回采顺序为自上而下逐层进行;盘区内回采顺序为先下盘后上盘,先两翼后中间,上下分层之间的进路垂直(若上分层沿矿体走向布置进路,则下分层垂直矿体走向布置进路)。二矿区目前并未从"卸荷开采"的角度出发来进行开采,即相对"卸荷开采"而言,二矿区的开采是杂乱无章的。开展卸荷开采技术研究是十分必要的。

金川矿区地应力大,主要有垂直方向的岩层自重应力和近似水平方向的构造应力。后者为矿山主应力,其最大值为50MPa,水平方向的应力大于垂直方向的应力(水平应力为自重应力的 1.69～2.27 倍)。矿岩节理裂隙发育,大部分为碎裂结构,岩石试块强度高,岩体总体强度低,矿岩极不稳固。岩体具有明显的蠕变特征,有冒顶、片帮、底鼓和巷道断面缩小等地压现象。

基于岩体力学理论,从垂直应力和水平应力两个方面研究"卸荷"的方法和工艺。针对二矿区深部开采应力分布特征、矿岩特性和设备工艺条件等,提出了分区卸荷盘区大断面下向进路回采方案、分区卸荷盘区下向分段充填回采方案、分区卸荷盘区下向菱形分段充填回采方案和盘区分层卸荷大断面进路回采方案等 4 个技术可行的回采方案。

1. 卸荷开采方案

1) 方案 1:分区卸荷盘区大断面下向进路回采方案

如图 2.1 所示,矿体开采中段高度为 100～150m,中段之间在高度上每隔 20m 高度划分为 1 个分段。每个分段水平掘进脉外沿脉平巷,从分段平巷掘联络道通达各分层水平。因卸荷后采动应力的降低,提高开采安全性,在不降低对充填体强度的前提下,可以实现大断面进路回采。进路高度由原来的 4m 高提高到 5m,进路宽度由原来的 5m 扩大为 5～6m。该回采方案为盘区机械化下向水平分层大断面进路胶结充填采矿法,其回采与充填工艺也与现行采矿方法工艺相同。

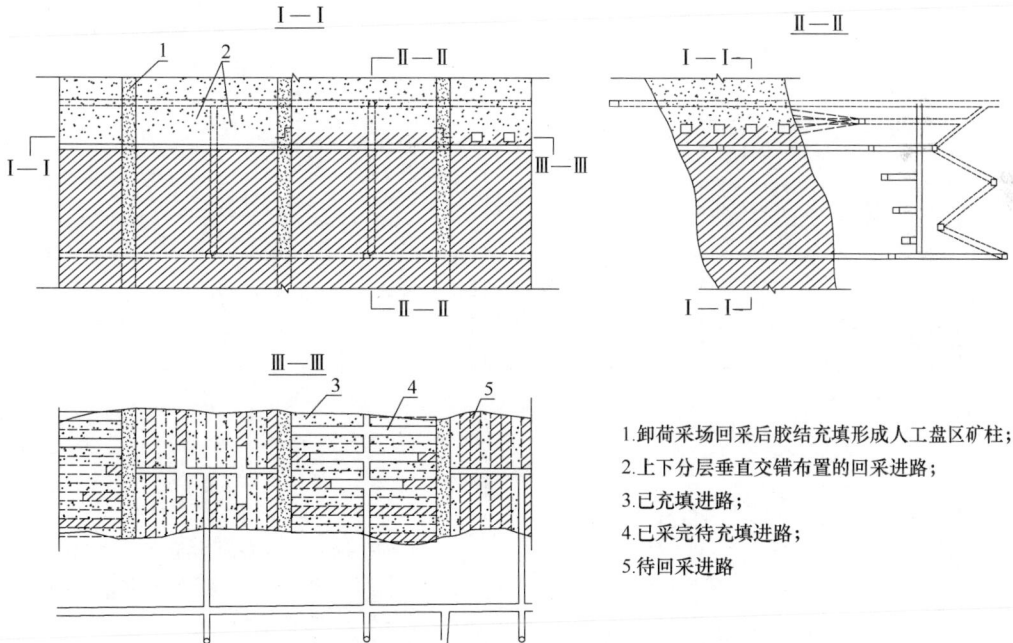

图 2.1　分区卸荷盘区大断面下向进路回采方案

1.卸荷采场回采后胶结充填形成人工盘区矿柱;
2.上下分层垂直交错布置的回采进路;
3.已充填进路;
4.已采完待充填进路;
5.待回采进路

沿矿体走向每隔 130～150m 划分为 1 个分区,即沿矿体走向每隔 130～150m 布置"卸荷"工程,或卸荷开采。首先,从上中段水平开始,往下分层进路胶结充填回采至下中段水平(下降作业水平超前正常回采分层水平 20m 左右),其回采与充填工艺等于矿山现行回采与充填工艺。通过卸荷开采的扰动,将沿矿体走向方向的水平应力转移到远离正常回采分层水平,正常回采分层水平的水平应力则相对降低。垂直矿体走向方向的水平应力通过采准沿脉巷道来"卸荷"。

以每个分区作为盘区进行回采,盘区内采用进路回采与充填,1个分层的所有盘区回采充填完毕后转入下一分层的回采与充填作业。若本分层沿矿体走向布置进路,则下分层垂直矿体走向布置进路,反之亦然。1个分层的盘区与盘区之间的回采与充填次序以及1个盘区内进路与进路之间的回采次序类似于方案4。

2) 方案2:分区卸荷盘区下向分段充填回采方案

如图2.2所示,矿体开采中段高度为100~150m,中段之间在高度上每隔20m高度划分为1个分段。每个分段水平掘进矿体上盘(或下盘)脉外沿脉平巷,分段平巷之间用斜坡道连接。从分段平巷掘平巷通达矿体,再沿矿体顶板(或底板)掘脉内平巷,从该巷道开始掘进中深孔凿岩巷。1个盘区内,沿矿体走向(下分段垂直矿体走向)每隔5m划分若干垂直回采充填竖分条,竖分条底部为中深孔凿岩巷,凿岩巷宽度为5m、高4m。竖分条之间采用分步骤间隔回采充填,可采用隔1采1的回采方式(即2步骤回采方式),即先采1、3、5、…分条,胶结充填后再掘进2、4、6、…分条的凿岩巷,然后中深孔回采。也可根据情况采取分条之间隔2采1或隔3采1的方式,即3步骤或4步骤回采方式。本方案所用采矿方法为"盘区下向分步骤竖分条胶结充填采矿法"。

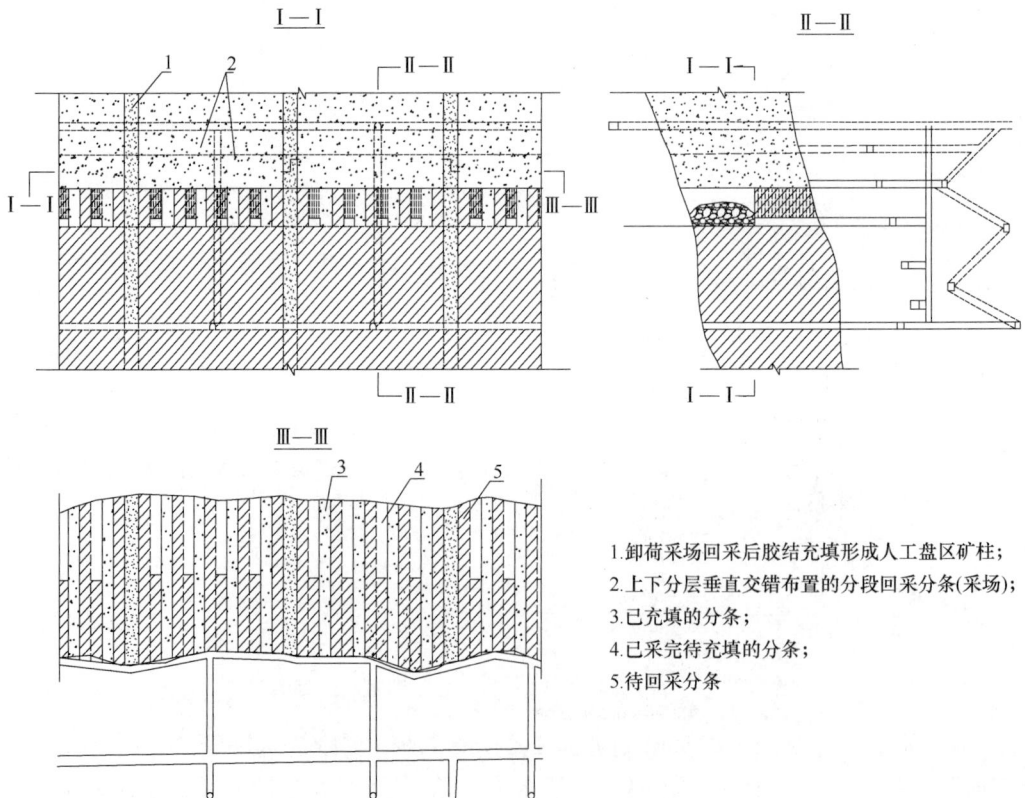

1. 卸荷采场回采后胶结充填形成人工盘区矿柱;
2. 上下分层垂直交错布置的分段回采分条(采场);
3. 已充填的分条;
4. 已采完待充填的分条;
5. 待回采分条

图2.2　分区卸荷盘区下向分段充填回采方案

中段内开采是自上而下分段回采充填,即上分段所有盘区回采充填完成后再采下分段。首采分段若是原岩体,则先进行切顶回采,切顶回采为分步骤间隔进路回采,回采后高强度胶结充填,并在充填体内预埋充填管道。分条回采时,将凿岩巷道掘进至回采矿体边界(竖分条垂直矿体走向时,凿岩巷从矿体上盘掘进至矿体下盘边界),然后后退式中深孔回采。在凿岩巷道内用自行式中深孔凿岩机钻凿垂直上向平行中深孔,孔排距 1m 左右,孔间距 1.5m 左右,崩矿步距 2m,每个崩矿步距凿岩完成后即落矿、出矿,然后凿下一崩矿步距的炮孔,再落矿、出矿,每回采 3～4 个崩矿步距(6～8m)的矿石后进行 1 次充填。首个崩矿步距回采时应凿掏槽孔并采取控制爆破技术,最后一个崩矿步距的最后 1 排炮孔应加密并采用光面爆破技术。充填前预埋充填管道,管道每隔 5～6m 开分支口(充填管道埋设方法类似于矿山现行方法),并于凿岩巷道眉线处设置充填挡墙,然后进行胶结充填。

沿矿体走向每隔 130～150m 划分为 1 个分区(或 1 个盘区),即沿矿体走向每隔 130～150m 布置“卸荷”工程,或卸荷开采。首先,进行卸荷开采,在相邻的 2 个之间的分界位置回采充填 1 个竖分条,其回采充填工艺与正常竖分条的回采工艺相同,在盘区内竖分条回采充填之前形成 1 条卸荷充填体挡墙,卸荷开采工程超前 1 个分段高度(20m 左右),其回采与充填工艺等于矿山现行回采与充填工艺。通过卸荷开采的扰动,将沿矿体走向方向的水平应力转移到远离正常回采分段的地点“集中”,正常回采分段的水平方向应力则相对降低。垂直矿体走向方向的水平应力通过先回采充填矿体顶底板的竖分条来“卸荷”。

分段内以每个分区作为盘区进行回采,盘区之间的开采次序是隔 1 采 1,即先开采 1、3、5、…盘区,再开采 2、4、6、…盘区,1、3、5、…盘区开采后,2、4、6、…盘区内可能因垂直方向的应力有卸荷现象而降低。盘区内竖分条的开采次序是:先开采四周、再开采中间,从四周开始往中间隔 1 采 1 推进,以卸荷垂直方向的应力。

3) 方案 3:分区卸荷盘区下向菱形分段充填回采方案

如图 2.3 所示,矿体开采中段高度 100～150m,中段之间在高度上每隔 10m 高度划分为 1 个分段。每 2 个分段(20m 高度)水平掘进矿体上盘(或下盘)脉外沿脉分段平巷,分段平巷之间用斜坡道连接。从分段平巷掘 1 条上行联络道到达上分段水平和 1 条水平联络道至本分段水平,各联络道通达矿体,再沿矿体顶板(或底板)掘脉内平巷,从该巷道开始掘进中深孔凿岩巷。1 个盘区内,从脉内平巷开始,沿矿体走向每隔 15m 左右掘进 1 条垂直矿体走向的中深孔凿岩平巷(进路),凿岩巷宽度为 4m,高 4m。上下分段之间进路错开菱形布置。本方案所用采矿方法为“盘区下向菱形分段充填回采采矿法”。

中段内开采是自上而下分段回采充填,即上分段所有盘区回采充填完成后再采下分段。首采分段若是原岩体,则先进行切顶回采,切顶回采为分步骤间隔进路回采,回采后高强度胶结充填,并在充填体内预埋充填管道。分段回采时,将凿岩巷道掘进至回采矿体边界(凿岩巷从矿体上盘掘进至矿体下盘边界),然后后退式中深孔回采。在凿岩巷道内用自行式中深孔凿岩机钻凿上向扇形中深孔,孔排距 1.5m 左右,最大孔底距 2.5m 左右,崩矿步距 3m,每个崩矿步距凿岩完成后即落矿、出矿,然后凿下一崩矿步距的炮孔,再落矿、出矿,每回采 2～3 个崩矿步距(6～9m)的矿石后进行 1 次充填。首个崩矿步距回采

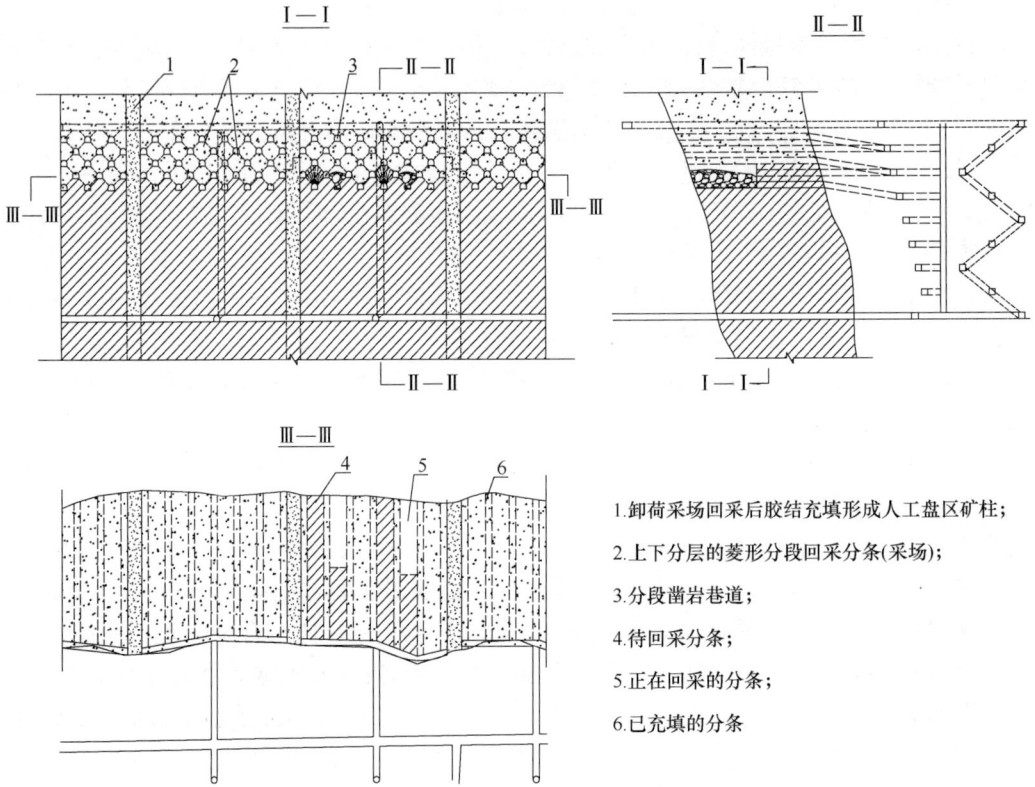

图 2.3　分区卸荷盘区下向菱形分段充填回采方案

1.卸荷采场回采后胶结充填形成人工盘区矿柱;

2.上下分层的菱形分段回采分条(采场);

3.分段凿岩巷道;

4.待回采分条;

5.正在回采的分条;

6.已充填的分条

时应凿掘槽孔并采取控制爆破技术,最后 1 个崩矿步距的最后 1 排炮孔应加密并采用光面爆破技术。充填前预埋充填管道,管道每隔 5～6m 开分支口(充填管道埋设方法类似于矿山现行方法),并于凿岩巷道眉线处设置充填挡墙,然后进行胶结充填。

沿矿体走向每隔 130～150m 划分为 1 个分区(或 1 个盘区),即沿矿体走向每隔 130～150m 布置"卸荷"工程,或卸荷开采。首先,进行卸荷开采,在相邻的 2 个之间的分界位置回采充填 1 个竖分条,其回采充填工艺与方案 2 的竖分条的回采工艺相同,在盘区内正常分段回采充填之前形成 1 条卸荷充填体挡墙,卸荷开采工程超前 1～2 个分段高度(10～20m)。通过卸荷开采的扰动,将沿矿体走向方向的水平应力转移到远离正常回采分段的地点,正常回采分段的水平方向应力则相对降低。垂直矿体走向方向的水平应力通过先中深孔回采充填矿体顶底板的位置来"卸荷"。通过开采的扰动和充填体的沉降,在从下盘往上盘的连续回采过程中,后续的回采部位处在持续不断的卸荷体之中。

分段内以每个分区作为盘区进行回采,盘区之间的开采次序是隔 1 采 1,即先开采 1、3、5、…盘区,再开采 2、4、6、…盘区,1、3、5、…盘区开采后,2、4、6、…盘区内可能因垂直方向的应力有卸荷现象而降低。盘区内的开采次序是:先下盘往上盘连续后退式开采,进路之间是从两边开始往中间隔 1 采 1 进行,以卸荷垂直方向的应力。即进路之间采用分步骤间隔回采充填,可采用隔 1 采 1 的回采方式(即 2 步骤回采方式),即先采 1、3、5、…进路,胶结充填后再中深孔开采 2、4、6、⋯进路。

4) 方案 4:分层卸荷盘区下向进路充填回采方案

如图 2.4 所示,矿体开采中段高度为 100~150m,中段之间在高度上每隔 20m 高度划分为 1 个分段。分段水平之间用斜坡道连接。从斜坡道开始掘分段联络道通达矿体,矿体从上至下每隔 5m 高度划分为 1 个分层,从分段联络道开始分别掘上行、水平和下行分层联络道至每个分层水平标高。在每个分层水平,先沿矿体周边掘进分层平巷,作为行人、通风、运输平巷,并用混凝土支护。该巷道一直保留至整个分层开采结束,分层开采的最后阶段将其进行胶结充填。该巷道亦是开采分层第 1 次水平方向应力的卸荷工程。

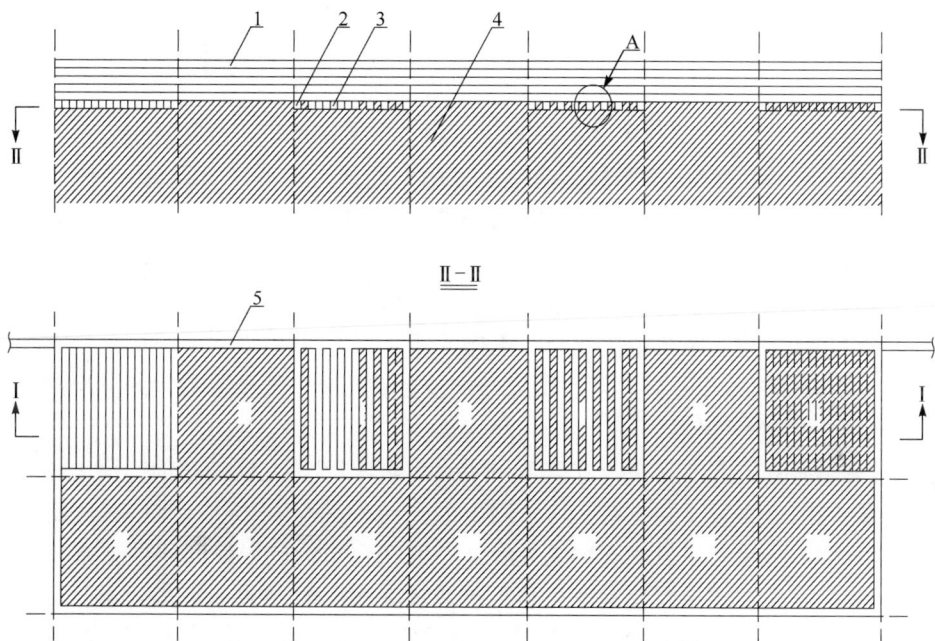

图 2.4　分层卸荷盘区下向进路充填回采方案

该方案所用采矿方法为"盘区机械化下向水平分层进路充填采矿法"。中段内开采是自上而下分层回采充填,上分层整个矿体回采充填完成后再采下分层。首采分层若顶部是原岩体,则先进行切顶回采,切顶回采为分步骤间隔进路回采,切顶回采进路断面 4m×5m(宽×高),回采后高强度胶结充填,并在充填体内预埋充填管道。分层开采时,将分层划分为盘区开采,盘区水平尺寸(70~100)m×(70~100)m(因矿体厚大,垂直矿体走向方向有 2 个盘区)。盘区之间的开采次序是隔 1 采 1,即先开采 1、3、5、⋯盘区,再开采 2、4、6、⋯盘区,1、3、5、⋯盘区开采时,其垂直方向的应力有可能部分向 2、4、6、⋯盘区内转移,2、4、6、⋯盘区开采时,其垂直方向的应力有可能部分向 1、3、5、⋯盘区内转移,开采作业盘区始终处于免压拱内,达到卸荷开采的目的。

盘区内采矿时,采用进路式回采充填,进路方向沿矿体走向方向(下一分层对应部位垂直矿体走向方向),可进路断面 5m×5m。首先沿盘区周边掘进进路,对来自任何方向的水平应力进行第 2 次卸荷,该周边进路在整个盘区开采结束后进行胶结充填。盘区内进路之间的开采次序是隔 1 采 1,即先开采 1、3、5、…进路,再开采 2、4、6、…进路,1、3、5、…进路开采时,其垂直方向的应力有可能部分向 2、4、6、…进路内转移,2、4、6、…进路开采时,其垂直方向的应力有可能部分向 1、3、5、…进路内转移,开采作业进路始终处于免压拱内,达到卸荷开采的目的。进路开采次序的设计是对垂直方向的应力进行第 2 次卸荷。进路回采时,用凿岩台车凿水平浅孔落矿,落下矿石用铲运机出矿,然后对作业面进行必要的支护,并采取其他安全处理措施,再进入下一回采循环。当 1 条进路回采完后,对该进路进行胶结充填。充填前预埋充填管道,管道每隔 5m 开分支口(充填管道埋设方法类似于矿山现行方法),并于进路两端设置充填挡墙(盘区周边卸荷进路及运输大巷应保留),然后进行胶结充填。充填应采取的措施及充填方法与矿山现行做法一致。

2. 卸荷开采方案选择

上述 4 种卸荷开采方案技术各有优劣。其中方案 1 基本没有改变金川二矿区原有的采矿方法,卸荷工程也较少,实施较为简单。采用大断面进路开采,可以提高作业效率从而降低成本。但与方案 4 相比,方案 1 需预先或超前实施盘区之间的卸荷工程,要求开拓采准工作要超前,基建难以达到,实施较困难。另外,金川矿区地应力大(包括水平应力也大)、岩体具有明显的蠕变特征,开挖后来压迅速,盘区之间的超前卸荷工程(胶结充填体)很快被侧压"挤死",整个系统很快就会由不连续体变为连续体,对水平方向的应力卸压会较快失去作用或卸压效果不好。对水平方向的应力卸压还主要依靠后续的分层卸压工程来实施。

同理,方案 2 和方案 3 存在与方案 1 相同的问题,即盘区之间的超前卸荷工程难以实施。与方案 4 相比,方案 2 和方案 3 均采用中深孔回采,提高一次崩矿量,在一定程度上可以提高生产效率,单位矿量的支护成本降低。但在金川的矿岩稳固条件下难以实现中深孔回采,只有在矿岩较稳固或者说在卸压效果好、在第二步骤回采时周边都是胶结充填体的前提下可以实现。即使方案 2 和方案 3 可以实施,在 1 个回采充填循环内,回采矿量不能太多,即充填前不能崩落更多排数的中深孔(因矿岩稳固条件限制);否则铲运机难以正常出净崩下的矿石,必须采用遥控铲运机出残矿。因此一次充填量少、充填频繁。

金川二矿区现行采矿方法是合理的、可行的,能适合矿体的开采。方案 4 不改变现行采矿方法的核心,即不改变开拓采准方法、采场结构参数、回采充填工艺、作业设备,只是改变回采充填的次序、步骤和时机等。因此方案 4 实施简单、容易、花费少。

通过对 4 种回采方案的比较,可见方案 4 为最佳方案。因此选择方案 4 即"分层卸荷盘区下向进路充填回采方案"作为卸荷开采实施方案。为此进一步说明如下:

(1) 分层回采时应逐层进行,即整个分层开采完后再进行下一分层的开采,不应梯度进行。当采用梯度进行时增加采场应力集中程度。

(2) 单中段开采和多中段同时开采对应力集中程度、地压管理的影响不明显,可实行多中段同时作业。

2.2　卸荷开采过程的数值模拟

根据金川二矿区基本条件,采用离散元方法和有限差分法对二矿区进行卸荷开采过程的数值仿真模拟,其研究成果可为二矿区的实际开采提供理论依据。

2.2.1　计算模型和计算方案

1. 3DEC 数值计算模型

3DEC 使用左手法则的坐标系统,x 轴与 z 轴确定的平面为水平面,y 轴正向垂直向上,取值与高程一致。图 2.5～图 2.8 分别为 3DEC 的建模过程。

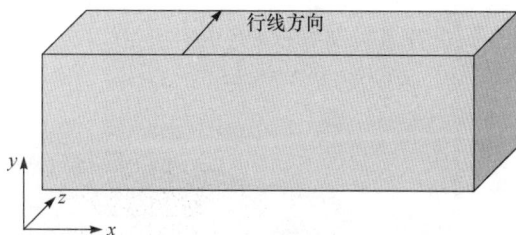

图 2.5　三维建模坐标轴

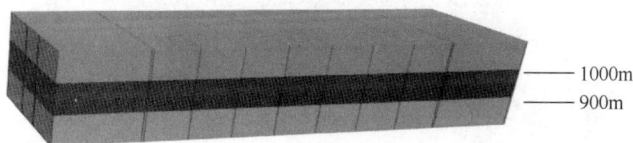

图 2.6　三维计算模型

图 2.7　三维模型中 1000m 以上部分隐藏

图 2.8　三维模型中每个盘区分 10 个分层

由此可见,模型中可见的不连续面有两种:一种是建立模型产生的切割面。这类可见的不连续面没有实际的地质意义,因而进行"黏合"处理。黏合处理后的不连续面不具备地质和力学意义上的不连续面特点。另一类不连续面则是真正意义上的不连续面,如层面、夹层和节理等。为了表达三维视图的直观视觉效果,3DEC 用颜色区分模型中的一些内容,比如模型中不同的材料(如岩性层)或不同的开挖区域等。

在计算中一旦结构面发生破坏,其内聚力和抗拉强度(如果赋了非零的初始强度)都降为零,只保留内摩擦角。由于结构面破坏时结构面法向应力都比较低,结构面破坏状态下的内摩擦角实际作用一般不突出。

2. 3DEC 数值模拟方案

如图 2.9~图 2.12 所示,每个分层水平分盘区开采,盘区之间采取间隔回采方式,即每个盘区内按照先采 1、3、5、7、9 条进路,开采完成并充填后再采 2、4、6、8、10 条进路(即隔一采一)。

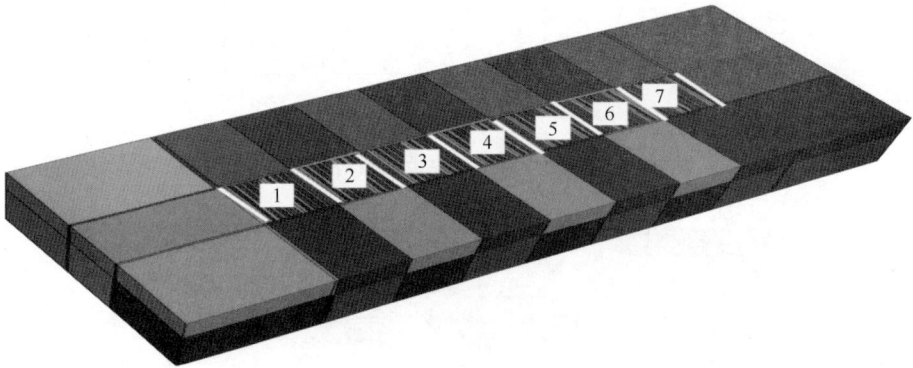

图 2.9　金川二矿区 7 个采矿生产盘区的位置

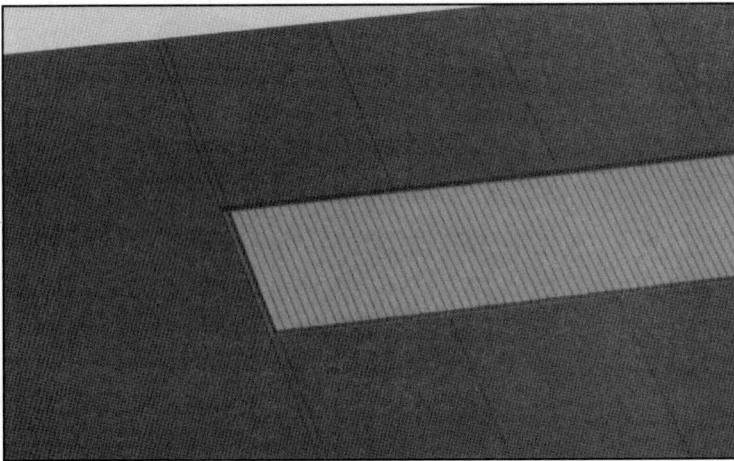

图 2.10　分层巷道开采后的计算模型

图 2.11　生产盘区部分矿体开采后的计算模型

图 2.12　生产盘区部分矿体开采后的充填计算模型

3. FLAC3D 数值计算模型

1)简化计算模型与模拟方案

FLAC3D 计算模型的高度(z 方向)为高程 850m 水平至 1100m 水平;x 轴与走向方向一致;y 方向以取芯孔为中心,向两边各延伸 500m。计算模型共划分有 48000 个六面体单元,50871 个结点。计算模型的几何形态及单元划分如图 2.13 和图 2.14 所示。

采用该计算模型模拟以下两种回采方案:

(1) 第一种方案(隔一采一)。先开采分层巷道,再开采盘区内部,先采第一分层 1、3、5、7、9、11、13、15、17、19 条进路,充填 1、3、5、7、9、11、13、15、17、19 条进路;然后开采 2、4、6、8、10、12、14、16、18 条进路,充填 2、4、6、8、10、12、14、16、18 条进路;最后充填分层巷道。回采过程自上往下共采 10 个分层。图 2.15 显示了沿着盘区中心 xz 剖面的开采步骤。

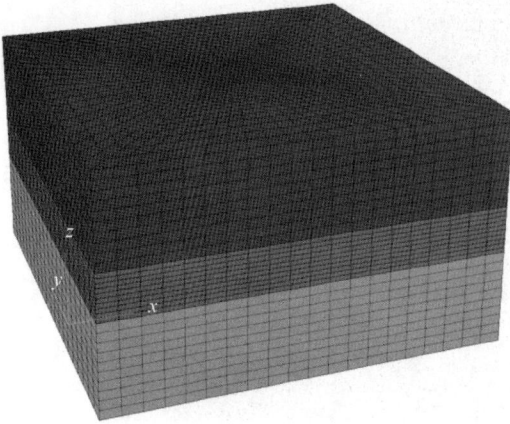

图 2.13　FLAC3D计算网格模型　　　　图 2.14　计算盘区网格模型

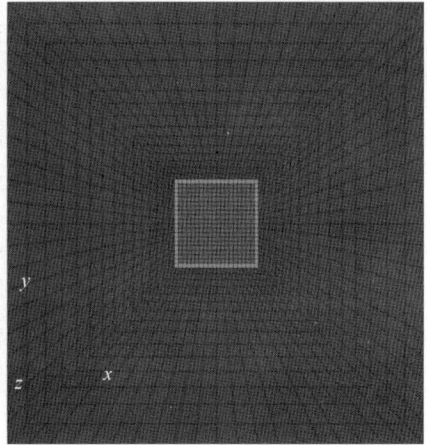

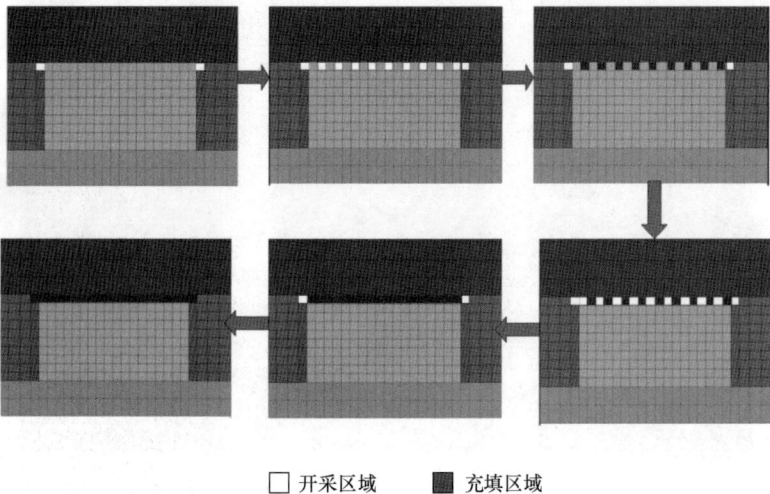

□ 开采区域　　■ 充填区域

图 2.15　第一种方案第一分层开采步骤

（2）第二种方案(隔二采一)。先开采分层巷道,再开采盘区内部,先采第一分层1、4、7、10、13、16条进路;然后充填1、4、7、10、13、16条进路;再开采2和3、5和6、8和9、11和12、14和15、17和18条进路,再充填2和3、5和6、8和9、11和12、14和15、17和18条进路;最后充填分层巷道。回采过程从上往下共开采10个分层。图2.16显示了沿着盘区中心 xz 剖面的开采步骤。

2) 实体模型建模方法

（1）确定实际计算模型。在此主要是模拟真实矿体的回采工艺。数值模拟效果受到初始地应力、地形、回采情况和矿体的几何特征等因素的影响,因此建模分析应尽可能接近真实情况,以期达到实际矿体的模拟卸荷过程,为回采过程应力分布和地压控制提供理论依据。

（2）建立 GOCAD 模型。对于复杂矿体,采用三维地质模型软件 GOCAD 中的离散

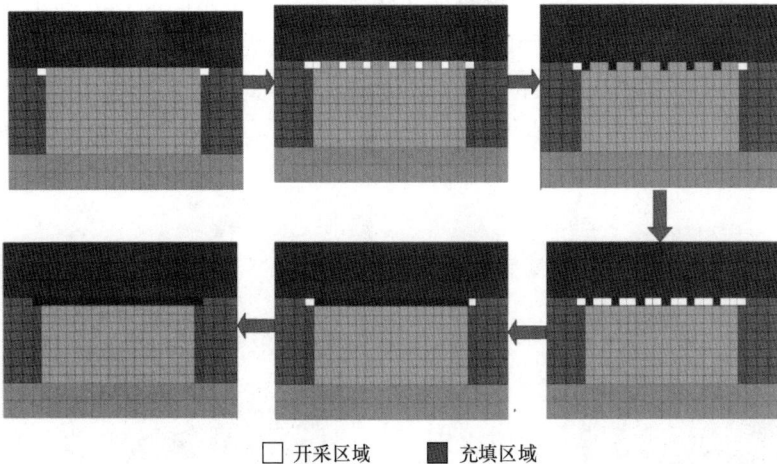

□ 开采区域　　■ 充填区域

图 2.16　第二种方案第一分层开采步骤

光滑插值法(DSI)来高效、精确地模拟复杂矿体的边界条件。GOCAD 中针对地学模拟方面主要的几何类型工具包括:

① 点(POINT)。地学模拟中的对象由一系列相互联系的点组成,称为顶点。在 ASCII 格式中,每个点的数据格式由其坐标和编号组成。

② 曲线(PLINE)。曲线是由多边形的线段所组成,在地学模拟中,多边形线段叫做曲线,由一些连续的段所组成。因此,其文件格式包括:系列顶点用来定义曲线的几何信息。用这些点组成的段,用来定义曲线的拓扑信息。每一段与其周围的段没有关系,而是与组成这些段的端点有关系。

③ 面(SURFACE)。面是由一系列三角面所组成,三角形的每个顶点称为结点。系列结点定义面的几何信息。由这些结点组成的三角形定义面的拓扑信息。地学模拟提供表面生成和编辑功能。其表面由三角面组成。可以从点、线、钻孔,体积面以及标准值面生成。这些面可以通过地学模拟所独有的插值算法 DSI 进行。DSI 将形成约束各种输入值来控制面的形状。约束包括控制点和面,控制与另一个面的接触。可以通过局部改变网格,按给定的准则加细或加粗网格,一个面被另一个面切割等。

④ 体(SOLID)。提供两种方法来定义体积或者层的内部。体积可以通过边界曲面来定义,或者通过离散的空间。层可以由一系列的规则网格充填,属性值将被放置在网格中。层也可以由不规则的网格所充填,这些网格由于上下层面的控制面产生变形。这些不规则的网格称为地层网格,可以用来模拟层中的地层岩性。属性结点将按给定的地层模型放置。

⑤ 地层网格(SGRID)。SGRID 是其中的地层模拟网格,即三维栅格模型,工程中的各向异性可以在其中很好地体现。SGRID 的网格结构有两种,可以附带属性在其网格的中心或结点处。

本次建模采用面(SURFACE)和地层网格等技术生成了富矿部分复杂几何体如图 2.17 所示。

根据矿山设计提供的二维 CAD 数据文件,首先建立了不同高程处的矿体边界曲线。以这些曲线为控制边界。曲线约束通过点集进行,将点集设置为控制点;然后设置边界约束生成曲面,由闭合曲面进一步生成体。为了使模型尽量接近实际尺寸,建模过程多次采用 DSI 插值技术。由此生成的矿体模型如图 2.17 所示。矿体三维模型生成后转化成如图 2.18 所示的地层网格模型。

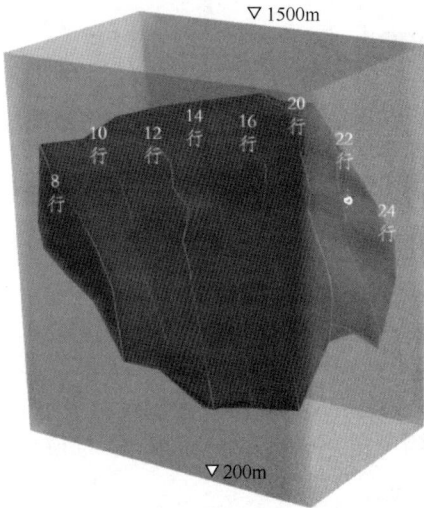

图 2.17　采用 GOCAD 模型生成的矿体模型　　　　图 2.18　GOCAD 中的 SGRID 模型

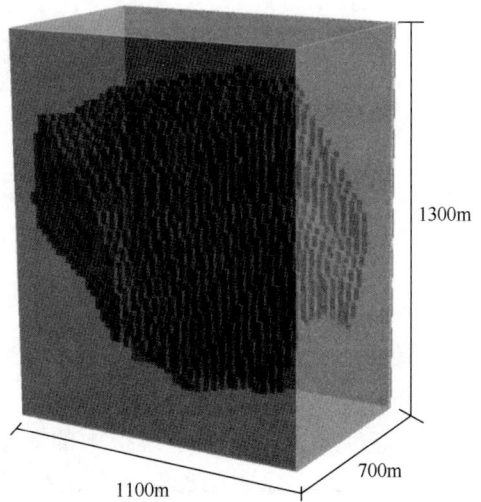

3)FLAC3D 实际几何模型

通过 FLAC3D 中的 FISH 语言,编制相应的接口程序,首先提取 3DGIS 模型中的网格结点坐标,然后转化成 FLAC3D 的六面体结点坐标,最后导入计算程序 FLAC3D,由此建立如图 2.19 所示的实体模型。实际计算模型划分成 129850 个单元和 138645 个结点。采用 SUBGRID 技术,加密网格与周围岩体网格,并通过 ATTACH 连接起来(图 2.20)。图 2.21 显示了回采盘区网格与其他富矿网格采用 ATTACT 连接的结果;图 2.22 给出剖面在计算模型中的位置。图 2.23 显示了沿剖面方向的回采盘区网格和其他部分网格。

4) 实体模型计算方案

采用实体模型进选用"隔一采一"的进路回采方式,进行采场卸载回采方案的数值模拟,即先开采分层巷道,再开采盘区内部。每次回采一条进路,进路断面尺寸为 5m×5m;当一条进路回采结束后进行充填,再回采下一条进路。回采顺序如图 2.15 所示。当一个分层全部回采且充填结束后,进行下一个分层回采,每个模型共模拟了 12 个分层共 60m 的矿体回采。

为了模拟回采盘区的应力环境,在回采前首先对 1250m 水平以上部分进行回采充填,接着对 1250~1150m 的矿体进行回采充填的数值模拟。

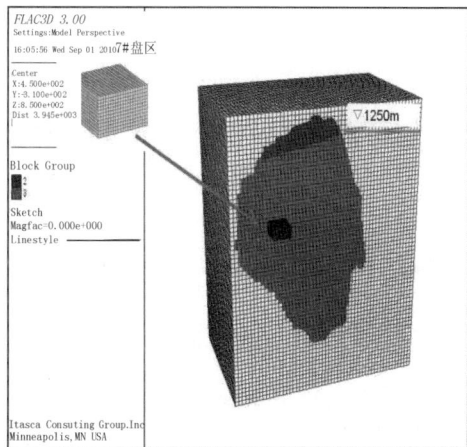

图 2.19　SGRID 模型导入 FLAC3D 中生成的模型

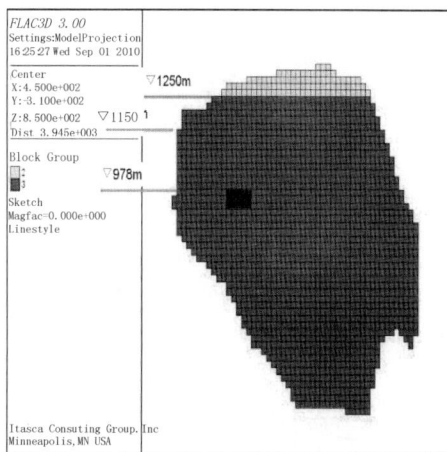

图 2.20　FLAC3D 模型中的富矿

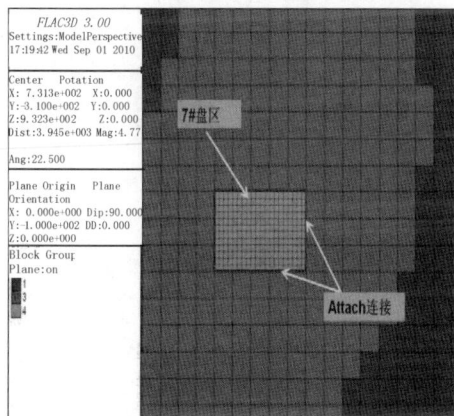

图 2.21　回采盘区网格与其他富矿
网格 ATTACH 方式连接

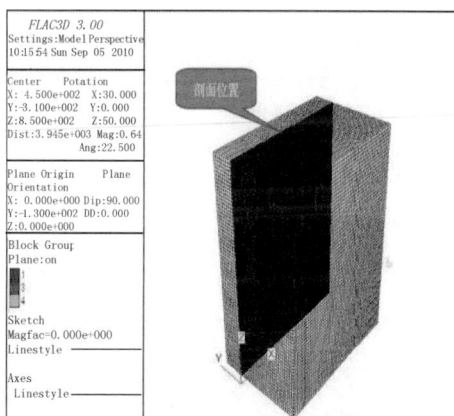

图 2.22　显示剖面在计算模型中的位置

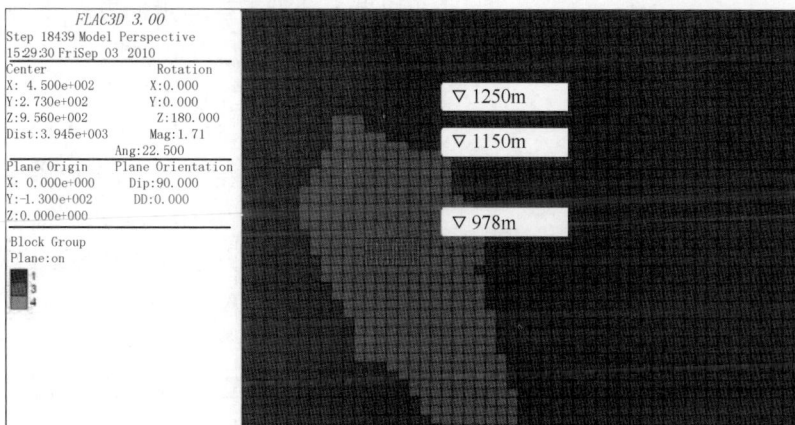

图 2.23　沿剖面方向回采盘区网格及其他部分网格

2.2.2　矿区初始地应力条件

国内外多家单位开展了金川矿区的地应力测量,由此获得了大量的测试结果。此处采用由北京科技大学完成的"金川二期工程无矿柱大面积连续开采的稳定性及其控制技术的研究"的地应力测试结果,由此给出的规律如下:

(1) 最大主应力位于水平方向,其值为自重应力的1.69~2.27倍。由此可见,金川矿区深部地应力场是以水平构造应力为主导,均为压应力。采场巷道现场调查也证明了受水平作用的构造应力为主导的变形破坏特征。

(2) 现场10个测点的最大水平主应力方向,有7个测点为北东向,3个测点为北西向,平均为北北东向15°。

(3) 垂直应力值基本上等于或略小于上覆岩层的重量。

(4) 在同一平面内,同一种地应力在不同点的大小和方向存在一定程度的变化,但没有突变现象,由此说明矿区地应力场比较均匀。

(5) 在10个测点中,除3#测点外,其余9个测点的最小主应力也在水平方向。即几乎所有测点的最大水平主应力和最小水平主应力相差较大,最大相差超过3倍。金川矿区地应力分布特征对地下采矿工程稳定性产生不利影响。

(6) 根据测量结果,矿区地应力以水平应力为主,主应力方向为北东向,且随深度增加的统计回归函数为

$$\sigma_H = 0.098 + 0.05068H$$
$$\sigma_h = -0.015 + 0.0200H$$
$$\sigma_v = -0.208 + 0.02542H \tag{2-1}$$

式中,σ_H——最大水平主应力,MPa;

　　　σ_h——最小水平主应力,MPa;

　　　σ_v——垂直主应力,MPa;

　　　H——埋深,m。

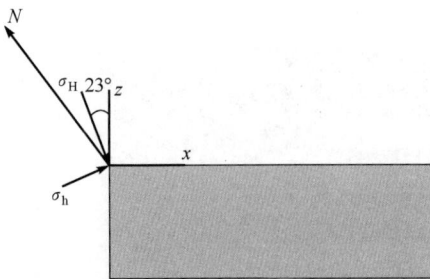

图 2.24　主应力方向与坐标轴的关系

计算中选取的模型边界为矩形,其中模型长边界x轴沿着矿体走向方向,x轴的正方向与勘测线增加的方向一致;短边界(z轴或y轴)垂直于矿体走向,与勘测线方向一致。根据地应力测试结果,该区主应力方向与计算模型边界面的方向存在一夹角,因此需要根据测量回归出的主应力,求出模型边界面上的正应力和剪应力。主应力方向与3DEC计算坐标的关系见图2.24,FLAC3D的计算坐标是将图2.24中的z轴与y轴对调。

根据3DEC和FLAC3D中对应力符号的规定,拉应力为正,压应力为负,因此式(2-1)可以写成

$$\sigma_H = -0.098 - 0.05068H$$

$$\sigma_h = 0.015 - 0.0200H$$
$$\sigma_v = 0.208 - 0.02542H \tag{2-2}$$

经过转换,所求计算模型边界面上的正应力和剪应力为

$$\sigma_x = 0.00226 - 0.02468H$$
$$\sigma_z = -0.08074 - 0.046H$$
$$\tau_{xz} = 0.0406 + 0.01102H \tag{2-3}$$

3DEC 规定最大主应力是第一主应力 σ_1,最小主应力是第三主应力 σ_3。FLAC3D 规定最大主应力是第三主应力 σ_3,最小主应力是第一主应力 σ_1。为了避免混淆,采用第一主应力和第三主应力方式表达。

2.2.3　力学模型

1. 矿体岩石力学参数

岩石力学参数选取对于数值模拟结果具有重要影响,它决定数值模拟结果的可靠性。金川矿区矿石类型复杂,后期构造活动变质作用、次生风化作用及各类岩石的物理力学性质变化剧烈。因此,准确确定矿区岩体力学参数十分困难。经过几十年的深入研究,已经取得了丰富的成果。在反复对比分析和模拟试验的基础上,并结合 3DEC 及 FLAC3D 等数值模拟分析软件的特点,由此确定了表 2.1 中的矿岩体和充填体力学参数。

表 2.1　金川二矿区矿岩体与充填体岩体力学参数

参数	超基性岩体	富矿体	充填体
容重/(kg/m³)	2935	3077	2500
黏结力/MPa	1.848	1.8	0.76
内摩擦角/(°)	39.6	38.4	36.6
抗拉强度/MPa	1.1	0.685	0.6
弹性模量/GPa	16	14.25	7.28
泊松比	0.16	0.30	0.21

2. 矿岩体本构模型

UDEC/3DEC 程序中提供了由空模型、弹性模型和塑性模型组成的近 10 种基本本构关系模型,所有模型都能通过相同的迭代数值计算格式得到解决:给定前一步的应力条件和当前步的整体应变增量,能够计算出对应的应变增量和新的应力条件。计算主要采用以下模型。

1) 空单元模型

空单元用来描述被剥落或开挖的材料,其中应力为零,这些单元上没有质量力(重力)的作用。在模拟过程中,空单元可以在任何阶段转化成具有不同材料特性的单元,如开挖后充填胶结。

2）Mohr-Coulomb（莫尔-库仑）塑性模型

Mohr-Coulomb 模型通常用于描述岩石的塑性变形和剪切破坏。模型的破坏包络线和 Mohr-Coulomb 强度准则（剪切屈服函数）以及拉破坏准则（拉屈服函数）相对应。

3）库仑滑动模型或者连续屈服节理模型

岩体破坏后沿着结构面的位移、变形规律按照库仑滑动模型或者连续屈服节理模型进行计算。

2.2.4 计算结果与分析

1. DEC 数值计算结果及分析

计算盘区的范围为 $100m \times 100m$，共模拟 7 个盘区，每个分层分盘区开采，进路断面为 $5m \times 5m$，开采方式为隔一采一。图 2.25 显示剖面位置，图 2.26 为初始应力场，图 2.27 和图 2.28 分别显示沿剖面方向回采第 1 和第 10 分层的第一主应力分布等值线图。

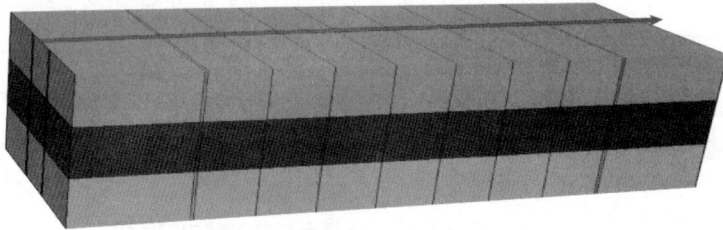

图 2.25　计算结果显示剖面位置

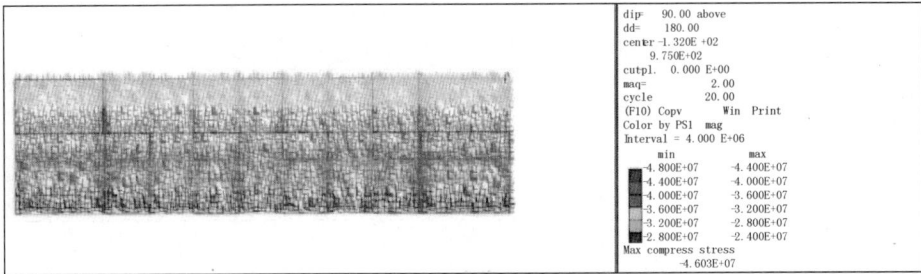

图 2.26　初始应力场（第一主应力）

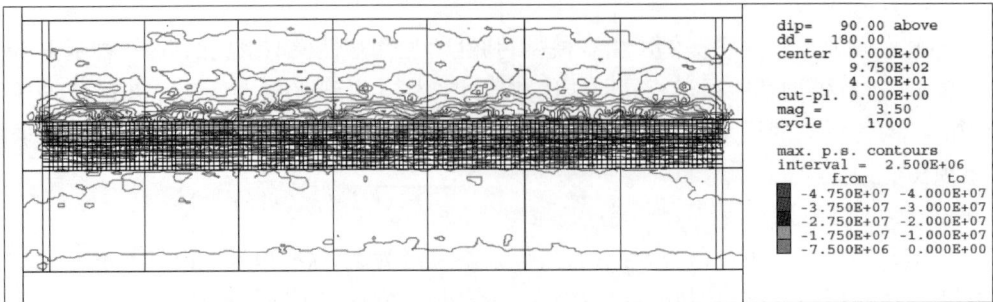

图 2.27　第 1 层开采后第一主应力分布等值线图

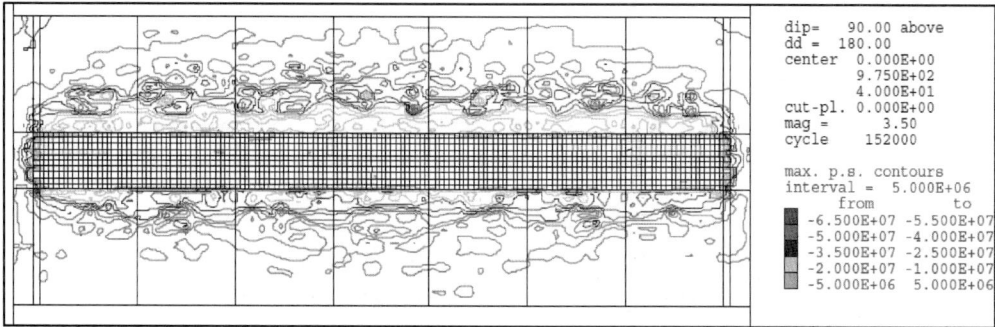

图 2.28　第 10 层开采后第一主应力分布等值线图

由第一主应力分布等值线图发现,开采前各个盘区的初始应力为 40～48MPa,当第 1 层开采并充填后,充填部分应力降至 20MPa,盘区内待采区域的应力降低至 27～37MPa,应力下降达到 22%。第 10 层开采充填后,充填部分最小压应力降至 0～10MPa,顶底柱应力下降至 20～40MPa。可见,采场围岩的垂直和水平应力卸荷效果显著。

2. FLAC3D 数值模拟结果与分析

1) 卸荷效应的表征参数

为了进一步了解开采引起的细部结构应力及位移分布情况,采用 FLAC3D 对其中一个盘区进行模拟。模拟分两个阶段进行,第一阶段采用简化模型计算,第二阶段采用实体模型计算。为了分析累积回采活动中产生的采动效应以及地压活动显现规律,FLAC3D 数值分析主要采用如下模拟参数进行研究:

(1) 第一主应力及第三主应力分布。在 FLAC3D 设置中,以压应力为负,拉应力为正。第一、三主应力指标可表征地压活动的应力变化以及应力集中或应力松弛程度。

(2) 位移等值线与位移矢量分布。这两类指标用于表征单元离开其原始平衡位置的状况。其中 y 方向的位移主要用表征上、下盘围岩向采空区或矿体部位收敛变形,利用上、下盘围岩收敛变形方向相反特征,确定上、下盘围岩最大收敛变形;而位移矢量表征介质位移的方向。其中 z 方向位移正表征分析所在区域向上位移;z 方向位移负表征分析所在区域产生下沉位移。

(3) 塑性破坏区的分布。矿体在开挖卸荷的过程中,对初始应力场产生扰动,导致矿体内应力重分布,部分区域围岩可能进入塑性破坏状态,从而导致矿柱发生塑性破坏,这样就形成塑性破坏区。塑性破坏区的分布与岩体应力释放路径有关,其分布情况可以作为矿体开采过程是否合理的一个重要指标。FLAC3D 模拟计算结果显示的塑性破坏区主要有以下几类:剪切破坏、曾剪切破坏、拉伸破坏、曾拉伸破坏、剪切和拉伸破坏、曾剪切和拉伸破坏等。

在选定的水平剖面、行线剖面与监测线上,采用上述表征参数,分析不同采矿条件下地压活动特征参数,从而揭示地压活动的规律以及回采方案的优劣。

2) 简化模型计算结果与分析

简化计算模型计算结果如图 2.29～图 2.40 所示。比较第一、第十分层全部开采并充填后的第一主应力、第三主应力及竖直方向上的位移云图可知：采用方案一开采应力释放较均匀，采用方案二开采及充填后应力分布不均匀；十分层充填完后两种方案产生的应力基本相当，均为0～25MPa，随着矿层的逐步开采，其内部充填体的主应力呈现逐步减小的趋势；该盘区开采后，顶板竖直位移主要为负值（即向下沉陷），底板竖直位移主要为正值（即向上凸起），对于开采区顶部，第一分层全部开采并充填后的顶板最大竖直位移，方案一和方案二分别为－2.11cm和－3.64cm，方案一和方案二第十分层全部开采并充填后的顶板最大竖直位移分别为－4.66cm和－8.82cm，方案一中的顶板竖直位移较方案二小近40％左右，整个盘区回采完成后，下覆岩体的竖直位移量基本相当，且方案一位移场明显要比方案二均匀，可知按方案一开采时对周边岩体的扰动较小。

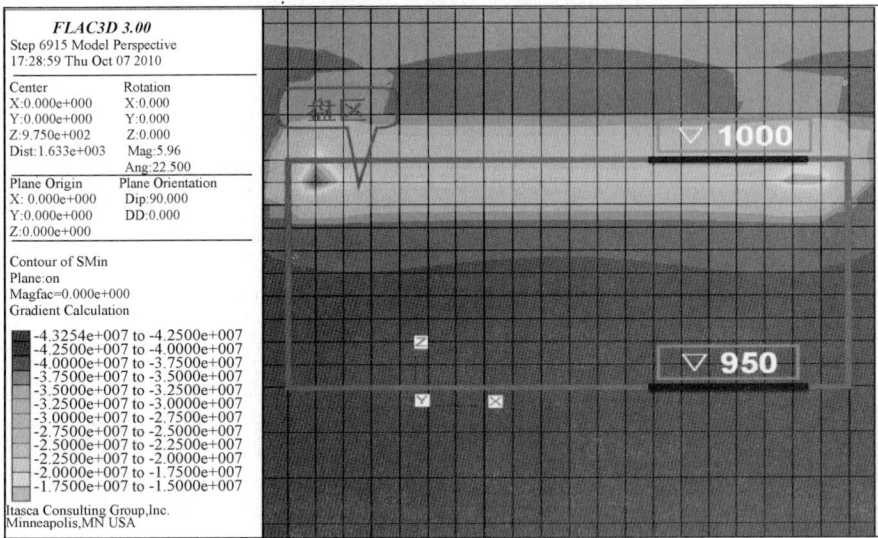

图2.29　第一分层全部开采并充填后的第一主应力分布（第一种方案）

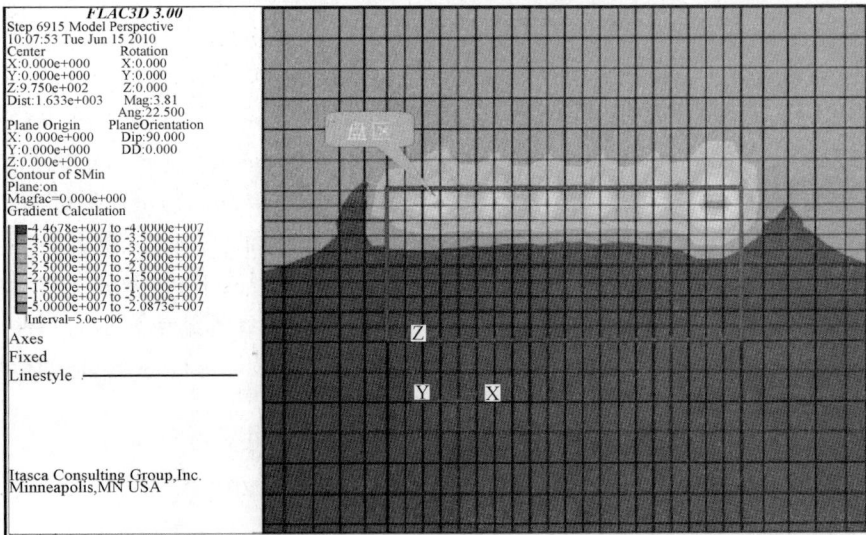

图2.30　第一分层全部开采并充填后的第一主应力分布（第二种方案）

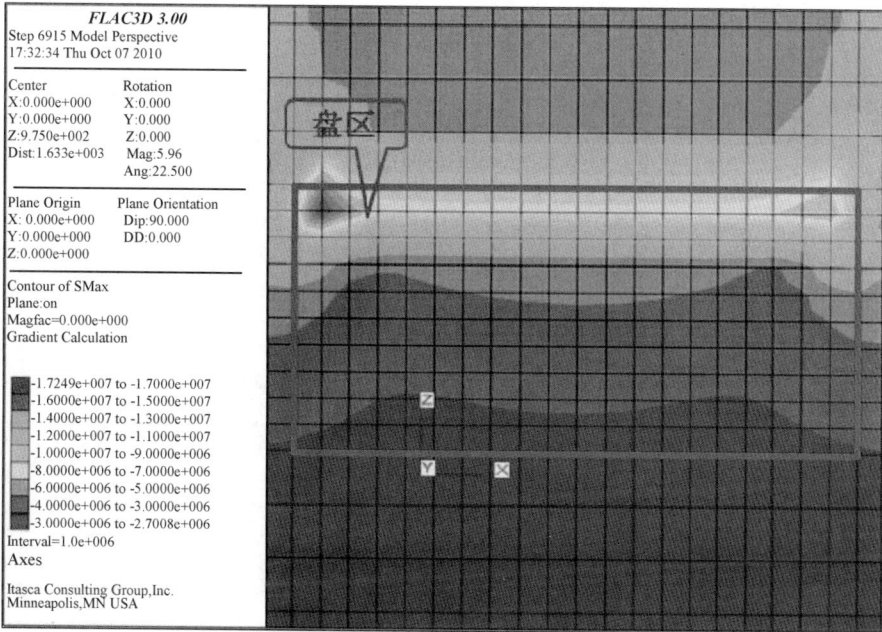

图 2.31　第一分层全部开采并充填后的第三主应力分布(第一种方案)

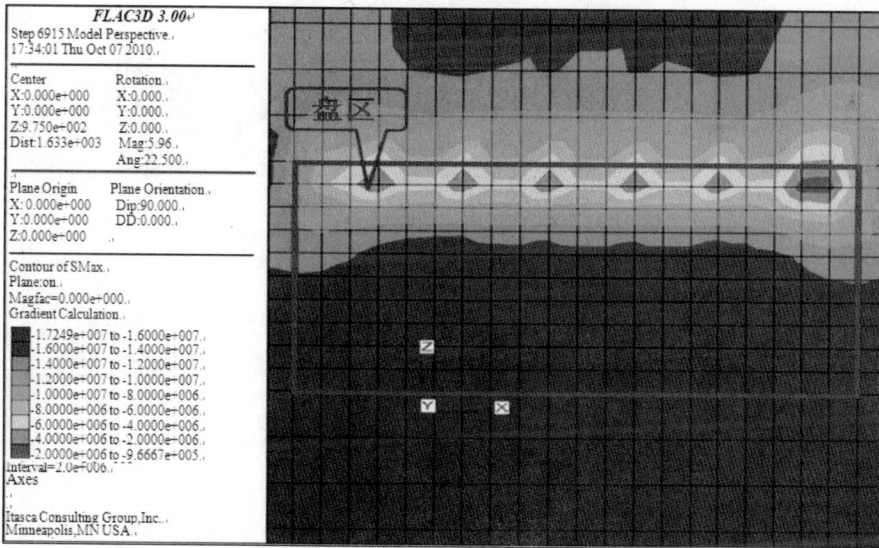

图 2.32　第一分层全部开采并充填后的第三主应力分布(第二种方案)

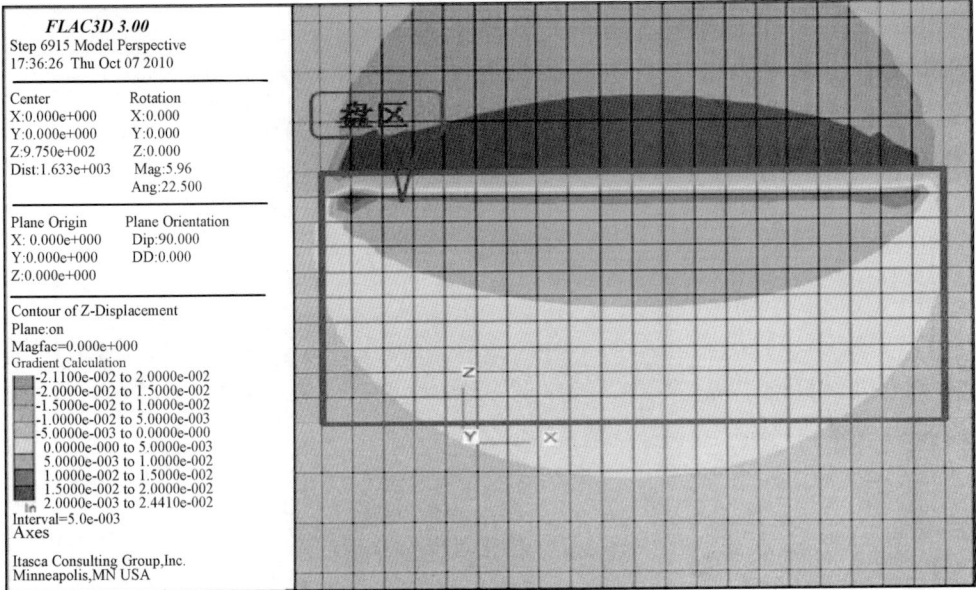

图 2.33　第一分层全部开采并充填后的竖直位移分布(第一种方案)

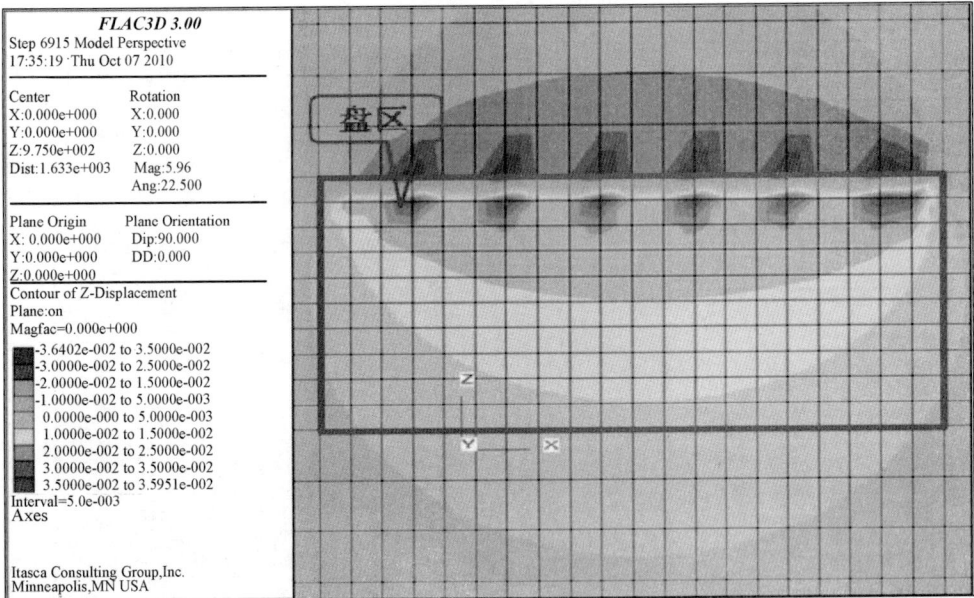

图 2.34　第一分层全部开采并充填后的竖直位移分布(第二种方案)

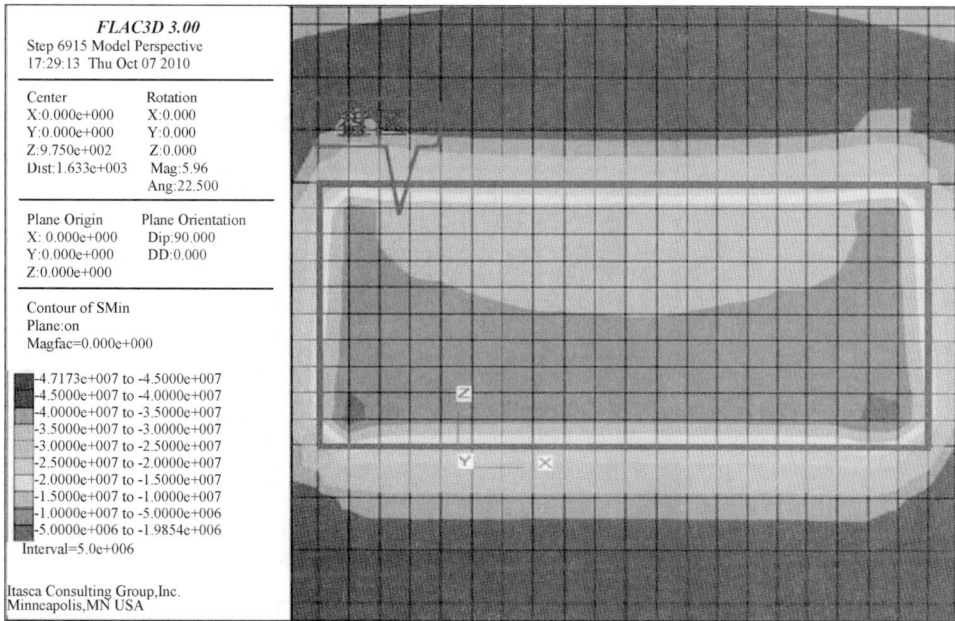

图 2.35　第十分层全部开采并充填后的第一主应力分布(第一种方案)

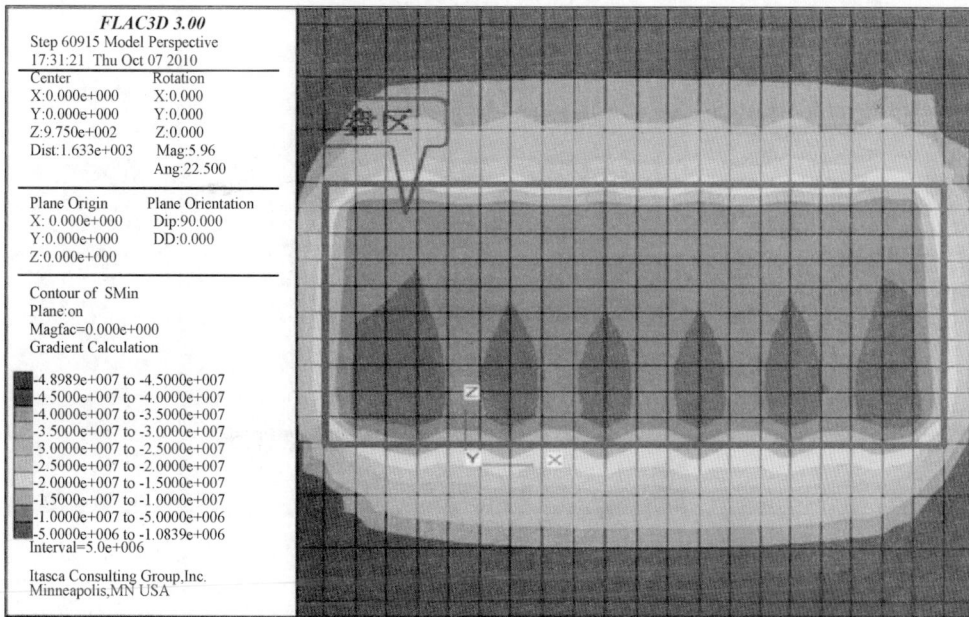

图 2.36　第十分层全部开采并充填后的第一主应力分布(第二种方案)

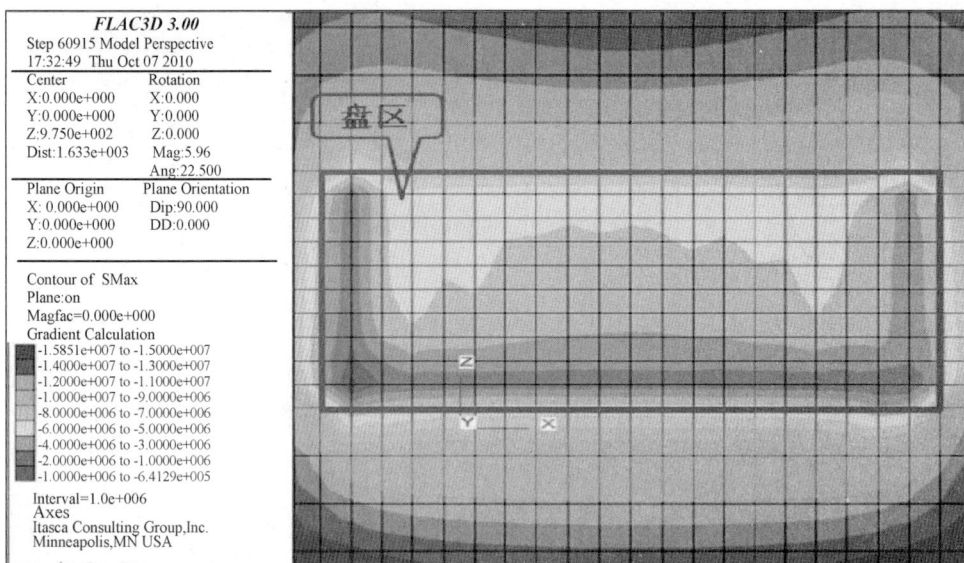

图 2.37 第十分层全部开采并充填后的第三主应力分布(第一种方案)

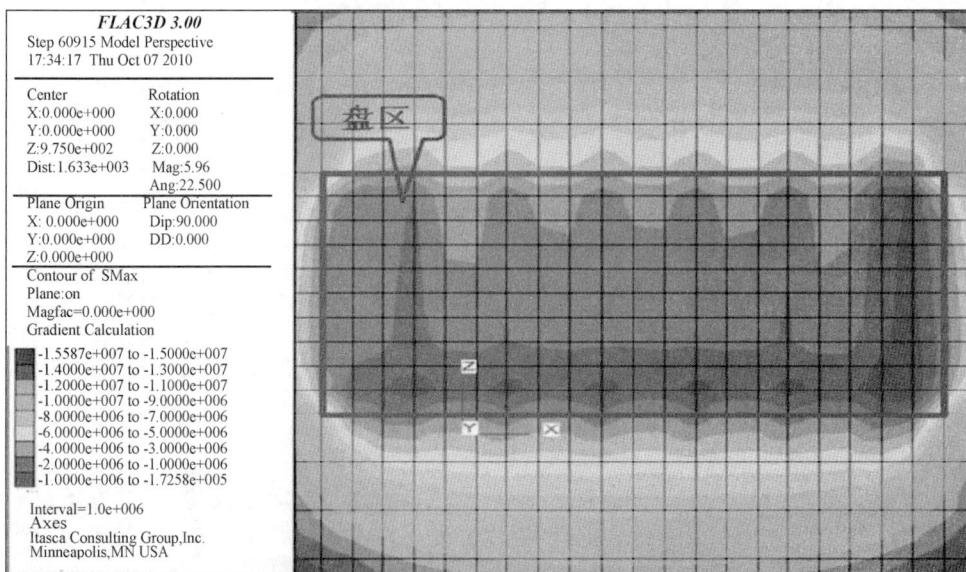

图 2.38 第十分层全部开采并充填后的第三主应力分布(第二种方案)

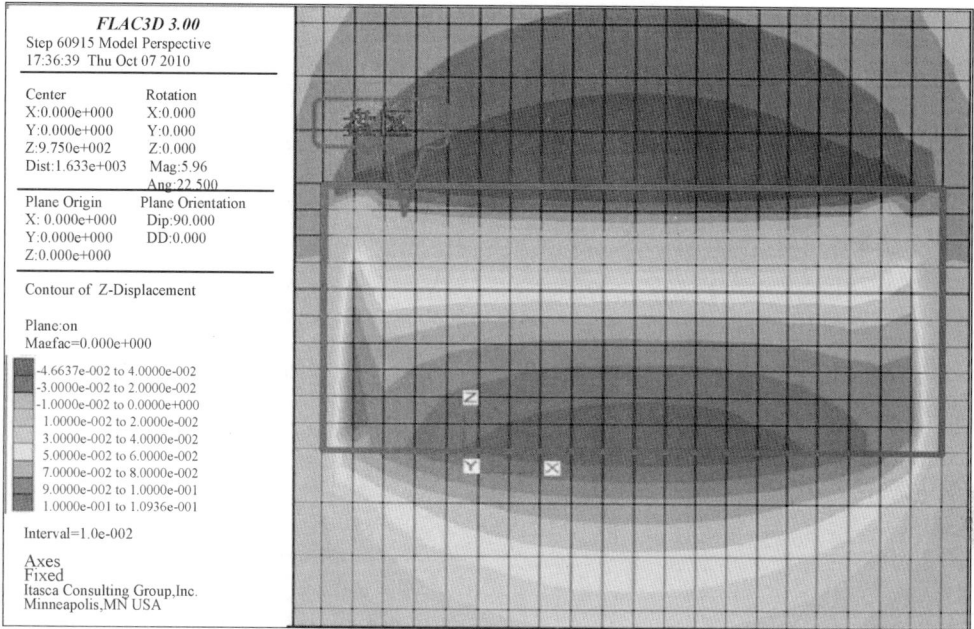

图 2.39 第十分层全部开采并充填后的竖直位移分布(第一种方案)

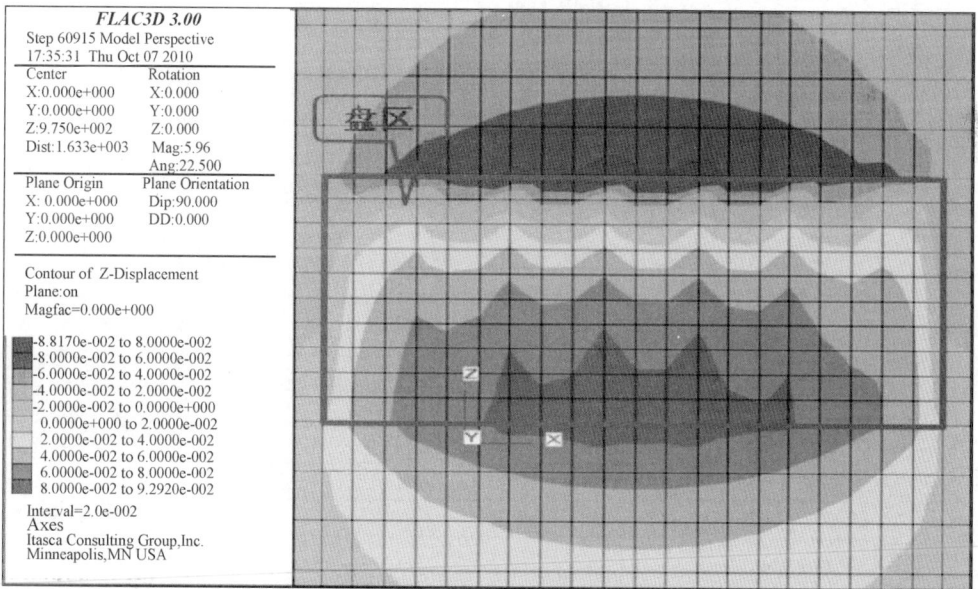

图 2.40 第十分层全部开采并充填后的竖直位移分布(第二种方案)

为了揭示开采盘区内部应力应变分布规律,对各分层开采充填过程中第一主应力和竖直位移进行分析。图 2.41～图 2.44 显示了第十层开挖完成后的顶板层面和充填体 960m 高程的第一主应力及竖直位移的分布曲线。对比方案一及方案二可知,方案一在该层面上应力及位移分布更加均匀和连续,未出现明显的应力集中及位移突变。

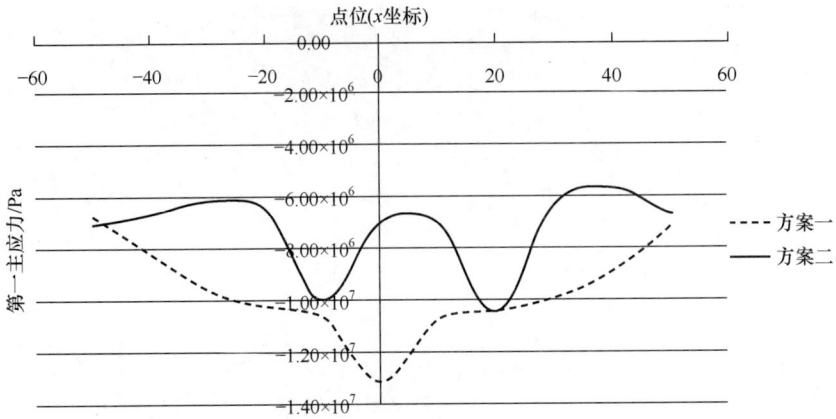

图 2.41 第十层回采完成后的顶板层面第一主应力分布曲线

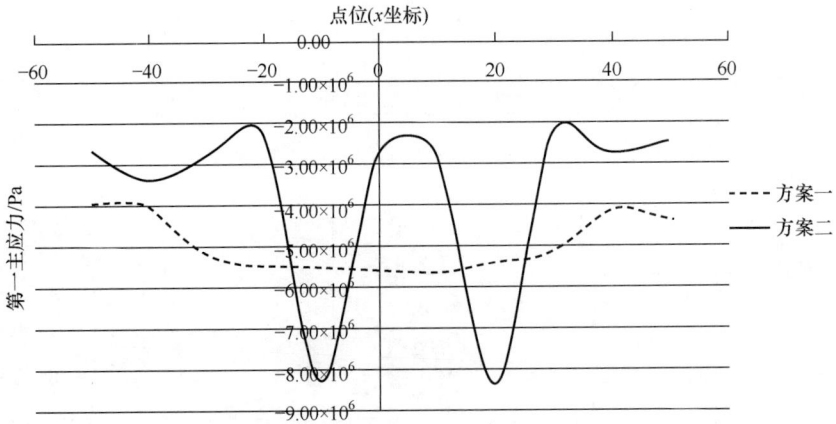

图 2.42 第十层回采完成后充填体 960 m 高程第一主应力分布曲线

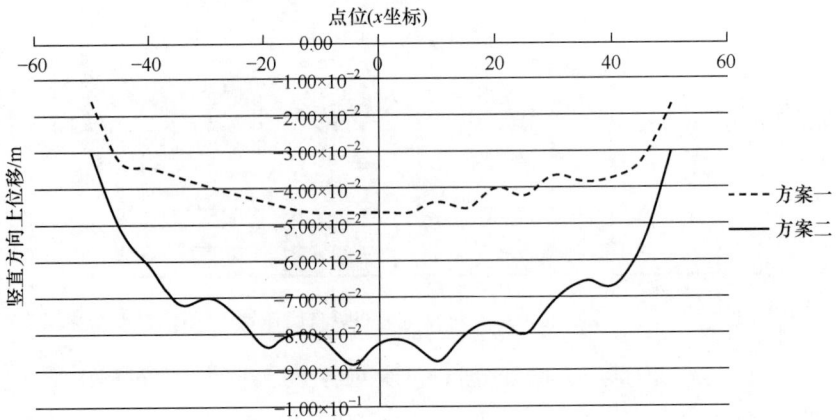

图 2.43 第十层回采完成后顶板层面竖直方向位移分布曲线

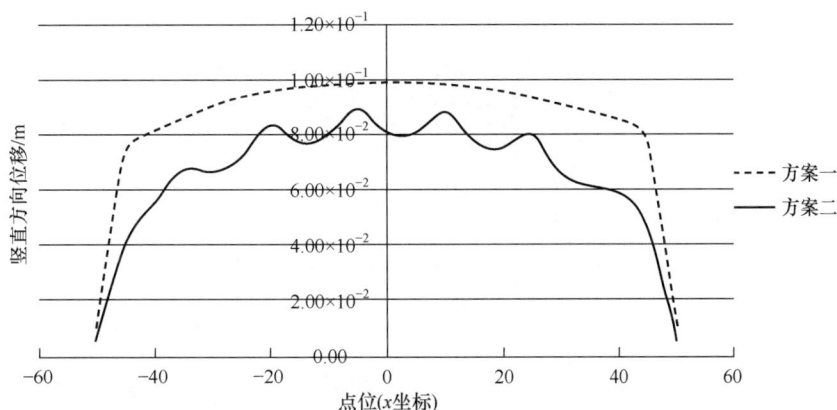

图 2.44　第十层回采完成后充填体 960m 高程竖直方向位移分布曲线

通过综合比较两个方案的第一主应力、第三主应力、竖直位移和塑性区分布,表明方案一"隔一采一"有利于缓解回采过程中的应力集中,减小位移和塑性区范围,有利于回采区域在开挖过程中采场的稳定,由此选择方案一作为金川二矿区 1# 矿体最终回采模式。

3) 实体模型计算结果及分析

根据简化模型的计算结果分析可知,采用隔一采一的开采充填方式较好。为此,在实体模型中采用该回采充填方式进行盘区采充过程的数值模拟,模拟过程如下:

先将 1150m 水平以上矿体开采充填后,接着进行回采盘区的开采,其中回采盘区的开采采用隔一采一的方法进行。图 2.45～图 2.48 为回采盘区回采之前的应力及位移分布情况:1150m 水平以上矿体回采以后,水平矿柱的上部有一定的卸荷作用,但对水平矿柱下部影响较小;978m 水平以下的回采盘区应力变化不大,最大主应力保持在 45MPa 左右。对回采盘区进行回采时,从各开采步所显示的应力及位移分布图可知,7# 盘区开采充填的影响范围主要集中在该盘区内部及附近区域,为此重点分析回采盘区周围岩体随开采步的应力应变变化。各剖面图均取为中心点坐标为 $(0, -130, 0)$,平行于 xz 平面所在的剖面。其中回采盘区分析剖面细部图解及分析点布置如图 2.45 所示。图 2.46 为未开采前初始条件下沿剖面方向的第一主应力分布图。图 2.47 和图 2.48 分别显示了1150m 水平以上开采后沿剖面方向上的第一主应力和垂直位移分布图。图 2.49～图 2.57 分别给出了回采第 1 分层和回采第 12 分层后,沿剖面方向上的第一主应力和垂直位移分布图。由此可以获得以下结论:

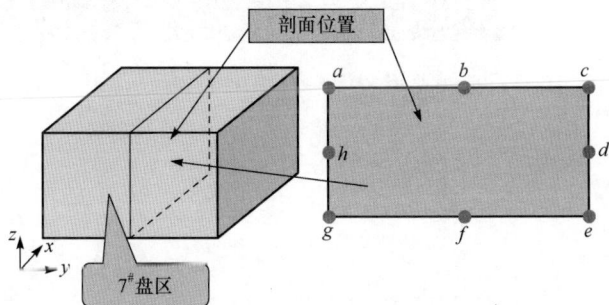

图 2.45　回采盘区分析剖面细部图解及分析点布置示意图

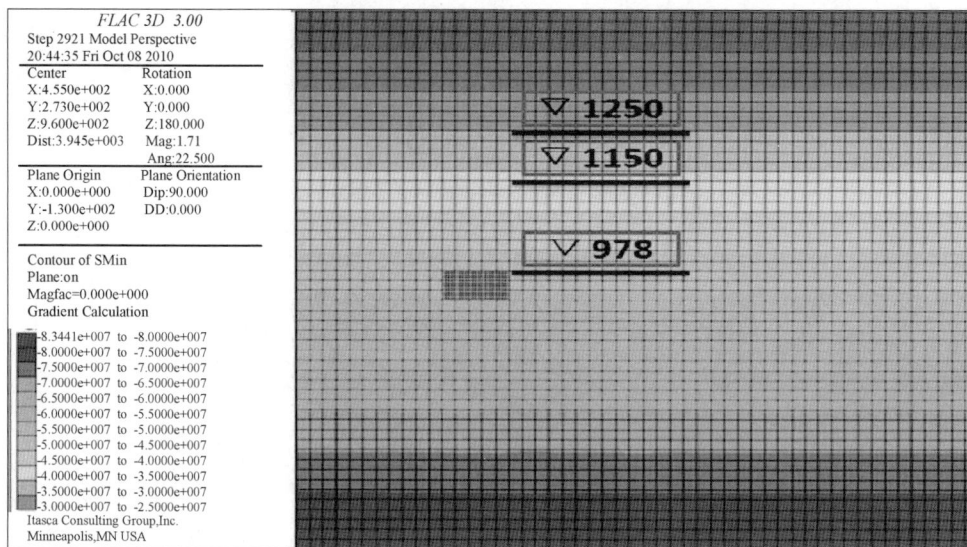

图 2.46　未开采前初始条件下沿剖面方向第一主应力分布

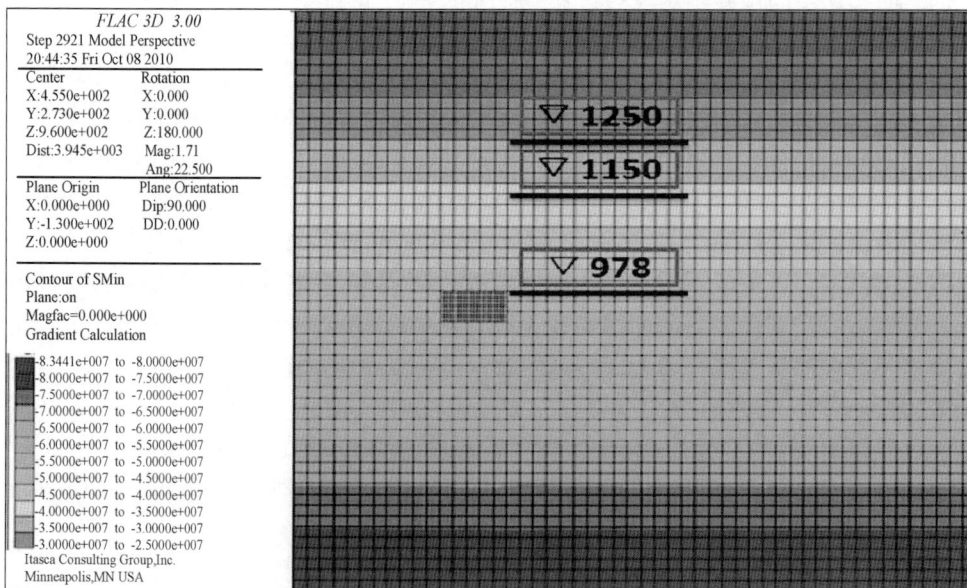

图 2.47　1150m 水平以上开采后沿剖面方向第一主应力分布

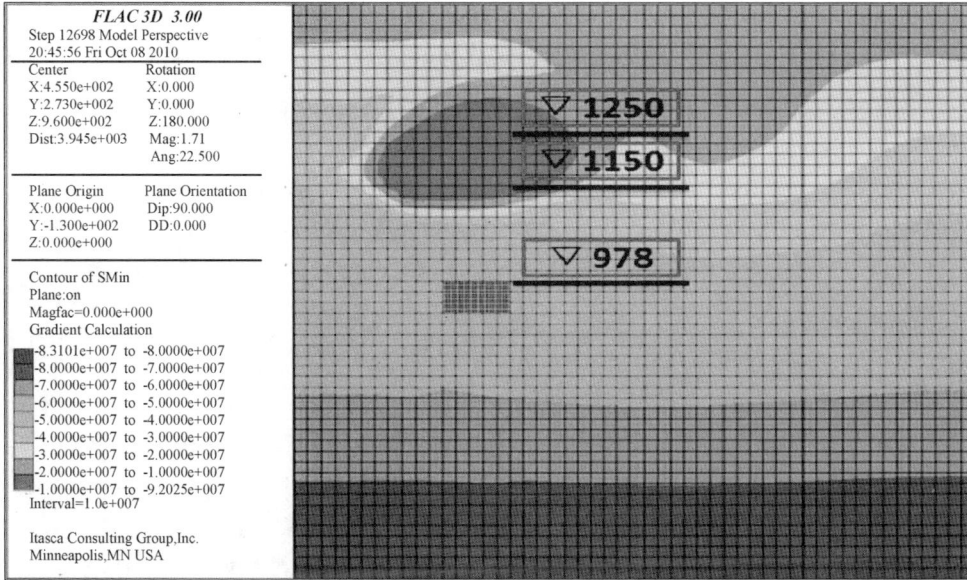

图 2.48　1150m 水平以上开采后沿剖面方向竖直位移分布

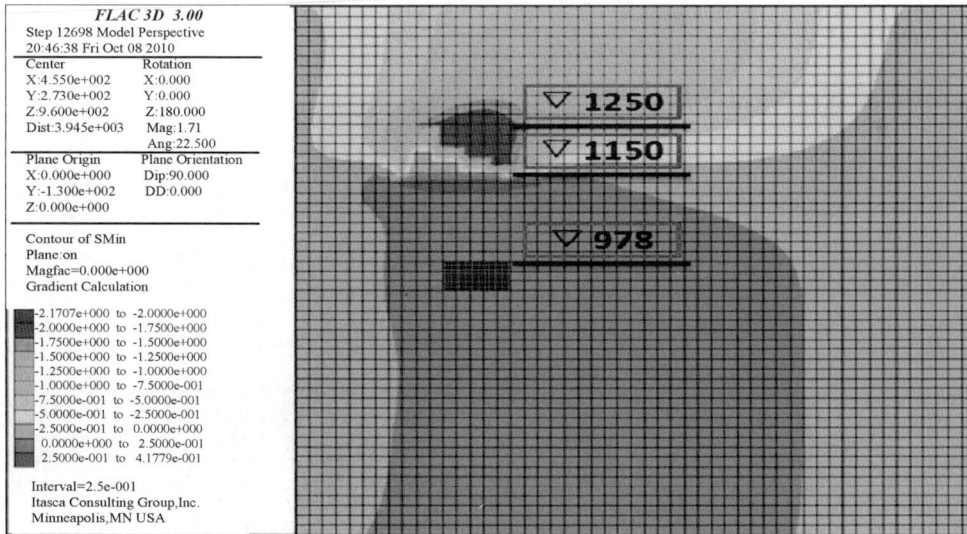

图 2.49　回采盘区第 1 分层开采后沿剖面方向第一主应力分布

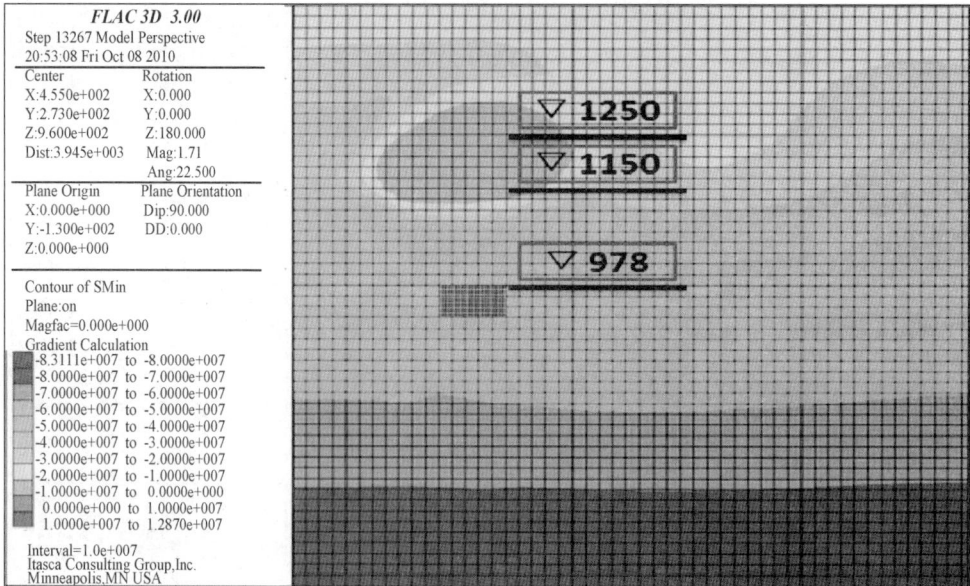

图 2.50　回采盘区第 1 分层开采后沿剖面方向竖直位移分布

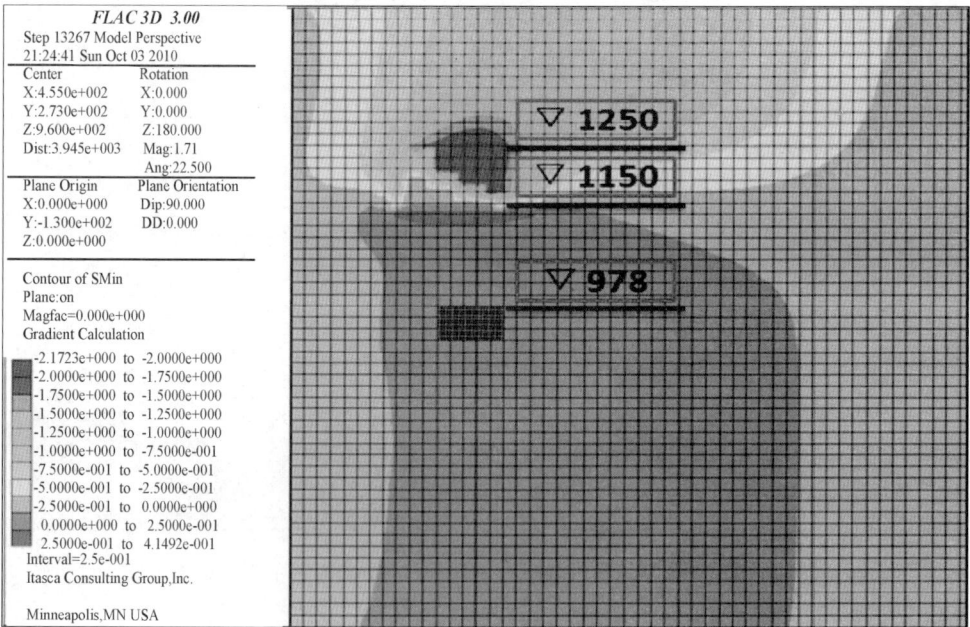

图 2.51　回采盘区第 12 分层开采后沿剖面方向第一主应力分布

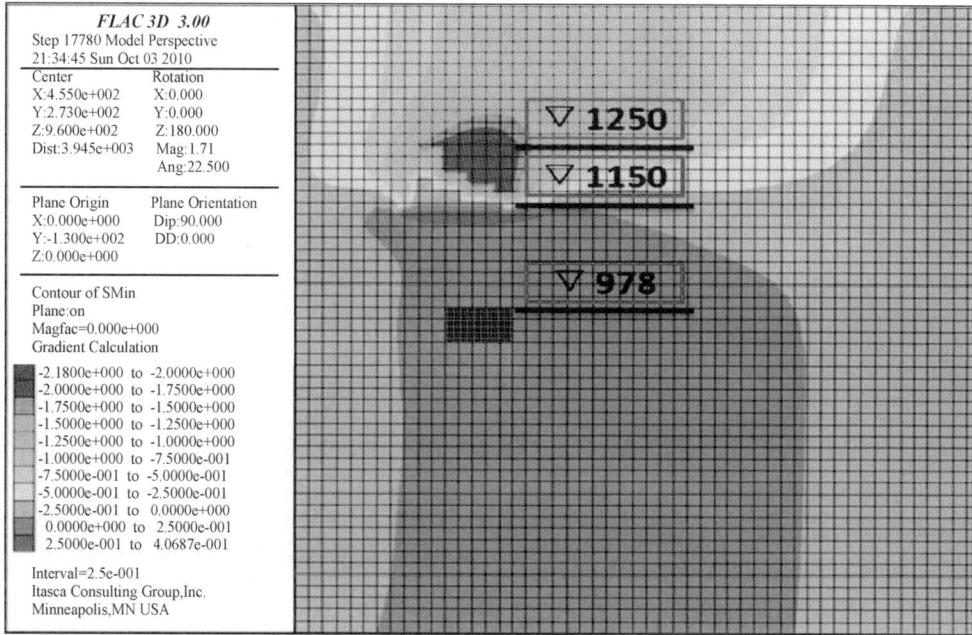

图 2.52　回采盘区第 12 分层开采后沿剖面方向竖直位移分布

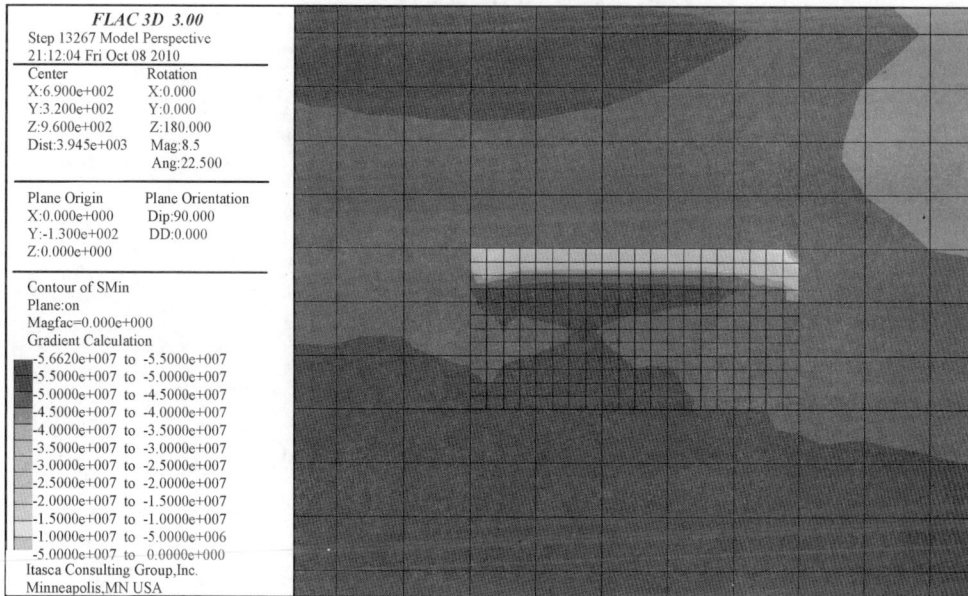

图 2.53　回采盘区第 1 层开采后沿剖面方向回采盘区及附近区域第一主应力分布

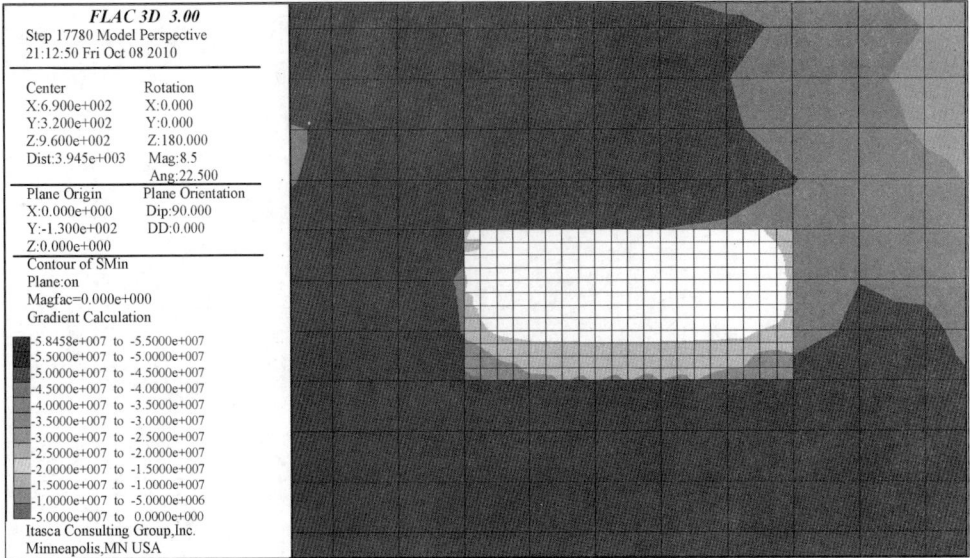

图 2.54　回采盘区第 12 层开采后沿剖面方向回采盘区及附近区域第一主应力分布

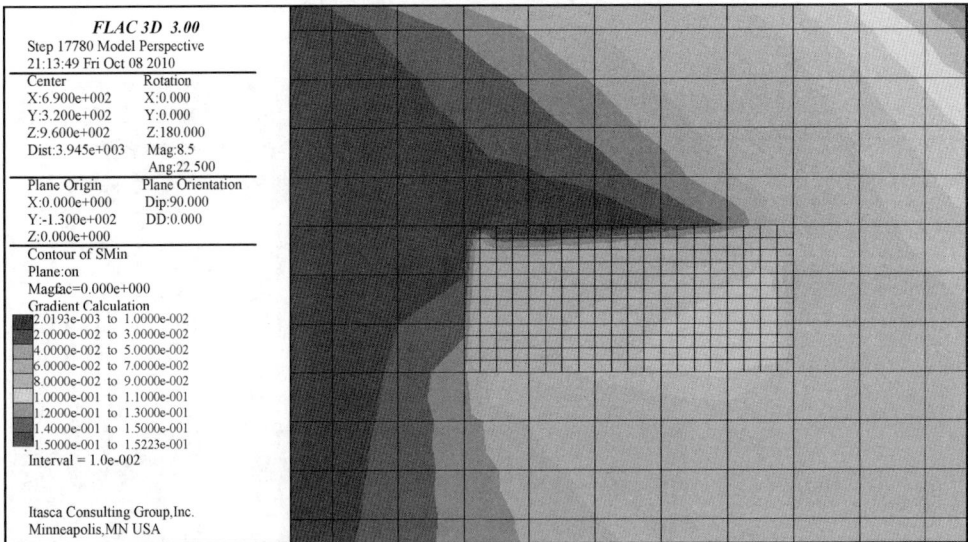

图 2.55　回采盘区第 12 层开采后沿剖面方向回采盘区及附近区域竖直位移分布

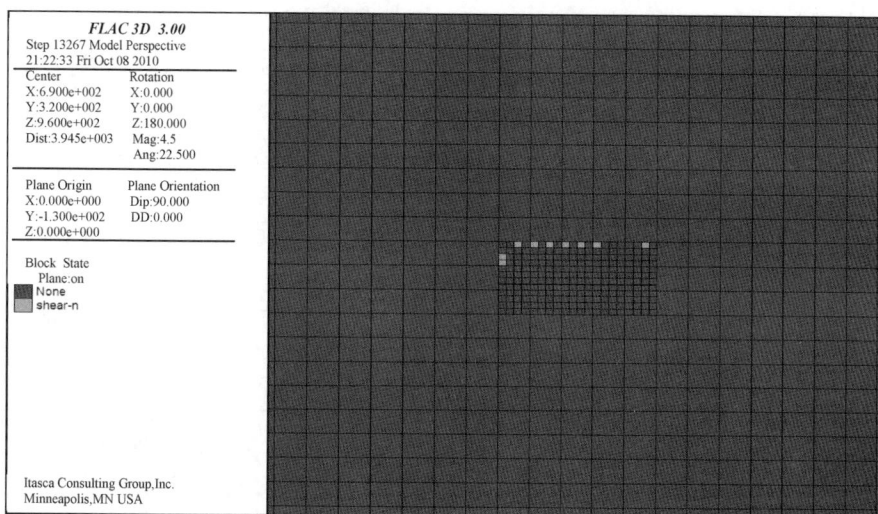

图 2.56 回采盘区第 1 层开采后沿剖面方向回采盘区及附近区域塑性区分布

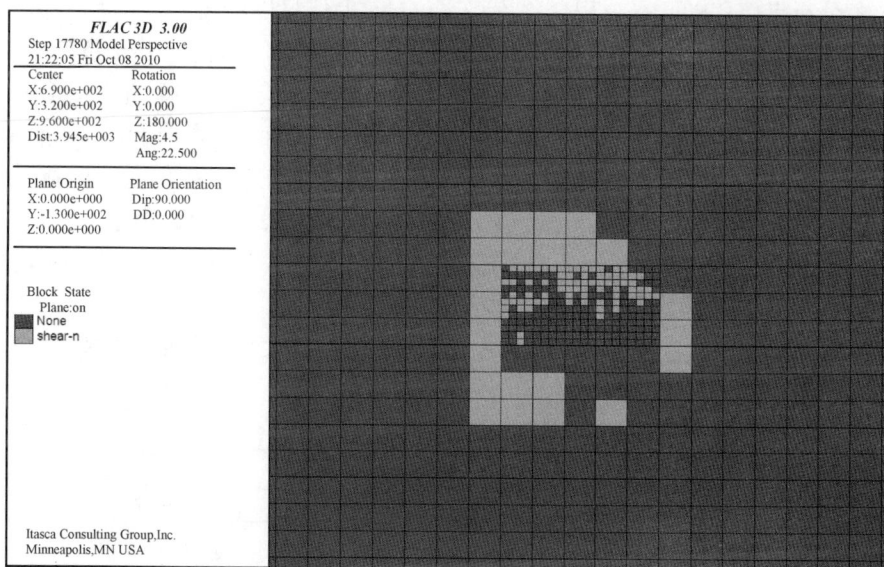

图 2.57 回采盘区第 12 层开采后沿剖面方向回采盘区及附近区域塑性区分布

（1）从图 2.49～图 2.55 所示结果可知，第 1 分层开采充填以后，应力变化主要集中在第一层及附近区域，应力释放效果比较明显。第 12 层开采充填完成以后，最大主应力分布规律与简化计算模型类似，盘区内应力呈现 U 形分布，盘区内最大压应力为 20～30MPa，最小压应力分布在最下面一层的分层巷道内，为 0～10MPa。随着回采步的扩大，盘区内部应力减小的程度逐渐加剧；同时其底部未采矿体内部应力集中程度也在不断提高。整个回采过程，盘区内部最大 z 向位移及 y 向位移均在 0.1m 左右，盘区周围岩体的应力及位移变化不显著，表明回采盘区的回采过程比较稳定，对附近岩体的影响较小。

（2）从图 2.56 和图 2.57 所示结果可知，围岩破坏均为剪切破坏，且塑性区主要分布在充填体内部及回采盘区附近岩体中。由于该盘区处在高地应力区域,回采十分困难,该盘区在回采时塑性区范围较大,这也对充填体强度提出了较高要求。因此应提供足够高强度的充填体材料,才能保证安全开采。

为了进一步揭示回采盘区应力的变化情况,选取了 8 个分析点进行了主应力及位移的监测。分析点 a 与 c 位于盘区顶板的两端,b 点位于其中心;分析点 d 和 h 点位于盘区的中部;分析点 e 与 g 位于底板的两端,f 点位于底板中心,且分析点 a、b 与 c 的标高为 980m,分析点 d 和 h 的标高为 950m,分析点 e、f 与 g 的标高为 920m。

图 2.58～图 2.69 分别为随着开采步的增加,方案一及方案二各分析点的第一、三主应力以及 y 向和 z 向位移的变化曲线,由此获得以下结论:

(1) 各分析点主应力随开采过程变化趋势。在开始阶段微略升高,之后突然发生突降,其降低幅度很大,最后趋于缓和。各分析点应力突变均发生模拟过程中该点所在标高处的矿体已经被回采的时段,这与应力在矿体开采时突然被释放,导致该点附近的主应力迅速降低相符。图中显示了回采盘区回采完毕后,充填体内部应力基本上保持在 10～20MPa。

(2) 各分析点位移随开采过程变化趋势。y 方向上位移逐步增大,z 方向上位移有整体上有减小的趋势(除回采盘区底板上分析点 e、f、g 的 z 向位移稍有上升趋势外),两个方向上位移变化幅度较小且十分均匀,说明整个回采过程具有较好的稳定性。其中,z 方向上位移变化趋势,主要是由于 1150m 以上矿体回采的影响,导致在回采盘区回采之前已然产生向上位移。回采盘区的继续开采使得该区域岩体产生不同程度的反弹,从而使得回采盘区顶板区域 z 向位移有减小趋势,而其底板区域的 z 向位移,由于回采盘区的回采仍增加。总的来说,回采盘区开采完毕后,各方向位移均不大,多在 0.1m 左右,可以推断四周岩体应能够保证稳定。

(3) 978m 水平以下的回采盘区开采充填后,对其上部水平矿柱的影响较小,水平矿柱稳定性较好。

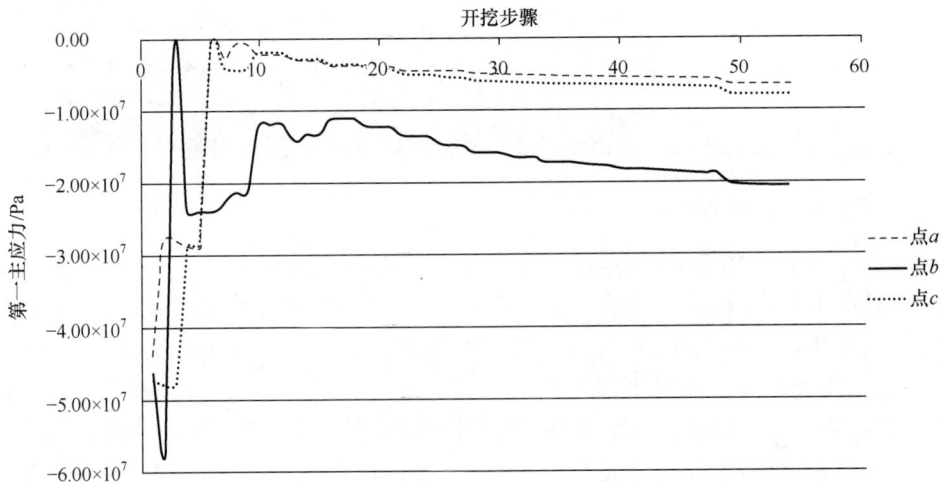

图 2.58　点 a、b、c 随回采步的第一主应力变化曲线

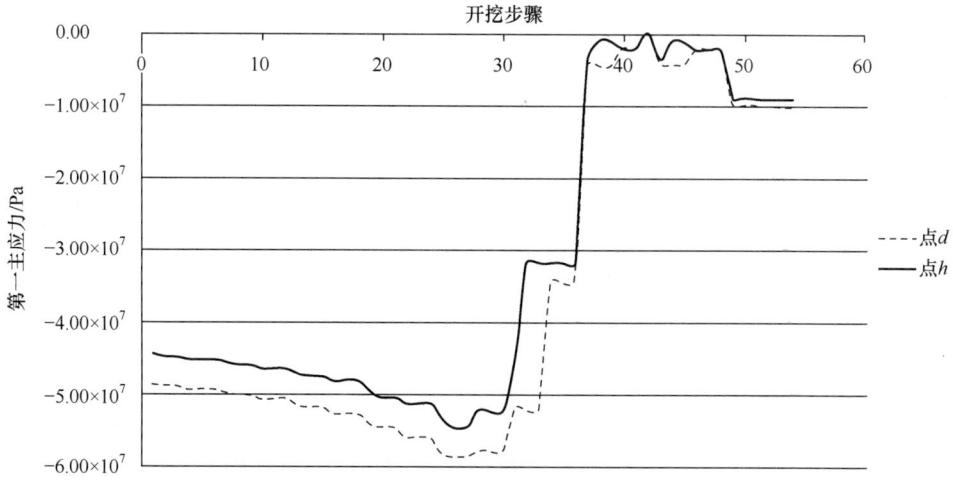

图 2.59 点 d、h 随回采步的第一主应力变化曲线

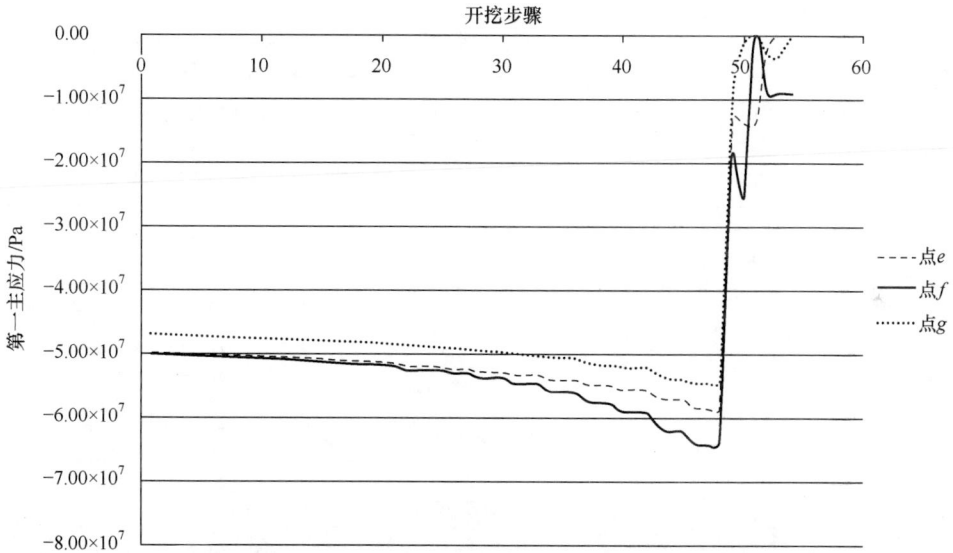

图 2.60 点 e、f、g 随回采步的第一主应力变化曲线

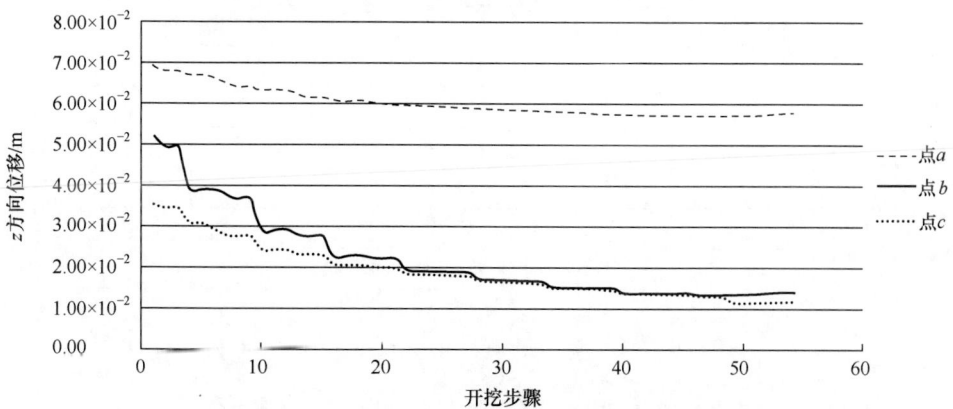

图 2.61 点 a、b、c 随回采步的 z 方向位移变化曲线

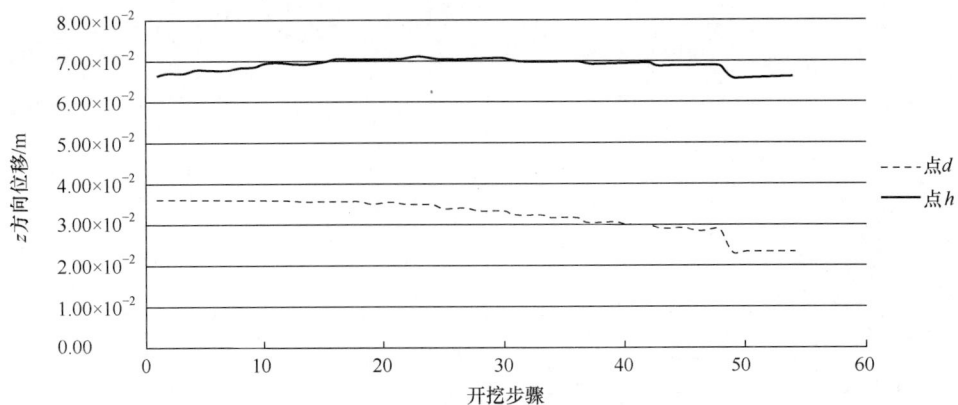

图 2.62　点 d、h 随回采步的 z 方向位移变化曲线

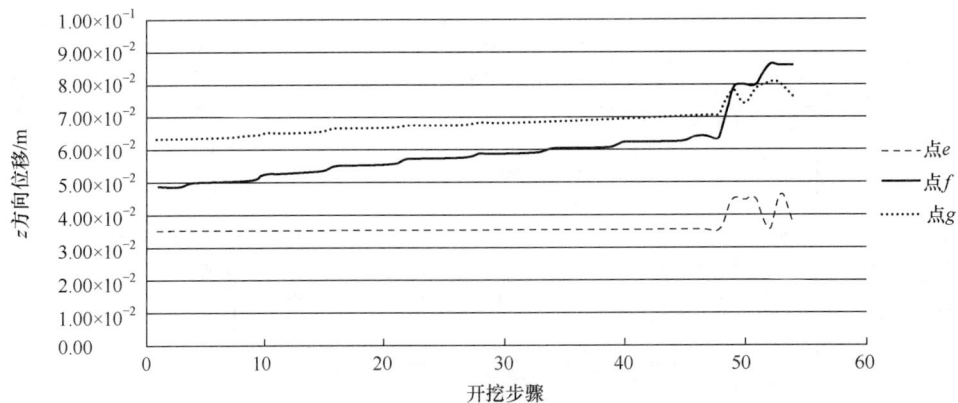

图 2.63　点 e、f、g 随回采步的 z 方向位移变化曲线

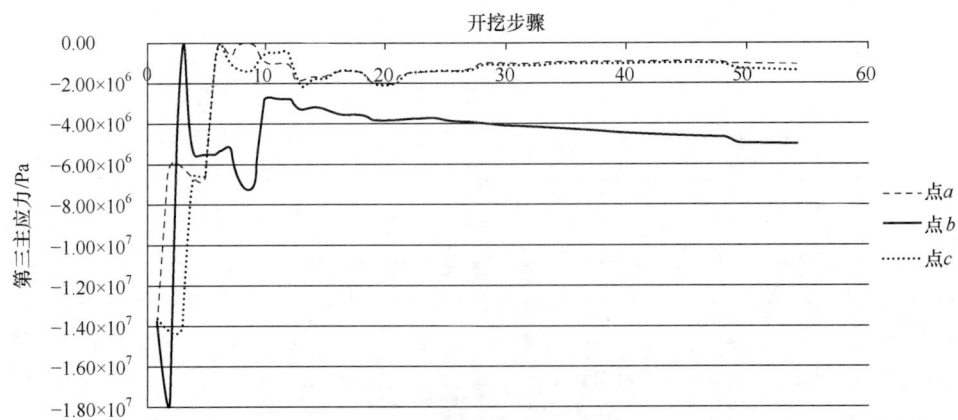

图 2.64　点 a、b、c 随回采步的第三主应力变化曲线

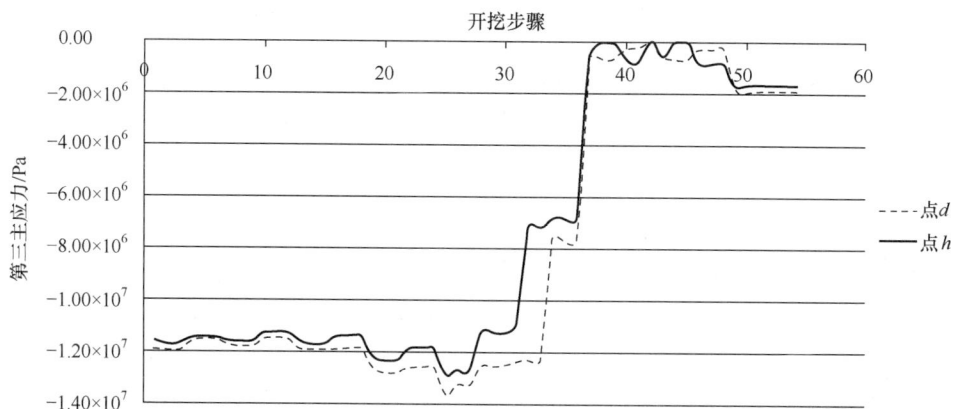

图 2.65　点 d、h 随回采步的第三主应力变化曲线

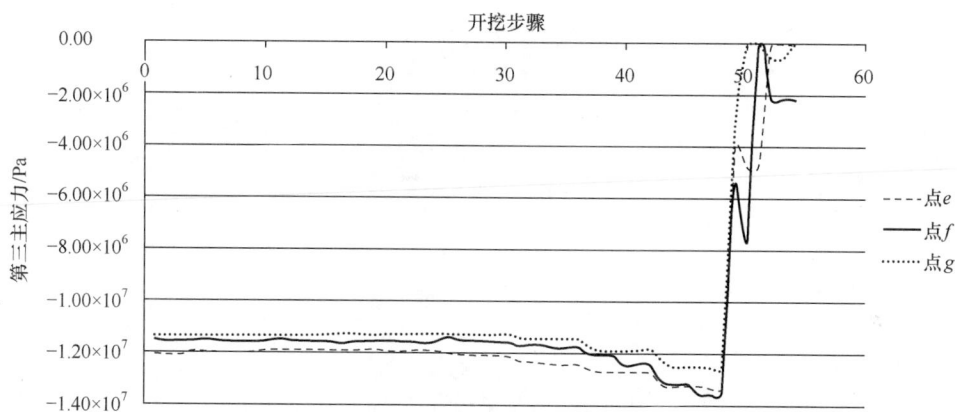

图 2.66　点 e、f、g 随回采步的第三主应力变化曲线

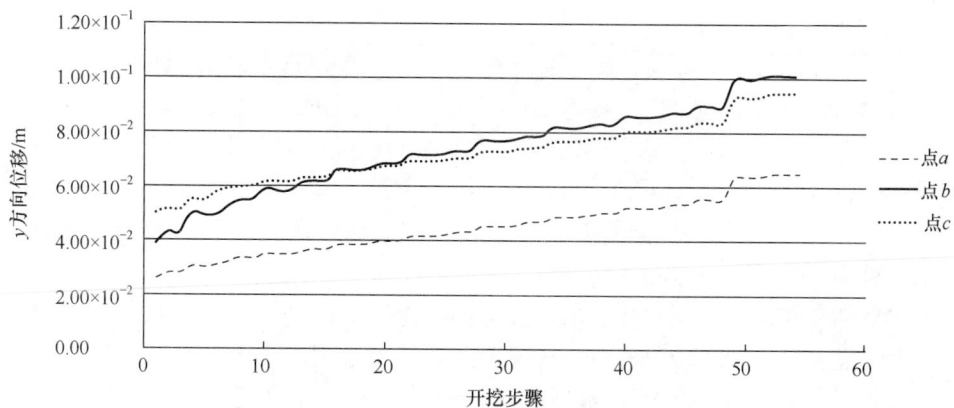

图 2.67　点 a、b、c 随回采步的 y 方向位移变化曲线

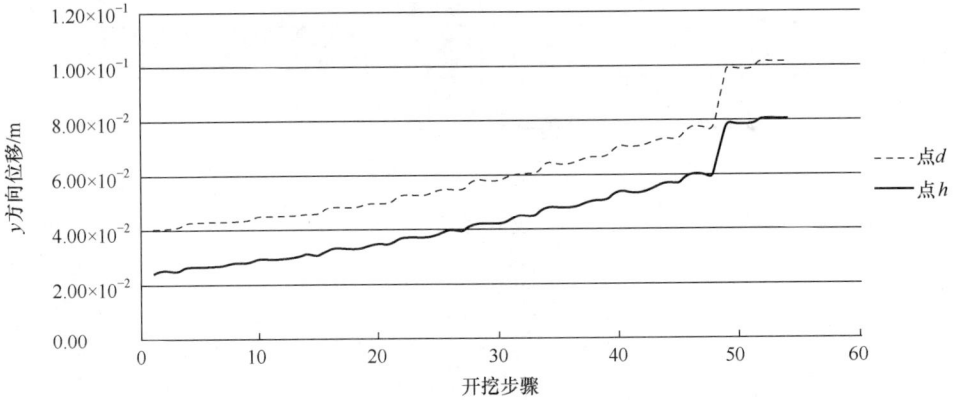

图 2.68　点 d、h 随回采步的 y 方向位移变化曲线

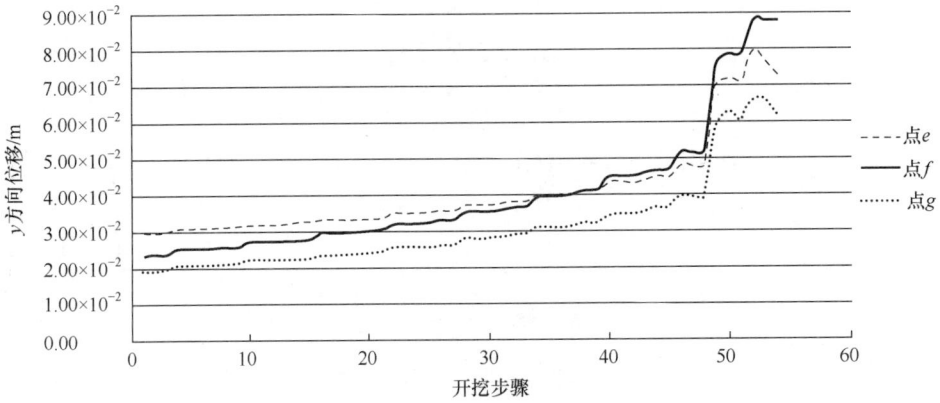

图 2.69　点 e、f、g 随回采步的 y 方向位移变化曲线

2.3　本章小结

本章详细介绍了分层卸荷盘区下向进路充填高效回采综合技术。该技术的核心是根据构造应力的分布特征,通过"双穿脉、边界超前开采"在盘区超前形成卸荷工程,同时配合进路的合理回采顺序,使得待采范围的应力水平有效降低。在此基础上,通过采场结构参数优化分析、凿岩爆破技术研究、充填技术研究和主要开采设备的配置与优化分析研究,形成集阶段或大空孔螺旋掏槽控制爆破、全系列无轨设备优化匹配、高浓度充填、盘区通风系统重构等技术于一体的进路高效开采配套技术。

该成果创新性在于在不改变矿山现有装备的前提下,开发了"双穿脉边界超前开采,两翼向中间隔一采一"卸荷开采技术;合理调整与控制盘区内应力的分布与发展,使待采区域应力水平有效降低,安全程度显著提高,实现高地应力条件下规模化安全开采。通过采场结构参数优化分析、凿岩爆破技术研究、充填技术研究和主要开采设备的配置与优化分析研究,开发形成阶段掏槽爆破大空孔螺旋掏槽控制爆破、全系列无轨设备优化匹配、高浓度充填、盘区通风系统重构等多项技术为一体的高效开采集成创新配套技术。

第3章　高应力采场卸荷充填回采工艺试验

3.1　进路高效回采爆破工艺试验

金川二矿区年产矿石量超过 430 万 t,是集团公司的主力矿山。矿岩硬度变化、矿体节理裂隙和受高应力作用等造成矿体极为破碎。在采矿进路钻凿的炮孔内存在塌孔情况,进路底部炮孔塌孔现象尤为严重,致使装药难以到位,极大影响了爆破进尺和爆破效率。同时,因处理塌孔大大延长装药作业时间和增加装药工作难度。进路爆破不得不使用楔形掏槽。由于上述原因原进路的爆破进尺很难超过 2.0～2.2m,循环进尺低,爆破效率平均为 70%。由于矿体的节理裂隙和受高应力作用,二矿区采用下向进路胶结充填采矿法,因此提高采矿进路的爆破进尺和爆破效率,对二矿区技术管理以及对确保实现超过430 万 t 年产量起十分重要的作用。

从某种意义上说,下向进路充填法回采工艺过程就是一个巷道掘进过程。因此,提高爆破效率,增加一次爆破循环进尺,是提高下向进路采矿法生产能力、降低采矿作业成本的关键环节。进路回采爆破类似于平巷掘进,只有一个自由面。为了增加自由面,改善爆破条件,减少爆破的夹制作用,必须进行掏槽。选择采用合理的掏槽方式,是提高爆破效率和爆破质量的关键。掏槽孔的作用是在工作面上先掏出一个槽,形成新的自由面,为其余炮孔爆破创造自由面条件。所以从爆破的顺序看,掏槽孔必须首先起爆。为了提高爆破效果,首先要发挥掏槽孔的作用。掏槽孔应比其他炮孔加深 150～200mm,装药量增加15%～20%。

3.1.1　国内外掏槽爆破技术现状

尽管掏槽方式多种多样,但按掏槽孔与自由面的夹角归类,只有斜眼掏槽和直眼掏槽这两种基本方式。

1. 斜眼掏槽

斜眼掏槽主要有单向掏槽、楔形掏槽、锥形掏槽和扇形掏槽等几种形式,其中,楔形掏槽最常用。斜眼掏槽的最大优点是将掏槽范围内的岩石向外抛出,而所需的掏槽眼数较少,炮眼利用系数较高,可达 85%～95%;缺点是掏槽钻孔方向的精度要求较高;同时钻孔深度受到巷道宽度的限制,一次爆破进尺受到限制。对斜眼掏槽爆破进尺进行统计分析,发现斜眼掏槽爆破的最大循环进尺不会超过巷道宽度的一半,如果要提高斜眼掏槽爆破的循环进尺,需采用加强掏槽,如双楔形掏槽。

2. 直眼掏槽

直眼掏槽主要有缝形掏槽(也叫平行龟裂掏槽)、桶形掏槽、螺旋掏槽等。在巷道掘进深孔爆破中,多采用直眼掏槽。这是因为炮眼深度不受巷道断面限制,可以钻凿较深的炮眼,增大循环进尺,掏槽炮眼相互平行,故从孔口到孔底的最小抵抗线相同,掏出的槽腔底部和腔口的大小相差不大,有利于矿岩的均匀破碎,并获得较深的一次爆破进尺。直眼掏槽是以直眼壁作为主要自由面。因此,穿孔的大小、数量和位置在直眼掏槽方式中起到重要作用。一般来说,增大空孔直径、能够增加循环进尺,这就是国内外中心大空孔直眼掏槽方式应用越来越多的主要原因。例如,我国的东江水电站宽 3.2m、高 2.8m 的中心导洞开挖,采用中心空孔直眼菱形掏槽。当中心空孔为 ϕ40mm 时,每循环进尺仅为 1.8~2.0m;当中心空孔改为 ϕ110mm 时,每循环进尺达到 3.9m。美国北田蓄能电站交通洞和法国、意大利勃峰公路隧道,采用中心空孔直径均超过 120mm,每次循环进尺达到 4m。所以中心空孔掏槽的关键是中心空孔的大小。

盘区机械化进路下向充填法属于巷道式采矿,其回采爆破作业实质上就是平巷掘进。因此,盘区进路上向机械化充填法的回采爆破常常采用平巷掘进爆破研究成果。焦家金矿盘区上向进路充填法采用 EIMCO-SECOM 公司制造的 MERCURY-I. F. B 全液压凿岩台车,进路断面 4m×3.5m,松软岩石采用角锥形掏槽,岩石稍致密时采用垂直桶形掏槽,布设一个不装药中心空孔(ϕ76mm),炮眼深度 2.5~2.7m,爆破效率 80%~90%。

在进路采矿中,随着巷道掘进机械化配套设备的推广应用,迫切要求增加一次爆破循环进尺,以充分发挥机械化配套设备的生产效率,降低掘进成本。但是平巷掘进爆破只有一个狭小的自由面,四周岩体的夹制性很强,不利于一次崩落较深的炮眼。显然,随着掘进进尺的增加,爆破夹制作用变得越来越大,尤其是炮眼后半部分。因此,需要研究采用新的掏槽方式,以降低深孔掏槽眼后半部分的爆破夹制作用。因此,阶段掏槽爆破新工艺应运而生。前苏联的一些矿山最早研究采用阶段掏槽爆破新工艺,取得了十分满意的效果,其阶段掏槽爆破的循环进尺达到 4~6m。国内阶段掏槽试验研究不多,工业应用更为罕见,目前还没有人将阶段掏槽爆破新工艺引入下向进路充填采矿法中,有据可查的资料也十分有限,从目前所掌握的资料来看,国内巷道爆破掘进阶段掏槽爆破的最大循环进尺为 3.0m 左右,炮眼利用率一般为 85%~90%,如山西常村煤矿的巷道掘进爆破采用 4 角柱阶段掏槽,其爆破循环进尺为 3.0m,炮眼利用率为 90.1%。

传统的直眼掏槽是将所有炮孔钻凿到同一深度,即掘进深度,掏槽孔孔底基本上位于同一平面,属于单段掏槽。阶段掏槽是将掏槽炮孔分为几组(一般为 2~3 组),每组掏槽眼眼深不同,不处在同一平面上,最外层掏槽孔最浅,最先起爆,以此类推。阶段掏槽均在底部装药,且前一组掏槽眼眼底与后一组装药端部距离应大于 200mm。阶段掏槽最后一组炮眼没有空孔,其爆破夹制作用较大。因此常布置一中心大空孔。阶段掏槽可以极大地提高一次爆破循环进尺,一般可以达到 4~6m。但是掏槽孔数较多,且掏槽孔凿岩与装药爆破工艺较为复杂。

综上所述,中心大空孔直眼掏槽和阶段掏槽是进路采矿或巷道掘进爆破最有效的掏槽方式,尤其是阶段掏槽爆破,基本代表了其发展方向。

需要指出的是,在直眼掏槽爆破和阶段掏槽爆破中,爆破参数的微小变化(如眼位偏差、平行度偏差等)将会使爆破效果产生大幅度变化。因此,确保凿岩精度是直眼掏槽爆破和阶段掏槽爆破取得预期效果的必要条件之一。

3.1.2　进路开采掏槽爆破方案

掏槽眼布置几何形状根据岩石性质、循环进尺、巷道断面和钻眼机具等因素决定。基于现有研究,充分利用空眼的作用,实行挤压抛射式掏槽法。根据国内外平巷掘进掏槽爆破研究成果和二矿区巷道掘进掏槽爆破情况以及矿岩开采技术条件,初步选取以下 4 种掏槽方式。

1. 单大空孔螺旋掏槽(方案 1)

单大空孔螺旋掏槽方案是在进路中央布设一个孔径为 76mm 的中心大空孔,在中心空孔四周呈正方形布置 4 个孔径为 38mm 的装药孔,各个炮孔之间相互平行。中心大空孔不装药。为了提高掏槽效果,中心孔周围的 4 个掏槽孔装填高威力乳化油炸药。其炮孔布置如图 3.1 所示。

2. 双小空孔菱形掏槽(方案 2)

双小空孔菱形掏槽方案是在中央布置一个直径为 38mm 的小直径装药孔,其上下左右各对称布置两个直径为 38mm 的小直径空孔,三个小直径装药孔均装填高威力乳化炸药,以提高底部破岩能力和岩块抛掷速度。其炮孔布置如图 3.2 所示。

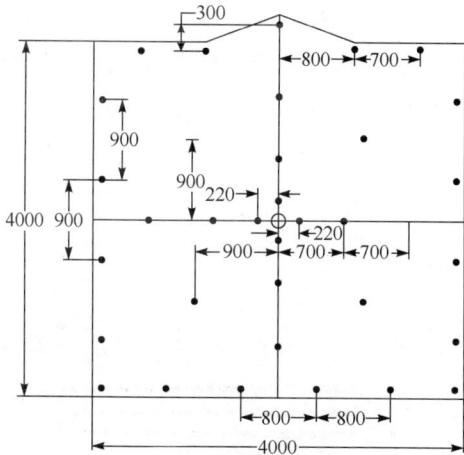

图 3.1　单大孔螺旋掏槽方案(单位:mm)　　　图 3.2　双小孔菱形掏槽方案(单位:mm)

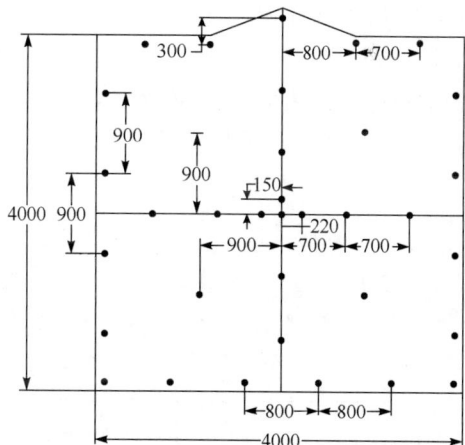

3. 双大空孔桶形掏槽爆破(方案 3)

双大空孔桶形掏槽爆破方案是在中央布置一个 38mm 的小直径装药孔,在该孔的两侧一条直线上对称布置两个直径为 76mm 的大直径空孔,再在中央小直径装药孔的上下对称布置两个小直径装药孔。其炮孔布置如图 3.3 所示。

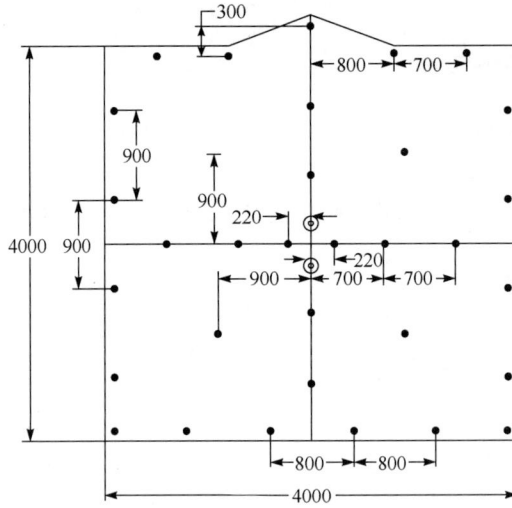

图 3.3　双大孔桶形掏槽方案(单位:mm)

4. 阶段掏槽爆破(方案 4)

阶段掏槽方案将 8 个掏槽装药炮孔分为两组,分别布设在两个错开 45°的正方角的顶角位置上。靠外一组炮孔深度为 1.8m,靠内一组炮孔深度为掘进深度,其炮孔深度为 3m。两组炮孔均在炮孔底部装药,最外一组炮孔底部离最内面那组装药端部之间的距离为 200mm。最外面一组炮孔最先起爆,最内面的那组炮孔后起爆。因为最后那组炮孔爆破时只有一个自由面,为了使第二段掏槽爆破更加可靠,在中央布设一直径为 $\phi76$mm 的大直径空孔,并且超深掘进深度 200mm。炮眼布置如图 3.4 所示。

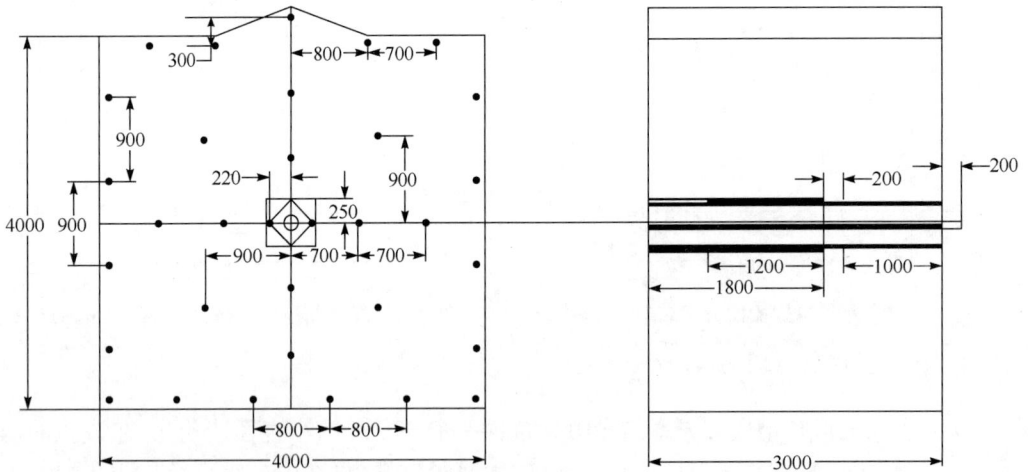

图 3.4　阶段掏槽方案(单位:mm)

方案 1 的空眼数为一个,总的空孔断面积为 4.536×10^{-3} m²;方案 2 的空眼数为 2 个,总的空孔面积为 2.513×10^{-3} m²;方案 3 的空眼数为 2 个,总的空孔断面积为 9.073×

$10^{-3}\,\mathrm{m}^2$；方案 4 空孔总的断面积为 $9.563\times10^{-3}\,\mathrm{m}^2$。阶段掘槽可以大幅度提高一次爆破循环进尺。为了提高盘区下向进路机械化充填法的生产能力和降低采矿成本，根据各方案空孔补偿空间大小、凿岩工艺难易程度和矿山实际情况，选用单大空孔螺旋式掘槽（方案 1）和阶段掘槽（方案 4）作为二矿区盘区下向进路机械化充填采矿法掘槽爆破的试验方案。

3.1.3　进路开采掘槽爆破工艺试验

根据选择的爆破方案，结合二矿区盘区下向进路机械化充填采矿法，开展单大空孔螺旋式掘槽和阶段掘槽的工艺试验研究。

1. 单大空孔螺旋式掘槽工艺试验

1）大空孔的作用

（1）掘槽眼中央空大孔可以克服岩石的"再生"现象。保证槽腔成型质量以及提高底部破岩能力掘槽爆破起到重要的作用。根据槽腔形成机理，掘槽爆破后，只有炮眼上端部炸药使岩石破碎，形成弱抛掷，产生爆破漏斗，而柱状装药则仅产生挤压破碎作用，只有极少的能量用于岩石的抛出，绝大部分破碎岩石仍滞留于掘槽眼内，这对后续辅助眼和周边眼的爆破极为不利。为了使槽腔体积扩大，底部有效破岩，并克服岩石的"再生"现象，在掘槽部中心钻大直径超深的中心孔，并在中心孔中适当装入一定量延迟起爆炸药，以加强抛渣作用，还能把装药孔破碎的岩石进一步破碎抛出槽外，从而大大加深掘槽的有效深度。

（2）中心孔起到空孔的导向作用。这种空孔的导向作用对于破碎岩石有利。因为爆炸孔发出的径向压缩波遇到空孔后反射成拉伸波，反射波的强度随空孔的直径增大而增加，并随传播距离的增加而迅速衰减。反射波在两孔连线上的切向应力以拉伸为主。在空孔附近，由于应力波叠加和孔边动应力集中场共同作用，使孔边的切向拉应力明显增大，使得槽腔的破碎更加充分。

2）大空孔直径的选择

选用 $\phi110\mathrm{mm}$、$\phi76\mathrm{mm}$、$\phi63\mathrm{mm}$ 3 种直径的大空孔进行掘槽爆破试验。根据凿岩钻孔难易程度、槽孔的补偿空间大小、掘槽效果和爆破效率进行比较，选用合理的大空孔直径。

从槽腔爆破要求来看，空孔直径越大，槽孔爆破所提供的补偿空间、破碎角和自由面越大，同时槽孔的允许偏斜范围也越大，这对保证凿岩施工质量和槽腔爆破效果更为有利。但由于增大空孔直径，又受到钻机能力和允许凿岩时间的限制及裂隙发育的影响，空孔直径过大，凿岩效率显著降低、凿岩时间过长。

进行 $\phi110\mathrm{mm}$ 的大空孔凿岩试验，单大孔凿岩超过 1h，并且孔径越大，卡钎现象越多，影响进路回采循环时间，降低了回采强度。$\phi63\mathrm{mm}$ 的扩孔钻头所钻凿出的空孔面积小，要求首响槽孔与空孔间孔距过小，不利于保证槽孔和空孔钻凿质量。再从孔径与卡钎情况分析，曾在三期进路中使用 $\phi76\mathrm{mm}$ 的扩孔钻头，凿岩退钎时的卡钎情况较少。所以最后选择 $\phi76\mathrm{mm}$ 扩孔钻头。

3) 槽孔布置和孔距确定

在槽孔装药都使用双雷管以确保可靠起爆的前提下,如能在空孔四周采用单螺旋布置相互平行的槽孔,掏槽爆破就能获得最大面积的槽腔,故应优先使用单螺旋布置槽孔的方案。

直眼掏槽爆破的掏槽眼眼距对直眼掏槽爆破效果的影响非常大。因为如果眼距过大,将出现"塑性",发生冲炮;眼距过小,将会导致岩石过度粉碎,掏槽体积小,使槽内岩石被压死,抛不出掏槽腔,甚至可能将相邻炮孔中的装药挤死而拒爆,或者使相邻炮孔中的装药被过早地殉爆而打乱起爆顺序,使掏槽爆破失败。因此,直眼掏槽爆破的掏槽眼眼距设计非常重要。目前,直眼掏槽爆破的掏槽眼眼距首先根据经验公式和理论公式综合选取,然后再通过现场试验加以确定。

许多爆破研究者对掏槽眼的间距进行理论推导,获得了理论计算公式。较为常用掏槽眼间距计算公式为

$$a = \frac{g a_0 d_2 \rho_0}{12 f_k} \tag{3-1}$$

式中,g——炸药相对威力系数,$g=100$;

a_0——装药不耦合系数;

f_k——岩石抗爆性系数,$f_k=1.4\sim1.8$;

d_2——孔径,mm;

ρ_0——炸药密度,$0.95\sim1.10\text{g/cm}^3$。

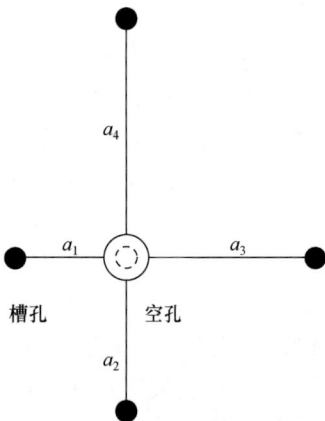

图 3.5 五孔螺旋掏槽示意图

将二矿区的上述参数值代入式(3-1),获得掏槽眼的眼距 $e=140\sim210\text{mm}$。

槽腔爆破首响槽孔的爆破效果最为关键。槽孔钻凿中,由于岩性变化和台车司机操作等因素影响,槽孔与空孔的孔底、孔口之距发生变化,即钻孔时存在远偏或近偏的情况。近偏时槽孔可能与空孔打穿;远偏时槽孔爆破时孔底可能爆不开,形成残眼,严重时可能爆破后不能形成有效的槽腔。因此,根据掏槽眼的眼距计算结果,同时根据二矿区矿岩 1.5 的松散系数,0.5 的补偿系数进行验证。取首响掏槽眼的眼距 a_1 为 210mm,然后确定 a_2 为 300~400mm、a_3 为 350~450mm,a_4 为 400~500mm。单大空孔螺旋式掏槽炮孔布置如图 3.5 所示。

4) 单大空孔螺旋式掏槽工艺试验

(1) 掏槽工艺试验。爆破工艺试验分别在二矿区 1198m 分段Ⅳ盘区第三分层的Ⅰ期、Ⅱ期、Ⅲ期和 1118m 分段Ⅳ盘区第二分层的Ⅲ期采矿进路中共进行 50 次掘进爆破试验。由于二矿区各盘区进路矿岩性质变化很大,且掘进爆破试验大都只能结合生产进行。日常生产任务繁重,要求采矿进路快速掘进的情况下,确定槽孔的爆破参数要十分慎重。否则,对生产影响极大,不利于试验进展。掏槽爆破设计中,槽孔比辅助孔深 0.2~0.3m,一般为 3.0~3.2m;空孔又比槽孔深 0.2m,一般为 3.2~3.4m。在试验中,确定空孔眼深

为 3.4m,掏槽眼深为 3.3m,其余眼深为 3.2m。由于各种原因,各炮孔实际上往往达不到上述深度。每次在空孔的孔底装两个药包(0.4kg)作为抛渣药包,在周围 4 个槽孔依次爆破后再起爆。这样可在槽腔底部增强破碎矿岩作用,并将槽腔内岩渣抛出孔外。试验平均爆破进尺达 2.68m,接近 2.7m。对平均孔深达到和超过 3.0m 的 37 次试验和空孔深度达到和超过 3.2m 的 20 次试验进行统计分析,其平均爆破进尺达到 2.73m,其平均爆破效率达到 86.77%。由于爆破效率提高,循环进尺增加,一方面,降低了凿岩爆破成本;另一方面,一次崩矿量增加,进路回采循环作业次数减少,从而缩短了进路回采时间,提高了下向进路充填法的生产能力,有利于进路的安全和稳定。

(2) 试验主要技术指标。掏槽工艺试验获得如下的技术参数指标:每循环进尺 2.7m,每循环爆破矿石量 54m³,炸药单耗 1.15kg/m³ 或 0.379kg/t,雷管单耗 0.59 发/m³。

2. 阶段掏槽爆破技术工艺试验

传统的直眼掏槽是将所有炮孔钻凿到同一深度,即掘进深度,掏槽孔孔底基本上位于同一平面,属于单段掏槽。阶段掏槽是将掏槽炮孔分为几组(一般 2～3 组),每组掏槽眼眼深不同,不处在同一平面上。最外层的掏槽孔最浅,最先起爆,以此类推。阶段掏槽均在底部装药,且前一组掏槽眼眼底与后一组装药端部的距离大于 200mm。阶段掏槽的最后一组炮眼没有空孔,其爆破夹制作用较大。因此常布置一中心大空孔。阶段掏槽的最大优点可以极大地提高一次爆破循环进尺,一般可以达到 4～6m。

1) 阶段掏槽爆破技术原理

(1) 改变了沿炮孔深度方向的抗爆力分布状况,使孔底夹制作用减小。随着炮孔深度的增加,爆破夹制作用越强,当深度达到一定值时,岩体的抗爆力大于炸药的破岩能力,从而使掏槽爆破失败。采用阶段掏槽爆破,由于前段掏槽爆破给相邻的后段掏槽爆破创造了新的自由面,极大地降低了炮孔底部的爆破夹制作用,使各段岩体(尤其是最后起爆的岩体)的最大抗爆力控制在炸药的破岩能力以内,使得炮孔深部矿岩爆破条件得以改善。

(2) 改善了后部岩碴的抛掷效果,确保掏槽腔内的岩碴全部抛出。阶段掏槽为每一段岩体提供了新的自由面,使得每一段岩块(特别是炮孔底部的岩块)具有一定的抛掷速度,从而提高了抛碴效果。

(3) 改善了掏槽条件,增加了自由面和爆破补偿空间。爆破理论研究与实践证明,空眼的数量及大小对爆破效果产生极其重要的影响。空眼直径大、空眼数量多,其自由面和补偿空间也大,装药孔的夹制作用就较小,故爆破效率较高。在阶段掏槽中,后一组炮孔的前部不装药部分即为前一组掏槽孔爆破时的自由面和补偿空间。因此,与传统直眼掏槽相比,阶段掏槽为装药炮孔创造了较多的自由面与补偿空间,极大地改善了掏槽条件。

2) 阶段掏槽试验及结果

工艺试验布置。根据国内外平巷掘进掏槽爆破研究成果和金川二矿区盘区下向进路充填法掏槽爆破试验,采取的阶段掏槽方案工艺试验布置如下:

将 8 个掏槽装药炮孔分为两组,分别布设在两个错开 45°的正方形的顶角位置上。外面一组炮孔深度为1.8m,里面一组炮孔深度为掘进深度,其炮孔深度为3m。两组炮孔均在炮孔底部装药,外面一组炮孔底部离最里面的那组装药孔端部之间的距离为200mm。外面一组炮孔最先起爆,里面的那组炮孔后起爆。因为最后那组炮孔爆破时只有一个自由面,为了使第二段掏槽爆破更加可靠,在中央布设一直径为$\phi 76$mm的大直径空孔,并且超深掘进深度200mm。具体炮眼布置见图3.6。阶段掏槽方案主要技术参数见表3.1。

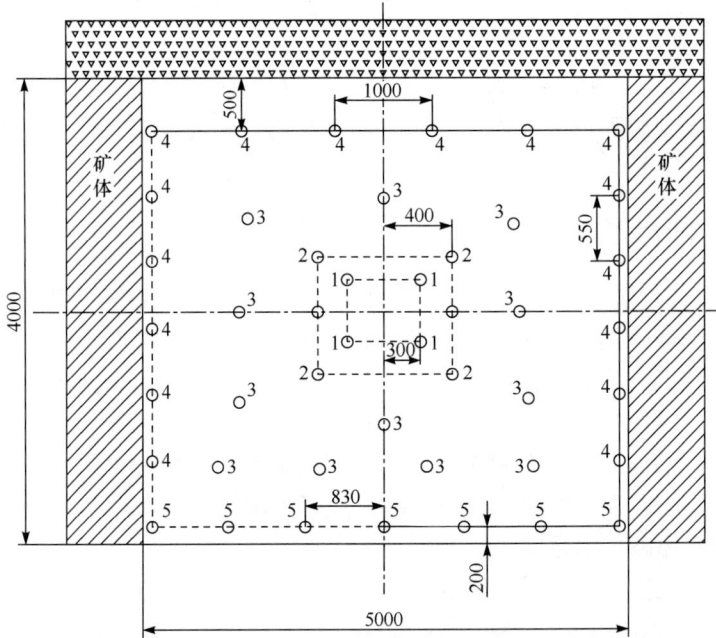

图 3.6　阶段掏槽试验炮孔布置(单位:mm)

表 3.1　阶段掏槽主要技术参数

	技术参量	技术参数
孔数	总孔数/个	40
	小装药孔数/个	39
	小空孔数/个	0
	大空孔数/个	1
孔深	总孔深/m	115.4
	空孔深/m	3.2
装药量	总装药量/kg	64.2
	硝胺炸石炸药/kg	64.2
	孔内雷管数/发	43
	炸药单耗/(kg/m³)	1.34
	崩矿量/(m³/m)	0.416

采用瑞典制造的 H-128 型双臂电动全液压凿岩台车凿岩,柴油驱动,电动液压凿岩,主要特点是机动灵活,凿岩速度快,效率高,基本没有污染,噪声小,凿岩时能见度好。钎杆规格为 32mm×4300mm,钎头直径为 38mm,中心大孔直径为 76mm。

阶段掏槽孔深度较大(一般 3m 以上),凿岩精度要求较高。开始时由于凿岩工的技术不太熟练,凿岩精度不能满足要求,爆破效果不理想。为了确保掏槽孔的凿岩精度,采用模板法布置掏槽孔,即按 1：1 的比例将掏槽孔布置在一块模板上,在凿岩前,用模板在工作面上布眼,在现场凿岩过程中随时用模板进行校核。采用模板法布置掏槽孔后,凿岩精度显著提高。

采用药包直径为 32mm,长度为 200mm 的人工装药和非电导爆管系统。装药结构采用柱状药包不耦合连续装药,边孔采用光面爆破时,使用空气间隔装药,药卷直径为 22mm。

首先将工作面的导爆管按进路的 4 个角分成 4 个区,使每个区内的导爆管数大致相等;然后将每个区内的所有导爆管连在一起,绑上一个导爆管雷管,再将每个区的导爆管雷管连在一起,绑上两个 5m 长的导爆线;最后电子击发起爆。

试验表明,阶段掏槽爆破能够有效地提高爆破效率和循环进尺。爆破效率由普通掏槽爆破的 70%～80% 提高到 90% 以上;循环进尺由普通掏槽爆破 2.1～2.4m 提高到 2.8～3.0m。

由于提高了爆破效率,增加了循环进尺,一方面,降低了凿岩爆破成本,从而使上向进路充填法的采矿成本得以降低;另一方面,增加了一次崩矿量,减少进路回采循环作业次数,从而缩短了进路回采时间,提高了下向进路充填法的生产能力,并有利于进路的安全与稳定。

从阶段掏槽的基本原理看出,阶段掏槽的技术要求高于普通直眼掏槽技术,在实际操作时须注意以下几点,否则会影响掏槽效果。

(1) 最外一组炮孔的深度为 1.8m,而不是掘进深度 3m。

(2) 必须确保最外一层炮孔先于最内层的炮孔爆破,其微差时间要使得最先起爆的最外层掏槽空腔内的岩块脱离原岩并抛出后,才引爆最内层的掏槽孔。

(3) 精心凿岩是深孔掏槽爆破取得成功的关键因素之一,阶段掏槽爆破更是如此。因此,必须按照设计,确保凿岩精度。

3.2　分层卸荷盘区进路充填采矿工业试验

在盘区机械化下向进路采矿实施中,通过合理采准工程布置,进路回采顺序及在开挖结构适当部位采取局部弱化措施,从而降低了应力集中程度,调整围岩应力分布状态,使得应力集中部位向未采部位转移,在开采空区的近表层形成低应力卸荷圈,在围岩深部形成应力集中的自承载圈。一方面,使自承载圈岩体处于三向应力状态,矿岩强度提高,破坏的可能性大大降低,岩体自支能力得到充分发挥;另一方面,由于大部分载荷和应力集中由自承载圈承担,为卸荷圈岩体的稳定提供保障,对卸荷圈矿体采取一般的支护措施后就能保持稳定。自承载圈和卸荷圈相辅相成、互为依存,显著地提高了采场的稳定性。

3.2.1 分层卸荷开采工程布置

分层卸荷盘区机械化下向分层进路胶结充填采矿法的采场主要构成要素如下:采矿中段高度 100~150m,一个中段划分为若干分段,分段高 20m,每个分段又分成 5 个分层,分层高 4m。中段与分段有分层斜坡道相连,分段至各分层有分层联络道相通,回采顺序为自上而下逐层进行。一个盘区内又划分为若干采区,在采区内以进路的方式进行采矿。进路一般长为 60m,断面宽×高为 4m×4m。采完一条进路充填一条进路。2~3 条进路一起平行作业,完成凿岩、爆破、出矿、充填等作业。盘区内回采顺序为先下盘后上盘,先中间后两翼。进路回采分为一、二、三期进路进行回采。进路回采采用控制爆破技术,控制进路超挖和欠挖,进路支护采用喷锚网支护技术,进路回采选用大型的无轨采掘设备。凿岩采用 H-282 双臂液压凿岩台车进行,出矿采用 JCCY-6 铲运机搬运矿石,对井下采空区采用高浓度料浆管道自流输送及膏体泵送系统充填,由此大大提高了生产效率。

1. 盘区下向进路回采转层

当盘区一个分层全部回采、充填毕完后,就进行转层工作,从分段联络道开凿分层联络道到矿体上盘的转层分层底板标高;然后掘进盘区 1# 沿脉巷,1#、2# 双穿脉卸荷巷及 2#、3# 沿脉巷,形成分层采准切割工程。

2. 盘区下向进路回采转段

当盘区上一分段回采完成后转下一分段回采。从回采分段的分段平巷开凿分段联络道到将要回采分层的上盘边界,然后分层沿脉巷和分层穿脉巷,完成分层切割工程,转入正常的分层回采。

3.2.2 分层卸荷进路充填采矿回采工艺

金川二矿区机采盘区划分是沿矿体走向每 100m 划分 1 个盘区,宽度为矿体厚度。1150m 中段、1000m 中段、850m 中段由东向西沿矿体走向依次布置 7 个盘区。分区卸荷开采工艺主要有:

(1)凿岩准备。撬碴(撬顶)处理浮石、标定中心和腰线。

(2)凿岩。盘区采用 H-282 台车进行凿岩,凿岩速度 2~3min/孔,孔深为 3~3.2m,孔径 42mm,炮眼数根据进路顶板和两帮介质的不同一般为 35~40 孔/掌子面,总凿岩时间一般为 1.0~1.5h,掏槽方式为直线螺旋掏槽。

(3)装药。采用人工装药。使用炸药为卷状乳化油炸药,掏槽眼、底眼、辅助眼采用 ϕ32 mm 药卷连续装药系数 0.8,辅助眼装药系数 0.6~0.7。周边眼除起爆药包外其余采用 ϕ22mm 药卷连续装药,装药系数 0.5。有水的底眼采用水封式的堵塞炮眼,其他装药的炮眼用炮泥堵塞,堵塞长度一般应大于 200mm。

(4)爆破。先做警戒,然后连线起爆。采用微差非电导爆管起爆。导爆管每 13~20 根为一组,每组加入一根同段导爆管,用雷管引爆。

(5)通风。通过贯通风流稀释炮烟,通风时间不得小于 30min,确保工作面无炮烟。

（6）出矿。即矿石运搬，检撬工作面浮石后，利用 6m³ 铲运机铲装矿石，运至盘区脉外溜井或由脉内溜井转运。

（7）支护。无假顶进路回采时，如果工程地质条件比较复杂，采取单层喷锚网支护顶板和两帮或其他强度高的支护方式。有假顶进路回采时，若充填体顶板存在安全隐患，可采用木棚子或钢拱架支护。

（8）充填。进路采完后依据充填技术标准和充填工艺要求进行充填。

3.2.3　多期进路回采凿岩爆破参数

下向进路回采因两侧介质不同分为一、二、三进路进行回采，每期进路回采根据介质条件不同，掌子面采用不同的炮孔布置方式。表 3.2～表 3.4 为各期进路爆破参数，图 3.7～图 3.9 为各期进路炮孔排列图。

表 3.2　一期进路回采炮孔装药参数表

孔别		孔深/m	装药长度/m	装药规格/(mm×mm)	装药量/kg	装药系数	眼数/个
掏槽	一次掏槽	1.8	1.0	$\phi32\times200$	1.0	55.6	4
	二次掏槽	3.2	1.8	$\phi32\times200$	1.8	56.3	6
辅助		3.0	1.5	$\phi32\times200$	1.4	50	12
靠充填体顶眼		3.0	0.9	$\phi32\times200$	0.9	30	4
靠原岩顶眼、帮眼		3.0	0.8	$\phi32\times200$	0.8	26.7	12
底眼		3.0	1.8	$\phi32\times200$	1.8	60	7
合计		131.4	—		57.4		45

表 3.3　二期进路回采炮孔装药参数表

孔别		孔深/m	装药长度/m	装药规格/(mm×mm)	装药量/kg	装药系数	眼数/个
掏槽	一次掏槽	1.8	1.0	$\phi32\times200$	1.0	55.6	4
	二次掏槽	3.2	1.8	$\phi32\times200$	1.8	56.3	6
辅助		3.0	1.5	$\phi32\times200$	1.4	50	12
靠充填体顶眼		3.0	0.9	$\phi32\times200$	0.9	30	9
靠原岩顶眼、帮眼		3.0	0.8	$\phi32\times200$	0.8	26.7	6
底眼		3.0	1.8	$\phi32\times200$	1.8	60	7
合计		128.4	—	—	57.1		44

表 3.4　三期进路回采炮孔装药参数表

孔别		孔深/m	装药长度/m	装药规格/(mm×mm)	装药量/kg	装药系数	眼数/个
掏槽	一次掏槽	1.8	1.0	$\phi32\times200$	1.0	55.6	4
	二次掏槽	3.2	1.8	$\phi32\times200$	1.8	56.3	6
辅助		3.0	1.5	$\phi32\times200$	1.4	50	12
靠充填体顶眼		3.0	0.9	$\phi32\times200$	0.9	30	5
靠原岩顶眼、帮眼		3.0	0.8	$\phi32\times200$	0.8	30	8
底眼		3.0	1.8	$\phi32\times200$	1.8	60	6
合计		113	—	—	46.9	—	39

一期进路炮孔布置图

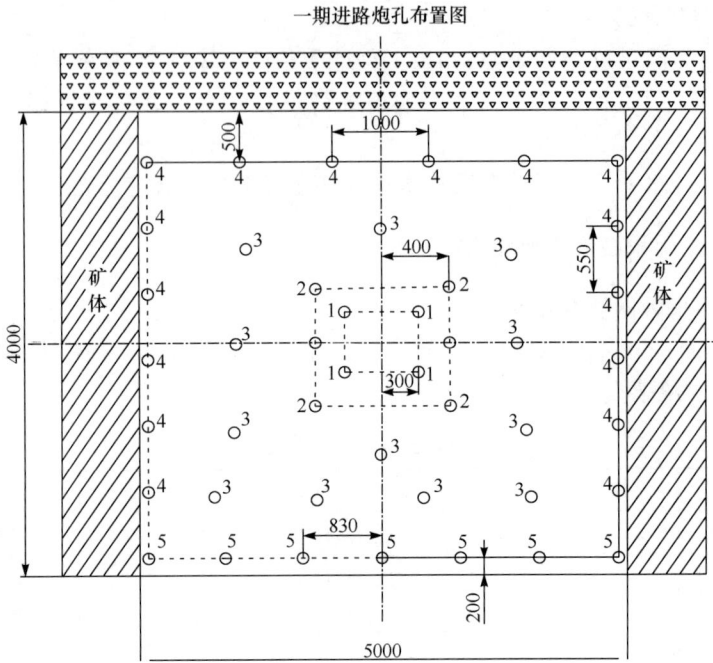

图 3.7　一期进路回采炮孔布置图（单位：mm）

二期进路炮孔布置图

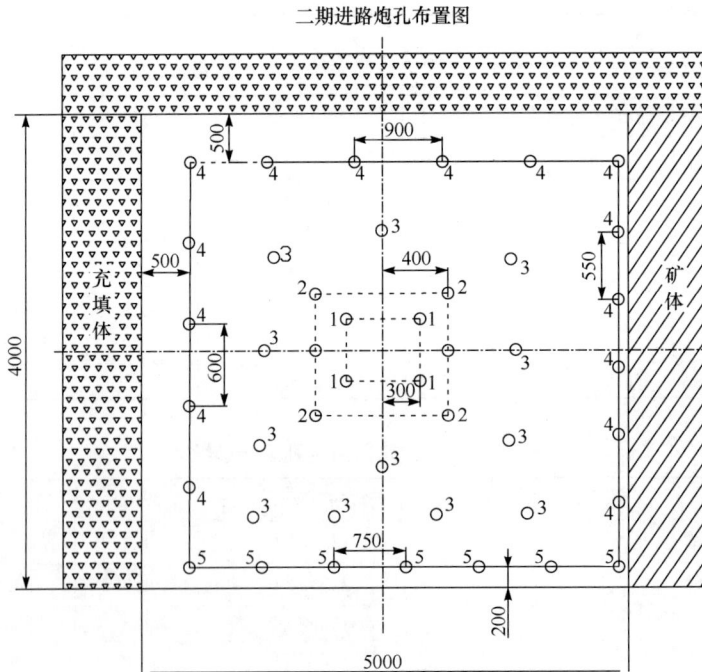

图 3.8　二期进路回采炮孔布置图（单位：mm）

三期进路炮孔布置图

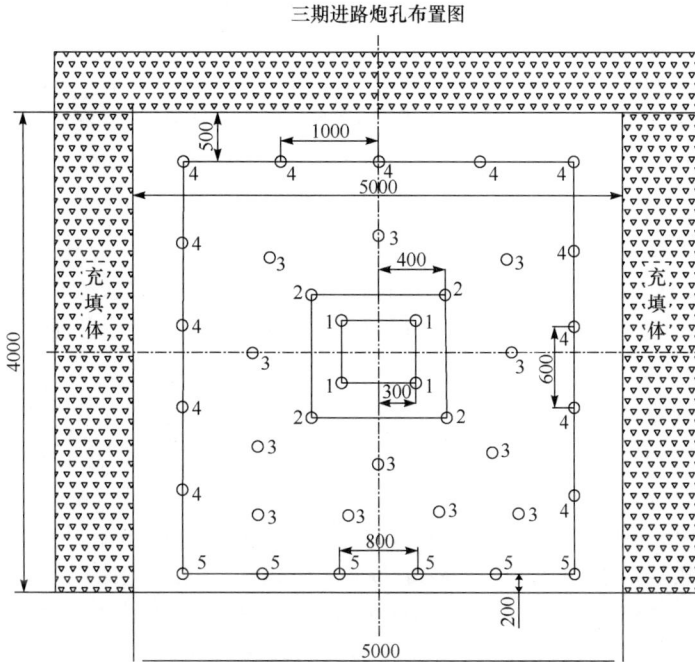

图 3.9 三期进路回采炮孔布置图(单位:mm)

3.2.4 二、三期进路开采控制爆破技术

二、三期进路回采时,进路顶板和两侧或单侧都是充填体。有效保护充填体不被破坏而矿石又能较好地爆破下来,这是多期进路回采中的关键技术。由于充填体和矿体的爆破性能相差较大,则把这种矿体的一侧或多侧为充填体,临近充填体边界的矿体爆破称为异种介质界面爆破。

1. 异种介质界面控制爆破技术

多期进路回采爆破时,边孔一侧为强度较高的矿石,另一侧为强度较低的胶结充填体。孔底炸药爆破后,爆炸能量经过一段时间到达矿体与尾砂胶结充填体的界面。爆炸能量在经过两种物理力学性能不同的介质的界面后,在分界面发生透射和反射。一部分从界面反射回来进入矿体内,另一部分透过交界面进入第二种界质胶结充填体。因此,避免爆破作业对充填体产生的破坏作用,关键在于控制通过界面进入胶结充填体中的爆炸能量产生的破坏作用;同时要求使界面处的矿石破碎成合格的块度,这就是界面控制爆破技术的要解决的问题。

2. 界面控制爆破技术机理

岩石爆破破岩机理已有多种假说,一种假说认为:爆破时岩石的破坏是爆炸气体和爆炸冲击波共同作用的结果,爆炸气体和爆炸冲击波各自在岩石破坏过程的不同阶段起重要作用。爆炸发生后,边孔岩石在高温、高压状态下处于融熔状态,形成粉碎圈,其范围约为炮孔直径的 2 倍;在岩石中激发的爆炸冲击波使粉碎圈外一定范围的岩石处于巨大的切向应变和应力中,形成径向裂隙,随后爆轰波衰减成应力波继续向外传播;爆炸气体产生的气楔作用,使爆炸冲击波产生的裂隙继续向前延伸,并使岩石张开,直到能量消耗和衰减,岩石停止开裂。这种爆炸气体的准静态作用,是岩石破坏的主要能量尤其是波阻抗小的岩石;向前传播的应力波进入波阻抗相差较大的岩石与全尾砂胶结充填体界面时,就会在界面形成反射和透射,产生的反射应力波和透射应力波继续对岩石产生破坏作用。

后期进路回采具有两个显著的特点:一是矿岩受一步回采的影响,在边界 1.2~1.5m 处产生大量裂隙;二是充填体的波阻抗远远小于岩石的波阻抗,并且小于炸药本身的波阻抗。爆破地震效应观测研究表明,与岩石相比充填体内爆破地震波的传播速度慢、质量振动峰值频率低、持续时间长,具有吸收爆破地震波功能。因此,后期进路回采爆破过程有着自身特有的性质。

进路边孔爆破时,爆炸冲击波首先在炮孔周围形成粉碎圈,其范围为装药半径的 2 倍;在岩体中形成的冲击波作用范围很小,它很快衰减成应力波,爆轰波的作用范围一般不超过装药半径的 3~7 倍。而应力波的作用范围较大,一般为 120~150 倍装药半径;由于边孔附近的矿岩节理裂隙较为发育,爆炸气体的准静态作用通过裂隙很快释放。因此,边孔起爆后爆炸冲击波和爆炸气体准静态作用只对边孔底附近的矿岩体产生破坏作用,几乎不对充填体造成破坏,对充填体产生破坏作用的主要是爆炸应力波。爆炸应力波到达矿岩体与充填体界面时,一部分应力波反射回矿岩体中,另一部分应力波透射进入充填体。因此,界面控制爆破就是要使入射波应力波和反射波应力的叠加,应力大于矿岩动载强度,从而使界面处的矿岩破碎;同时使进入充填体的透射波产生的应力强度小于充填体的动荷载强度,以确保充填体安全稳定。

前面已经分析得出,炸药起爆后,对充填体造成破坏影响的主要是边孔爆破产生的爆炸应力波。爆炸能量的大小与炸药条件、介质条件、装药量和中深孔孔底与充填体的距离有关。在其他条件一定时,界面控制爆破实质上是寻求合理的边孔与采场边界距离。如果距离过大,界面处的岩石得不到充分的爆炸能量从而破碎不充分,就会使一部分矿石没有爆落下来附着在充填体上而引起矿石损失;如果边孔距离太小,势必增加进入尾砂胶结充填体的透射爆炸能量,造成充填体破坏,使充填体产生片帮冒落而引起因充填料混入矿石带来的二次贫化,严重时甚至会出现充填体大量垮冒而导致采场安全事故的发生。

对于节理裂隙十分发育的破碎矿体来说,其抗拉强度仅为抗压强度的 1/30~1/20,即为 0.14MPa 左右,动态抗拉强度为 0.2~6.0MPa;而充填体可承受的动态抗压强度大于 6.0MPa。爆破时在矿体和充填体界面处,存在一个入射应力波。该应力波通过界面的反射和透射后,其反射应力波为拉伸波,产生的拉伸应力大于矿石的抗拉强度而破碎矿石;其透射波为压缩波,产生的压缩应力小于充填体的抗压强度,充填体保持完整而不受破坏。现场工业爆破试验,周边眼距充填体的距离为 0.3~0.8m。试验效果见表 3.5。

表 3.5　后期进路回采界面爆破试验效果

周边眼距充填体距离/m	0.3	0.4	0.5	0.6	0.7	0.8
试验爆破效果	充填体局部破坏	充填体局部破坏	充填体基本保持完整,矿石破碎好	充填体基本保持完整,矿石破碎好	有时有边角矿石爆不下来	有时有部分矿石爆不下来

3.2.5　分层卸荷开采顺序

根据数值模拟分析结果并结合现场工艺条件,试验盘区设计了"分区开采,先下盘后上盘,由两翼至中间"的回采顺序,形成下盘分区超前,多分区、多进路同时作业的开采方式,实现了有效卸荷和采充平衡条件下的强化开采工艺(图 3.10)。

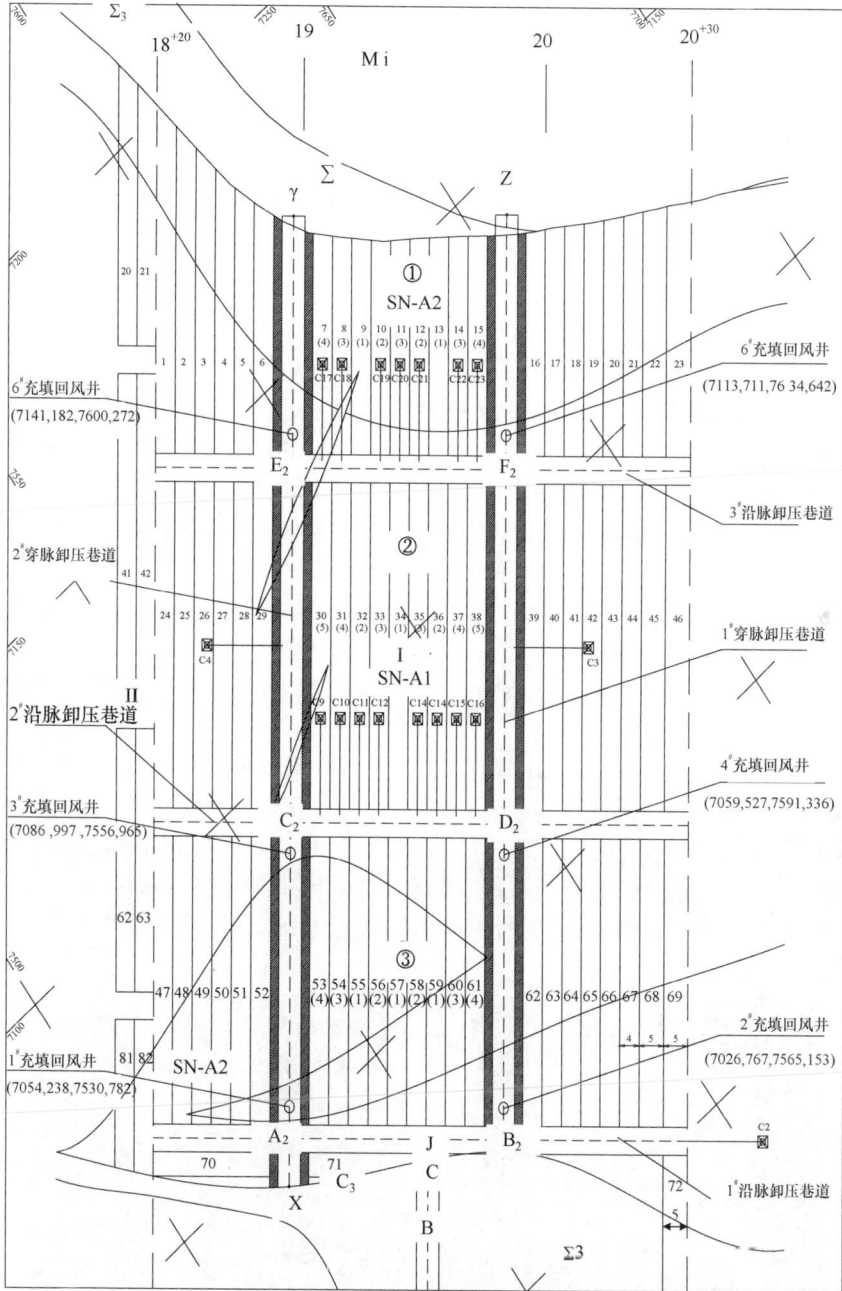

图 3.10　二矿区 978m 水平 II 号盘区分层卸荷进路回采顺序图

由图 3.10 可见,盘区采场分成 3 个回采区域,先回采下盘分区,后上盘分区;一个分区内由两翼进路开始回采向中间推进。从回采情况及地压监测来看,该回采顺序对确保进路安全回采起到了积极的作用。

3.2.6　分层卸荷开采盘区采场通风方式

1. 二矿区 978m 水平 Ⅱ 号盘区采场首采分层通风及排污

1）通风

来自 978m 措施道的新鲜风流→分段道→分层联络道→清洗采场工作面;污风→采场的充填回风井→1000m 充填回风道→14 行回风井→地表。

2）排污、排水

充填前在进路口外 8～10m 处砌 1.5m 的挡水墙,充填溢流物经沉淀后,清水经分层联络道排污硐室→978m 临时排污站排至 1000m 水平水仓。泥浆清理至废石堆放点,以待拉运。

2. 盘区采场通风系统重构

盘区首采分层回采完毕,1#、2#、3# 沿脉切割巷和 1#、2# 双穿脉卸荷巷都要进行充填,这样原来盘区通风系统都要被破坏。为了盘区顺序向下回采,必须进行通风系统重构。

首采分层道掘进至充填回风井位置时,及时上挑该井与 1000m 中段巷道贯通,充填回风井贯通后,要清理干净井口杂物、浮石,严防坠落伤人,形成采场较好的通风系统。1#、2#、3#、4#、5#、6# 充填回风井兼作应急出口,因此必须支护并安装行人软梯。充填回风井支护型式为:喷锚网＋素砼＋铁盒子,支护参数为喷锚网锚杆采用 ϕ18 螺纹钢,长度 1.5m,网度 1m×0.6m;金属网片用 ϕ6.5mm 的钢筋点焊而成,网度 150mm×150mm;垫片为 200mm×200mm×10mm 的钢板;喷射混凝土厚度为 100mm,强度 C20;素砼厚度 300mm,强度 C30。

首采分层回采完后,在双穿脉卸荷巷及 1#、2#、3# 沿脉巷(图 3.10)架设 ϕ2.0m 的铁盒子(铁盒子由 6mm 厚钢板制成)见图 3.11,并在 1#、2#、3#、4#、5#、6# 充填回风井的位置预留上下口,并与上井连接。下井在下一分层回采时双穿脉卸荷巷掘进到该位置时上挑与铁盒子连通。分层回采完毕后,胶结充填双穿脉卸荷巷及沿脉巷,铁盒子被充填体包围、固定,这样就重构了如图 3.11 所示的采场通风系统,保证下面各分层回采时,通风环境符合安全规程要求。

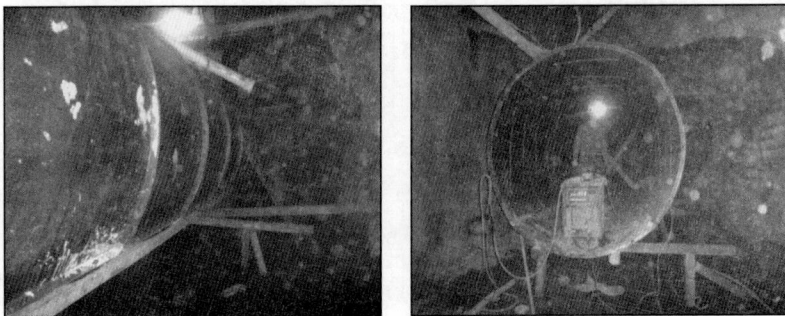

图 3.11　盘区通风系统重构方式

　　深部高应力条件下开采,为了有效地保护好首采分层重构的充填回风系统不被破坏,在穿脉方向保护预留铁盒子,左右各保留 1.7m 矿柱不采(图 3.12),将该处的矿柱矿量计算为设计损失。

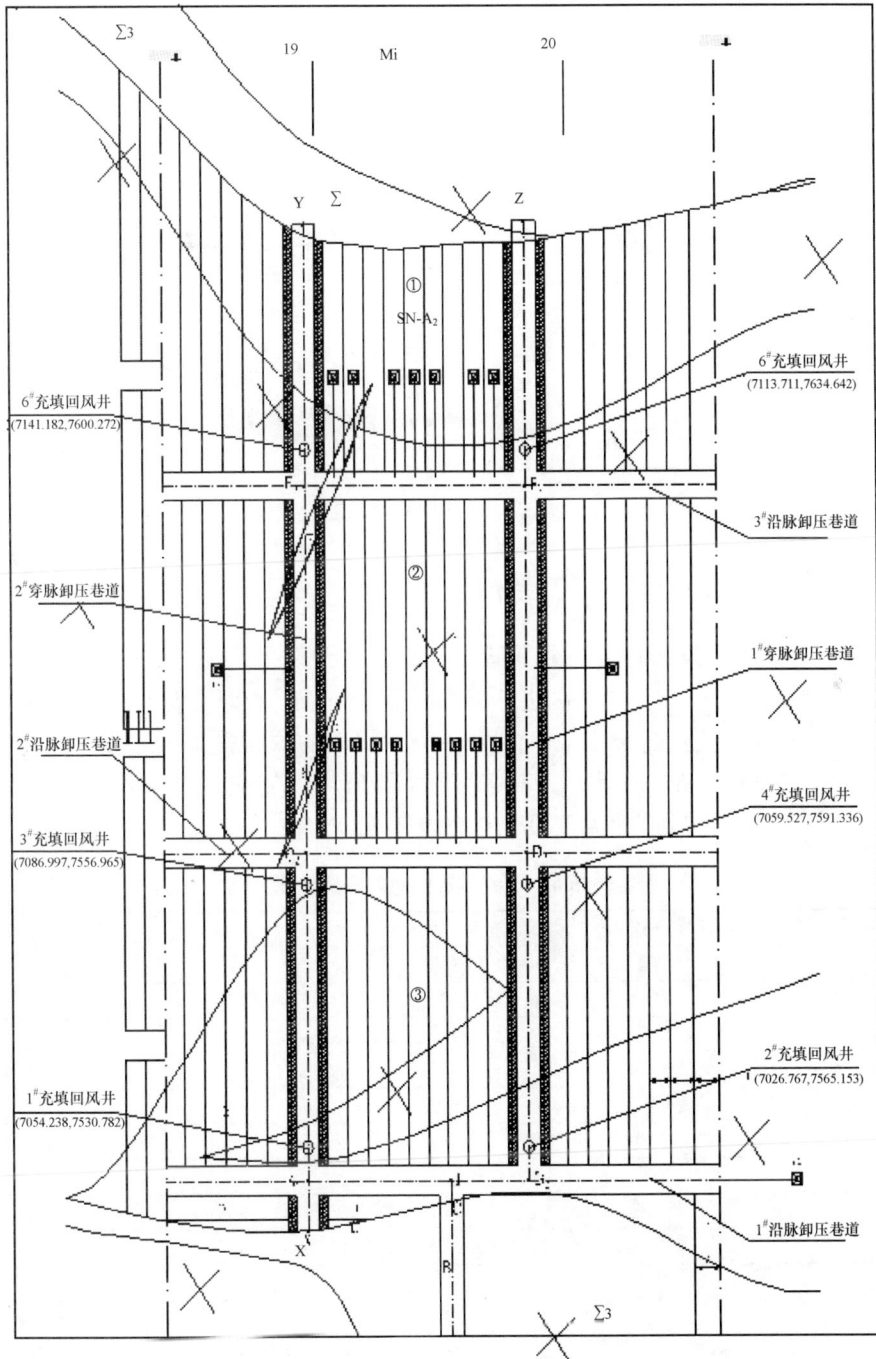

图 3.12　二矿区 978m 首采分层 2# 盘区通风系统重构图

3.2.7　分层卸荷开采主要设备配置优化

二矿区分层卸荷开采采用 H-282 双臂液压凿岩台车进行凿岩、JCCY-6 铲运机搬运矿石等无轨设备,将形成由凿岩台车、装药车、服务车、铲运机、振动放矿机等组成的一套完整的机械化配套系统,该系统灵活机动,具有较高的生产能力,形成深部高效率卸荷采矿成套工艺技术,可为我国矿山深部开采提供借鉴与参考。图 3.13 显示了二矿区盘区采矿设备配置工艺图。

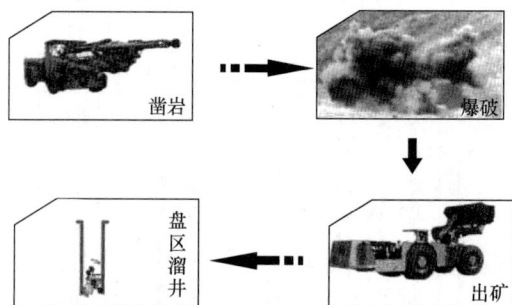

图 3.13　二矿区盘区回采设备配置流程图

1. 凿岩台车效率的标定

为了考察凿岩台车的效率,进行了现场测试。实测结果表明,台车的纯凿岩效率较高。直径为 40mm 的钎头在二矿区进路回采过程中,凿岩速度一般为 1.13m/min,钻凿孔深为 3m 左右的炮孔只需 2.5min 左右,一个工作面的双臂凿岩台车实际凿岩时间为100min;按台车的实际凿岩能力,双臂凿岩台车每班可以完成 3 个工作面的凿岩任务。凿岩台车能力测试和工时利用率见表 3.6 和表 3.7。

表 3.6　单台凿岩机能力测试结果

序号	班号	凿岩时间/min	炮孔数目/个	每个孔平均时间
1	早班	150	56	$2'41''$
2	中班	120	45	$2'40''$
3	早班	180	55	$3'$
4	早班	120	46	$2'37''$
5	早班	150	56	$2'40''$
6	中班	108	40	$2'42''$
7	早班	180	57	$3'9''$
8	中班	150	51	$2'56''$
9	中班	120	31	$3'52''$
10	早班	60	38	$1'34''$
11	早班	120	46	$2'36''$
12	中班	180	56	$3'12''$
13	合计	1638	577	—
14	平均	—	—	$2'50''$

表 3.7 每一循环凿岩时间利用率

项目	准备	凿岩	辅助	吹孔	合计
时间/min	15	60	15	10	100

2. 铲运车台效的标定

铲运机现场标定台效为 90t/h,一个掌子面出矿时间为 100min 左右。标定结果见表 3.8 和表 3.9。

表 3.8 铲运机出矿能力现场标定结果

运距/m	装运/次数	所用时间/min	平均时间/(min/次)	出矿量/t	出矿能力/(t/h)	标定时间
60	19	52	2.7	100	115	2010.08
80	15	40	2.7	79	118	2010.08
100	25	85	3.4	131	92	2010.09
120	12	42	3.5	63	90	2010.09
180	19	90	4.7	100	67	2010.09
200	10	50	5	52	62	2010.09
合计	100	359	22	525	87.5	—

表 3.9 铲运机台效标定结果

名称	单位	数量	备注
铲装时间	s	20～35	统计平均时间
重载运行时间	s	80～90	统计平均时间
卸载时间	s	10～15	统计平均时间
空载运行时间	s	28	统计平均时间
铲装点到卸载点的运距	m	100	—
重载车速	m/s	0.89～1.0	—
空载车速	m/s	3.2	—
铲斗斗容	m³	3	—
装满系数		0.7	—
矿石松散体重	t/m³	2.5	—
铲运机工作台效	t/h	62～118	平均90

3. 设备配套生产能力

一个台班各工序实际需要时间见表 3.10。根据双臂凿岩台车生产效率的标定,一个掌子面的凿岩时间为 100min,掌子面装药、连线、爆破时间为 30min,掌子面通风时间为

30min,掌子面矿石铲运机装运时间100min。一个作业台班可以完成三个循环。一个掌子面矿量为150t,一个台班设备配套生产能力达450t/(台班),一天设备配套生产能力达1350t/d。因此盘区配套设备生产能力能满足1000t/d的生产能力要求。

表 3.10　一个台班各工序实际需要时间

班循环次数	循环工序	时间/min				
1	台车凿岩时间	100				
	装药、连线、爆破时间		30			
	通风时间			30		
	铲运机出矿时间				100	
2	台车凿岩时间		100			
	装药、连线、爆破时间			30		
	通风时间				30	
	铲运机出矿时间					100
3	台车凿岩时间			100		
	装药、连线、爆破时间				30	
	通风时间					30
	铲运机出矿时间					100

3.2.8　卸荷开采巷道及回采进路支护

1. 巷道工程变形特征

1) 变形量大

根据现场巷道收敛观测表明,金川二矿区的巷道收敛变形均很大,一般为数厘米至数十厘米,最大可达1.0m以上。变形主要以侧墙内移、尖顶和底鼓为主,如图3.14所示。现场统计资料表明在1000m中段局部喷锚网支护巷道在开挖支护不到两个星期就收敛变形达500mm以上,底鼓最大1000mm。

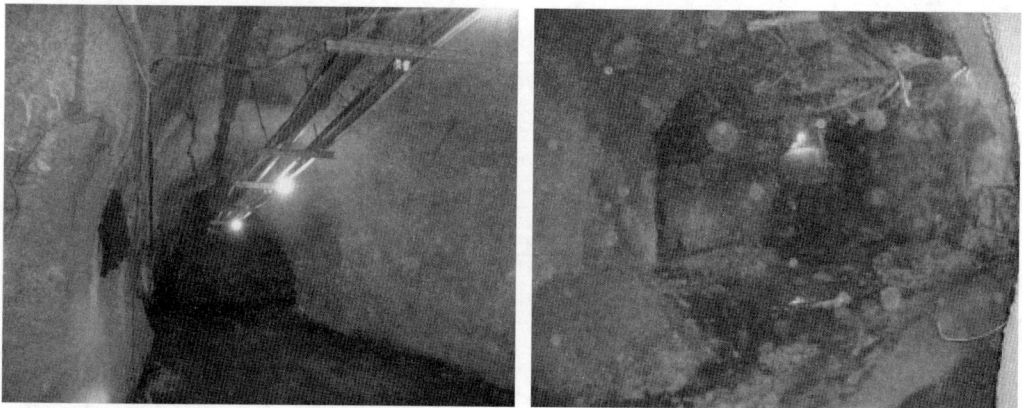

图3.14　金川矿区巷道变形

2) 来压快

由于原岩应力高且以形变压力为主,开挖卸荷迅猛,来压快,故高应力碎胀岩体中巷道初期变形速率很大。

3) 变形持续时间长

由于高应力碎胀岩体具有显著的流变性,故其变形具有明显的时效性,大致可分为剧烈变形、缓慢变形和稳定变形三个阶段。

2. 首采分层支护形式

软岩巷在围岩变形量不是很大情况下,锚喷支护是一种较成功的方法,锚杆的允许变形量一般可达 200mm 以内,甚至更大,具有一定的强度又有柔性。使用锚喷网支护,用金属网提高喷层的抗剪、抗拉强度,增强其整体性、抗弯性及防开裂的能力,由于金属网的整体连接,喷层一旦开裂,也不至于脱落,可以防止破碎岩石冒落。

一期进路采用全断面单层或双层喷锚网支护,二期进路对无充填体侧帮及顶板采用单层或双层喷锚网支护,三期进路只对顶板进行喷锚网支护。分层道局部遇岩体极其破碎的地段,采用钢拱架＋双层喷锚网支护,掘断面规格宽×高＝5.3m×4.3m(钢拱架规格:宽×高＝4.6m×4.3m,拱腿埋入底板 300mm);进路局部遇岩体极其破碎的地段,采用钢拱架＋双层喷锚网支护。局部侧鼓及底鼓破坏严重的支护巷道返修时先进行水泥注浆加固后再进行喷锚网支护。

3. 支护参数

1) 喷锚网参数

一次喷锚网锚杆采用 ϕ18mm 螺纹钢水泥药卷锚杆,长 2.25m,锚杆呈梅花形布置,间距 1.0m;金属网采用 ϕ6.5mm 圆钢点焊而成,网度 150mm×150mm;垫片为 200mm×200mm×10mm,喷射混凝土厚度 100mm,强度为 C20。二次喷锚网要求锚杆与一次喷锚网锚杆交错布置,其他参数与一次喷锚网相同。

2) 注浆参数

注浆锚杆采用规格为 ϕ32mm×6mm×3.0m 的无缝钢管,排间距 2.0m;浆液采用单水泥浆,水灰比(0.65～0.80):1。注浆时要求边注浆边搅拌水泥浆液,并坚持先墙部,后顶部的注浆顺序。单孔注浆量不得超过 300kg,注浆压力在 4.5MPa 维持 5min 时停止注浆。

3.2.9　分层卸荷开采充填工艺

1. 矿区充填系统简介

二矿区现有充填搅拌站两个,分二期建设而成,一期搅拌站制备高浓度料浆,采用管道自流输送,西部一期充填搅拌站 2 套系统同时运行,1 套备用。西部二期搅拌站有 3 个系统,一个系统为膏体泵送系统,另外两个系统为高浓度砂浆自流输送系统,每套自流充填系统生产能力为 80m³/h。图 3.15 为全尾砂膏体充填系统流程图。图 3.16 高浓度尾砂自流输送系统流程图。

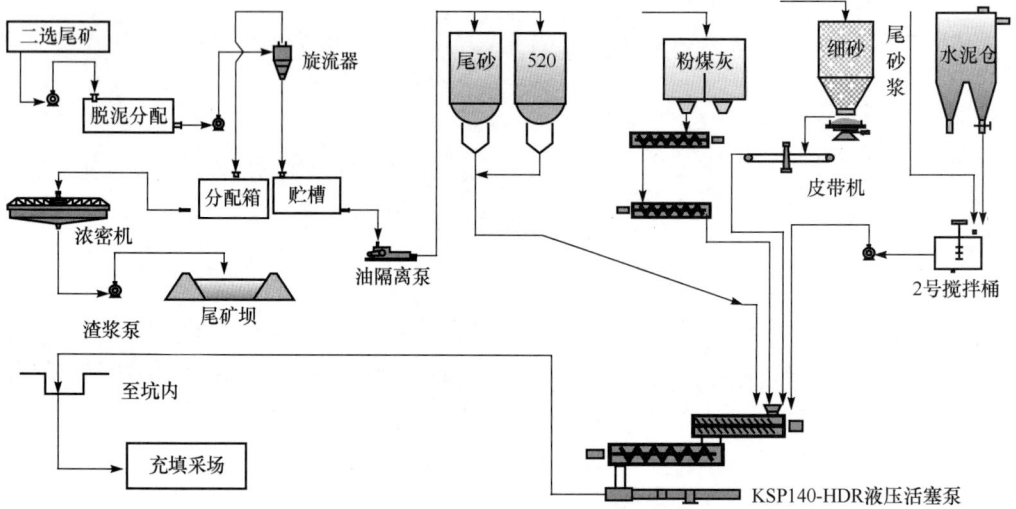

图 3.15　全尾砂膏体充填工艺流程图

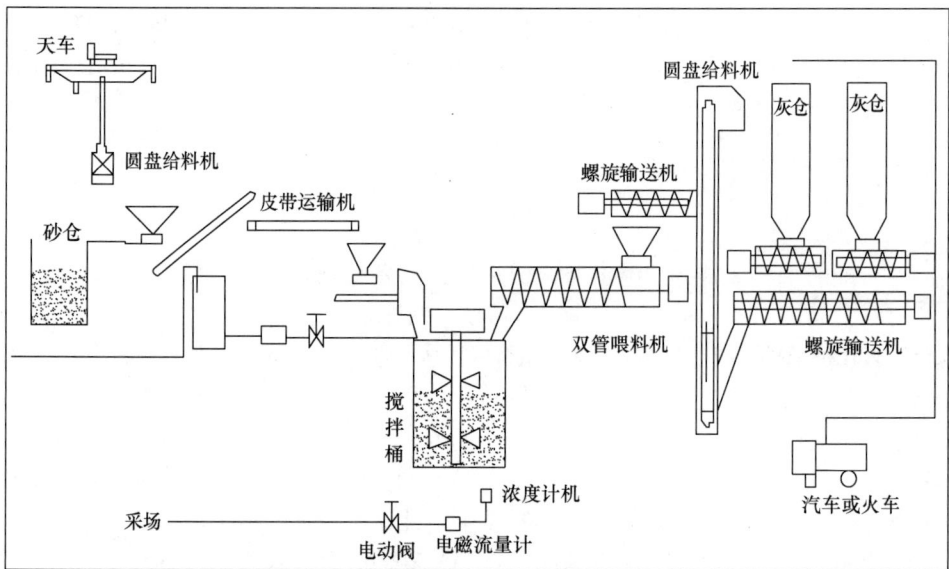

图 3.16　高浓砂浆自流充填工艺流程图

2. 采场充填工艺

1) 高浓度砂浆胶结料浆制备与配比

棒磨砂用 60t 自翻车从砂石厂运来,卸到扩建后的棒磨砂仓,水泥用散装水泥罐车运来,用压缩空气吹到水泥仓中,供水由矿山高位水池引来。−3mm 的棒磨砂和 32.5 号散装普通硅酸盐水泥在搅拌桶内与水充分搅拌后依靠自重进入各充填管井、充填钻孔,经各水平管路后,进入采场进路。

充填材料配比当灰砂比为 1：4，质量分数为 78％时，每立方米的充填料浆的充填材料配比为：棒磨砂 1234kg，水泥 308.5kg，水 435.1kg，充填料浆 1977.6kg。充填体设计强度 5MPa。

2）膏体泵送砂浆胶结料浆制备与配比

在地表按设计配比将尾砂、-3mm 棒磨砂、粉煤灰混合后运送至双轴叶片搅拌机，经初步搅拌的骨料下放到双轴螺旋式搅拌输送机搅拌均匀后，直接进入 PM 泵，进行泵压管道输送至各采场进路。充填材料配比当灰砂比为 1：4，质量分数为 78％～80％，充填体设计强度 5MPa。

3）采场进路充填

采场进路充填按图 3.17 的工艺流程进行充填。充填时采空区用挡墙封密，采空区内的空气无法排出，聚集在高顶板处，产生较大压力，致使充填料浆无法充入高顶板处，造成充填进路不接顶。因此，在待充填进路高顶板处固定 1 根充填管、1 根排气管，一头固定在高顶板上，另一头接到充填板墙外。在接顶充填时，观察墙外的排气管，刚开始时，排气管一直在排气，当有水从排气管流出，立即停止充填，表明已经达到高顶板接顶的效果，实现了充填接顶，提高了进路充填接顶率，使下一分层回采有稳定假底，保证回采工作的安全。

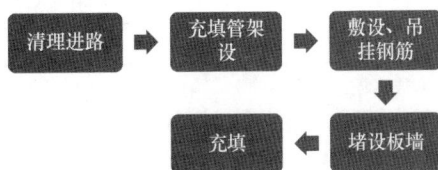

图 3.17 采场进路充填工艺

3.2.10 主要技术经济指标和经济效益

1. 进路回采直接成本

进路回采直接成本见表 3.11～表 3.15。

表 3.11 进路回采凿岩直接成本

项目		消耗量	单价	费用/元	吨矿成本/元
钻具	钎杆	1 根	2500 元/根	2500	3.25
	钎头	5 个	400 元/个	2000	2.6
动力	电力	1250kW·h	0.57 元/(kW·h)	462.5	0.54
	柴油	20kg	6.75/kg	45	0.058
	液压油	32kg	10.2 元/kg	198.4	0.258
人工费		—	—	—	2.0
合计		—	—	—	8.71

表 3.12 进路回采每一循环爆破器材消耗及爆破直接成本

序号	项目	单位	数量	单价	成本/元
1	导爆管雷管	发	44.0	2.7 元/发	118.8
2	炸药	kg	64.2	9.6 元/kg	616.32
3	人工费	工·班	0.5	200 元/(工·班)	100
4	总成本	—	—	—	835.12
5	单位成本	元/t	—	—	5.57

表 3.13 进路回采出矿直接成本

序号	项目	单位成本	单价	备注
1	电力	0.56 元/t	0.53 元/(kW·h)	75kW,平均 3.5h/班
2	轮胎	0.4 元/t	7200 元/套	6000 元/(月台)
3	维修及备件等	0.54 元/t	—	8000 元/(月台)
4	人工费	1.6 元/t	—	—
5	其他	0.4 元/t	—	—
6	合计	3.5 元/t	—	到溜矿井

表 3.14 进路回采胶结充填直接成本

成本项目	单位	单耗	单价/元	金额/元
一、材料费	—	—	—	93.5
1. 水泥	t	0.24t/m³	350	84
2. 棒磨砂	t	1.5 t/m³	30	45
3. 钢材	kg	0.89kg/m³	4	3.56
4. 木材	m³	—	1500	0.29
5. 麻袋片	m	0.12m/m³	7.5	0.9
二、动力	—	—	—	1.31
1. 压风	m³	4.47m³/m³	—	0.36
2. 水	m³	0.34 m³/m³	—	0.5
3. 电	kW·h	0.71kW·h/m³	—	0.45
三、工人工资	元/m³	—	—	12.20
四、福利费	元/m³	—	—	2.5
五、其他	—	—	—	4.13
合计	元/m³	—	—	155.2

表 3.15 进路回采支护直接成本(元/进路米)

项目	进路米材料量	单价	金额/元	备注
φ18mm 螺纹钢	18m	4.0 元/kg	144	网度 1m×1m,长 2.25m,2kg/m
金属网采用 φ6.5mm	60m	4.0 元/kg	53	网度 150mm×150mm,0.22kg/m
水泥卷	15kg	2.8 元/kg	42	—
垫片	8 套	3 元/套	24	200mm×200mm×10mm
喷射混凝土	1.4m³	980 元/m³	1380	厚度 100mm
人工费	—	—	200	—
合计	—	—	1843	—

2. 分层卸荷盘区技术经济指标

（1）分层卸荷盘区矿石贫化、损失率。根据地测部门统计分析结果，盘区的矿石贫化率为 5.0%，矿石损失率为 4.2%。

（2）分层卸荷盘区生产能力。金川二矿区分层卸荷机采盘区生产能力统计，生产能力试验在 1000m 中段的 1078m 分段 1# 盘区和 1098m 分段 5# 盘区进行，这两个盘区采用 H-282 双臂液压凿岩台车进行凿岩和 JCCY-6 铲运机搬运矿石，溜井振动出矿，盘区机械化程度高。生产能力计算剔除矿山每月检修 2d、8 月份全矿年检天数和盘区巷道返修天数。生产能力统计结果见表 3.16 和表 3.17。盘区平均生产能力达到了 1000t/d 以上。

表 3.16　采矿一工区 1078m 水平 1# 盘区生产能力统计

统计时间	出矿量/t	作业天数/d	生产能力/(t/d)	备注
2011.07	33109	28	1182.46	月检修 2d
2011.08	16370	15	1091.33	全矿检修 15d
2011.09	22391	26	932.96	月检修 2d，返修 4d
2011.10	28652	28	1023.29	月检修 2d

表 3.17　采矿三工区 1098m 水平 5# 盘区生产能力统计

统计时间	出矿量/t	作业天数/d	生产能力/(t/d)	备注
2011.07	28231	28	1008.25	月检修 2d
2011.08	16507	15	1100.47	全矿检修 15d
2011.09	30260	28	1080.71	月检修 2d
2011.10	30911	28	1103.96	月检修 2d

3.3　本 章 小 结

在深井高应力卸荷开采理论研究的基础上，本章介绍了卸荷充填开采工艺试验研究成果，其被容主要包括进路高效回采爆破工艺试验和分层卸荷盘区进路充填采矿工业试验两个方面。

首先根据岩石性质、循环进尺、巷道断面和钻眼机具等因素决定掏槽眼布置的几何形状。根据二矿区巷道掘进掏槽爆破情况以及矿岩开采技术条件，进行了 4 种掏槽方式的对比分析，最后开展了阶段掏槽方案进行二矿区下向进路机械化充填采矿法掏槽爆破试验。

分层卸荷盘区下向进路充填工业试验涉及分层卸荷开采工程布置、进路式充填回采工艺、多期进路回采凿岩爆破参数、分层卸荷开采顺序、采场通风方式以及主要设备配置优化等方面的分析与试验研究，并对协和开采巷道及回采进路的支护型式与支护参数进行了试验研究。

通过分层卸荷回采工艺的实施，使得盘区矿石贫化率降低到 5%，矿石回收率提高到 95.8%，盘区平均生产能力达到了 1000t/d。

第4章 高应力卸荷开采地压与爆破震动监测

4.1 引　言

根据二矿区深部开采应力分布特征、矿岩特性及设备工艺条件,确定采用分层卸荷下向分层进路回采厚大矿体。盘区回采采用双穿脉卸荷巷,形成环形进出通道,提高回采强度和设备周转利用率。采场在回采过程中的应力、位移变化是采场地压规律的直接显现。为了确保高应力卸压开采过程中的安全与可靠,开展地压监测不仅必要,而且势在必行。采场地压监测技术与手段如下:

1. 采场围岩应力监测

采场围岩和充填体的应力状态和数值,直接反映了采场的地压显现规律与稳定状态。为此,针对双穿脉进路巷道卸荷回采工艺,采用钻孔应力计进行回采过程中的围岩应力加监测,由此揭示采场地压变化规律,以便根据监测结果,调整盘区卸荷开采顺序,实现深部高应力条件下极破碎厚大矿体的安全、高效开采。

2. 采场围岩变形监测

随着金川矿区开采深度的增加,深部采场的变形地压占主导地位,导致井下巷道大多发生底鼓、侧鼓。通常巷道在开挖支护两三个月之后部分巷道就需要进行返修加固。为了揭示巷道围岩变形与开采工艺的关系,通常开展巷道围岩的收敛观测。

3. 采场围岩声发射监测

岩体声发射事件率及其增幅直接反映了采场顶板的稳定性。因此,为了预测巷道冒顶,避免灾害事故的发生,通常在采矿过程中进行岩体的声发生监测。当声发射频度增加,需要提高监测频率。当声发射事件频度剧增,且出现持续多次的异常或剧烈变化,表明该观测点可能出现危险。根据危险程度及时采取相应对策,避免事故发生。因此,在试验采场建立声发射监测网,通过声发射监测进路回采顶板安全状态,是实现安全回采的重要手段。

4. 采矿爆破震动监测

生产爆破震动对地下矿山巷道及充填体破坏产生重要影响,也是诱发采场岩爆的主要因素之一。同时由于传播介质的复杂性、强度及其衰减与爆源位置等因素有关,因此爆破地震波强度即使在同一地区进行多次测量也可能会得到不同的结果,而且偏差可能较大,有必要对爆破震动数据进行采集分析,提出适宜该场地区爆破震动强度衰减公式,为采场工程安全防护提供科学依据。

4.2　分层卸荷开采应力监测

为了监测盘区下向进路充填采矿法卸荷开采应力变化规律,在二矿区 850m 中段 Ⅱ 号盘区首采分层 2 号区 2 号沿脉巷布置了钻孔应力计,开展了采场围岩应力监测,从而监测卸荷开采过程中的应力变化规律。图 4.1 给出了应力监测的钻孔应力计布置图。

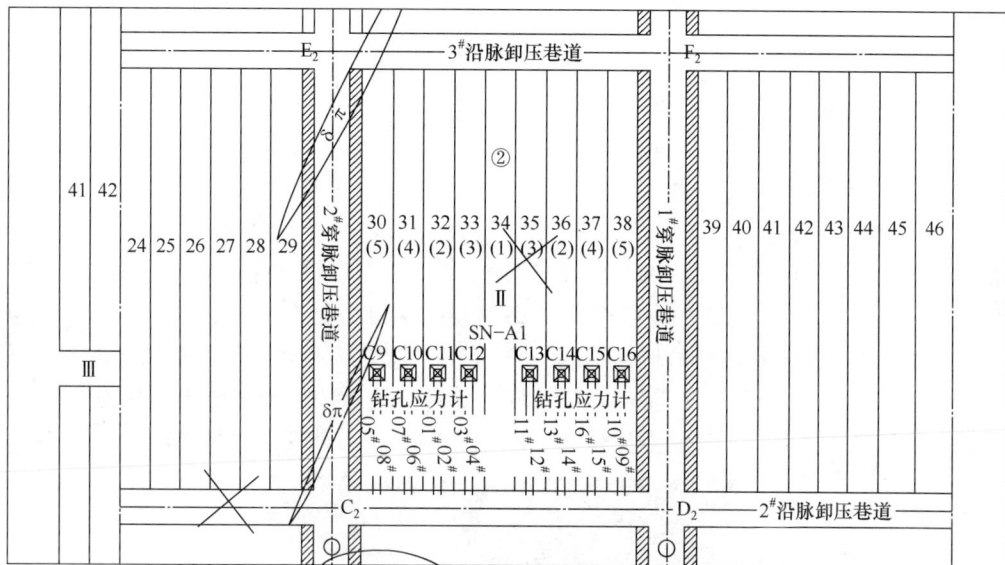

图 4.1　钻孔应力计安装位置布置图

4.2.1　钻孔应力计工作原理及结构特点

1. 钻孔应力计工作原理

钻孔应力计的压力传感器以钢弦作为传感元件,数字信号输出,具有灵敏度高、抗干扰能力强、长期稳定性好、可以遥测、使用方便、过程操作重复性好等优点。压力传感器的外形结构如图 4.2 所示。圆形承压板和油压枕间是面接触滑动配合。当油压枕固定,承压板可沿面滑动,直径随之扩大,以保证承压板与钻孔壁接触之后较快接受来自岩体的压力。

2. 应力计传感器技术指标

钻孔应力计的传感器主要技术指标如下:

图 4.2　压力传感器外形结构

(1) 量程有 50MPa、100MPa、200MPa、40MPa 四级；

(2) 应力量测的进度为 0.5%FS、1.0%FS[①]；

(3) 传感器的重复性为 0.2%FS、0.4%FS；

(4) 传感器的分辨率为 0.01%FS；

(5) 传感器外径为 40~60mm。

4.2.2　钻孔应力计安装及使用

1. 应力计安装

在二矿区 850m 中段Ⅱ号盘区首采分层 2 号沿脉巷进行钻孔应力计安装孔施工作业，成孔采用工程地质钻钻孔(图 4.3)，孔径 60mm，钻孔深度为 15m。由于矿岩破碎，成孔后存在塌孔的危险，塌孔后清孔困难，因此成孔后抽出岩芯钻杆立即进行应力计安装作业。采用专用安装杆把钻孔应力计按设计的方向(水平或垂直方向)送到孔底，专用安装杆有外杆和内杆。外杆套在钻孔应力计的尾端部，内杆插入油压枕尾端部孔内。专用安装杆每根长 1m，根据连接的安装杆根数计算安装的深度。钻孔应力计安装到设计位置后，顺时针转动内安装杆把油压枕推向前与承压板一起向前滑动。承压板顶出与钻孔岩壁接触接受岩体压力。当内安装杆旋转不动时，钻孔应力计安装完成抽出内外安装杆，用 GSJ-2A 型振弦式数据计算存储器测量初始数据。钻孔应力计安装结构见图 4.4。

图 4.3　钻孔应力计安装孔施工现场照片

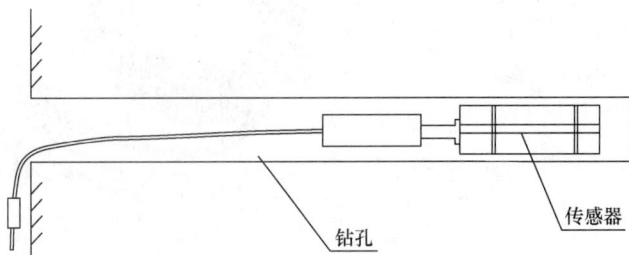

图 4.4　钻孔应力计安装结构示意图

---

① FS 是全量程 full scale 的首字母缩写，表示测量范围的大小。

2. 日常监测

钻孔应力计全部安装好后,根据卸荷进路回采的进度进行日常监测,一个星期监测 2 次左右,监测采用 GSJ-2A 型振弦式数据计算存储器进行,监测见图 4.5 所示。GSJ-2A 型振弦式数据计算存储器可与 200 个传感器配套使用,编号为 0～199,需事先编好。应力监测的操作步骤如下:

(1) 输入传感器常数;

(2) 测频调零;

(3) 测压存储;

(4) 查看存储的测量数据;

(5) 上传数据。

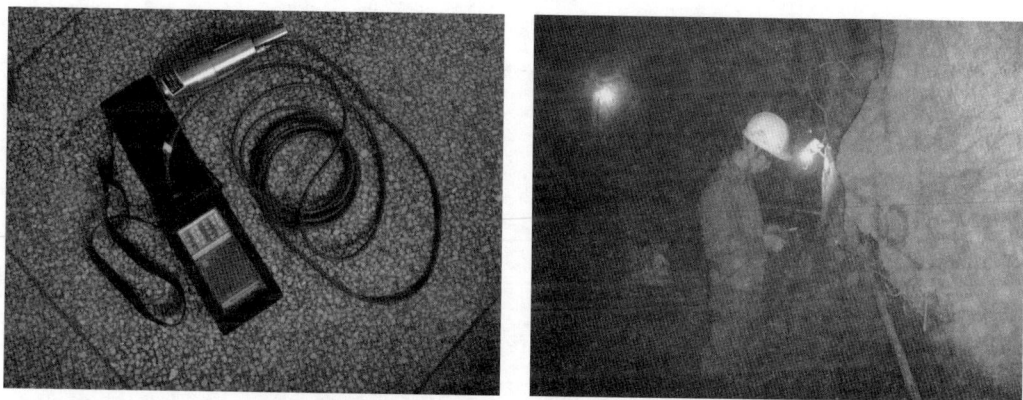

图 4.5　钻孔应力计与检测仪连接及现场测量照片

4.2.3　应力监测数据分析

在二矿区 978m 分段 2 号盘区 2 号回采区 8 条进路布置 8 组钻孔应力计(每组垂直、水平钻孔应力计各一个),回采双穿脉卸荷巷时各监测分析点的应力变化状况。监测数据见表 4.1～表 4.18 和图 4.6～图 4.24。

表 4.1　1# 钻孔应力计测量数据(水平方向)

序号	测量时间(y.m.d)	参数 $A/10^{-5}$	参数 B	初始频率/Hz	测量频率/Hz	应力/MPa
1	2011.08.10	−1.03243	0.037255	2038.7	1768.07	20.71
2	2011.08.15	−1.03243	0.037255	2038.7	1780.87	19.77
3	2011.08.18	−1.03243	0.037255	2038.7	1790.41	19.06
4	2011.08.23	−1.03243	0.037255	2038.7	1804.72	18
5	2011.08.25	−1.03243	0.037255	2038.7	1800.64	17.63
6	2011.09.09	−1.03243	0.037255	2038.7	1843.67	15.08
7	2011.09.21	−1.03243	0.037255	2038.7	1856.25	14.13

序号	测量时间(y. m. d)	参数 $A/10^{-5}$	参数 B	初始频率/Hz	测量频率/Hz	应力/MPa
8	2011.09.28	−1.03243	0.037255	2038.7	1863.38	13.59
9	2011.10.06	−1.03243	0.037255	2038.7	1857.78	14.01
10	2011.10.14	−1.03243	0.037255	2038.7	1860.43	13.81
11	2011.10.25	−1.03243	0.037255	2038.7	1859.58	13.88
12	2011.11.09	−1.03243	0.037255	2038.7	1860.41	13.81

表 4.2　2# 钻孔应力计测量数据(垂直方向)

序号	测量时间(y. m. d)	参数 $A/10^{-5}$	参数 B	初始频率/Hz	测量频率/Hz	应力/MPa
1	2011.08.10	−1.58767	0.020328	2032.75	1855.94	14.50
2	2011.08.15	−1.58767	0.020328	2032.75	1810.37	18.09
3	2011.08.18	−1.58767	0.020328	2032.75	1809.27	18.17
4	2011.08.23	−1.58767	0.020328	2032.75	1780.34	20.41
5	2011.08.25	−1.58767	0.020328	2032.75	1752.65	22.53
6	2011.09.09	−1.58767	0.020328	2032.75	1737.65	23.66
7	2011.09.21	−1.58767	0.020328	2032.75	1727.92	24.39
8	2011.09.28	−1.58767	0.020328	2032.75	1684.32	27.64
9	2011.10.06	−1.58767	0.020328	2032.75	1683.59	27.69
10	2011.10.14	−1.58767	0.020328	2032.75	1684.21	27.65
11	2011.10.25	−1.58767	0.020328	2032.75	1683.78	27.68
12	2011.11.09	−1.58767	0.020328	2032.75	1685.01	27.59

表 4.3　3# 钻孔应力计测量数据(水平方向)

序号	测量时间(y. m. d)	参数 $A/10^{-6}$	参数 B	初始频率/Hz	测量频率/Hz	应力/MPa
1	2011.08.10	−9.4349	0.054369	2073.8	1825.43	22.64
2	2011.08.15	−9.4349	0.054369	2073.8	1818.28	23.27
3	2011.08.18	−9.4349	0.054369	2073.8	1838.59	21.47
4	2011.08.23	−9.4349	0.054369	2073.8	1882.78	17.51
5	2011.08.25	−9.4349	0.054369	2073.8	1893.78	16.52
6	2011.09.09	−9.4349	0.054369	2073.8	1897.41	16.19
7	2011.09.21	−9.4349	0.054369	2073.8	1991.56	7.62
8	2011.09.28	−9.4349	0.054369	2073.8	1995.38	7.27
9	2011.10.06	−9.4349	0.054369	2073.8	1994.56	7.34
10	2011.10.14	−9.4349	0.054369	2073.8	1995.21	7.28
11	2011.10.25	−9.4349	0.054369	2073.8	1994.79	7.32
12	2011.11.09	−9.4349	0.054369	2073.8	1995.01	7.3

表 4.4　04# 钻孔应力测量数据(垂直方向)

序号	测量时间(y. m. d)	参数 $A/10^{-5}$	参数 B	初始频率/Hz	测量频率/Hz	应力/MPa
1	2011.08.10	−1.72879	0.00944205	2038.4	1905.54	10.31
2	2011.08.15	−1.72879	0.00944205	2038.4	1946.68	7.18
3	2011.08.18	−1.72879	0.00944205	2038.4	1961.17	6.06
4	2011.08.23	−1.72879	0.00944205	2038.4	1973.7	5.09
5	2011.08.25	−1.72879	0.00944205	2038.4	1971.32	5.28
6	2011.09.09	−1.72879	0.00944205	2038.4	1985.91	4.14
7	2011.09.21	−1.72879	0.00944205	2038.4	1991.53	3.71
8	2011.09.28	−1.72879	0.00944205	2038.4	1995.95	3.36
9	2011.10.06	−1.72879	0.00944205	2038.4	1880.75	12.16
10	2011.10.14	−1.72879	0.00944205	2038.4	1753.61	21.35
11	2011.10.25	−1.72879	0.00944205	2038.4	1752.01	21.47
12	2011.11.09	−1.72879	0.00944205	2038.4	1753.21	21.38

表 4.5　5# 钻孔应力计测量数据(水平方向)

序号	测量时间(y. m. d)	参数 $A/10^{-6}$	参数 B	初始频率/Hz	测量频率/Hz	应力/MPa
1	2011.08.10	−6.69942	0.042719	2046.95	1729.63	21.58
2	2011.08.15	−6.69942	0.042719	2046.95	1735.58	21.19
3	2011.08.18	−6.69942	0.042719	2046.95	1768.51	19.01
4	2011.08.23	−6.69942	0.042719	2046.95	1792.35	17.42
5	2011.08.25	−6.69942	0.042719	2046.95	1803.91	16.65
6	201109.09	−6.69942	0.042719	2046.95	1827.88	15.04
7	2011.09.21	−6.69942	0.042719	2046.95	1895.56	10.46
8	2011.09.28	−6.69942	0.042719	2046.95	1920.11	8.78
9	2011.10.06	−6.69942	0.042719	2046.95	1727.53	21.72
10	2011.10.14	−6.69942	0.042719	2046.95	1734.42	21.26
11	2011.10.25	−6.69942	0.042719	2046.95	1736.56	21.12
12	2011.11.09	−6.69942	0.042719	2046.95	1732.23	21.41

表 4.6　6# 钻孔应力计测量数据(垂直方向)

序号	测量时间(y. m. d)	参数 $A/10^{-5}$	参数 B	初始频率/Hz	测量频率/Hz	应力/MPa
1	2011.08.10	−1.04857	0.0353787	2055.2	1753.23	22.74
2	2011.08.15	−1.04857	0.0353787	2055.2	1744.75	23.35
3	2011.08.18	−1.04857	0.0353787	2055.2	1729.62	24.43
4	2011.08.23	−1.04857	0.0353787	2055.2	1726.62	24.65
5	2011.08.25	−1.04857	0.0353787	2055.2	1723.05	24.91
6	2011.09.09	−1.04857	0.0353787	2055.2	1767.96	21.67
7	2011.09.21	−1.04857	0.0353787	2055.2	1776.47	21.05
8	2011.09.28	−1.04857	0.0353787	2055.2	1746.72	23.21
9	2011.10.06	−1.04857	0.0353787	2055.2	1745.68	23.28
10	2011.10.14	−1.04857	0.0353787	2055.2	1746.52	23.22
11	2011.10.25	−1.04857	0.0353787	2055.2	1747.56	23.15
12	2011.11.09	−1.04857	0.0353787	2055.2	1742.49	23.51

表 4.7   7# 钻孔应力测量数据(水平方向)

序号	测量时间(y. m. d)	参数 $A/10^{-6}$	参数 B	初始频率/Hz	测量频率/Hz	应力/MPa
1	2011.08.10	−2.96326	0.052414	2102.55	1856.67	15.77
2	2011.08.15	−2.96326	0.052414	2102.55	1863.32	15.35
3	2011.08.18	−2.96326	0.052414	2102.55	1870.86	14.87
4	2011.08.23	−2.96326	0.052414	2102.55	1881.22	14.21
5	2011.08.25	−2.96326	0.052414	2102.55	1884.44	14
6	2011.09.09	−2.96326	0.052414	2102.55	1778.47	20.71
7	2011.09.21	−2.96326	0.052414	2102.55	1632.63	29.83
8	2011.09.28	−2.96326	0.052414	2102.55	1576.17	33.32
9	2011.10.06	−2.96326	0.052414	2102.55	1578.23	33.2
10	2011.10.14	−2.96326	0.052414	2102.55	1579.62	33.11
11	2011.10.25	−2.96326	0.052414	2102.55	1578.56	33.18
12	2011.11.09	−2.96326	0.052414	2102.55	1579.43	33.12

表 4.8   8# 钻孔应力计测量数据(垂直方向)

序号	测量时间(y. m. d)	参数 $A/10^{-5}$	参数 B	初始频率/Hz	测量频率/Hz	应力/MPa
1	2011.08.10	−1.17814	0.0449206	2039.5	1864.56	15.9
2	2011.08.15	−1.17814	0.0449206	2039.5	1866.25	15.75
3	2011.08.18	−1.17814	0.0449206	2039.5	1868.34	15.56
4	2011.08.23	−1.17814	0.0449206	2039.5	1870.63	15.36
5	2011.08.25	−1.17814	0.0449206	2039.5	1871.39	15.29
6	2011.09.09	−1.17814	0.0449206	2039.5	1871.79	15.26
7	2011.09.21	−1.17814	0.0449206	2039.5	1872.45	15.2
8	2011.09.28	−1.17814	0.0449206	2039.5	1874.32	15.03
9	2011.10.06	−1.17814	0.0449206	2039.5	1873.21	15.13
10	2011.10.14	−1.17814	0.0449206	2039.5	1873.56	15.1
11	2011.10.25	−1.17814	0.0449206	2039.5	1874.08	15.05
12	2011.11.09	−1.17814	0.0449206	2039.5	1873.21	15.13

表 4.9   9# 钻孔应力计测量数据(垂直方向)

序号	测量时间(y. m. d)	参数 $A/10^{-5}$	参数 B	初始频率/Hz	测量频率/Hz	应力/MPa
1	2011.08.10	−1.03705	0.0478332	1960.1	1820.45	12.15
2	2011.08.15	−1.03705	0.0478332	1960.1	1845.12	10.03
3	2011.08.18	−1.03705	0.0478332	1960.1	1856.47	9.05
4	2011.08.23	−1.03705	0.0478332	1960.1	1875.45	7.41
5	2011.08.25	−1.03705	0.0478332	1960.1	1894.6	5.75
6	2011.09.09	−1.03705	0.0478332	1960.1	1937.76	1.97
7	2011.09.21	−1.03705	0.0478332	1960.1	1947.53	1.11
8	2011.09.28	−1.03705	0.0478332	1960.1	1950.8	0.82
9	2011.10.06	−1.03705	0.0478332	1960.1	1948.01	1.06
10	2011.10.14	−1.03705	0.0478332	1960.1	1939.56	1.81
11	2011.10.25	−1.03705	0.0478332	1960.1	1937.98	1.95
12	2011.11.09	−1.03705	0.0478332	1960.1	1937.8	1.96

表 4.10　10# 钻孔应力计测量数据（水平方向）

序号	测量时间(y. m. d)	参数 $A/10^{-6}$	参数 B	初始频率/Hz	测量频率/Hz	应力/MPa
1	2011.08.10	−9.89736	0.0434892	2043.05	1920.54	10.13
2	2011.08.15	−9.89736	0.0434892	2043.05	1910.31	10.96
3	2011.08.18	−9.89736	0.0434892	2043.05	1900.25	11.78
4	2011.08.23	−9.89736	0.0434892	2043.05	1900.01	11.8
5	2011.08.25	−9.89736	0.0434892	2043.05	1896.68	12.07
6	2011.09.09	−9.89736	0.0434892	2043.05	1892.21	12.43
7	2011.09.21	−9.89736	0.0434892	2043.05	1889.56	12.64
8	2011.09.28	−9.89736	0.0434892	2043.05	1887.48	12.81
9	2011.10.06	−9.89736	0.0434892	2043.05	1886.56	12.89
10	2011.10.14	−9.89736	0.0434892	2043.05	1887.21	12.83
11	2011.10.25	−9.89736	0.0434892	2043.05	1885.79	12.95
12	2011.11.09	−9.89736	0.0434892	2043.05	1886.39	12.9

表 4.11　11# 钻孔应力计测量数据（水平方向）

序号	测量时间(y. m. d)	参数 $A/10^{-5}$	参数 B	初始频率/Hz	测量频率/Hz	应力/MPa
1	2011.08.10	−1.62598	0.0174437	2063.15	1789.43	21.92
2	2011.08.15	−1.62598	0.0174437	2063.15	1795.28	21.47
3	2011.08.18	−1.62598	0.0174437	2063.15	1818.59	19.7
4	2011.08.23	−1.62598	0.0174437	2063.15	1852.38	17.09
5	2011.08.25	−1.62598	0.0174437	2063.15	1863.98	16.19
6	2011.09.09	−1.62598	0.0174437	2063.15	1877.48	15.13
7	2011.09.21	−1.62598	0.0174437	2063.15	1989.56	6.13
8	2011.09.28	−1.62598	0.0174437	2063.15	1990.31	6.07
9	2011.10.06	−1.62598	0.0174437	2063.15	1991.19	5.99
10	2011.10.14	−1.62598	0.0174437	2063.15	1991.12	6
11	2011.10.25	−1.62598	0.0174437	2063.15	1990.86	6.02
12	2011.11.09	−1.62598	0.0174437	2063.15	1991.09	6.01

表 4.12　12# 钻孔应力计测量数据（垂直方向）

序号	测量时间(y. m. d)	参数 $A/10^{-6}$	参数 B	初始频率/Hz	测量频率/Hz	应力/MPa
1	2011.08.10	−5.94532	0.055789	2018.65	1891.21	10.07
2	2011.08.15	−5.94532	0.055789	2018.65	1892.32	9.98
3	2011.08.18	−5.94532	0.055789	2018.65	1894.11	9.84
4	2011.08.23	−5.94532	0.055789	2018.65	1897.64	9.57
5	2011.08.25	−5.94532	0.055789	2018.65	1899.36	9.43
6	2011.09.09	−5.94532	0.055789	2018.65	1909.66	8.62
7	2011.09.21	−5.94532	0.055789	2018.65	1919.95	7.81
8	2011.09.28	−5.94532	0.055789	2018.65	1928.83	7.11
9	2011.10.06	−5.94532	0.055789	2018.65	1927.53	7.22
10	2011.10.14	5.94532	0.055789	2018.65	1916.86	8.06
11	2011.10.25	−5.94532	0.055789	2018.65	1917.43	8.01
12	2011.11.09	−5.94532	0.055789	2018.65	1915.01	8.2

表 4.13　13# 钻孔应力计测量数据(水平方向)

序号	测量时间(y. m. d)	参数 $A/10^{-6}$	参数 B	初始频率/Hz	测量频率/Hz	应力/MPa
1	2011.08.10	−5.37159	0.070118	2085.75	1992.34	8.59
2	2011.08.15	−5.37159	0.070118	2085.75	1990.56	8.76
3	2011.08.18	−5.37159	0.070118	2085.75	1895.31	17.42
4	2011.08.23	−5.37159	0.070118	2085.75	1888.58	18.03
5	2011.08.25	−5.37159	0.070118	2085.75	1880.73	18.74
6	2011/09.09	−5.37159	0.070118	2085.75	1836.49	22.72
7	2011.09.21	−5.37159	0.070118	2085.75	1816.25	24.54
8	2011.09.28	−5.37159	0.070118	2085.75	1820.47	24.16
9	2011.10.06	−5.37159	0.070118	2085.75	1819.56	24.24
10	2011.10.14	−5.37159	0.070118	2085.75	1820.34	24.17
11	2011.10.25	−5.37159	0.070118	2085.75	1821.01	24.11
12	2011.11.09	−5.37159	0.070118	2085.75	1820.56	24.15

表 4.14　14# 钻孔应力计测量数据(垂直方向)

序号	测量时间(y. m. d)	参数 $A/10^{-5}$	参数 B	初始频率/Hz	测量频率/Hz	应力/MPa
1	2011.08.10	−1.21916	0.0284705	2047.75	1898.47	11.43
2	2011.08.15	−1.21916	0.0284705	2047.75	1899.53	11.35
3	2011.08.18	−1.21916	0.0284705	2047.75	1900.43	11.28
4	2011.08.23	−1.21916	0.0284705	2047.75	1909.21	10.63
5	2011.08.25	−1.21916	0.0284705	2047.75	1910.77	10.51
6	2011.09.09	−1.21916	0.0284705	2047.75	1919.91	9.82
7	2011.09.21	−1.21916	0.0284705	2047.75	1924.16	9.5
8	2011.09.28	−1.21916	0.0284705	2047.75	1927.51	9.25
9	2011.10.06	−1.21916	0.0284705	2047.75	1925.43	9.41
10	2011.10.14	−1.21916	0.0284705	2047.75	1926.37	9.33
11	2011.10.25	−1.21916	0.0284705	2047.75	1926.89	9.29
12	2011.11.09	−1.21916	0.0284705	2047.75	1925.98	9.36

表 4.15　15# 钻孔应力计测量数据(垂直方向)

序号	测量时间(y. m. d)	参数 $A/10^{-5}$	参数 B	初始频率/Hz	测量频率/Hz	应力/MPa
1	2011.08.10	−1.5894	0.0388525	2047.85	1960.13	8.99
2	2011.08.15	−1.5894	0.0388525	2047.85	1958.65	9.15
3	2011.08.18	−1.5894	0.0388525	2047.85	1934.03	11.62
4	2011.08.23	−1.5894	0.0388525	2047.85	1943.84	10.63
5	2011.08.25	−1.5894	0.0388525	2047.85	1947.22	10.29
6	2011.09.09	−1.5894	0.0388525	2047.85	1740.97	30.39
7	2011.09.21	−1.5894	0.0388525	2047.85	1748.63	29.67
8	2011.09.28	−1.5894	0.0388525	2047.85	1744.37	30.07
9	2011.10.06	−1.5894	0.0388525	2047.85	1744.21	30.09
10	2011.10.14	−1.5894	0.0388525	2047.85	1745.28	29.99
11	2011.10.25	−1.5894	0.0388525	2047.85	1748.11	29.72
12	2011.11.09	−1.5894	0.0388525	2047.85	1745.98	29.93

表 4.16 16[#]钻孔应力计测量数据(水平方向)

序号	测量时间(y. m. d)	参数 $A/10^{-6}$	参数 B	初始频率/Hz	测量频率/Hz	应力/MPa
1	2011.08.10	8.16374	0.117867	2012.95	1811.54	17.45
2	2011.08.15	8.16374	0.117867	2012.95	1833.25	15.53
3	2011.08.18	8.16374	0.117867	2012.95	1847.33	14.3
4	2011.08.23	8.16374	0.117867	2012.95	1855.81	13.55
5	2011.08.25	8.16374	0.117867	2012.95	1859.32	13.25
6	2011.09.09	8.16374	0.117867	2012.95	1879.59	11.48
7	2011.09.21	8.16374	0.117867	2012.95	1892.71	10.33
8	2011.09.28	8.16374	0.117867	2012.95	1898.78	9.81
9	2011.10.06	8.16374	0.117867	2012.95	1898.12	9.86
10	2011.10.14	8.16374	0.117867	2012.95	1897.56	9.91
11	2011.10.25	8.16374	0.117867	2012.95	1896.43	10.01
12	2011.11.09	8.16374	0.117867	2012.95	1895.72	10.07

表 4.17 双穿脉卸荷前后各进路水平应力变化值

应力计编号	5[#]	7[#]	1[#]	3[#]	11[#]	13[#]	16[#]	10[#]
卸荷前应力/MPa	22.64	20.71	21.58	24.49	23.87	26.59	17.45	21.92
卸荷中应力/MPa	17.62	15.08	18.99	20.75	21.01	22.72	11.48	15.13
卸荷后应力/MPa	7.34	13.85	16.12	23.32	22.81	24.11	10.07	10.01

表 4.18 双穿脉卸荷前后各进路垂直应力变化值

应力计编号	8[#]	6[#]	2[#]	4[#]	12[#]	14[#]	15[#]	9[#]
卸荷前应力/MPa	15.97	22.74	27.59	21.31	30.39	11.43	10.07	12.15
卸荷中应力/MPa	14.26	21.67	23.66	14.14	18.99	9.5	7.81	7.11
卸荷后应力/MPa	13.13	22.51	17.87	10.38	27.93	9.36	8.2	4.96

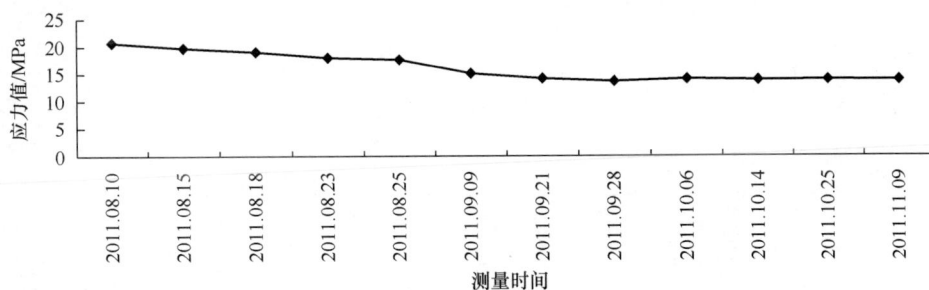

图 4.6 1[#]钻孔应力计监测的时间-应力变化曲线图

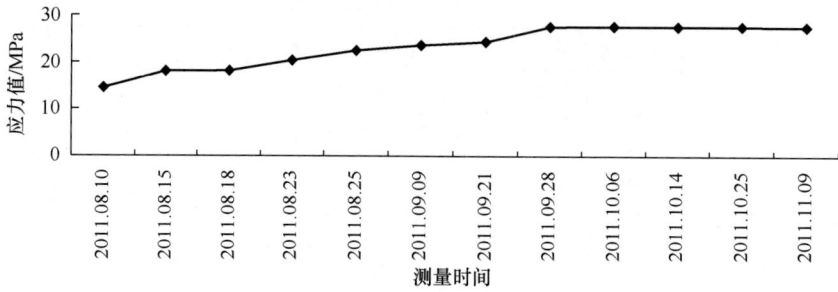

图 4.7　2# 钻孔应力计监测的时间-应力变化曲线图

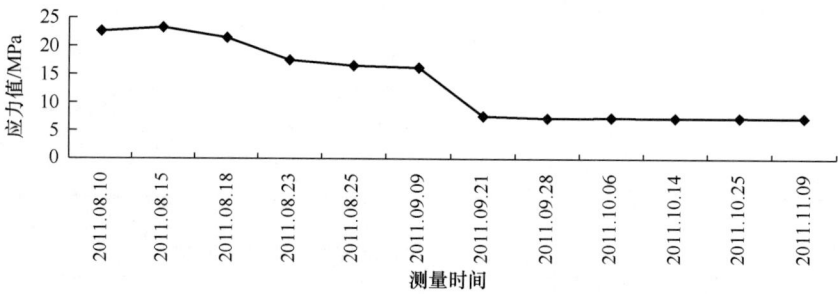

图 4.8　3# 钻孔应力计监测的时间-应力变化曲线图

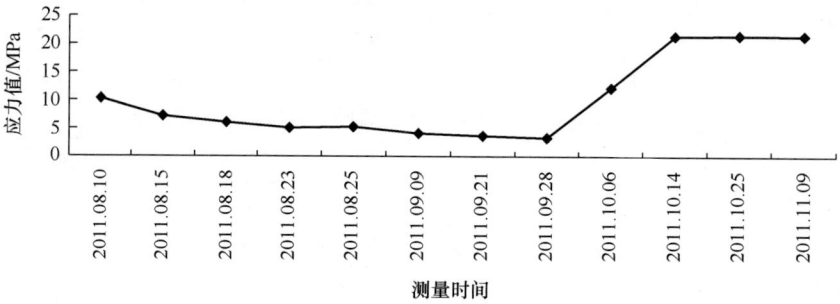

图 4.9　4# 钻孔应力计监测的时间-应力变化曲线图

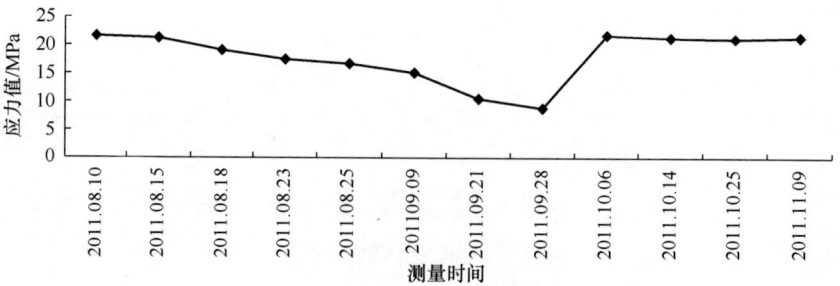

图 4.10　5# 钻孔应力计监测的时间-应力变化曲线图

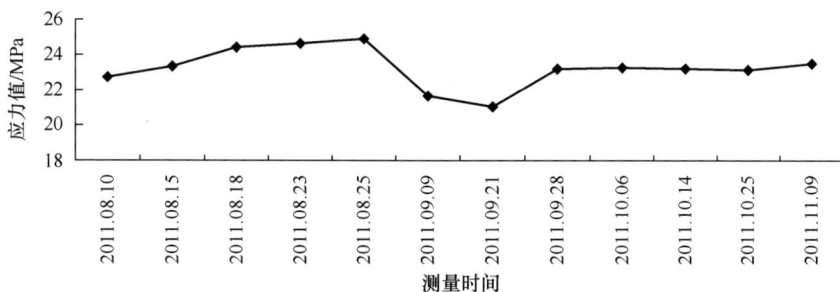

图 4.11　6# 钻孔应力计监测的时间-应力变化曲线图

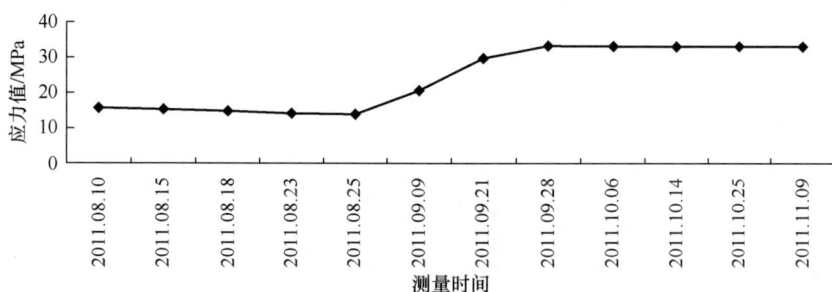

图 4.12　7# 钻孔应力计监测的时间-应力变化曲线图

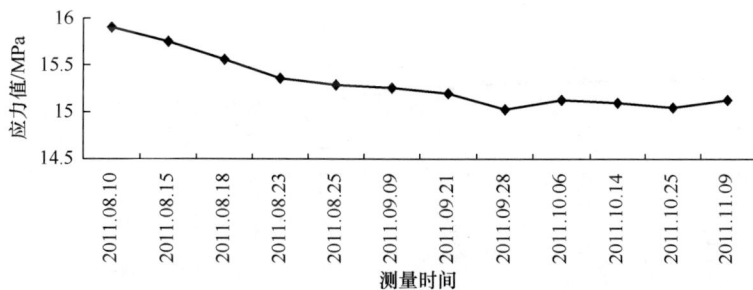

图 4.13　8# 钻孔应力计监测的时间-应力变化曲线图

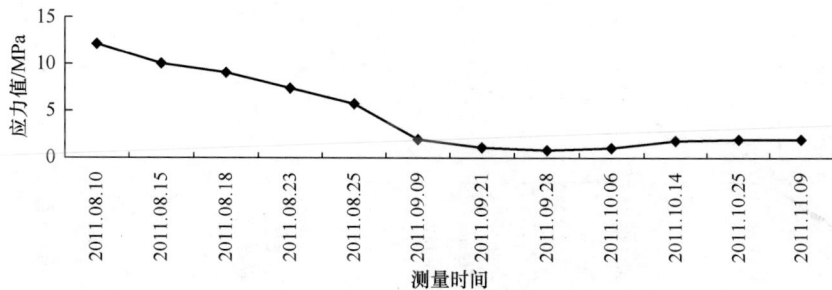

图 4.14　9# 钻孔应力计监测的时间-应力变化曲线图

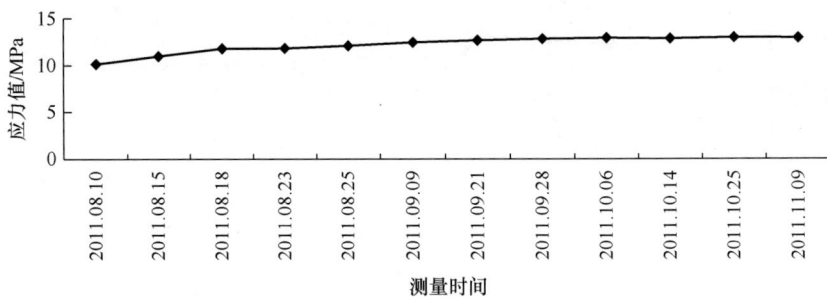

图 4.15　10# 钻孔应力计监测的时间-应力变化曲线图

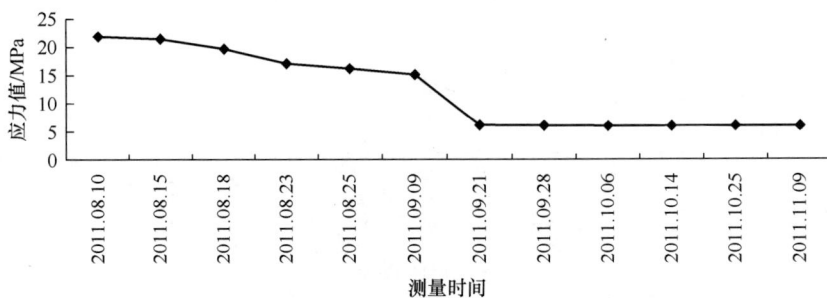

图 4.16　11# 钻孔应力计监测的时间-应力变化曲线图

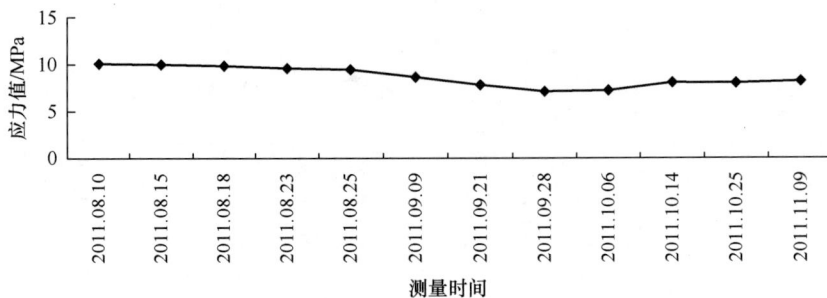

图 4.17　12# 钻孔应力计监测的时间-应力变化曲线图

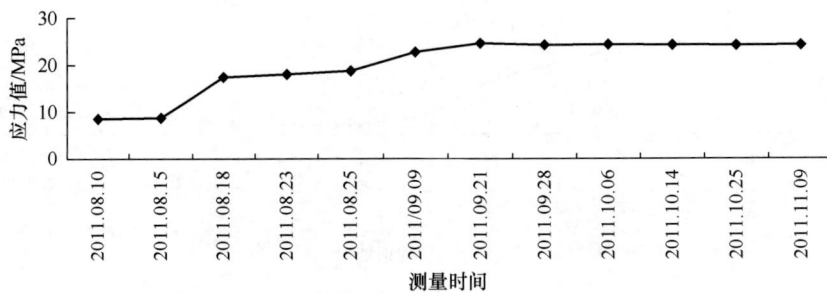

图 4.18　13# 钻孔应力计监测的时间-应力变化曲线图

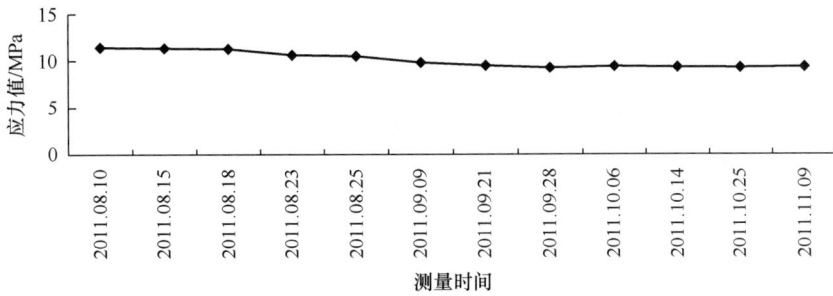

图 4.19　14[#]钻孔应力计监测的时间-应力变化曲线图

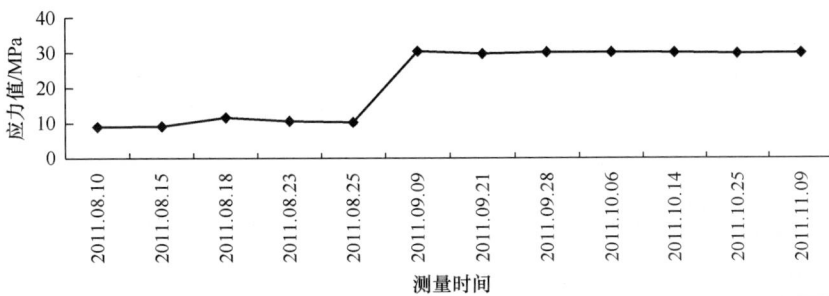

图 4.20　15[#]钻孔应力计监测的时间-应力变化曲线图

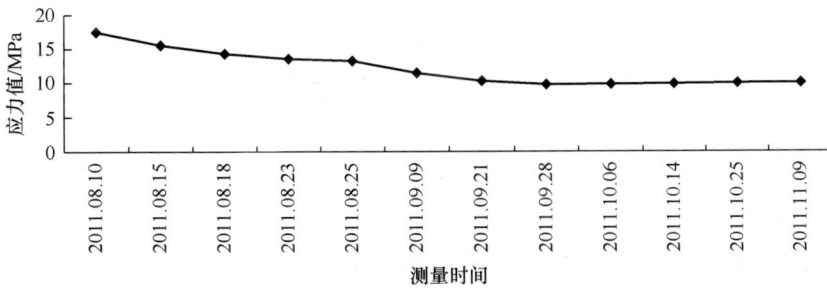

图 4.21　16[#]钻孔应力计监测的时间-应力变化曲线图

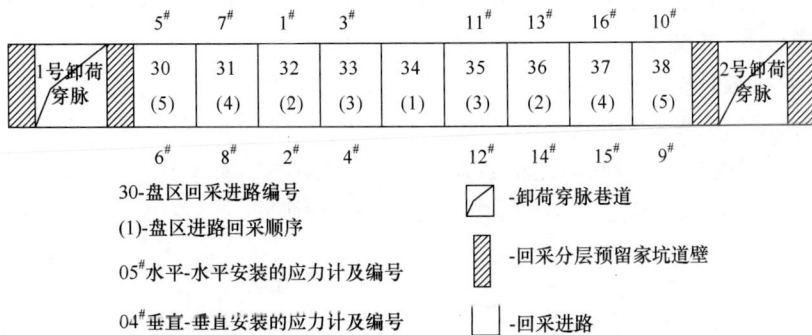

30-盘区回采进路编号

(1)-盘区进路回采顺序

05[#]水平-水平安装的应力计及编号

04[#]垂直-垂直安装的应力计及编号

-卸荷穿脉巷道

-回采分层预留家坑道壁

-回采进路

图 4.22　二矿区Ⅱ盘 2 区钻孔应力与回采进路顺序图

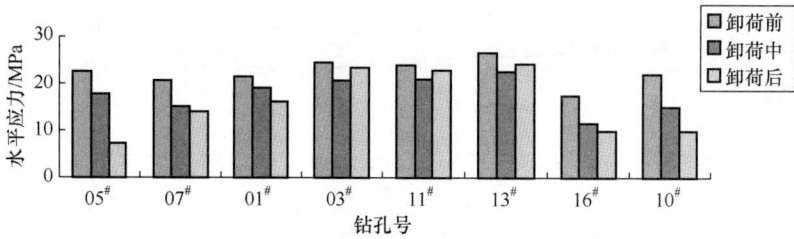

图 4.23 各钻孔点水平应力卸荷前、中、后应力对比柱状图

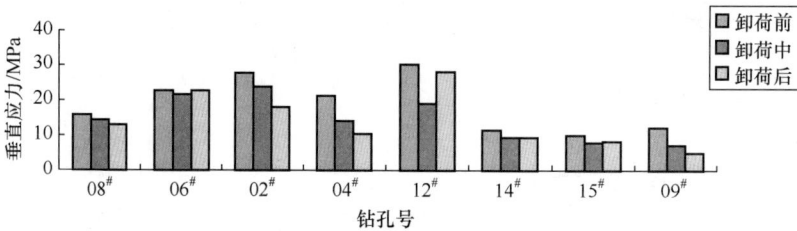

图 4.24 各钻孔点垂直应力卸荷前、中、后应力变化柱状图

分区卸荷开采首先回采双穿脉卸荷巷,形成分区回采无轨设备运输通道和环形运输通道,提高盘区生产能力,从双穿脉卸荷巷开采向前推进,各进路水平应力值和垂直应力值逐步降低,从应力曲线图可以看出。高应力破碎矿体的开采,应力值降低对进路回采的安全和进路支护方式、支护成本的降低都有好的作用。

4.3 巷道变形收敛监测

4.3.1 收敛监测仪构造

JSS30A 型数显收敛计(简称收敛计)如图 4.25 所示,是新一代电子数字显示收敛计。它适用于量测隧道、巷道、峒室及其他工程围岩周边任意方向两点间的距离微小变化,达到评价工程的稳定性,研究工程围岩及支护的变形规律,确定合理支护参数的目的。

收敛计是利用机械传递位移的方法,将两个基准点间的相对位移转变为数显位移计的两次读数差;如图 4.25 所示,当用挂钩连接两基准点 A、B 预埋件时,通过调整调节螺母,改变收敛计机体长度可产生对钢尺的恒定张力,从而保证量测的准确性及可比性,机体长度的改变量,由数显电路测出。当 A、B 两点间随时间发生相对位移时,在不同时间内所测读数的不同,其差值就是 A、B 两点间的相对位移值。当两点间的相对位移值超过数显位移计有效量程时,可调整尺孔销所插尺孔,仍能继续用数显位移计读数。

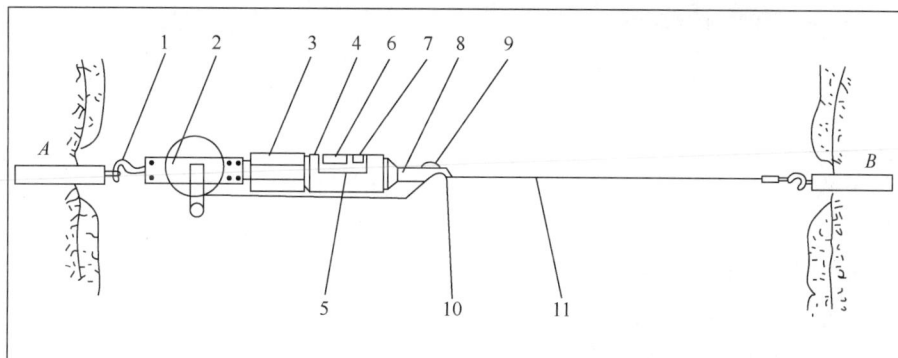

图 4.25　收敛计结构及工作示意图

1. 钩；2. 尺架；3. 调节螺母；4. 外壳；5. 塑料盖；6. 显示窗口；7. 张力窗口；
8. 联尺架；9. 尺卡；10. 尺孔销；11. 带孔钢尺等部件组成

4.3.2　观测点布置及收敛观测

1. 观测点布置

将预埋件测点用水泥砂浆固定在选定设计的位置。测点牢固后即可量测。如围岩破碎松软，应适当增加测点固定段长度。若要及早测取初读数，可使用快凝水泥、树脂药卷或树脂胶泥等速凝材料固定测点。分区卸荷开采在双穿脉卸荷巷和沿脉巷布置观测点。

2. 使用方法

（1）检查予埋测点有无损坏、松动并将测点灰尘擦净。

（2）打开收敛计钢尺摇把，拉出尺头挂钩放入测点孔内，将收敛计拉至另一端测点，并把尺架挂钩挂入测点孔内，选择合适的尺孔，将尺孔销插入，用尺卡将尺与联尺架固定。

（3）调整调节螺母，仔细观察，使塑料窗口上的刻线对在张力窗口内标尺上的两条白线之间,经塑料窗口上的刻线为基准线。

（4）记下钢尺在联尺架端时的基线长度与数显读数。为了提高量测精度,每条基线应重复测三次取平均值。当三次读数极差大于 0.05mm 时,应重新测试。

（5）测试过程中,若数显读数已超过 25mm,则应将钢尺收拢(换尺孔)25mm 重新测试,两组平均值相减,即为两尺孔的实际间距,以消除钢尺冲孔距离不精确造成的测量误差。

（6）一条基线测完后,应及时逆时针转动调节螺母,摘下收敛计,打开尺卡收拢钢带尺,为下一次使用做好准备。

3. 收敛数值的计算

基线两点间收敛值计算式为

$$S = (D_0 + L_0) - (D_n + L_n) \tag{4-1}$$

式中,S——基线两点间的收敛值,mm;

D_0——首次数显读数,mm;

L_0——首次钢尺长度,mm;

D_n——第 n 次数显读数,mm:

L_n——第 n 次钢尺长度,mm。

如第 n 次测量与首次量测的环境温度相差较大时,要进行温度修正,修正公式为

$$L_{n'} = L_n - a(T_n - T_0)L_n \tag{4-2}$$

式中,$L_{n'}$——温度修正后钢带尺长度,mm;

a——钢带尺线膨胀系数,取 $a = 12 \times 10^{-b}$℃;

T_n——第 n 次量测环境温度,℃;

T_0——首次测量环境温度,℃。

钢尺温度修正后收敛值按下式计算:

$$S' = (D_0 + L_0) - (D_n + L_{n'}) \tag{4-3}$$

式中,S'——修正后的收敛数值,mm;

$L_{n'}$——温度修正后钢带尺长度,mm。

4.3.3　监测数据分析

收敛值随时间变化的一般规律:巷道围岩变形经历三个阶段即变形急剧增长阶段,变形缓慢增长阶段和变形基本稳定阶段。急剧增长阶段的累计变形量将达到围岩基本稳定时总变形量的 50% 以上;随着时间的推移或支护作用,围岩变形增长缓慢,变形速率降低;参照国外资料,当收敛值的变化率小到 0.2mm/d 以下时,则认为巷道围岩处于基本稳定状态。

表 4.19、表 4.20 是 1 号穿脉卸荷巷道对应测点 1-1、1-2 基点的监测收敛数据,表 4.21~表 4.23 是 2 号穿脉卸荷巷对应测点 2-1、2-2、2-3 监测的收敛数据,表 4.24 是沿脉巷对应测点 3-1 监测的收敛数据。表 4.25 记录各收敛测点收敛的平均值。图 4.26~图 4.31 是各测点巷道收敛变化值柱状图。

表 4.19　测量 1-1 点巷道收敛数据

测量时间(y. m. d)	测量距离/m			累计天数/d	收敛值/mm	累计/mm
	第一次	第二次	平均值			
2011.08.18	3.785	3.781	3.783	0	0	0
2011.08.23	3.77	3.773	3.7715	5	11.5	11.5
2011.08.25	3.762	3.761	3.7615	7	10	21.5
2011.09.09	3.749	3.75	3.7495	22	12	33.5
2011.09.21	3.738	3.741	3.7395	34	10	43.5
2011.09.28	3.721	3.725	3.723	41	16.5	60
2011.10.06	3.688	3.687	3.6875	48	35.5	95.5
2011.10.14	3.676	3.674	3.675	56	12.5	108
2011.10.25	3.648	3.651	3.6495	67	25.5	133.5
2011.11.09	3.63	3.634	3.632	82	17.5	151
2011.11.15	3.613	3.611	3.612	88	20	171
2011.11.24	3.595	3.585	3.59	97	22	193
2011.12.05	3.581	3.582	3.5815	108	8.5	201.5

表 4.20　测量 1-2 点巷道收敛数据

测量时间(y. m. d)	测量值/m			天数/d	收敛值/mm	累计/mm
	第一次	第二次	平均值			
2011.08.18	5.048	5.045	5.0465	0	0	0
2011.08.23	5.039	5.038	5.0385	5	8	8
2011.08.25	5.028	5.03	5.029	7	9.5	17.5
2011.09.09	5.015	5.019	5.017	22	12	29.5
2011.09.21	5.012	5.01	5.011	34	6	35.5
2011.09.28	4.982	4.988	4.985	41	26	61.5
2011.10.06	4.947	4.948	4.9475	48	37.5	99
2011.10.14	4.933	4.929	4.931	56	16.5	115.5
2011.10.25	4.892	4.89	4.891	67	40	155.5
2011.11.09	4.772	4.778	4.775	82	116	271.5
2011.11.15	4.754	4.758	4.756	88	19	290.5
2011.11.24	4.737	4.739	4.738	97	18	308.5
2011.12.05	4.721	4.719	4.72	108	18	326.5

表 4.21　测量 2-1 点巷道收敛数据

测量时间(y. m. d)	测量值/m			天数/d	收敛值/mm	累计/mm
	第一次	第二次	平均值			
2011.08.18	3.84	3.842	3.841	0	0	0
2011.08.23	3.835	3.837	3.836	5	5	5
2011.08.25	3.823	3.822	3.8225	7	13.5	18.5
2011.09.09	3.81	3.812	3.811	22	11.5	30
2011.09.21	3.791	3.793	3.792	34	19	49
2011.09.28	3.782	3.78	3.781	41	11	60
2011.10.06	3.745	3.744	3.7445	48	36.5	96.5
2011.10.14	3.731	3.732	3.7315	56	13	109.5
2011.10.25	3.729	3.724	3.7265	67	5	114.5
2011.11.09	3.718	3.72	3.719	82	7.5	122
2011.11.15	3.703	3.701	3.702	88	17	139
2011.11.24	3.689	3.687	3.688	97	14	153
2011.12.05	3.671	3.673	3.672	108	16	169

表 4.22　测量 2-2 点巷道收敛数据

测量时间(y. m. d)	测量值/m			天数/d	收敛值/mm	累计/mm
	第一次	第二次	平均值			
2011.08.18	3.785	3.781	3.783	0	0	0
2011.08.23	3.77	3.773	3.7715	5	11.5	11.5
2011.08.25	3.762	3.761	3.7615	7	10	21.5
2011.09.09	3.749	3.75	3.7495	22	12	33.5
2011.09.21	3.738	3.741	3.7395	34	10	43.5
2011.09.28	3.721	3.725	3.723	41	16.5	60
2011.10.06	3.688	3.687	3.6875	48	35.5	95.5
2011.10.14	3.676	3.674	3.675	56	12.5	108
2011.10.25	3.648	3.651	3.6495	67	25.5	133.5
2011.11.09	3.63	3.634	3.632	82	17.5	151
2011.11.15	3.613	3.611	3.612	88	20	171
2011.11.24	3.595	3.585	3.59	97	22	193
2011.12.05	3.581	3.582	3.5815	108	8.5	201.5

表 4.23　测量 2-3 点巷道收敛数据

测量时间(y. m. d)	测量值/m			天数/d	收敛值/mm	累计/mm
	第一次	第二次	平均值			
2011.08.18	4.654	4.657	4.6555	0	0	0
2011.08.23	4.645	4.651	4.648	5	7.5	7.5
2011.08.25	4.638	4.635	4.6365	7	11.5	19
2011.09.09	4.625	4.629	4.627	22	9.5	28.5
2011.09.21	4.618	4.615	4.6165	34	10.5	39
2011.09.28	4.603	4.602	4.6025	41	14	53
2011.10.06	4.595	4.589	4.592	48	10.5	63.5
2011.10.14	4.575	4.573	4.574	56	18	81.5
2011.10.25	4.521	4.528	4.5245	67	49.5	131
2011.11.09	4.51	4.513	4.5115	82	13	144
2011.11.15	4.492	4.495	4.4935	88	18	162
2011.11.24	4.486	4.483	4.4845	97	9	171
2011.12.05	4.473	4.472	4.4725	108	12	183

表 4.24　测量 3-1 点巷道收敛数据表

测量时间(y. m. d)	测量值/m			天数/d	收敛值/mm	累计/mm
	第一次	第二次	平均值			
2011.08.18	4.789	4.785	4.787	0	0	0
2011.08.23	4.776	4.779	4.7775	5	9.5	9.5
2011.08.25	4.769	4.771	4.77	7	7.5	17
2011.09.09	4.758	4.753	4.7555	22	14.5	31.5
2011.09.21	4.746	4.747	4.7465	34	9	40.5
2011.09.28	4.734	4.735	4.7345	41	12	52.5
2011.10.06	4.721	4.72	4.7205	48	14	66.5
2011.10.14	4.711	4.71	4.7105	56	10	76.5
2011.10.25	4.705	4.703	4.704	67	6.5	83
2011.11.09	4.693	4.697	4.695	82	9	92
2011.11.15	4.674	4.668	4.671	88	24	116
2011.11.24	4.656	4.653	4.6545	97	16.5	132.5
2011.12.05	4.635	4.639	4.637	108	17.5	150

表 4.25　各收敛测点收敛平均值表

名称	1-1 点	1-2 点	2-1 点	2-2 点	2-3 点	3-1 点
累计收敛值/mm	201.5	326.5	169	201.5	183	150
收敛时间/d	108	108	108	108	108	108
收敛变化率/(mm/d)	1.866	3.023	1.565	1.866	1.694	1.389

图 4.26～图 4.31 和表 4.19～表 4.24 实测数据表明,采场回采巷道收敛量很小,变化速率十分缓慢。这就意味着回采巷道支护后围岩已处于相对稳定阶段,即使在进路回采的扰动影响下,收敛值也无异常改变,采动在观测时间段内影响甚微,巷道在联合支护下处于较稳定状态。根据巷道收敛速率小于 2mm/d 判断,双穿脉巷道基本处于稳定和安全状态。

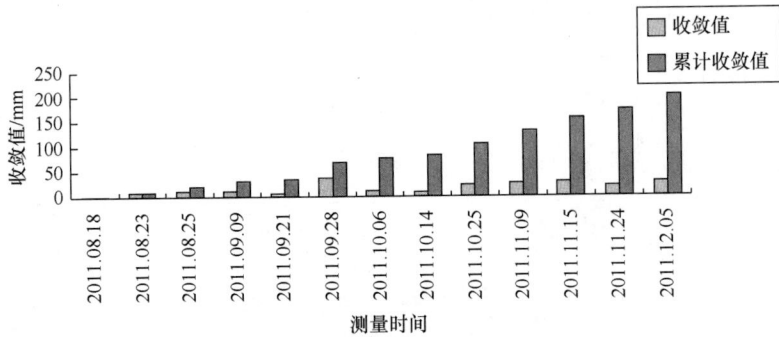

图 4.26　巷道收敛 1-1 测点收敛值柱状图

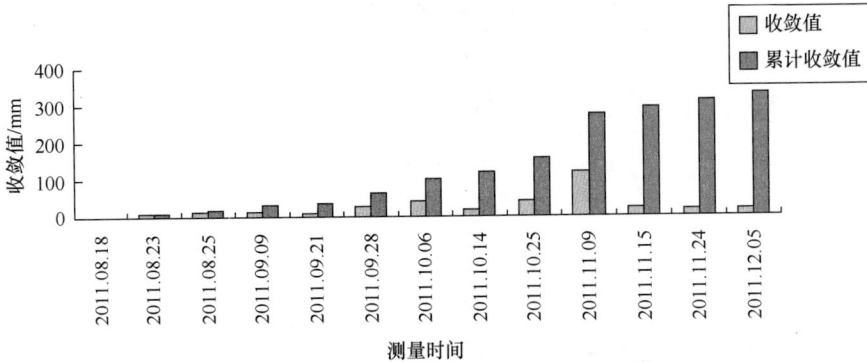

图 4.27　巷道收敛 1-2 测点收敛值柱状图

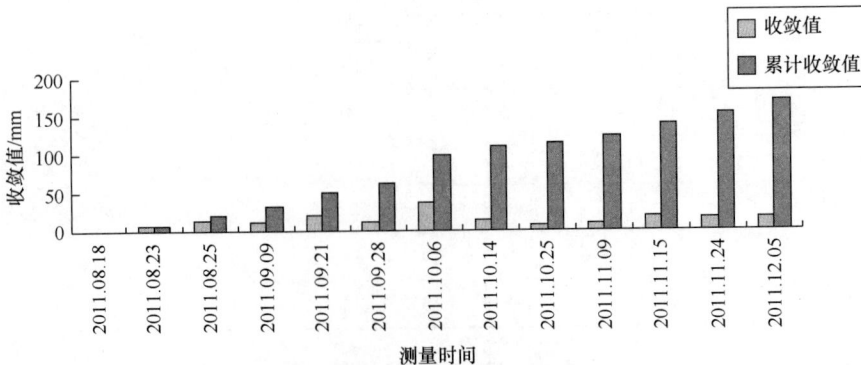

图 4.28　巷道收敛 2-1 测点收敛值柱状图

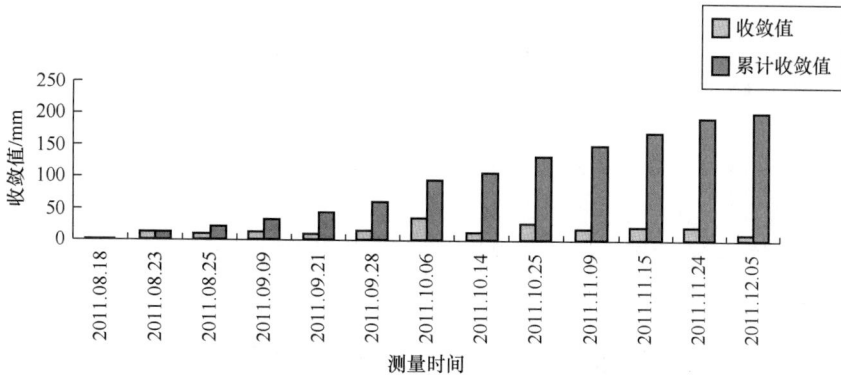

图 4.29　巷道收敛 2-2 测点收敛值柱状图

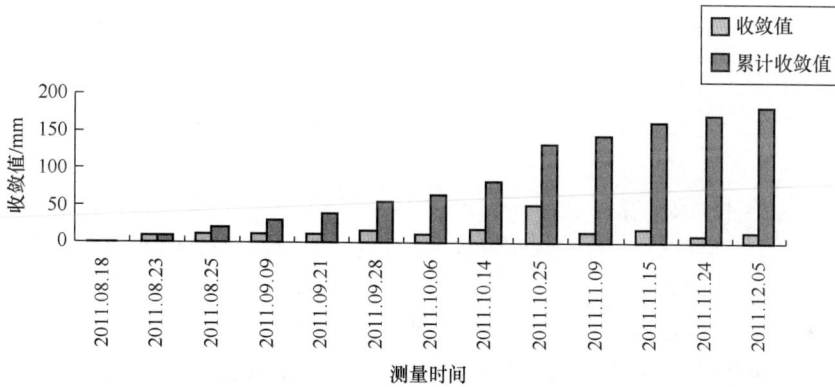

图 4.30　巷道收敛 2-3 测点收敛值柱状图

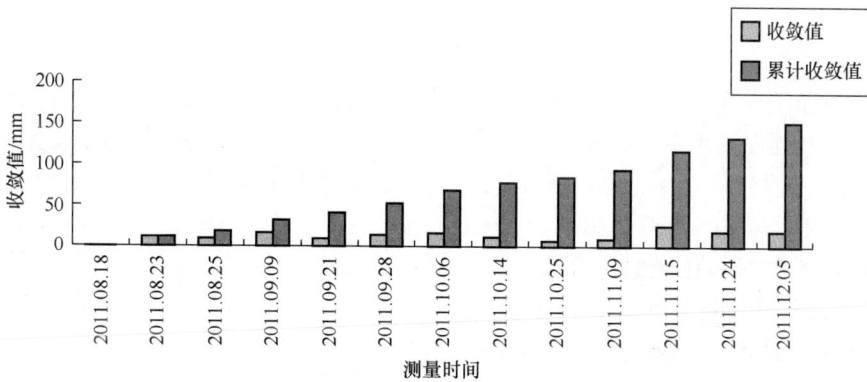

图 4.31　巷道收敛 3-1 测点收敛值柱状图

4.3.4　回采矿柱的巷道收敛观测

为了了解垂直矿柱在开采过程中应力释放与岩体变形情况,在 1098m 分段 Ⅲ 盘区垂直矿柱中的 18#、8#、4# 和 25# 四条进路中布设了收敛监测点。在进路回采时进行进路围岩变形监测。为了对比垂直矿柱与水平矿柱中巷道(或进路)的围岩变形,表 4.26 给出了垂直矿柱各进路收敛变形监测结果以及昆明理工大学对水平矿柱中的 1178m 分段道变形监测结果。

表 4.26 可以看出,垂直矿柱内各进路的平均收敛速率一般大于 1178m 分段道的平均收敛速率;垂直矿柱内进路的每天最大变形速率也大于 1178m 分段道的每天最大变形速率。这说明垂直矿柱的应力状态与水平矿柱不同,垂直矿柱应力比水平矿柱大,表现为来压较快、变形量大的特点。

表 4.26　垂直矿柱与水平矿柱内巷道平均收敛速率对比

位　置	垂直矿柱(1098m 分段Ⅲ盘区)				水平矿柱(1178m 分段道)			
	8# 进路	18# 进路	4# 进路	25# 进路	C3 断面	C4 断面	C5 断面	C6 断面
变形速率/(mm/d)	7.8	4.5	5	2	8.3	1.0	2.6	0.4

4.4　分层卸荷开采声发射监测

岩体的声发射现象即在受到破坏的过程中、岩石受载产生微破裂并伴随储存在岩石结构内部的应变能以弹性波形式向外释放传播,每一个声发射(AE)事件包含了大量反映岩体破坏信息,反映了岩石产生变形及破坏。因此,通过监测岩石声发射的特征和强度变化规律,成为分析岩体稳定性及岩体破坏过程的有效手段。岩体声发射主频带一般在几个赫兹至几万赫兹的范围,岩体失稳发展初期声发射的能量较弱,当其以弹性波的形式在岩体中传播时难以用人耳直接听到。因此,通过特殊的接收系统进行监测,对岩体的力学特性与破裂行为的研究具有重要意义。

自从 20 世纪 30 年代末声发射技术应用于固体介质的破坏研究以来,逐步利用岩体在破坏过程中的声发射信息进行现场监测研究,并于 60 年代后开始在矿山中应用。但早期的声发射监测设备限于大范围监测,监测精度不高,不适于采场冒顶监测。在利用岩石测定 AE 的开创性工作中,Mogi、Boyce、道广—利等研究了不同岩石的 AE 发生的模式、AE 发生数、振幅分布以及优势频率等特性,并尝试解析自然地震机理。青木谦冶等利用 AE 技术研究了峒室围岩破坏机制,并提出了松弛区产生与扩展的 AE 监测技术。由于 AE 频带宽,地质材料在遇到应力升高时还产生高频率的声发射,这些超声频带事件具有非常小的振幅与周期,只有用复杂的电子设备才能检测到。随着声发射技术研究发展,各类监测仪器开始出现,如美国矿业局丹佛研究中心研制的一种监测仪器,能计算两个频带中含有的能量,在噪声条件下也能提供可靠的岩体稳定量测结果。

声发射的声学特性与强度构成了声发射的基本参数,如何测取这些参数以及如何将其应用于冒顶预报,是一个重要的研究课题。国内也有许多学者对岩石的声发射进行了室内试验研究,将室内岩石声发射试验成果应用于现场岩体工程的稳定性监测与预报技术也取得了较大进展,在许多矿山做出了成功的岩体冒落预报。长沙矿山研究院研制了 SDL-1 声发射监测系统,声发射定位精度 2m,达到国际先进水平。20 世纪 90 年代进一步研制了便携式 DYF-2 型智能地音分析仪。该仪器能自动储存数据和联机分析,为冒顶预报提供了有效手段。

地下采矿生产中,井下安全事故大部分由冒顶片帮引起。金川二矿区也曾发生过若干次冒顶事故,并造成矿产资源回收困难和巨大的经济损失。近年来,采矿强度增大,出矿能力提高,进路顶板地质条件趋于复杂,因此进路顶板有时发生冒顶,严重地影响了生产安全。针对金川二矿区进路回采围岩特征,采用声发射监测技术作为顶板岩石冒顶的监测预报手段,简便而实用,是目前最先进的监测手段之一。引进声发射监测技术,针对生产情况及时进行进路顶板冒落的预测预报。

4.4.1　声发射监测仪器特点及使用方法

1. 仪器特点

DYF-2 型智能声波监测多用仪作为声发射监测、声波测试和浮石检测设备,吸收了国内外各类声波仪、地音仪、地震仪和顶板监测仪的优点,结合声波测试、声发射监测与计算机技术,以单片机与自行设计的 RAM 盘辅之以相应的外围电路构成控制处理中心,开发了智能化自动分析处理功能,技术独特,是国内地音仪、声波仪以及波兰 SLT-2 型顶板监测仪等设备理想的更新换代产品。在仪器内处理中心的控制下,配合高速 A/D 可编程频率开窗与放大板等,构成性能优异的数据采集和处理系统,可记录声波发生前与正在发生中的任一时刻的信号(20～100kHz)的瞬间记录,从而为处理中心提供原始数据进行分析处理。仪器可与计算机联机分析,配备有对原始波形进行数字滤波、频谱分析、频率开窗、相关分析以及技术资料管理等后续处理软件。

该仪器功能齐全,便于携带,现场监测和数据保存非常方便,对岩石等材料受载时产生变形或断裂等变化而伴随的声发射现象,仪器能监测记录其能量值大于设置基准的声发射参数时的声波信号,并通过软硬件频率开窗、智能时域开窗以及人工智能识别等先进技术,进行噪声滤置和信号分析。机内处理芯片可即时用数字滤波并模拟人脑思维方式识别信号,及时将每次监测到的声发射波形资料,包括抽样存储的波形一并保存在 RAM盘中,通过功能键转换可监视每一时刻的声发射波形、频率、能量、总事件数、平均事件率等参数。现场单独使用仪器监测时,每次可储存 10 多个采场或测点的监测资料。此后通过仪器输出口与计算机的 CENTRONIC 标准并行接口连接进行数据通信,将资料作永久性保存、统计和分类,并输出图表结果。在现场也可用该仪器与计算机直接联机,进行实时通信,即时观察波形,得出结果,并可通过计算机保存大量数据。

在声波检测方面,完全摆脱了传统的利用示波管监视波形,人工判断首波的声波速度测试模式,利用仪器内置的专用微机用人工智能的方法对数据进行处理,自动判别首波,自动显示波速,准确而快捷,适合室内和野外现场测试。

利用仪器测定物体振动频率的功能,可进行岩体和建筑结构松动情况的安全检查等,对地下工程、边坡、采场顶板浮石和裂缝等探测非常实用。DYF-2 型仪器适用于矿山顶板安全分级、冒顶预报与地压综合分析,以及岩体工程稳定性预测和声波测试等方面,也可作为实验室研究的先进设备。广泛应用于各类矿山、水利水电、建筑地基等领域。仪器布局如图 4.32 所示。

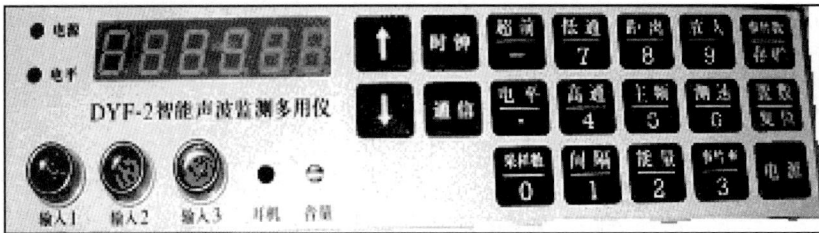

图 4.32　DYF-2 型仪器键盘布置图

2. 仪器技术参数

(1) 分辨率：8bit；

(2) 精度：1/2LSB①；

(3) 转换时间：$2\mu s$；

(4) 内存容量：8K CACHE,48K RAM 盘；

(5) 触发电平：2.6、2.8、3.0、3.3、3.6、3.9、4.2、4.5、5.0 可变；

(6) 同步方式：A 超前,延时自同步,B 超前,延时 IV 正脉冲外同步；

(7) 采样间隔：$2\sim32768\mu s$,以 $2\mu s$ 递增；

(8) 输入阻抗：$>100k\Omega$；

(9) 显示方式：六位 LED 显示；

(10) 前置放大：700 倍；

(11) 放大倍数：分为 1、10、100、1000 程控放大；

(12) 高通截止频率：分为 100Hz、1KHz、10kHz、宽带、四挡程控；

(13) 低通截止频率：分为 10kH、1kHz、100Hz、宽带、四挡程控；

(14) 双时钟精度：每天小于 1min；

(15) 仪器尺寸：$275mm\times249mm\times90mm$；

(16) 整机重量：1.5kg；

(17) 工作条件：环境温度 $0\sim+40℃$；相对湿度 $<90\%$。

3. 使用方法

(1) 首先将充电器输入插座接至 220V 交流电源上,将充电器的输出插座连接至仪器的电源口,按下充电开关,充电器上充电指示灯亮,注意充电时电源开关不要打开,充电器有充电指示,充满后自动停止充电。

(2) 安装好传感器探头后,将其插头插入仪器的前面板探头插座。

(3) 打开电源开关,若仪器内无数据,即可看到显示"SELF…" 字符串,提示仪器正在自检,如果自检正常,即显示出机内时钟,仪器可进入正常工作。

(4) 若不需修改时钟,则安置数键即可出现"OK"字符,提示仪器正常,可进行参数设置,如果认可缺省值,则可直接进入监测状态。

(5) 参数设置方法参考键盘功能说明,注意每一参数设置确认时一定要安置数键,仪

---

① LSB 是 least significant bit 的缩写,意思为最低有效位。

器方可接受。仪器参数视具体情况合理设置，矿山应用时一般设置参数为：高通截止频率 1000Hz、低通截止频率 100Hz、主放大倍数 10、采样数 512 或 1024、采样间隔 50、超前 100、参考电平 3.6。

（6）参数设置完成后即可进入监测状态。

4.4.2　应用方法及步骤

首先合理地选择监测孔位置，监测孔尽量靠近震源以便有效地获取岩体声发射信息；同时要尽量避开破碎带和软岩以减少声发射信号衰减。监测孔布置好后，即可进行监测。操作时，应尽量使探头接触到孔底矿岩，孔口必须用棉纱堵塞，避免外界杂声干扰。声发射信号的识别是应用成功与否的关键。DYF-2 型智能声波监测仪可与计算机联机处理，可瞬间记录声发射信号的波形，有一套利用声发射频率、频谱构成、包络线形状、持续时间构成的智能识别数据库进行实时识别的程序。因此，该次研究采用智能识别的方式进行识别。

4.4.3　声发射监测数据

表 4.27 和表 4.28 分别给出了 1 号和 2 号穿脉 6 个测孔的声发射监测结果，图 4.33 和图 4.34 给出了各测孔声发射监测时间-岩声曲线图。对监测数据进行分析，可以获得卸荷采场巷道围岩的破裂过程与稳定状态。

表 4.27　1 号穿脉测孔声发射监测数据

监测时间	穿脉 1-1 测孔		穿脉 1-2 测孔		穿脉 1-3 测孔	
位置和结果	岩声	能率	岩声	能率	岩声	能率
2011.08.18	1	9	2	7	1	0
2011.08.23	2	6	2	0	2	1
2011.08.25	2	31	2	31	3	22
2011.09.09	1	27	1	5	1	2
2011.09.21	2	8	1	5	2	18
2011.09.28	1	1	1	3	2	17
2011.10.06	1	10	2	23	3	0
2011.10.14	2	2	3	7	3	1
2011.10.25	2	12	2	35	2	7
2011.11.09	1	3	3	5	3	15
2011.11.15	2	6	2	7	2	12
2011.11.24	2	31	3	16	2	14
2011.12.05	3	20	2	35	3	26
2011.12.13	2	15	3	12	2	21
2011.12.19	1	12	4	8	1	8
2011.12.25	3	25	2	3	3	7
2012.01.03	2	12	2	3	2	4

表 4.28　2 号穿脉测孔声发射监测数据表

位置和结果 监测时间/(y. m. d)	穿脉 2-1 测孔		穿脉 2-2 测孔		穿脉 2-3 测孔	
	岩声	能率	岩声	能率	岩声	能率
2011.08.18	1	4	2	3	1	9
2011.08.23	1	11	1	4	2	6
2011.08.25	2	4	3	5	3	31
2011.09.09	4	2	2	6	1	27
2011.09.21	2	7	1	4	2	8
2011.09.28	2	7	3	3	2	4
2011.10.06	3	9	2	8	3	10
2011.10.14	2	7	3	10	3	2
2011.10.25	2	11	4	3	2	4
2011.11.09	1	2	3	5	3	14
2011.11.15	3	7	5	7	0	5
2011.11.24	2	19	3	6	2	3
2011.12.05	3	4	6	4	3	5
2011.12.13	1	5	3	6	2	6
2011.12.19	4	7	3	21	1	2
2011.12.25	3	4	3	11	3	11
2012.01.03	2	8	3	3	2	6

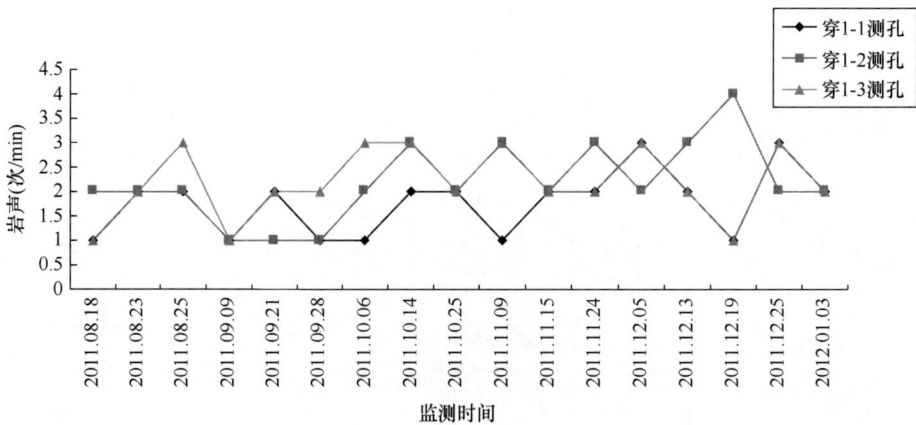

图 4.33　1 号穿脉各测孔声发射监测时间-岩声曲线图

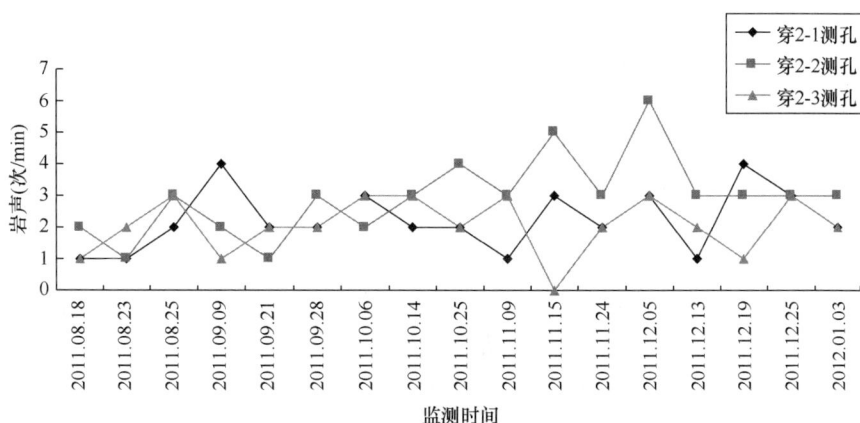

图 4.34　2 号穿脉各测孔声发射监测时间-岩声曲线图

4.4.4　声发射监测数据分析

通过采场声发射监测试验,发现声发射与冒顶关联密切,但各种冒顶预报比较复杂,声发射临界判据有一定的使用条件。由于各种因素引起顶板稳定性变化,一般要经过相对稳定、发展破坏、冒顶活动及新的平衡过程。而采场顶板冒落和大范围垮塌发展过程一般要持续几天以上,往往是在小冒落后出现大的冒顶,冒落一定高度后又暂时处于相对平衡。部分采场开挖后顶板相对稳定时间较长。矿岩结构差的顶板,由于受爆破等动力及地质构造等因素的影响,顶板不断发生破坏,最终出现垮落。现场测试表明,岩体在发展破坏的过程中,常常伴随一系列的声发射出现,而且大的冒顶活动前一般有较明显的预兆。根据声发射监测及破坏异常现象来进行冒顶预报是有可能的。

生产采场中,层状冒顶经常发生而且非常危险。为了掌握其冒顶声发射规律,除了一般的监听和监测声发射参数外,必须对存储的波形进行分析。这里谱分析除了作为模式识别来判断该信号是声发射还是其他噪声以外,更重要的是用来分析冒顶前的主频带等特性变化,以确定冒顶来临的预兆。现场监测表明,采场中顶板脱层开始时声发射剧烈发展,主频较高;当接近冒落时声发射能量增大,主频有向下漂移的趋势,事件率有所下降,甚至出现短暂的寂静,然后可能突然出现剧烈的变化,在很短的时间内声发射骤增,大范围已裂开的顶板最终整层脱落。

根据采场顶板分级和危险块体分析结果,应用声发射技术对危险区区域进行重点监测。采场顶板破坏一般有小块冒落、整层冒顶、片帮和大范围垮塌等形式。对于只有个别地段软岩和断层带(非均匀介质)可能表现出群震型。因此,对声发射参数的监测,重点在于捕捉声发射开始至冒顶破坏前这段时期的信息。鉴于主震前期声发射活动频繁及其参数变化较大的特点,提出冒顶前声发射变化规律及冒顶来临的声发射特征参数和异常预兆试验监测的设想,以此作为预测冒顶的基础,对于冒顶前的临界状态。

4.5　分层卸荷进路回采爆破地震监测

4.5.1　测震方案确定

爆破产生的地震波强度随距离的衰减还难以进行定量分析,即井下结构工程在爆破地震波作用下的安全度还不能实现事前控制,这也是目前爆破危害控制方面研究存在的主要问题之一。同时由于传播介质的复杂性,强度及其衰减与爆源位置等都有关,爆破地震波强度即使在同一地区进行多次测量也可能会得到不同的结果,而且偏差可能还不小,目前计算中又只是取炸药量的单段最大值,距离也只是取近似值,因此有必要对爆破附近工程结构进行多次实时监测以及该场地下的爆破震动数据进行采集分析,提出适宜二矿区井下爆破震动强度衰减公式,为爆破周边工程结构的安全防护提供科学依据。爆破测试目的是在测试过程中获取爆破震动的有关数据,并通过分析得到井下爆破震动在地表频谱、振速峰值、位移、加速度等各种波动特性和地表建筑物固有特性,即固有频率、阻尼、放大系数等影响特征,对采用以振动速度峰值来确定井下工程结构安全程度的不足进行补充,提出降振措施。

爆破地震的强度可以通过质点振动位移、速度和加速度等参量来描述。实际研究表明,结构上质点振动速度与结构的破坏程度密切相关。因而矿山通常采用振动速度来衡量爆破地震的强度。目前我国通常采用的岩体临界振动速度见表 4.29。因此,本研究选择进路回采时爆破地震的速度为量测变量,回采爆破时的爆破地震波对进路墙壁及两侧充填体的影响。

表 4.29　我国一般采用的巷道破坏临界振动速度

巷道岩石条件	临界垂直振动速度 $v_{cr}/(cm/s)$
稳定岩石巷道	40
中等稳定岩石巷道	30
岩石不稳定但支护良好的巷道	20
重点保护的地下构筑物	10

金川二矿区井下进路回采爆破一次炸药量少,爆破次数多,并采用多段微差爆破,测量的爆破振速较小,井下矿岩破碎软弱,爆破地震波衰减较大。因此测震点要求较高,观测点的布置遵循以下原则:

(1)观测点不能布置在软弱的巷道底板上及充填体上,又要避开对工程结构的影响;

(2)测点布置在稳固的巷道的帮壁上;

(3)爆破震动测量又要反映工程结构整体振动和易破坏的部位。

4.5.2　测试方法

为了测量生产爆破引起地下构筑物的振动强度,在构筑物内适当位置埋设测震点。三个方向的传感器和自计仪均被固定在一个测震盒内,测震盒长、宽和高分别为 500mm、400mm 和 300mm,采用 5mm 钢板焊接而成。测试过程中,合理设置自计仪的各项参数是成功完成测震工作的关键。每次测试前,首先根据本次爆破的药量、起爆方式和爆区位置估算爆破震动的强度,据此设置自计仪的合理采集参数。爆破前试验人员将测震盒通过预埋件固定在测点上,连接好传感器与自计仪,设置记录仪为等待采集状态,爆破过程中传感器收集的地震信号触发记录仪并被记录存储。爆破结束后,试验工作人员将传感器和记录仪取出,通过自计仪的 RS232 接口将振动信号传输到计算机上保存,以便对振动信号进行分析处理。

二矿区采用下向进路胶结充填采矿法,岩体软弱、破碎、地应力高等特点。爆破测震点采用在回采进路的帮壁上埋设预埋件作为固定点进行测震。预埋测点布置如图 4.35 所示。

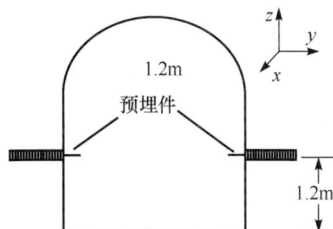

图 4.35　测试点布置示意图

4.5.3　现场实测数据

根据进路回采爆破进行 30 次爆破震动测试,实测数据见表 4.30。每次实测爆破波形图如图 4.36～图 4.54 所示。

表 4.30　金川二矿区分层卸荷进路回采爆破震动监测表

序号	测距 R/m	单响药量/kg	主频/Hz	测点振速 C/(m/s)
1	28.5	15.6	196.85	0.5589
2	52.0	15.6	170.65	0.5080
3	52.5	15.6	94.70	0.7223
4	54.1	15.6	142.45	0.2282
5	6.9	8	159.74	4.8456
6	14.4	8	150.60	1.8948
7	27.1	8	59.5	0.5534
8	34.4	8	155.27	0.6776
9	16.1	11	100.40	4.3512
10	24.1	11	196.85	1.6040
11	34.2	11	121.80	2.2133
12	25.4	16	150.60	2.678
13	35.6	16	121.95	1.132
14	46.8	16	121.65	0.838
15	56.8	16	50.20	1.089
16	17.0	13.2	102.5	1.050
17	20.4	13.2	213.7	1.186
18	24.0	13.2	196.9	0.260
19	26.6	13.2	170.6	0.560
20	32.0	13.2	134.8	0.418

序号	测距 R/m	单响药量/kg	主频/Hz	测点振速 C/(m/s)
21	21.2	32.4	51.2	6.783
22	27.4	32.4	133.7	6.245
23	33.2	32.4	119.0	1.612
24	37.9	32.4	213.7	0.568
25	19.0	26.4	170.6	1.202
26	28.4	26.4	108.9	1.440
27	34.4	26.4	170.6	0.778
28	40.8	26.4	131.2	0.489
29	30.9	26.4	150.6	1.056
30	24.1	26.4	138.3	0.774

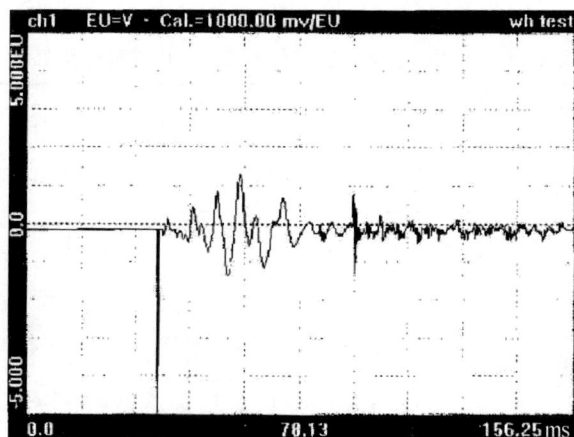

图 4.36　第 12 次测试的爆破震动波形图

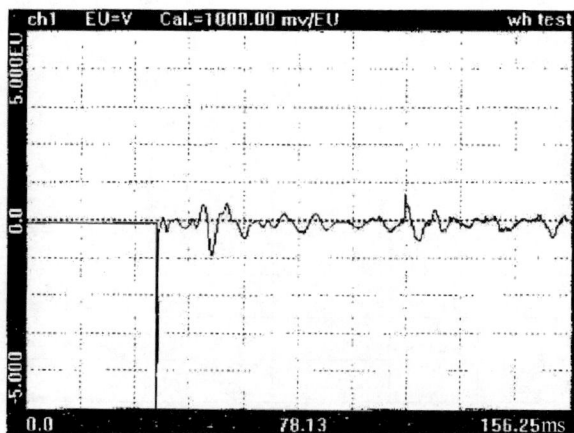

图 4.37　第 13 次测试的爆破震动波形图

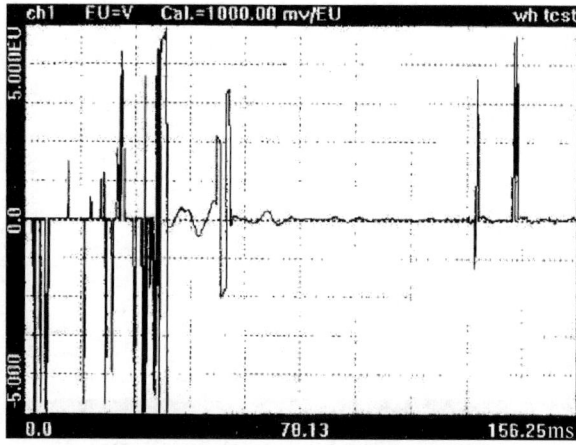

图 4.38　第 14 次测试的爆破震动波形图

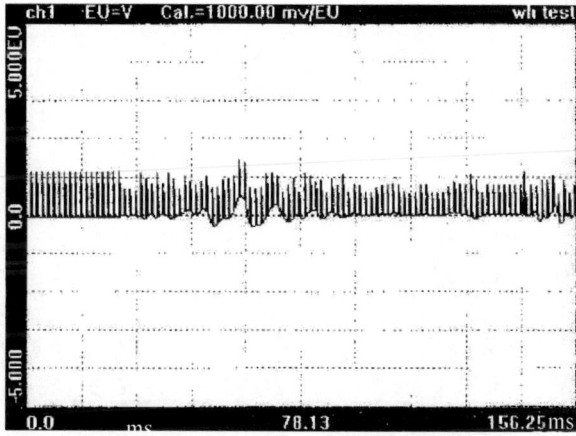

图 4.39　第 15 次测试的爆破震动波形图

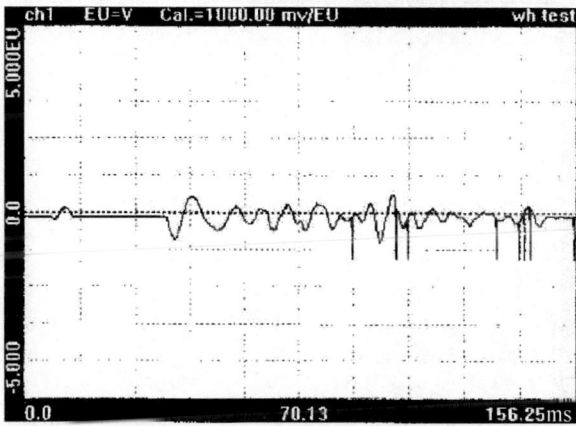

图 4.40　第 16 次测试的爆破震动波形图

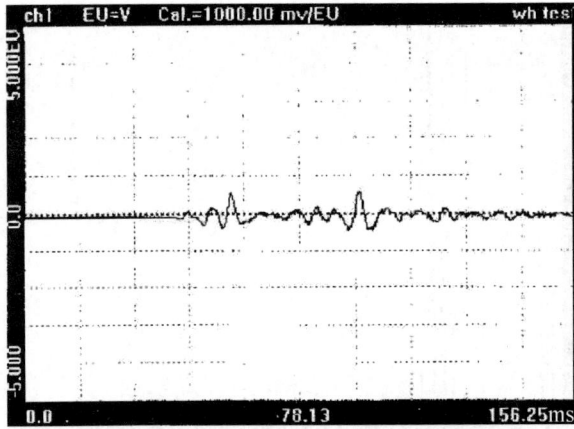

图 4.41　第 17 次测试的爆破震动波形图

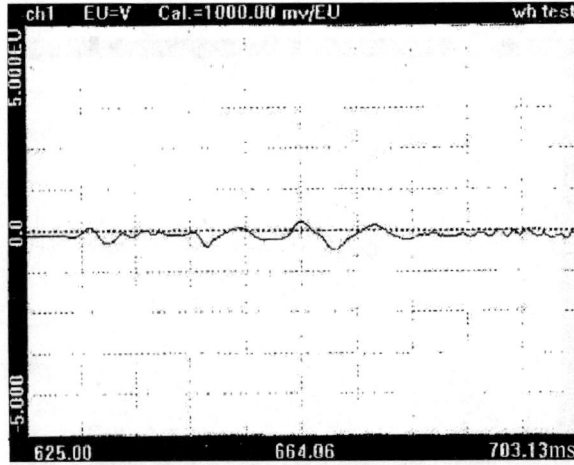

图 4.42　第 18 次测试的爆破震动波形图

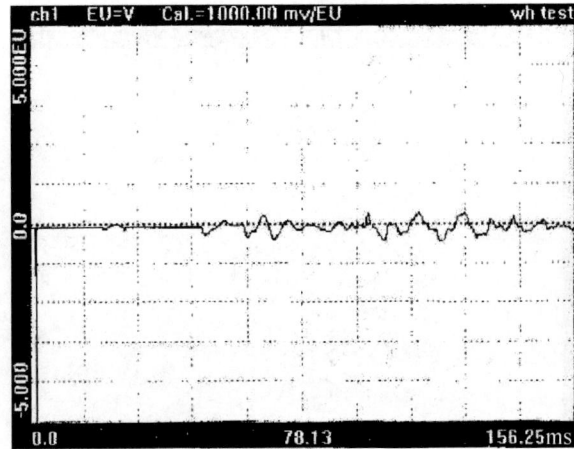

图 4.43　第 19 次测试的爆破震动波形图

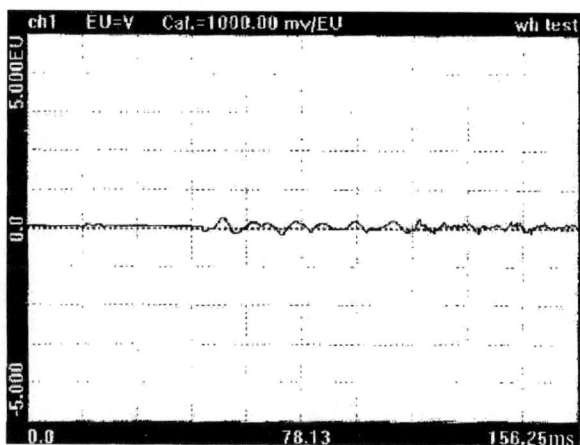

图 4.44　第 20 次测试的爆破震动波形图

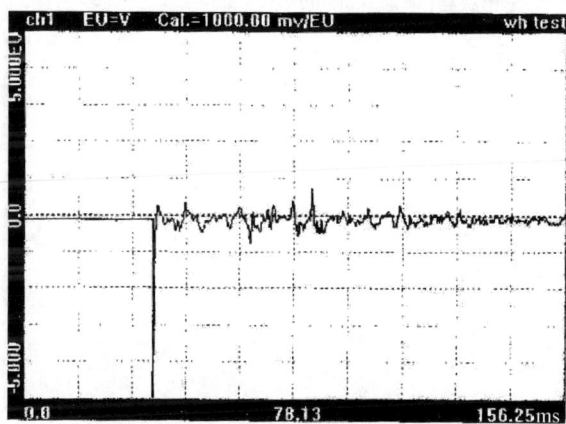

图 4.45　第 21 次测试的爆破震动波形图

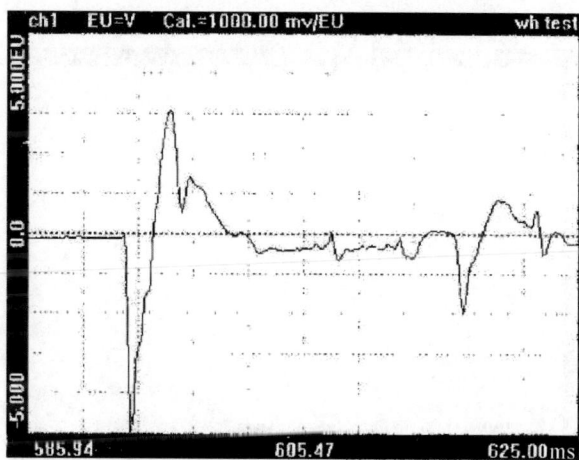

图 4.46　第 22 次测试的爆破震动波形图

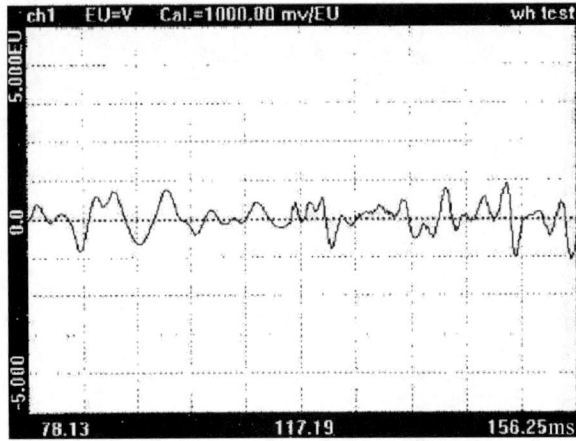

图 4.47　第 23 次测试的爆破震动波形图

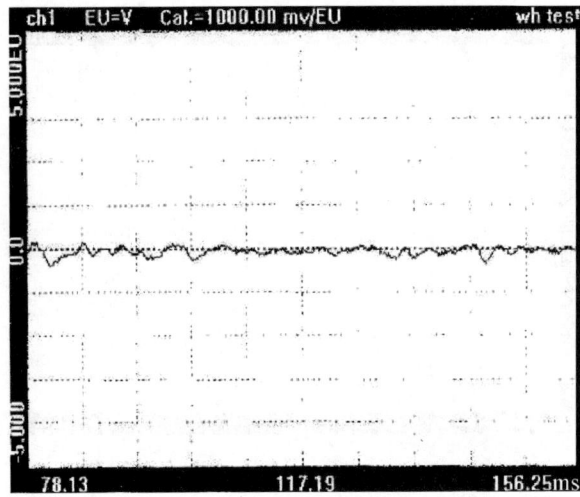

图 4.48　第 24 次测试的爆破震动波形图

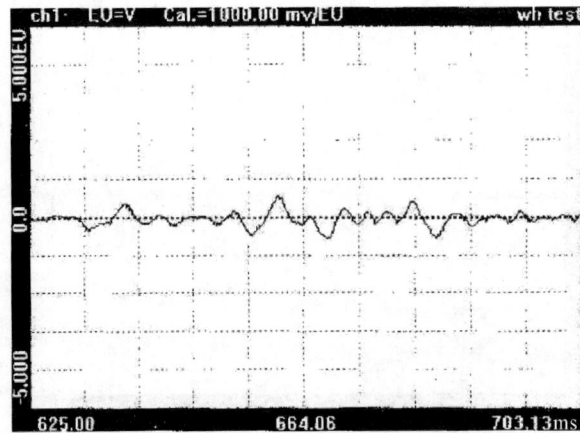

图 4.49　第 25 次测试的爆破震动波形图

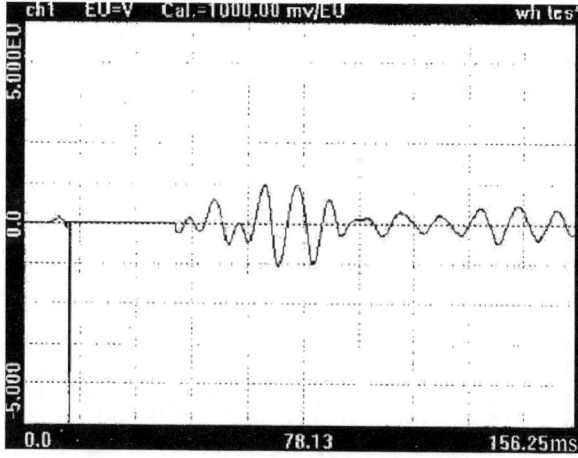

图 4.50　第 26 次测试的爆破震动波形图

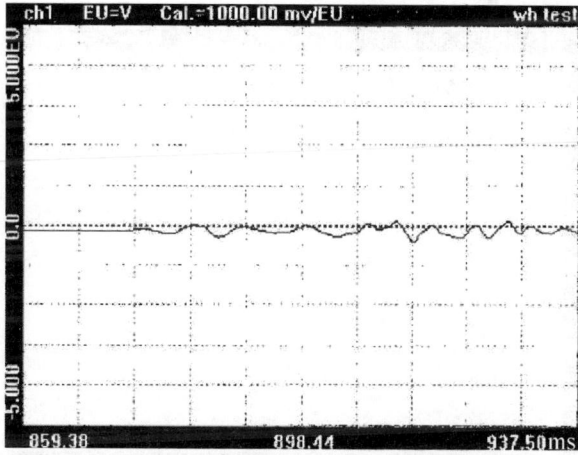

图 4.51　第 27 次测试的爆破震动波形图

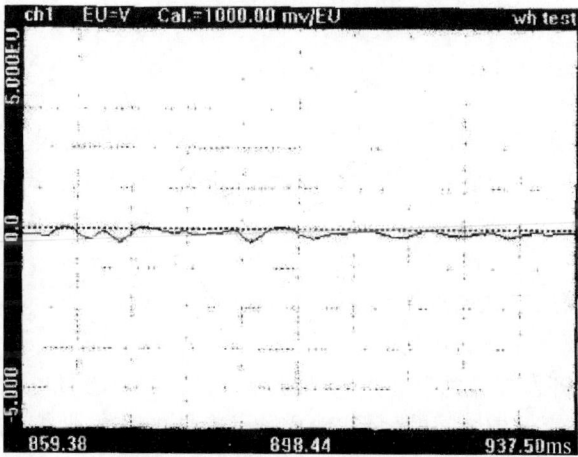

图 4.52　第 28 次测试的爆破震动波形图

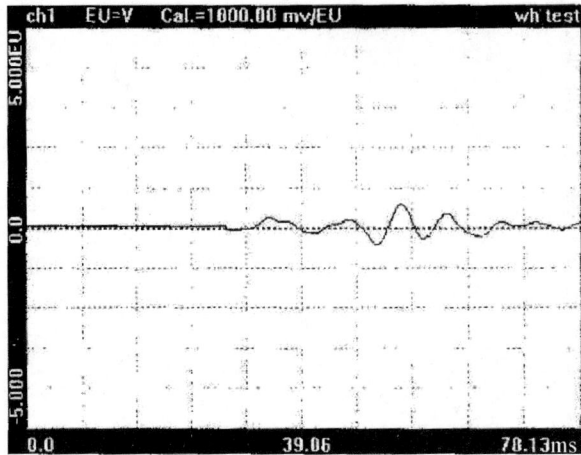

图 4.53　第 29 次测试的爆破震动波形图

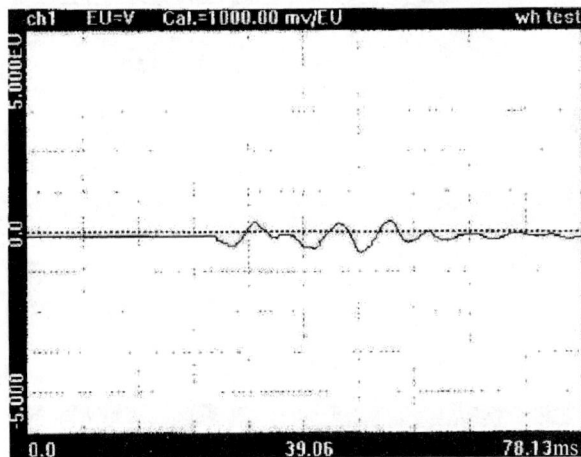

图 4.54　第 30 次测试的爆破震动波形图

4.5.4　测震结果分析

目前对爆破震动预测采用广泛的萨道夫斯基公式进行,但公式里参数与地质结构、岩土性质、地形等因素有关,因此对测得的实际数据用萨道夫斯基公式进行拟合。

$$V = k \left(\frac{Q^{1/3}}{R} \right)^{\alpha} \tag{4-4}$$

式中,V——保护对象所在地质点振动点安全允许速度,cm/s;

　　　R——测震距离,m;

　　　Q——炸药量,齐发爆破为总药量,延时爆破为最大一段药量,kg;

　　　k、α——爆破计算保护区间的地形、地质条件有关的系数和衰减指数。

对式(4-4)中的经验参数 k、α 进行回归分析,即可得到适宜二矿区进路回采爆破地震波传播公式。将表 4.29 数据利用最小二乘法进行拟合,可以得到 $k=22.78$;$\alpha=1.14$,拟

合公式为

$$V = 22.78 \left(\frac{Q^{1/3}}{R} \right)^{1.14} \tag{4-5}$$

矿山进路回采爆破时多次测震表明：不同段间爆破震动波未发生叠加；最大爆破震动速度由单段药量控制；爆破震动波的衰减时间为 70～150ms。因此，只要设计好段间微差时间，完全可以控制段与段之间的爆破震动叠加问题。如果适当增大段间微差时间，使爆破震动不发生叠加，只要控制单段药量，可以控制爆破对结构体的破坏。

4.5.5　爆破减震方法

卸荷进路开采爆破震动减少对岩体和充填体的破坏的方法有以下几种。

1. 确定合理微差爆破时间

微差爆破前后起爆的炸药量产生的地震波主震相不重叠，选取微差时间应使前后起爆的炸药量产生的地震波互相不干扰。

2. 进路回采边孔采用光面爆破或断裂爆破技术

进路回采中为降低爆破时对边墙及巷道眉线的破坏，对周边孔运用断裂爆破技术。其机理是采用聚能药卷控制爆炸能量的释放方向，使之沿着同排炮孔连线方向优先释放，形成引导裂纹，并提供应力场使之具有足够的应变能来维持裂纹以理想的速率传播而不至于分叉；在非切缝方向，由于稀疏波作用及对爆生气体的缓冲作用，从而抑制了其他方向的裂纹扩展。另外，爆生气体优先控制方向驱动裂缝，使其加速扩展直至形成理想的断裂面。研究表明定向断裂爆破改变了炮孔周围的应力分布与发展的对称性，沿定向断裂方向应力远大于其他方向，这是能源集中作用产生定向断裂的重要原因。因此，切缝药卷爆破巧妙利用了炸药的动作用和静作用，不同于一味地降低炸药爆破的动压而降低爆轰压力对孔壁作用的普通光面爆破，在爆炸能量的利用上更趋合理和充分，切缝药卷爆破试验研究和现场应用已充分证实了其有效性，且施工工艺简单，现场试验表明当期回采进路爆破对下期回采进路破坏较少，减少进路回采支护工程量。

3. 进路回采时创造良好的爆破自由面

进路回采时，选择合理的掏槽方式，是提高回采爆破效率方式之一。经过掏槽爆破工业试验，适合二矿区高应力、极破碎矿体是中心空大孔螺旋掏槽方式。中央大直径空孔有利于槽腔的清渣，为后续爆破创造有利条件。在保证槽腔成型质量和提高底部破岩能力方面，掏槽爆破是很重要的。掏槽爆破成功为后续爆破形成良好的爆破自由面创造条件，这样回采爆破的爆破地震波会减少对两翼介质的影响。

4.6　本章小结

本章关注了卸荷开采的地压及爆破震动监测技术的研究内容，主要包括分层卸荷开采过程的应力监测、巷道变形监测以及回采爆破的震动监测 3 个方面。

首先介绍钻孔应力计监测原理与特点,然后阐述钻孔应力计的安装和使用,最后给出了采用钻孔应力计所获得的建材数据和分析结果。

然后,介绍了采用 JSS30A 型数显收敛计所获得的巷道收敛观测数据,由此揭示了水平矿柱和垂直矿柱在回采过程中的回采巷道收敛变形结果。监测结果显示,采用分层卸荷开采,垂直矿柱内各进路的平均收敛率一般大于 1178m 分段道的平均收敛速率。

最后,介绍了分层卸荷开采的声发射监测技术与监测结果。此次监测采用 DYF-2 型智能声发射仪,由此获得了分层卸荷开采过程中声发射的建材数据。监测结果显示,声发射与冒顶关系密切,但各种冒顶情况的预报比较复杂,声发射临界判据存在一定的应用条件,因此,基于声发射监测进行深部回采过程的安全预测预报仍需要进一步开展研究和工程实践。

第 5 章　深部多中段衔接及水平矿柱开采技术

5.1　深部多中段矿柱现状调查

采矿是在一特定的地质环境下实施的,这一特定环境的工程地质状况对开采工艺方法、采场结构参数、工程稳定性等都起决定性作用。岩体的结构面是岩体的重要组成部分,结构面的存在破坏了岩体的连续性和完整性,使岩体具有不均一性和各向异性。岩体变形破坏机制在很大程度上受结构面控制,结构面的几何学产状和力学特征研究是进行工程岩体稳定性分析和开采方式选择的重要依据。通过对水平矿柱的工程地质调查、现场量测和超声波探测等工作,获得了反映矿柱当前状态的基本信息,由此对水平矿柱的稳定性作出客观和实际的评价,从而为水平矿柱的回采设计和安全控制奠定基础。

5.1.1　水平矿柱工程地质调查

1. 水平矿柱节理产状

采用实地勘察对二矿区 1# 矿体 1150m 中段Ⅱ、Ⅲ、Ⅴ、Ⅵ盘区 5 个分层 49 条进路 705 条节理产状量测,获得了目前水平矿柱节理产状(倾向和倾角)分布变化规律特征。为了便于分析评价大量节理产状实测数据,这里分别给出了不同节理倾向和倾角的节理数量统计直方图,如图 5.1 和图 5.2 所示。

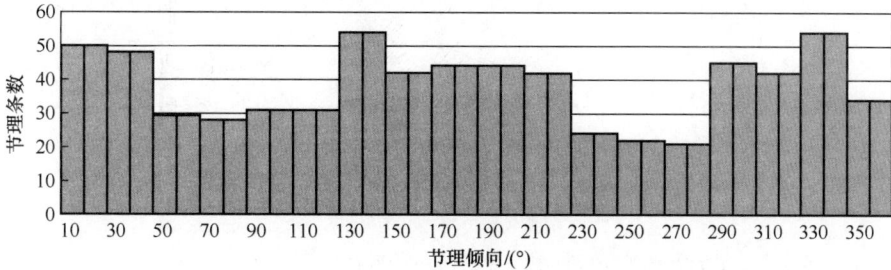

图 5.1　水平矿柱节理倾向与节理数量直方图

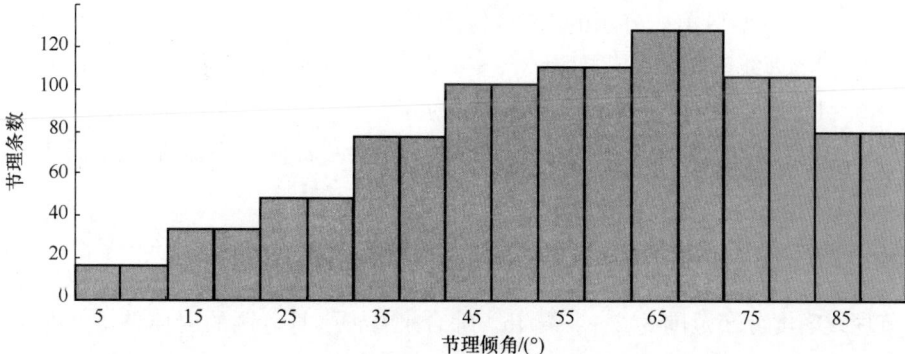

图 5.2　水平矿柱节理倾角与节理数量直方图

从图 5.1 表示的节理倾向分布特征来看,所测节理的优势方向不明显,节理的倾向几乎是随机分布在 $0°\sim360°$。1990 年中瑞合作研究获得了 $1^{\#}$ 矿体的两组优势节理组:第一组倾向为 $60°\sim80°$、倾角为 $60°\sim85°$,最发育;第二组倾向为 $185°\sim230°$、倾角为 $55°\sim80°$,次发育。中瑞合作研究的实验巷道位于 $1^{\#}$ 矿体 1400m 中段的 38 行附近,在矿体中现场测量了 109 条节理,工程地质调查资料比较翔实,如果认为当时获得的优势节理组是 $1^{\#}$ 矿体原有的节理分布规律,那么在目前的水平矿柱中,原有的优势节理组已经被大大弱化,非优势节理组的新生随机节理大量出现,水平矿柱的节理分布从有序状态(优势节理组加随机节理)逐渐向无序状态演化,这表明水平矿柱又进一步遭受了多次破坏。

从所测节理的倾角分布来看,中瑞合作研究获得的两组优势节理的倾角均在 55° 以上,即矿体的原生节理以陡倾角为主。然而,从图 5.2 所示的水平矿柱节理倾角分布来看,倾角小于 55° 的低倾角节理 338 条,占所测节理总数 705 条的 48%。这表明大于 55° 的陡倾角节理在目前水平矿柱中已不占优势,换言之,新增的节理裂隙以小于 55° 的低倾角节理为主。

图 5.3 是水平矿柱在最大主应力作用下的简单力学分析示意图,在水平最大主应力作用下,如果水平矿柱屈服,发生剪切破坏,所产生的共轭 X 状破裂面也应该是低倾角的,反之,如果新生破裂面以陡倾角为主,那应该是垂直应力作用的结果。因此,目前水平矿柱中大量低倾角节理裂隙的出现,也表明水平矿柱已产生了新的破裂。

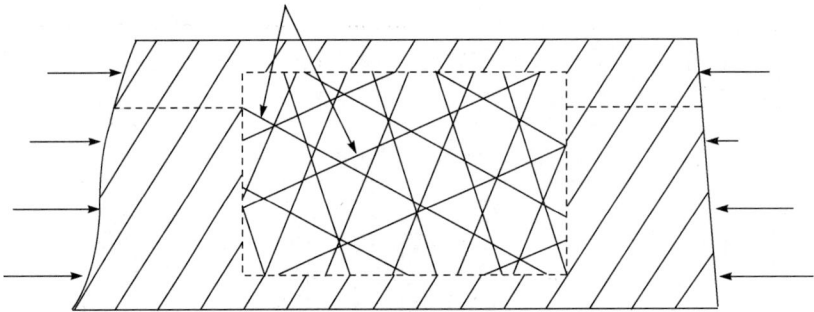

图 5.3　水平矿柱新生裂隙倾角的力学分析示意图

2. 水平矿柱 RQD 值及节理密度

1178m 分段 Ⅱ 盘区第三分层的 RQD 值范围为 $14\%\sim97\%$,变化较大,但大部分集中在 58% 左右;节理线密度分布范围为 $3.6\sim6.5$ 条/m,主要集中在 $5\sim6$ 条/m,个别部位达 9 条/m。Ⅲ 盘区第二分层的 RQD 值范围为 $33\%\sim95\%$,大部分集中在 63% 左右;节理线密度分布范围为 $2.5\sim6$ 条/m。综合来看,Ⅲ 盘区岩体的整体性稍好于 Ⅱ 盘区,Ⅱ 盘区岩体极为破碎。

1198m 分段 Ⅴ 盘区第三、四分层的 RQD 值范围为 $35\%\sim96\%$,变化较大,但大部分高于 75% 左右;节理线密度分布范围为 $3\sim4$ 条/m。Ⅵ 盘区第五分层的 RQD 值约为 68%;节理线密度分布范围为 $2\sim4$ 条/m。综合来看,Ⅴ、Ⅵ 盘区的岩体整体性好于 Ⅱ、Ⅲ 盘区。

现将 1178m 和 1198m 分段 Ⅱ、Ⅲ、Ⅴ、Ⅵ 盘区的 RQD 值和节理线密度测量结果列于表 5.1 中,同时给出了中瑞合作研究测得的 1400m 中段 38 行附近矿体的 RQD 值。由表 5.1 中数据可以看出,水平矿柱的 RQD 值均低于 1400m 中段矿体,而且随着水平矿柱厚度减小(从 45.6m 到 23.2m),矿体的平均 RQD 值从 81% 降低到 58%,节理密度也有所增加,规律十分明显。

表 5.1　二矿区 1178m、1198m 分段水平矿柱 RQD 值与节理密度测量结果

测量位置	矿柱厚度/m	RQD 值/%		节理线密度/(条/m)
		范围	均值	
中瑞合作 1400m 中段 38 行	—	—	85	—
1198m 分段 Ⅴ 盘区三分层	45.6	—	81	3～4
1198m 分段 Ⅴ 盘区四分层	41.1	63～96	78	3～4
1198m 分段 Ⅵ 盘区五分层	36.5	33～87	68	3～4
1178m 分段 Ⅲ 盘区二分层	27.7	33～95	63	5～6
1178m 分段 Ⅱ 盘区三分层	23.2	14～97	58	5～6

3. 水平矿柱主要节理特性

岩体节理特性主要是指节理的长度、间距、贯通性以及节理面的粗糙度、蚀变度、张开性、充填物等。在本次水平矿柱节理裂隙调查过程中,也对矿体主要节理的特性进行了描述和记录。

1178m 分段 Ⅱ、Ⅲ 和 J-2(230°∠60°)的揭露迹线最短为 2.2m,最长为 5.4m,多集中在 4～5m;间距变化较大,目前测得的间距在 1.7m 左右,有的高达 17.1m;节理贯通性好,节理面平直光滑或微起伏,节理面大多闭合无充填物。节理组 J-3(170°∠50°)的揭露迹线最短为 1.5m,最长为 6.1m,多在 4～5m;间距较大,目前测得的间距高达 13.1m;节理贯通性好,节理面平直光滑或微起伏,节理面大多闭合无充填物,少数几条充填有厚 10～20mm 的绿泥石。节理组 J-4(20°∠60°)的揭露迹线最短为 1.6m,最长为 4.9m,多在 3～4.9m;间距较小,目前测得的间距在 0.8m 左右;节理贯通性好,节理面平直光滑或微起伏,节理面大多闭合无充填物。1178m 分段 Ⅱ、Ⅲ 盘区矿体准优势节理特性见表 5.2。

表 5.2　金川二矿区 1178 分段 Ⅱ、Ⅲ 盘区矿体准优势节理特性

节理组	产状	平均迹长/m	间距/m	粗糙度	特性描述
J-1	310°∠55°	4～5	1.7～17	6～8	节理贯通性好,节理面大多
J-2	230°∠60°	3～5	1.8～13	6～8	闭合无充填
J-3	170°∠50°	4～5	>1.3	6～8	节理贯通性好,节理面大多
J-4	20°∠60°	3～4.9	0.8	6～8	节理贯通性好,节理面大多

1198m 分段Ⅴ、Ⅵ盘区产状为(15°～30°)∠(45°～62°)的准优势节理组 J-5 的揭露迹线多在 4～5m,最长为 5.2m;间距变化不大,目前测得的间距在 4.1m 左右;节理贯通性好,节理面大多闭合无充填物,节理面平直光滑或微起伏。产状为(145°～155°)∠(65°～75°)的准优势节理组 J-6 的揭露迹线多在 3～5m,最短为 1.5,最长为 9.0m;间距不大,目前测得的间距在 1～2m;节理贯通性好,节理面大多闭合无充填物,少数节理有绿泥石充填物,节理面平直光滑或微起伏。1198m 分段Ⅴ、Ⅵ盘区矿体准优势节理特性列于表 5.3。

表 5.3　金川二矿区 1198 分段Ⅴ、Ⅵ盘区矿体准优势节理特性

节理组	产状	平均迹长/m	间距/m	粗糙度	特性描述
J-5	21°∠43°	4～5	4.1	6～8	节理贯通性好,节理面大多闭合无充填
J-6	150°∠67°	3～5	1～2	6～8	节理贯通性好,节理面大多闭合无充填,少数节理有绿泥石充填物,厚度不等,大部分在 20mm 左右,个别厚度达 100mm

水平矿柱以压剪性节理为主,1178m 分段压剪性节理 283 条,占调查节理总数的 85%,1198m 分段压剪性节理 347 条,占调查节理总数的 93%。但也有部分张裂隙存在,1178m 分段张性节理 50 条,占调查节理总数的 15%,1198m 分段张性节理 25 条,占调查节理总数的 7%。这表明,随着水平矿柱减薄,张性节理数增加了约一倍(由 7% 增加到 15%)。

4. 水平矿柱特殊工程地质现象

1178m 分段Ⅱ、Ⅲ盘区出现的特殊工程地质现象有:在Ⅱ盘区发现贯穿 4# 和 6# 进路的破碎带,厚 3～4m,可见渗入的充填砂浆;多见先期节理被后期节理错段现象,如在Ⅱ盘区 22# 和 25# 进路;在揭露的掌子面上可见岩体完整性差异很大的分界线;在Ⅲ盘区 1# 进路进口处下盘帮见到裂隙水渗流现象。

在 1198m 分段Ⅴ、Ⅵ盘区出现的特殊工程地质现象:贯通性好的节理面常夹有充填物,充填物呈黑色,易破碎,似压剪错动形成物;有节理错断、压弯现象,最大错距达 400mm;有张性节理发育,常夹有厚度不等充填物;进路揭露的岩体局部破碎带较多,但规模不大。

5. 水平矿柱矿体完整性超声波探测

岩体的声波波速可用来表征岩体的完整性,评价岩体质量。为此,在 1198m 分段Ⅴ盘区 2# 穿脉和 1# 沿脉、1178m 分段Ⅱ盘区三分层 42# 进路、1118m 分段 1# 沿脉和 1098m 分段 1# 穿脉分别进行了矿体超声波探测。探测结果表明:1# 矿体矿岩破碎,完整性差,其完整程度大部分处于较破碎、破碎到极破碎状态;水平矿柱完整性低于 1118m 分段和 1098m 分段矿岩体,而矿柱越薄,矿岩体完整性越差。这与工程地质调查获得的水

平矿柱变形破裂规律是一致的。

6. 水平矿柱工程地质探测结论

通过水平矿柱工程地质调查、现场量测和超声波探测等工作,获得了反映矿柱当前状态的大量原始数据,并初步得出以下结论:

(1) 水平矿柱随机节理大量出现,低倾角节理大量增加,表明目前水平矿柱已遭受新的破坏,岩体结构劣化,岩体强度降低,矿柱刚度减小;

(2) 随着水平矿柱厚度减薄,矿体 RQD 值降低,节理密度增加,这表明水平矿柱越薄的部位,岩体破坏越严重;

(3) 超声波探测同样表明,随着水平矿柱厚度减薄,岩体完整性降低,最薄处目前已处于极破碎状态;

(4) 水平矿柱以压剪性节理为主,节理贯通性好,节理面平直或微起伏,节理粗糙度 JRC 一般为 6~8;

(5) 水平矿柱工程地质调查中,没有发现明显的高应力集中现象。

5.1.2 垂直矿柱的工程地质调查

2006 年 12 月二矿区从 1098m 分段开始回采垂直矿柱。为了搞清垂直矿柱的岩体工程地质条件及其变形破坏特征,中国科学院曾对 1098m 分段Ⅲ盘区 3 分层(实际回采底板标高 1094m)垂直矿柱范围内的 7 条进路进行了工程地质调查和巷道收敛量测等工作。对 22 个进路掌子面和 23m 边墙进行了工程地质素描,测量了 209 条节理裂隙的产状、长度、间距、连通性、张开度、粗糙度、蚀变度、充填物、RQD 及节理密度等内容,对 4 条进路进行了收敛量测。

利用 DIPS 软件,对测得的垂直矿柱中的 209 条节理产状进行了分析,图 5.4 分别给出了垂直矿柱节理走向玫瑰花图和节理等密度图。

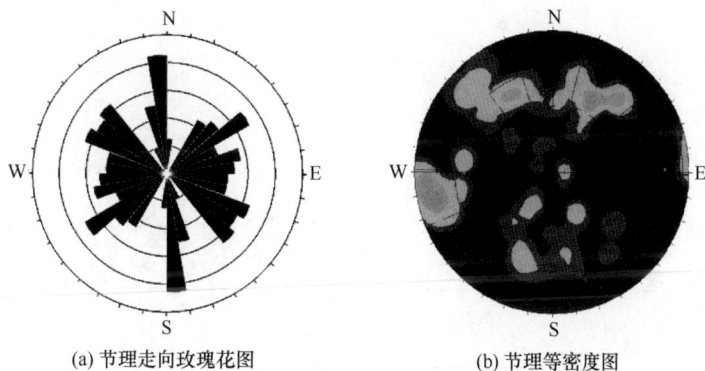

(a) 节理走向玫瑰花图   (b) 节理等密度图

图 5.4 垂直矿柱节理量测统计图

节理调查结果表明,二矿区垂直矿柱准优势节理主要有三组:第一组走向近南北 (175°),倾向北东(85°),平均倾角约为 75°;第二组走向北北东(30°),倾向 210°,平均倾角约为 65°;第三组走向北北西(330°),倾向 150°,平均倾角约为 70°。与以往对矿体节理的调查统计结果相比,目前垂直矿柱中的优势节理组已发生了变化,生成了新的优势节理和随机节理。

表 5.4 分别给出了原始矿体、垂直矿柱和水平矿柱的 RQD 值以及节理线密度,可以看出,垂直矿柱的 RQD 值和节理密度介于原始矿体与水平矿柱之间,表明垂直矿柱已经遭受了一定程度的破坏,但其破坏程度要小于水平矿柱。

表 5.4　矿体 RQD 值与节理密度统计结果

测量位置	RQD 值/%		平均节理线密度/(条/m)
	范围	均值	
原始矿体(1400m 中段 38 行)	—	85	3～5
垂直矿柱(1098m 分段Ⅲ盘区三分层)	25～90	80	4～6
水平矿柱(1178m 分段)	58～63	60	5～6

在垂直矿柱工程地质调查过程中,没有发现明显的高地应力集中现象,也没发现有岩爆或矿震等矿山动力现象。

5.1.3　多中段开采水平矿柱现状

金川二矿区采用机械化盘区下向分层水平进路胶结充填采矿法开采,1150m 中段、1000m 中段、850m 中段三个中段同时开采。由于多中段开采,在两个采矿中段之间形成了水平矿柱,其埋藏深、地应力大、矿岩破碎。由于大面积连续无矿柱开采工艺,水平矿柱成为保证中段接替、保持矿山安全可持续发展的重要资源的关键环节。

2000 年以来,随着金川集团公司的不断发展壮大,对矿山自产原料的需求量逐步增加,通过不断完善系统工程并优化回采工艺流程,逐步开始了水平矿柱的开采,且越采越薄,对金川二矿区大型水平矿柱最薄的 1178m 分段Ⅱ、Ⅲ盘区和水平矿柱最厚的 1198m 分段Ⅴ、Ⅵ盘区详细地进行实地勘察,获得了大量实测数据。多中段特大型水平矿柱如图 5.5 所示。

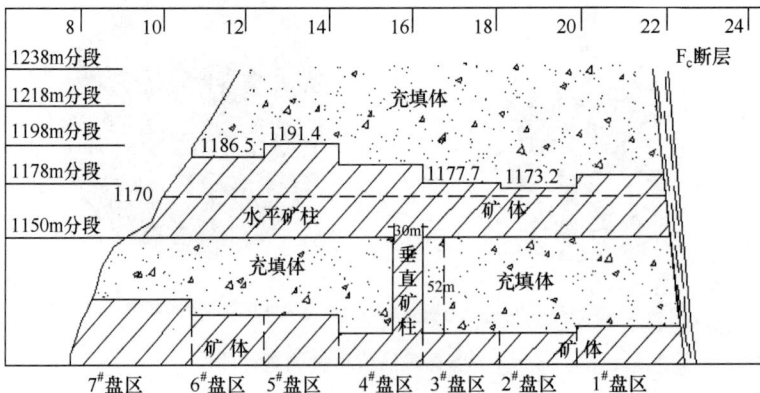

图 5.5　多中段特大型水平矿柱示意图

由于地应力和 1000m 中段首采层 1138m 分段回采过程中产生大面积不连续规模大

小不一的冒落区的影响,矿岩呈非均质性和各向异性,特别是随着开采深度的增加,矿岩介质承受着不同大小、不同方位的复杂载荷,必然给水平矿柱回采和安全生产带来很多复杂的问题。

5.1.4 小结

(1)工程地质调查数据表明,原有优势节理组已经被大大弱化,非优势节理组的新生随机节理大量出现,水平矿柱的节理分布从有序状态(优势节理组加随机节理)逐渐向无序状态演化,这表明水平矿柱又进一步遭受了多次破坏。

(2)随着水平矿柱厚度的减薄,矿体完整性降低,稳定性下降,安全、及时回采水平矿柱具有十分重要的意义,同时可为深部开采遇到同类问题积累经验。

5.2 水平矿柱开采方案及数值模拟

复杂难采特大型水平矿柱开采在国内尚属首次,在国外矿山也没有先例,且多中段开采,两中段之间的水平矿柱会越来越薄,水平矿柱中的应力如果产生高度集中,应变能聚集,当达到某种临界状态时,在外界扰动下,属于薄板碎裂结构的水平矿柱可能突然失稳,产生瞬间大范围破坏,形成突发性灾变事故。加之金川二矿区深部高应力条件下,要实现安全、经济回收其水平矿柱难度很大。

针对金川二矿区 1000m 中段和 850m 中段之间的水平矿柱赋存现状及开采技术条件,利用卸荷开采原理及前期研究成果,通过开展深部多中段水平矿柱高效开采方案研究及多中段水平矿柱开采过程稳定性分析,以指导回采工艺方案,并为现场工业试验提供理论依据。

5.2.1 深部多中段水平矿柱开采方案

针对规模特大长约 600m、平均厚度约 120m 的特大型水平矿柱,考虑冒落群赋存的实际情况,到底如何开始实施开采? 到底按什么样的回采方案进行? 到底应该先采东部、西部、中间还是整个矿柱同时一次性开采? 曾一度困扰广大工程技术人员及管理者。

根据水平矿柱上部 1178m 分段回采实际情况,对采矿方案进行了深入研究与分析,可以选择的分段内盘区的回采顺序有以下几种。

方案 1,从一端向另一端阶梯式推进回采方案

该回采方案就是由东向西或者由西向东呈台阶式向前推进,回采标高由东向西或由西向东呈上阶梯形。由东向西阶梯式推进回采方案要求自东向西逐渐减缓盘区的回采下降速度,东部盘区回采下降快,西部盘区回采下降慢;由西向东阶梯式推进回采方案要求自西向东逐渐减缓盘区的回采下降速度,西部盘区回采下降快,东部盘区回采下降慢。

方案 2,由中间向东西两端阶梯式推进回采方案

该回采方案是加快中间盘区的回采下降速度,逐渐减缓两端盘区的回采下降速度,形成中间盘区回采水平低,东西两端盘区回采水平高,由中间向东西两端依次呈上阶梯状。

方案 3,由东西两端向中间阶梯式推进回采方案

该回采方案是加快东西两端盘区的回采下降速度,逐渐减缓中间盘区的回采下降速度,形成中间盘区回采水平高,东西两端盘区回采水平低,从中间向东西两端依次呈下阶梯状。

方案 4,矿房矿柱两步回采方案

该回采方案就是将各盘区隔一分矿房和矿柱两步骤回采,矿房回采结束后再回采矿柱,也就是将双号盘区停止回采,先回采单号盘区,等单号盘区回采结束后再回采双号盘区;反之亦然。根据 1178m 分段的实际回采情况,由东向西阶梯式推进回采方案容易调整,且不会大面积地同时遇到 1138m 分段采矿时的冒落区,同时先下降到 1158m 分段的东部盘区不仅可以按照预期的回采方案进行回采,还可以摸索和积累经验,为后继的盘区提供成功的技术支持。

方案 2 和方案 3 调整回采标高很困难,现场不容易实现,方案 4 矿房矿柱两步骤回采方案最容易调整,也最容易实现,而且最适合无间柱大面积水平矿柱连续开采方案,能有效地控制地压显现,但只有一半盘区生产,生产能力很低,将造成水平矿柱回采作业时间延长,不利于安全生产。

5.2.2 水平矿柱开采稳定性分析

在金川二矿区,由 1150m 中段与 1000m 中段同时回采转入 1000m 中段与 850m 中段,中段同时回采的转段过程中,由 1000m 中段的 1058m 分段与深部矿体的 978m 分段回采作业形成了 1000m 临时水平矿柱。随着二矿区开采范围逐步向下推进,水平矿柱将逐渐变薄,导致巷道变形、上下盘围岩的大范围岩体移动以及地表破裂等现象更加明显。尤其是 850m 中段 978m 分段Ⅱ、Ⅲ、Ⅳ号盘开始回采后,1000m 主运输水平巷道变形急剧增加。由于金川矿山地应力高,矿岩稳定性差,采矿工程地质环境极其复杂,在这种复杂环境中,采用多中段无矿柱大面积连续开采方法进行生产,不仅在国内没有可供参考的工程实践,在国外也无先例可循,是一个世界性的技术难题。本研究在上述方案论证的基础上,采用三维数值模拟方法对主要方案开展分析研究,以确定水平矿柱开采过程的稳定程度。计算方案有以下几种。

(1) 对不同回采顺序(①从左到右开采回填;②从两端向中间开采回填;③从中间向两端开采回填),分析岩体的破坏情况及发展趋势,综合评价开采顺序;

(2) 在金川二矿区开采技术条件下,研究多中段同时作业条件下的整体回采顺序,同时重点研究 1138~1198m 分段之间矿柱开采的稳定性分析;

(3) 在通过对深部矿岩地质调查分析、采掘工程及回采工艺调查的基础上,对 1200m 副中段到 1250m 中段充填体的稳定性进行分析。

本计算主要采用三维非线性大变形有限差分法数值模拟软件(FLAC3D),重点对金川二矿区 1000m、850m 两中段同时开采进行数值模拟,结合工程地质力学、岩石力学及弹塑性力学方面的理论方法分析矿体回采前后的应力场和位移场的分布规律,以及开采过程中区域内的岩体破坏情况及发展趋势,探索合理的回采顺序,并在合理的回采充填顺序条件下综合评价上覆充填体的稳定性和对地面的影响以及两中段同时开采时,未开采水平矿体的稳定性和矿体地压等变化情况。

采用三维非线性有限元法研究内容如下：

(1) 在初始条件下矿区的地应力场和位移场的分布规律；

(2) 对不同回采顺序（①从左到右开采回填；②从两端向中间开采回填；③从中间向两端开采回填），分析岩体的破坏情况及发展趋势，综合评价选取最优开采顺序；

(3) 在最优回采顺序下，分析上腹充填体的稳定性和对地面的影响以及两中段同时开采时，未开采水平矿体的稳定性和矿体地压等变化情况。

5.2.3 实际计算模型和计算方案

1. 实际计算模型

实际计算模型主要是模拟真实的回采环境。数值模拟效果受到初始地应力、地形、回采情况和矿体的几何特征等因素的影响，因此该阶段尽量真实模拟这些情况，以期达到真实模拟卸荷过程，为回采的安全性提供依据。根据矿山提供的二维 CAD 数据文件，首先建立不同高程处的矿体边界曲线，以这些曲线为控制边界，曲线的约束可以通过点集进行，将点集设置为控制点，然后设置边界约束，生成曲面，由闭合的曲面进一步生成体。为了使模型尽量逼近实际尺寸，建模过程中将多次用到 DSI 插值方法，生成矿体模型。矿体三维模型生成后转化成相应的地层网格（SGRID）模型。

2. 计算方案

在模拟回采过程时选用了三种计算方案：①从左到右逐步回采；②从两边向中间逐步回采；③从中间向两边逐步回采。为了真实模拟 1000m 中段和 850m 中段的应力环境，在其回采之前，首先对 1250m 水平以上的矿体进行回采充填，然后对 1250～1150m 的矿体进行回采充填。

1) 方案一（从左至右）

方案一是对 1000m 中段和 850m 中段按照从左至右同时进行开挖，每次开挖，水平方向（沿着 y 轴）挖进深度 100m，竖直方向（沿着 z 轴）开挖厚度 20m。各中段均分为 8 层进行开挖，每层又分为 6 步进行开挖每一步开挖完成后及时回填，然后进行下一步开挖。故每次开挖回填共计 12 步，中段开挖回填完成共计 96 步。该方案第一分层开采步骤见图 5.6。

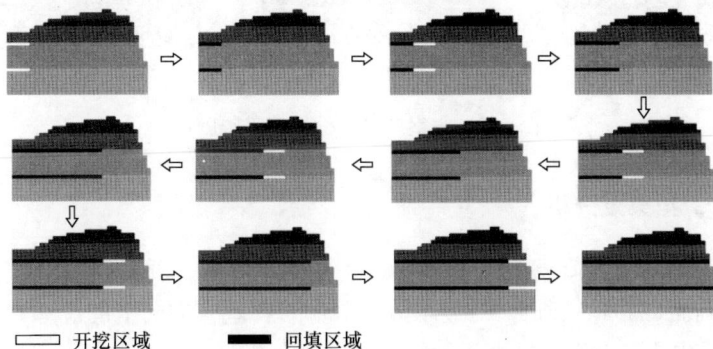

开挖区域　　　回填区域

图 5.6　方案一第一分层开采步骤

2) 方案二(从两边向中间)

方案二是对 1000m 中段和 850m 中段按照从模型矿体两边向中间进行开挖,每次开挖,水平方向(沿着 y 轴)挖进深度 100m,竖直方向(沿着 z 轴)开挖厚度 20m。各中段均分为 8 层进行开挖,每层又分为 3 步进行开挖,每一步开挖完成后及时回填,然后进行下一步开挖。故每次开挖回填共计 6 步,中段开挖回填完成共计 48 步。该方案第一分层开采步骤见图 5.7。

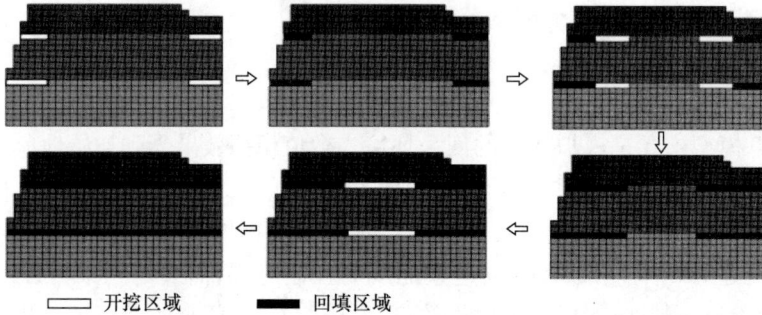

▭ 开挖区域　　■ 回填区域

图 5.7　方案二第一分层开采步骤

3) 方案三(从中间向两边)

方案三是对 1000m 中段和 850m 中段按照从模型矿体中间向模型两边进行开挖,每次开挖水平方向(沿着 y 轴)挖进深度 100m,竖直方向(沿着 z 轴)开挖厚度 20m。各中段均分为 8 层进行开挖,每层又分为 3 步进行开挖,每一步开挖完成后及时回填,然后进行下一步开挖。故每次开挖回填共计 6 步,中段开挖回填完成共计 48 步。该方案第一分层开采步骤见图 5.8。

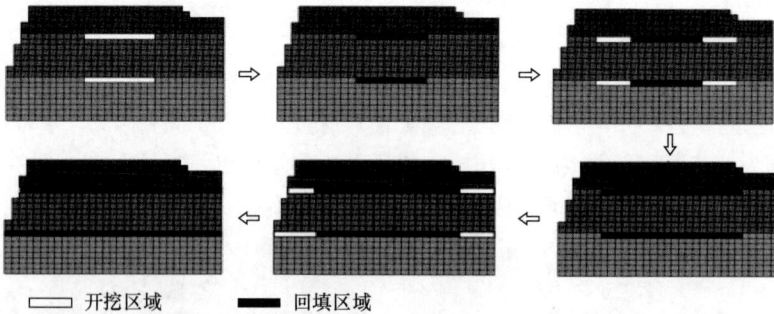

▭ 开挖区域　　■ 回填区域

图 5.8　方案三第一分层开采步骤

5.2.4　数值计算结果及分析

本次研究采用三维数值模型进行回采过程的数值模拟。选取如图 5.9~图 5.12 所示的两个典型剖面(剖面 A、剖面 B)显示该剖面矿岩在垂直方向上的位移和主应力分布。

(1) 1000m 中段和 850m 中段开采前初始条件分析;

(2) 水平矿柱开采方案比选。

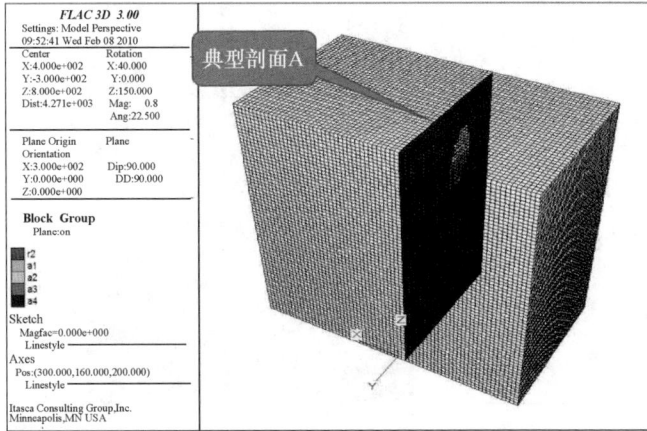

图 5.9　典型剖面 A 在计算模型中的位置

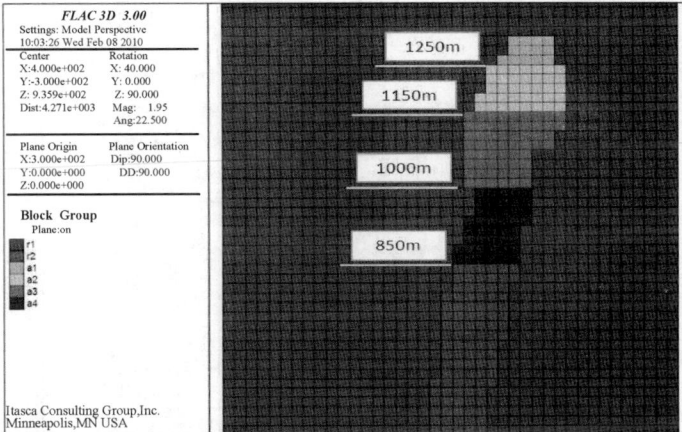

图 5.10　剖面 B 方向上矿体网格及其他部分网格

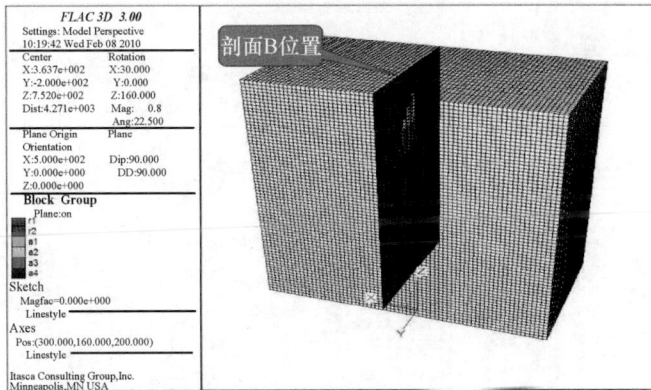

图 5.11　典型剖面 A 在计算模型中的位置

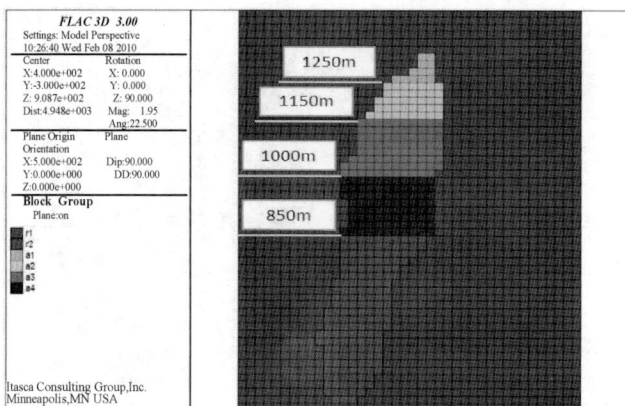

图 5.12　剖面 B 方向上矿体网格及其他部分网格

　　方案一、方案二、方案三的第一、第三主应力以及竖直方向的位移如图 5.13~图 5.34 所示。通过比较第一、第八分层全部开挖回填后的第一主应力、第三主应力以及竖直方向上的位移云图,可以得出如下结论:

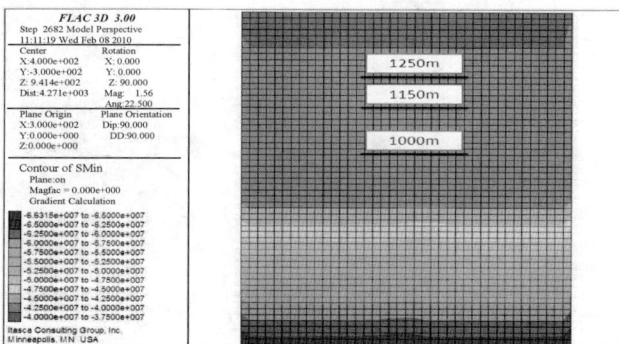

图 5.13　未开采前初始条件下沿剖面 A 向第一主应力分布

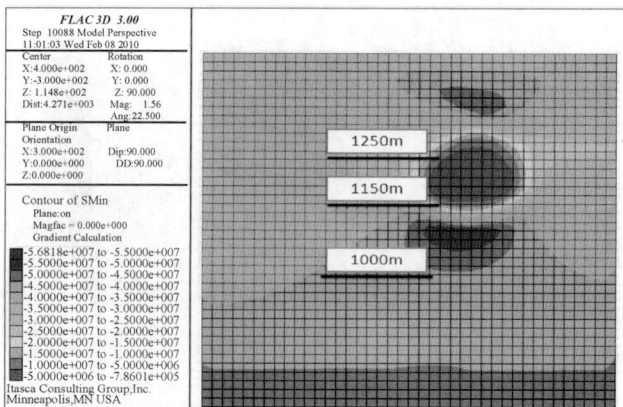

图 5.14　二矿区 1150m 水平以上开采后沿剖面 A 方向第一主应力分布

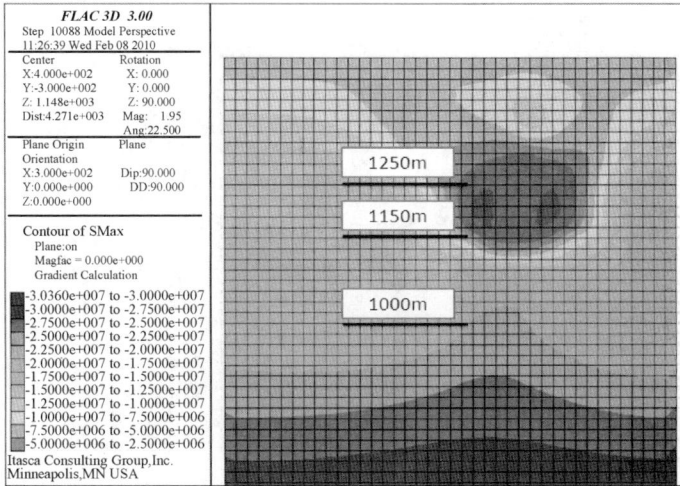

图 5.15　二矿区 1150m 水平以上开采后沿剖面 A 方向第三主应力分布

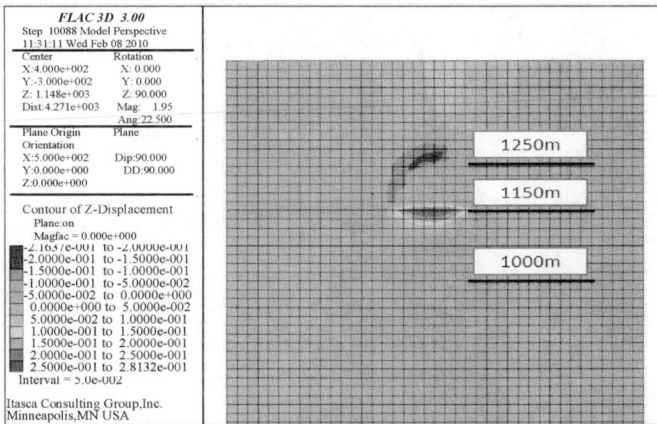

图 5.16　二矿区 1150m 水平以上开采后沿剖面 A 方向竖直位移分布

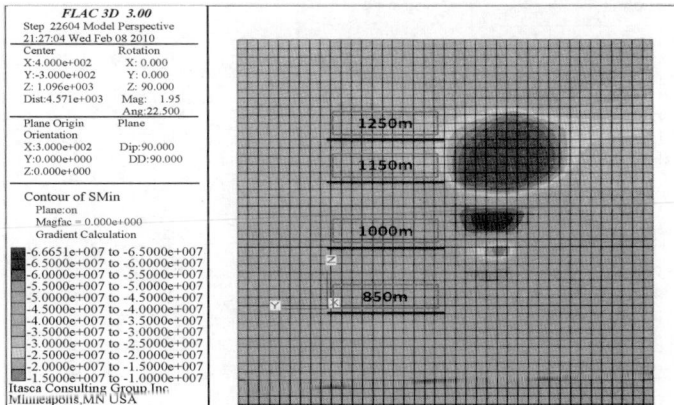

图 5.17　第一分层开采后沿剖面 A 方向第一主应力分布（方案一）

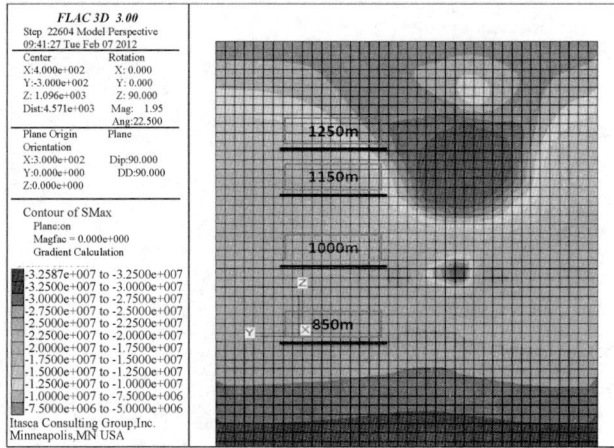

图 5.18　第一分层开采后沿剖面 A 方向第三主应力分布（方案一）

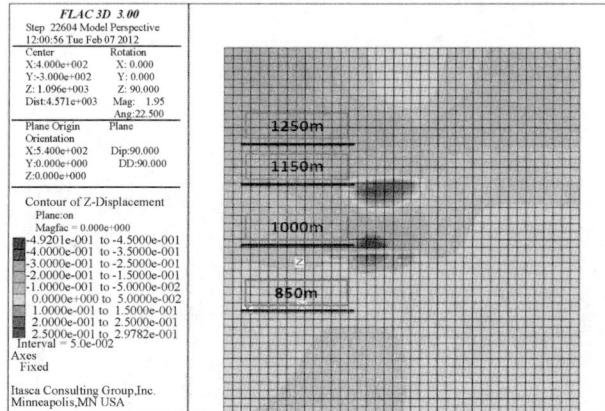

图 5.19　第一分层开采后沿剖面 A 方向竖直位移（方案一）

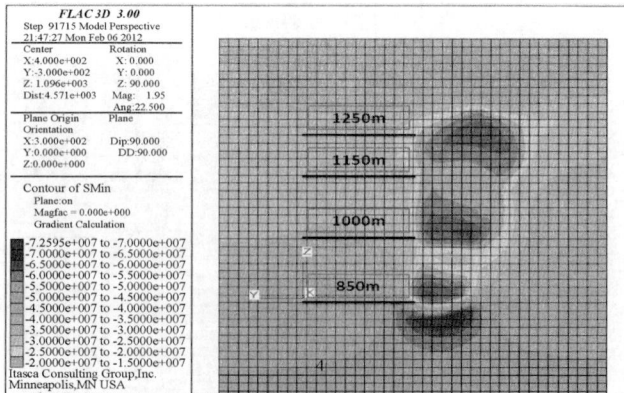

图 5.20　第八分层以上开采后沿剖面 A 方向第一主应力分布（方案一）

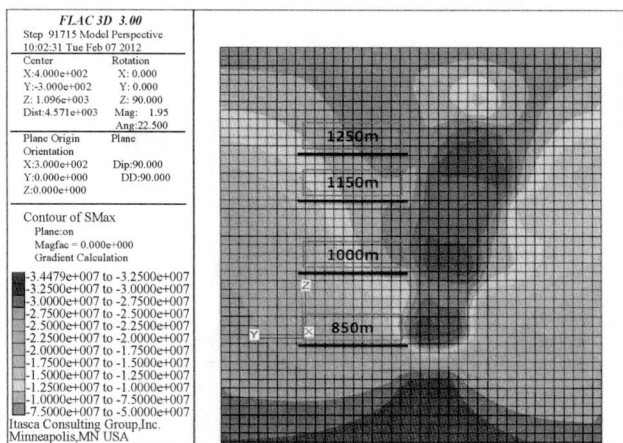

图 5.21　第八分层开采后沿剖面 A 方向第三主应力分布(方案一)

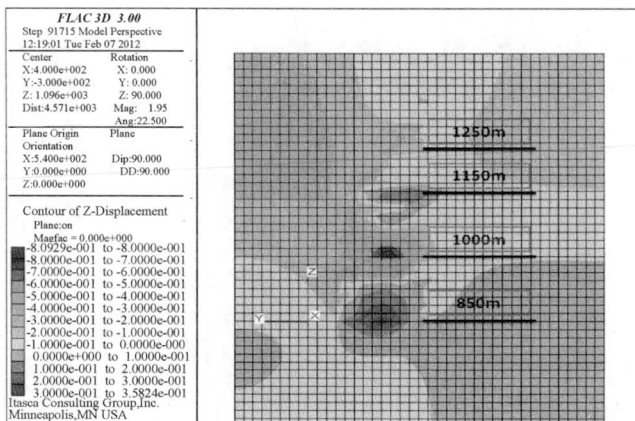

图 5.22　第八分层开采后沿剖面 A 方向竖直位移(方案一)

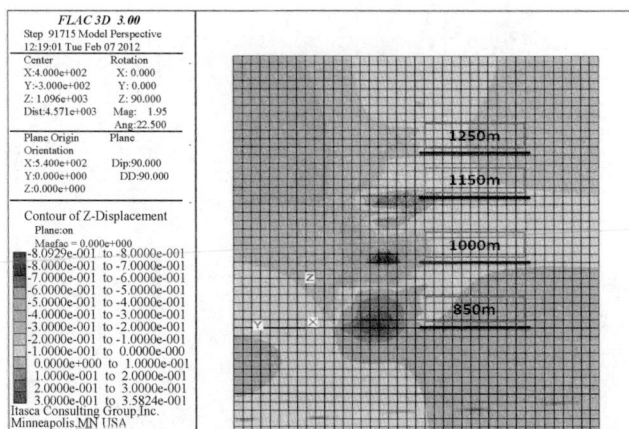

图 5.23　第一分层开采后沿剖面 A 方向第三主应力分布(方案二)

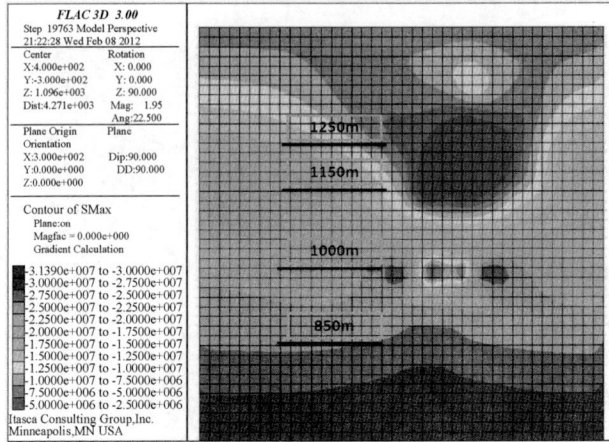

图 5.24　第一分层开采后沿剖面 A 方向第三主应力分布（方案二）

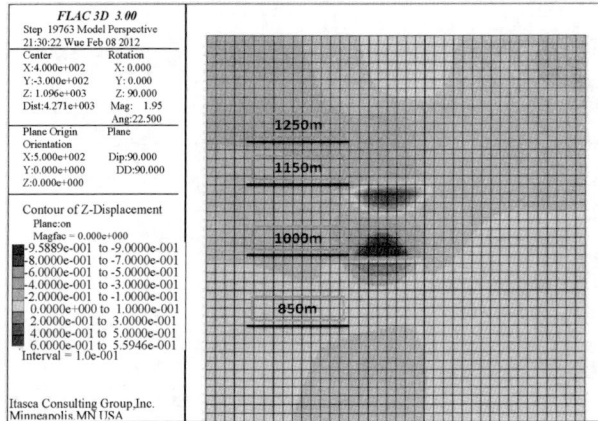

图 5.25　第一分层开采后沿剖面 B 方向竖直位移分布（方案二）

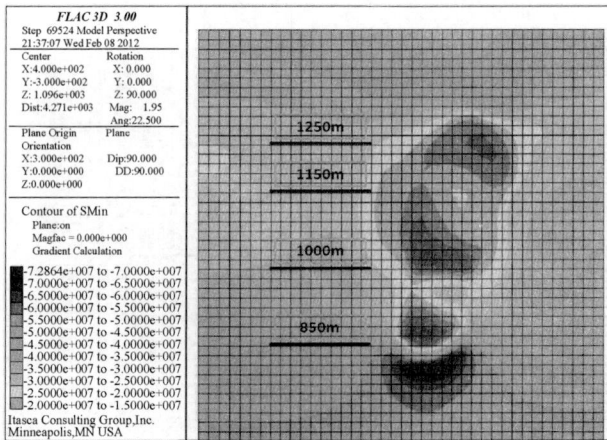

图 5.26　第八分层开采后沿剖面 A 方向第一主应力分布（方案二）

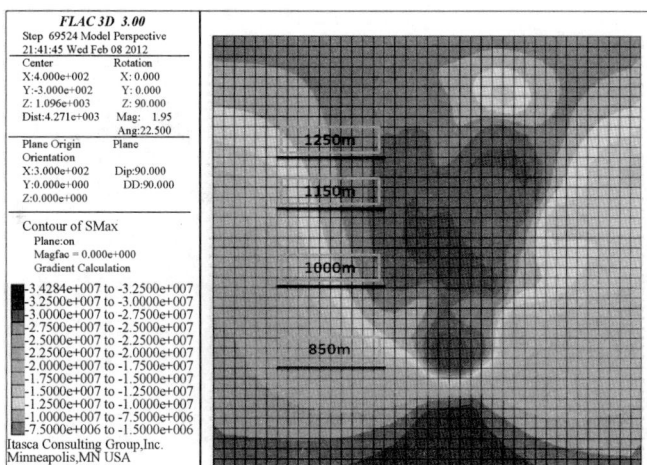

图 5.27　第八分层开采后沿剖面 A 方向第三主应力分布(方案二)

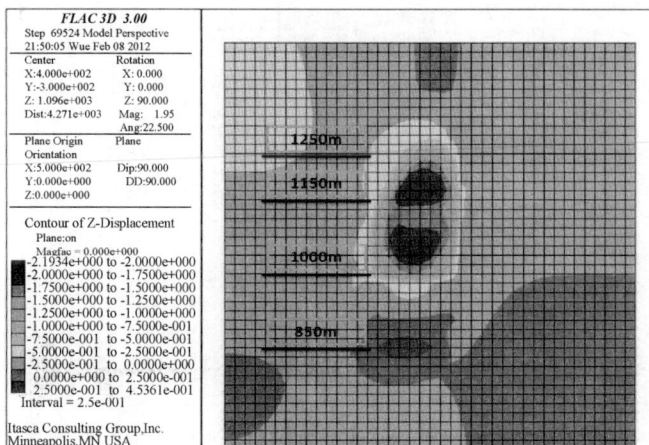

图 5.28　第八分层开采后沿剖面 B 方向竖直位移分布(方案二)

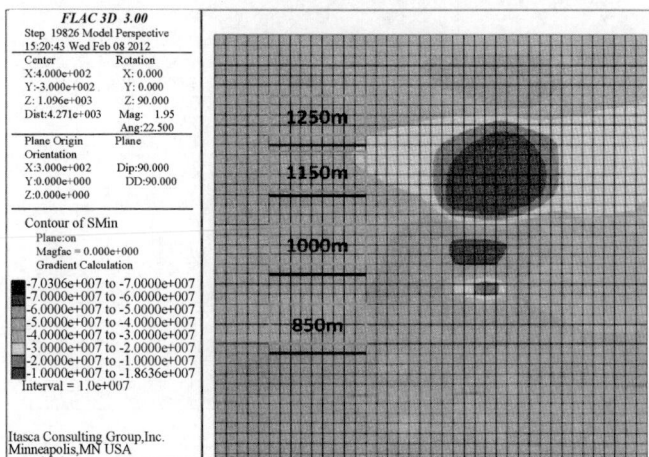

图 5.29　第一分层开采后沿剖面 A 方向第一主应力分布(方案三)

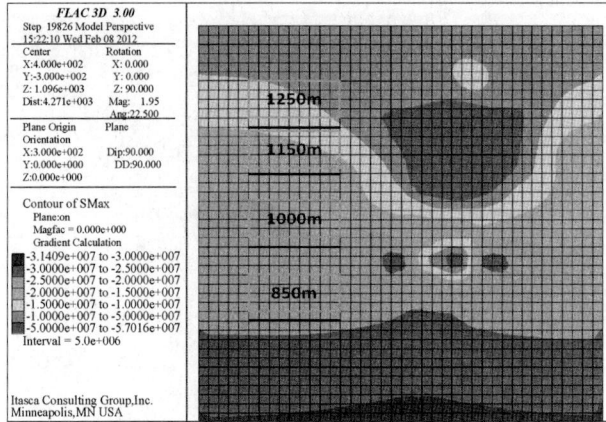

图 5.30　第一分层开采后沿剖面 A 方向第三主应力分布（方案三）

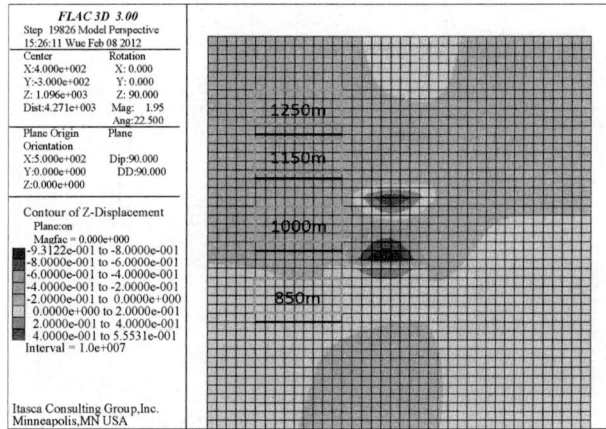

图 5.31　第一分层开采后沿剖面 A 方向竖直位移分布（方案三）

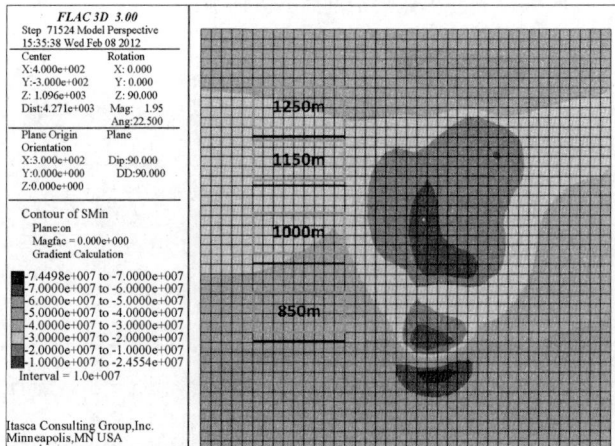

图 5.32　第八分层开采后沿剖面 B 方向第一主应力分布（方案三）

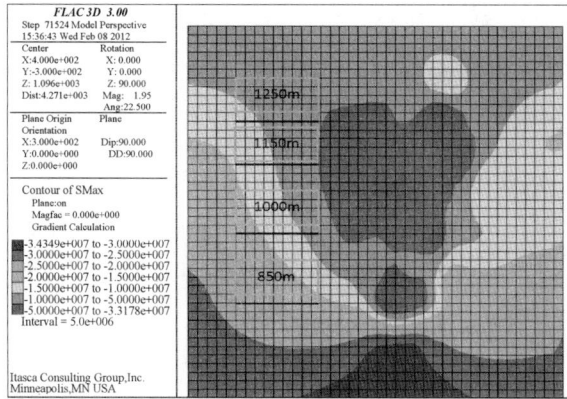

图 5.33　第八分层开采后沿剖面 A 方向第三主应力分布(方案三)

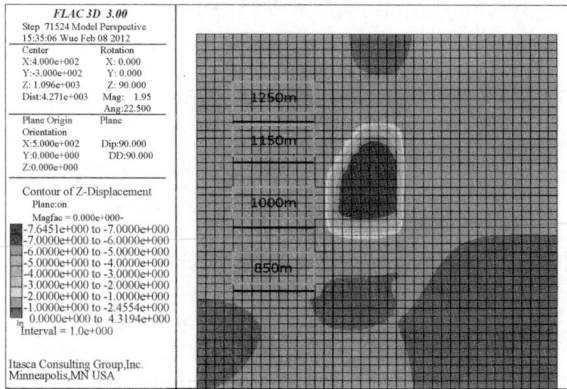

图 5.34　第八分层开采后沿剖面 A 方向竖直位移分布(方案三)

(1) 采用方案一开采时,当第一分层开采回填后,两中段内的第一主应力为 20～66MPa,应力最大处主要集中在 1060m 分段处,较第一分层开挖前(第一分层开采前,1060m 中段处的应力约为 56MPa)应力有所升高;随着矿层的逐步开采,两中段之间未开采的水平矿柱逐渐变薄,应力最大处逐渐下移,且最大应力有所降低,两中段内充填体的主应力呈现逐步减小的趋势。到第七分层开采完成时,两中段之间未开采的水平矿柱应力为 25MPa 左右,此时两中段内最大应力集中在 980m 水平处,最大应力约为 34MPa。第八分层开采完成时,两中段之间的矿体全部开采完成,此时应力全部释放,两中段内最大应力集中在 960m 水平处。两中段同时开采时,1000m 中段顶板竖直位移主要为负值(即向下沉陷),1000m 中段底板即 850m 中段顶板由于受 850m 中段同时开采的作用竖直向位移主要为负值。850m 中段底板竖直位移主要为正值(即向上凸起),第一分层开采并回填完成后,1000m、850m 中段顶板竖直向最大位移分别为 23cm 和 45.7cm;随着矿体的逐步开采,竖直向位移逐渐增加,第八分层全部开采回填完成时 1000m 底板竖直向最大位移为 76cm。

(2) 采用方案二开采时,当第一分层开采回填后,两中段内的第一主应力为 30～70MPa,应力最大处主要集中在 1060m 分段处,随着矿层的逐步开采,两中段之间未开采的水平矿柱逐渐变薄,应力最大处逐渐下移,且最大应力有所降低,两中段内充填体的主应力呈现逐步减小的趋势。第八分层开采完成时,两中段之间的矿体全部开采完成,此时应力全部释放,最大应力约为 35MPa,两中段内最大应力集中在 960m 水平处。两中段同时开采时,1000m 中段顶板竖直位移主要为负值(即向下沉陷),1000m 中段底板即850m 中段顶板由于受 850m 中段同时开采的作用竖直向位移主要为负值。850m 中段底板竖直位移主要为正值(即向上凸起),第一分层开采并回填完成后,1000m、850m 中段顶板竖直向最大位移分别为 24cm 和 95.8cm;随着矿体的逐步开采,竖直向位移逐渐增加,第八分层全部开采回填完成时 1000m 中段内大部分充填体竖直方向位移在 1.7～2.2m,可以认为 1000m 中段出现了垮塌。

(3) 采用方案三开采时,当第一分层开采回填后,两中段内的第一主应力为 40～70MPa,应力最大处主要集中在 1060m 分段处,随着矿层的逐步开采,两中段之间未开采的水平矿柱逐渐变薄,应力最大处逐渐下移,且最大应力有所降低,两中段内充填体的主应力呈现逐步减小的趋势。第八分层开采完成时,两中段之间的矿体全部开采完成,此时应力全部释放,最大应力约为 35MPa,两中段内最大应力集中在 960m 水平处。两中段同时开采时,1000m 中段顶板竖直位移主要为负值(即向下沉陷),1000m 中段底板即 850m 中段顶板由于受 850m 中段同时开采的作用竖直向位移主要为负值。850m 中段底板竖直位移主要为正值(即向上凸起),第一分层开采并回填完成后,1000m、850m 中段顶板竖直向最大位移分别为 25cm 和 93.1cm;随着矿体的逐步开采,竖直向位移逐渐增加,第八分层全部开采回填完成时 1000m 中段内大部分充填体竖直方向位移在 6.5～7.6m,可以认为 1000m 中段出现了大面积的垮塌。

综合以上分析结果和各方案的云图进行比较,采用方案一开采时,应力释放较均匀。两个中段在回采过程中方案一充填内的竖直向位移明显要小于方案二和方案三,且方案一位移场明显比方案二均匀,可知方案一开采时对周边岩体的扰动较小,推荐方案一作为开采的最优方案。

5.2.5　多中段作业矿柱开采采场围压变化分析

本次模拟主要是针对金川二矿区 1000m、850m 两中段同时回采进行研究,于单中段开采相比,多中段开采具有开采强度大、采动影响剧烈、地压显现突出、地压活动复杂多变等特点,随着开采的进行,两中段之间的水平矿柱会越来越薄,尤其是在深部高地应力环境下,水平矿柱中的应力如果产生高度集中,应变能聚集,当达到某种临界状态时,在外界扰动下,属于薄板结构的水平矿柱可能突然失稳,产生瞬间大范围破坏,形成突发性事故,一旦出现这种突发性灾难事故,后果将不堪设想,故需着重对水平矿柱开采的稳定性进行研究。为了解水平矿柱在开采过程中的地压、位移情况,特选取了 9 组 27 个分析点,各分析点均匀布置在图 5.35、图 5.36 所示的剖面上,该剖面图中心点坐标为(460,0,0),平行于 yz 平面所在剖面。

各回采阶段的塑性区分布图如图 5.37 所示,当 1150m 水平以上矿体回采结束后,1100～1150m 水平之间的矿体大部分区域已进入塑性区,这主要是由于这一区域受1150m 以上矿体回采的影响,产生了高应力集中所致;当 1100m 分段回采结束后,水平矿柱受上、下两个中段回采作业的影响,水平矿柱绝大部分已进入塑性区;当 1060m 分段回

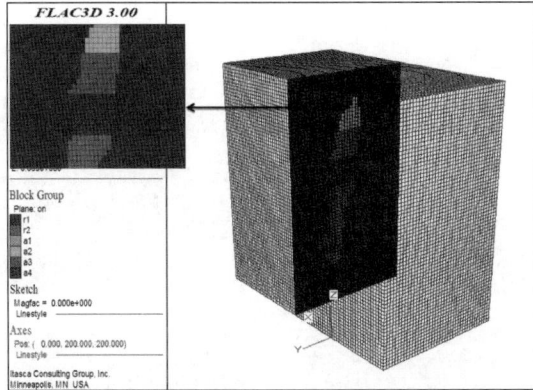

图 5.35　分析剖面（剖面 D）在模型中的位置

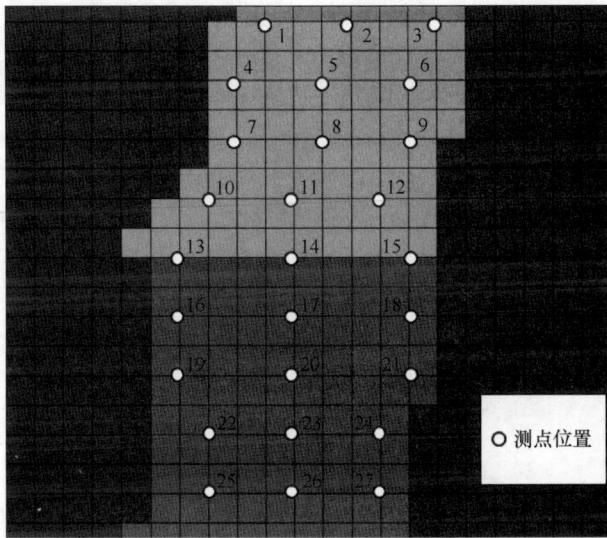

图 5.36　分析剖面上分析点布置示意图

采结束后，水平矿柱全部进入塑性状态。这就对充填体的强度提出了较高的要求，因此应提供足够高强度的充填体材料才能保证安全开采。

各回采阶段水平矿柱的最大应力分布如图 5.38 所示，在开采至 1150m 水平时，1150m 水平以下近 20～30m 的矿体受上部回采的影响，其中的应力得以释放，最大主应力降为 10～20MPa，但随着深度的增加，其中的应力迅速升高，在 1080m 水平，最大主应力达到 50～56MPa，比原岩应力增加 34％左右，这主要是由于原来作用于 1150m 以上回采区域及 1150m 以下部分应力释放区的水平应力与原岩应力叠加所致。之后对 1000m 中段和 850m 中段同时回采，当第一分层开采结束后（开采至 1140m），两中段之间水平矿柱形成了较大的应力集中，其中最大主应力在 66MPa 左右，最大应力发生在 1070m 水平处。此时水平矿柱上、下盘，最大主应力相对较低，为 15～25MPa，比原岩应力下降约 25％。水平矿柱上盘充填体的应力为 0～6MPa，水平矿柱下盘充填体的应力为

10～20MPa。

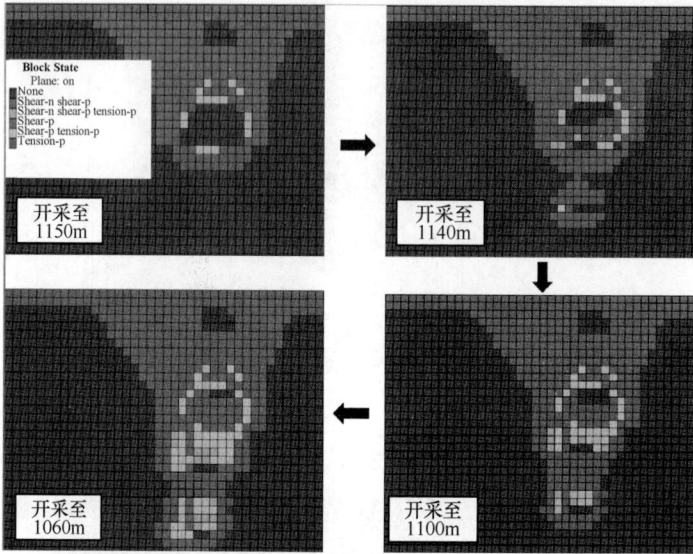

图 5.37　在各回采阶段水平矿柱的塑性区分布图

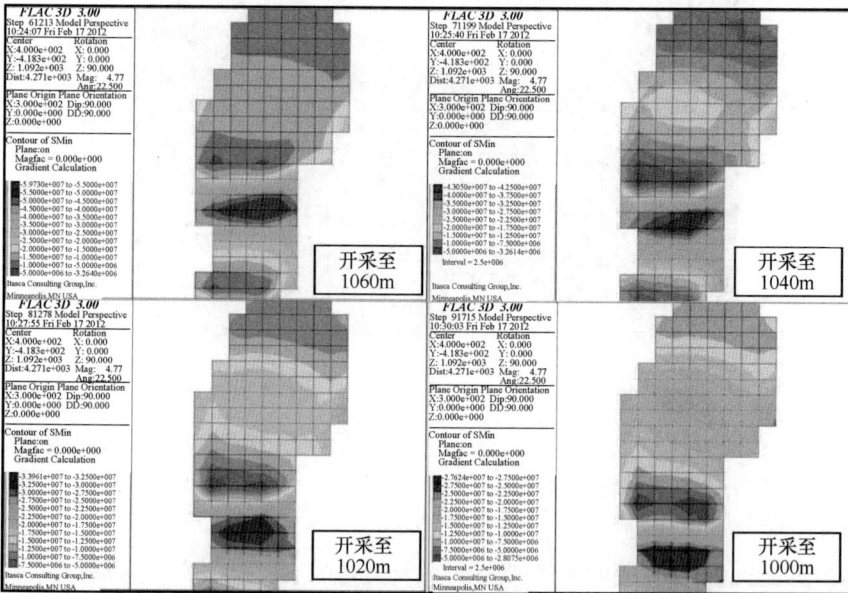

图 5.38　在各回采阶段水平柱的第一主应力分布图

当第二分层开采结束后(开采至1120m),两中段之间水平矿柱形成的集中应力增加,其中最大主应力为74MPa左右,最大应力发生在1060m水平处。水平矿柱以上充填体中的最大主应力仍然保持在0～6MPa,但在水平矿柱以下相邻部位充填体中的最大主应力上升为20～25MPa,也就是说,此时水平矿柱以下的充填体吸收了来自上下盘围岩的部分荷载,同时也承担了一部分来自上下盘的应力。

当第三分层开采结束后(开采至 1100m),两中段之间水平矿柱的最大主应力为
75MPa 左右,最大主应力发生为 1040m 水平左右。当第四分层开采结束后(开采至
1080m),两中段之间水平矿柱的最大主应力降低,为 40~67MPa,最大主应力发生在
1030m 水平左右,在水平矿柱以下相邻部位充填体中的最大主应力上升为 25~35MPa。
当第五分层开采结束后(开采至 1060m),水平矿柱中的最大主应力进一步降低,水平矿柱
60%区域的最大主应力为 20~40MPa,40%区域最大主应力为 40~59MPa,此时在水平
矿柱下部的充填体中部分区域最大主应力已达到 30~40MPa。当第六层开采结束后(开
采至 1040m),水平矿柱中的最大主应力进一步降低,最大主应力发生在 1000m 水平处,
水平矿柱 70%区域的最大主应力为 20~30MPa,30%区域最大主应力为 30~43MPa。
此时在水平矿柱下部的充填体中部分区域最大主应力已达到 35~43MPa。当第七分层
开采完成后(开采至 1020m),水平矿柱的最大主应力将至 12~25MPa,此时水平矿柱下
部充填体中的最大主应力为 25~34MPa,此时来自上下盘的水平应力主要由水平矿柱
上、下盘的充填体承担。

由上述分析可知,在 1000m、850m 中段同时回采时,水平矿柱中出现应力集中,在
1100m 分段结束后,水平矿柱中聚集了 45~75MPa 的应力,比原岩应力高 30%~38%,
之后随着回采作业的进一步推进,水平矿柱逐渐变薄,它的承载能力逐步降低,水平矿柱
中形成的应力集中逐渐释放,当回采至 1040m 分段时,矿体下部充填体与水平矿柱承载
能力相同。随着回采的继续,水平矿柱的承载能力进一步得到削弱,水平矿柱中的应力逐
步向水平矿柱下部充填体中转移,当回采至 1020m 分段时,此时支撑上下盘围岩的主体
是矿柱下部的充填体。

从模拟结果看出,在双中段同时回采过程中,水平矿柱开采是一个平稳的回采过程,
水平矿柱回采过程中出现水平矿柱灾变失稳的现象较小。

为了进一步了解双中段同时开采时中间水平矿柱应力应变的变化情况,选取如
图 5.36 所示的 9 组共 27 个监测点进行分析,各监测点的标高见表 5.5。

表 5.5　各分析点标高

监测点	标高/m	监测点	标高/m
1、2、3	1160	16、17、18	960
4、5、6	1120	19、20、21	920
7、8、9	1080	22、23、24	880
10、11、12	1040	25、26、27	840
13、14、15	1000	—	—

图 5.39~图 5.74 是各监测点的第一主应力、第三主应力、水平方向位移、竖直方向
位移随开采步增加的变化情况(其中横坐标-4 到 0 表示两中段同时开采前,原始初始状
态下、1250m 以上矿体开采、1250m 以上回填、1150m 以上矿体开采、1150m 以上回填过
程,横坐标 1 到 96 表示两中段同时开采时按方案一的开采步骤)。

开挖步骤

第一主应力/Pa

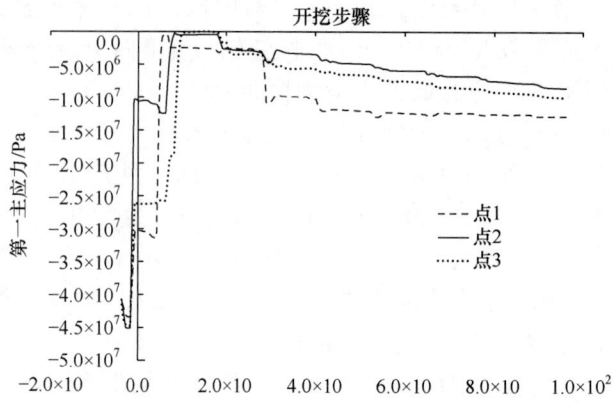

图 5.39　监测点 1、2、3 随回采步的第一主应力变化曲线

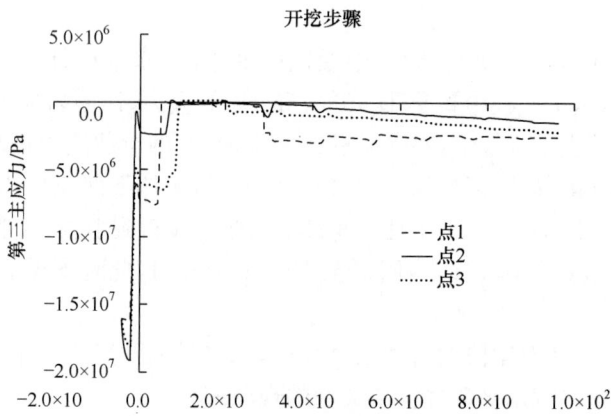

开挖步骤

第三主应力/Pa

图 5.40　监测点 1、2、3 随回采步的第三主应力变化曲线

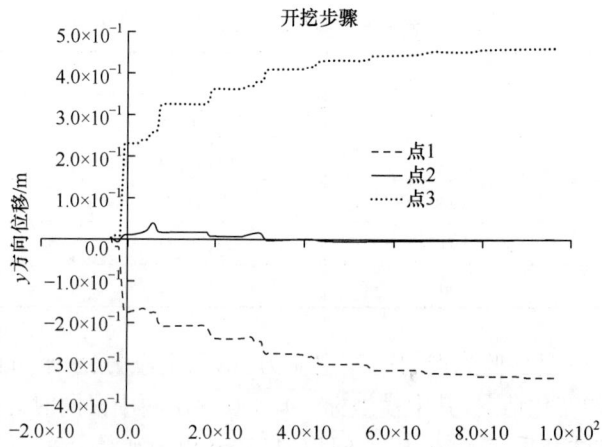

开挖步骤

y 方向位移/m

图 5.41　监测点 1、2、3 随回采步的 y 方向位移变化曲线

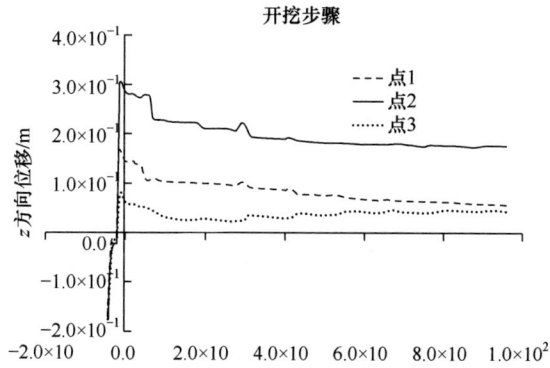

图 5.42　监测点 1、2、3 随回采步的 z 方向位移变化曲线

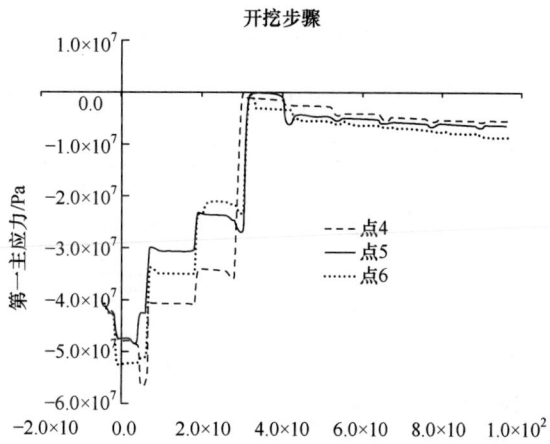

图 5.43　监测点 4、5、6 随回采步的第一主应力变化曲线

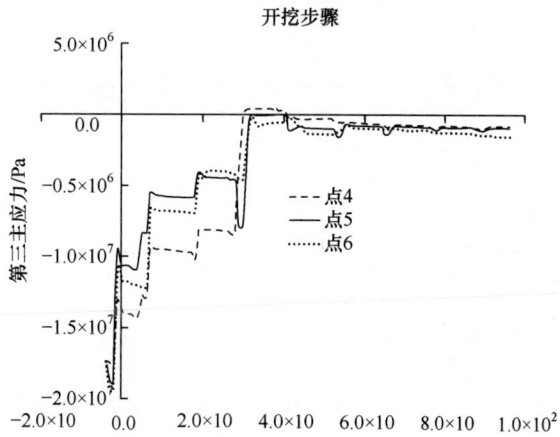

图 5.44　监测点 4、5、6 随回采步的第二主应力变化曲线

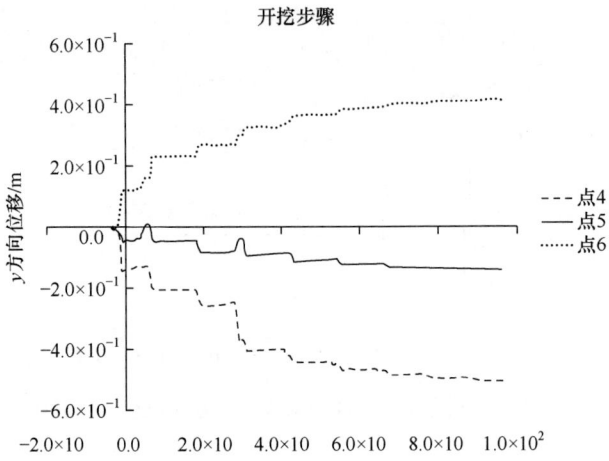

图 5.45　监测点 4、5、6 随回采步的 y 方向位移变化曲线

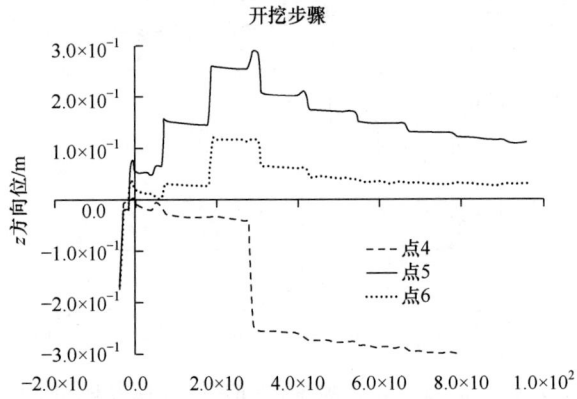

图 5.46　监测点 4、5、6 随回采步的 z 方向位移变化曲

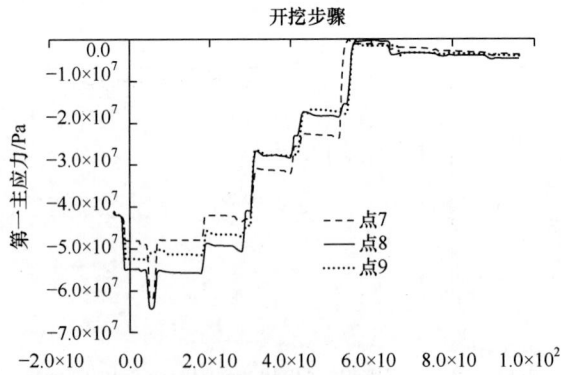

图 5.47　监测点 7、8、9 随回采步的第一主应力变化曲线

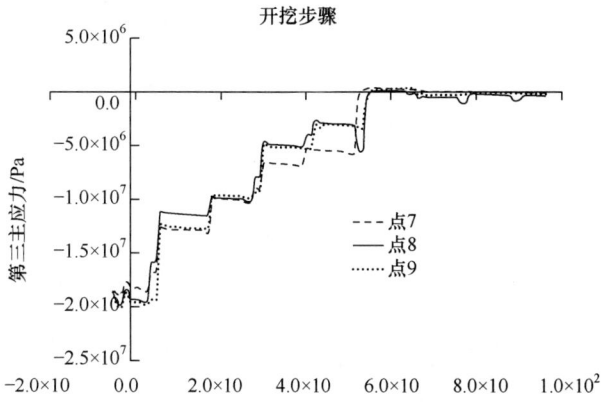

图 5.48　监测点 7、8、9 随回采步的第三主应力变化曲线

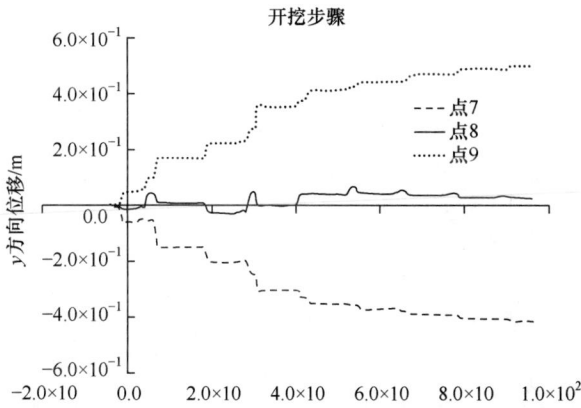

图 5.49　监测点 7、8、9 随回采步的 y 方向位移变化曲线

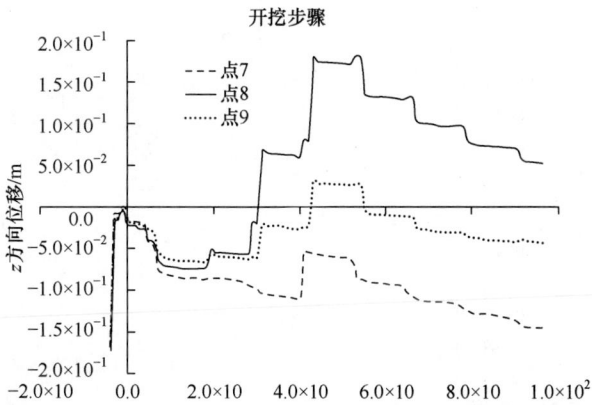

图 5.50　监测点 7、8、9 随回采步的 z 方向位移变化曲线

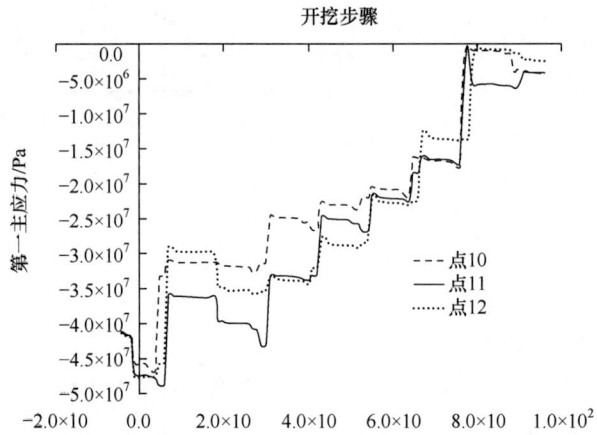

图 5.51 监测点 10、11、12 随回采步的第一主应力变化曲线

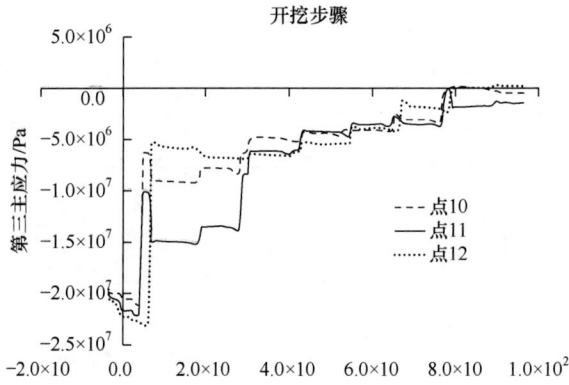

图 5.52 监测点 10、11、12 随回采步的第三主应力变化曲线

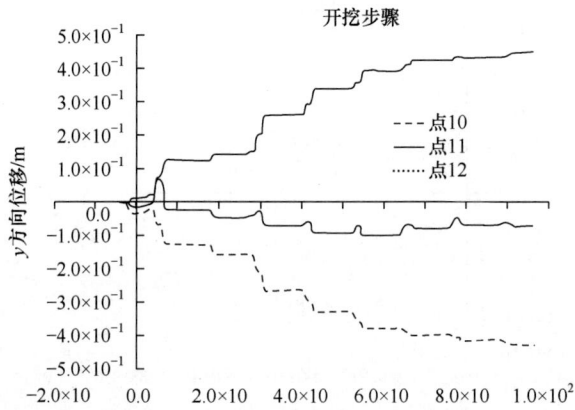

图 5.53 监测点 10、11、12 随回采步的 y 方向位移变化曲线

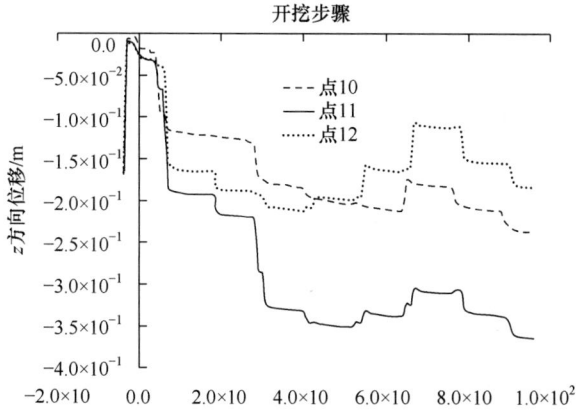

图 5.54 监测点 10、11、12 随回采步的 z 方向位移变化曲线

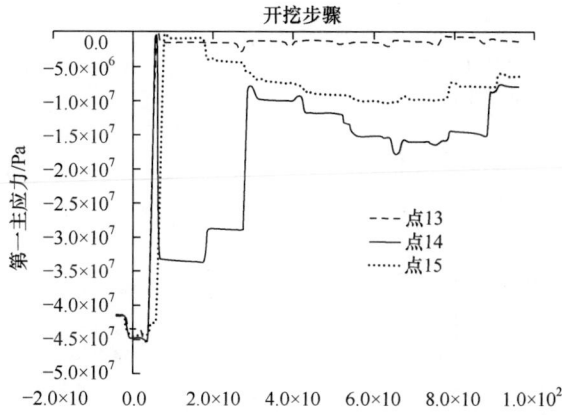

图 5.55 监测点 13、14、15 随回采步的第一主应力变化曲线

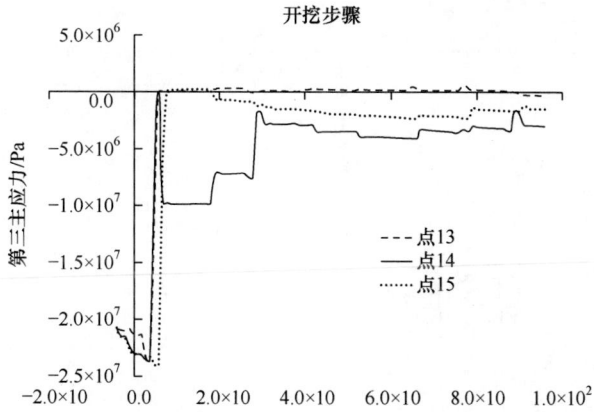

图 5.56 监测点 13、14、15 随回采步的第三主应力变化曲线

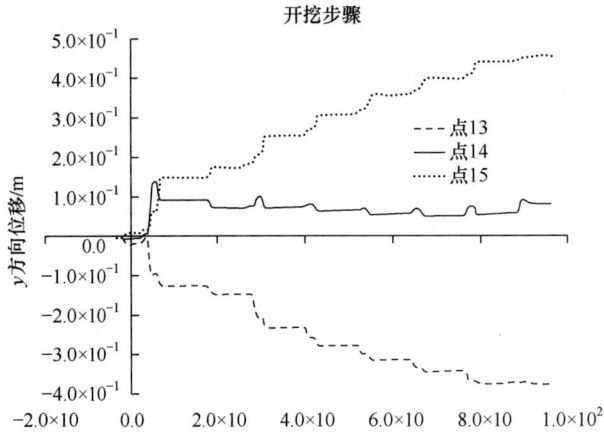

图 5.57 监测点 13、14、15 随回采步的 y 方向位移变化曲线

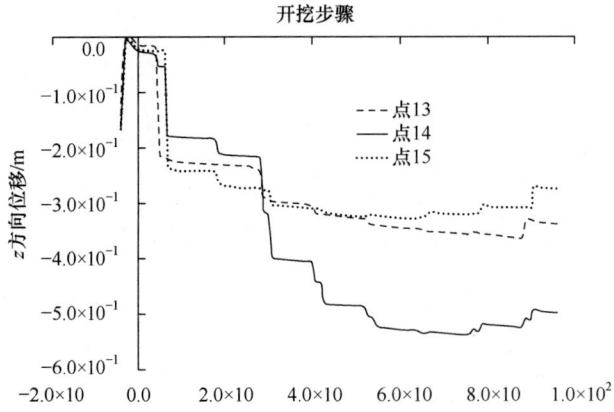

图 5.58 监测点 13、14、15 随回采步的 z 方向位移变化曲线

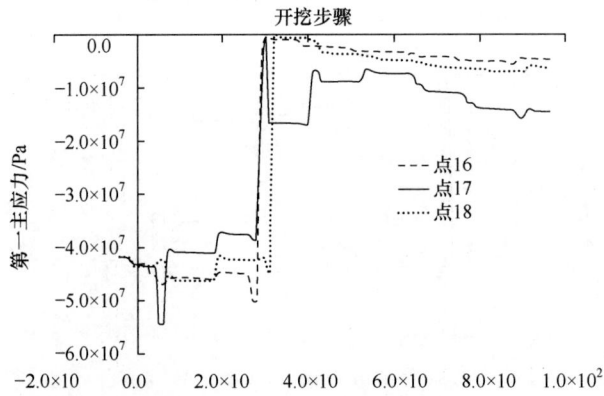

图 5.59 监测点 16、17、18 随回采步的第一主应力变化曲线

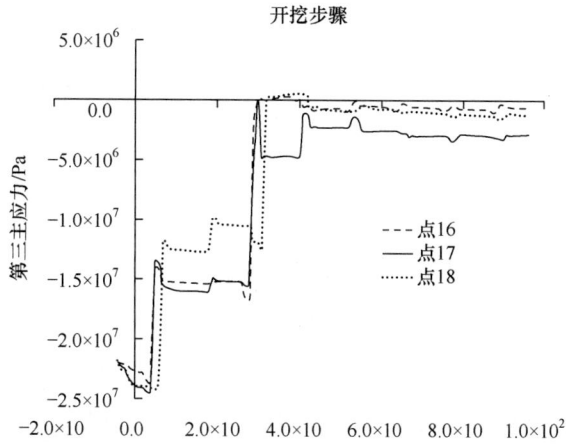

图 5.60　监测点 16、17、18 随回采步的第一主应力变化曲线

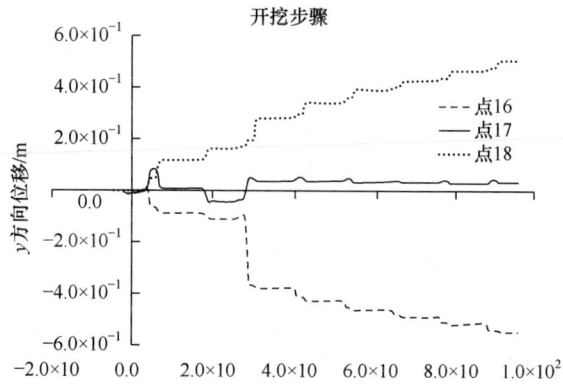

图 5.61　监测点 16、17、18 随回采步的 y 方向位移变化曲线

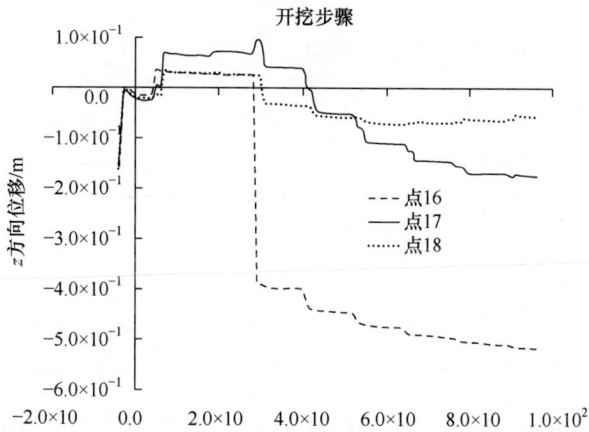

图 5.62　监测点 16、17、18 随回采步的 z 方向位移变化曲线

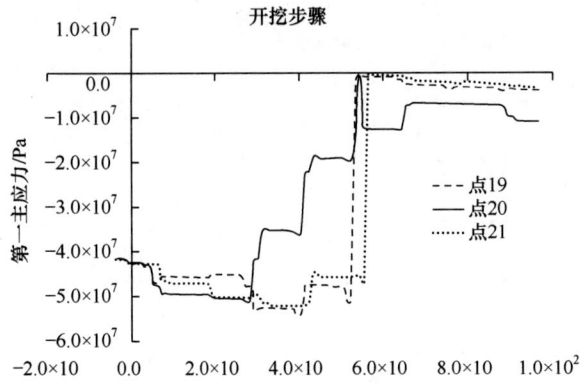

图 5.63　监测点 19、20、21 随回采步的第一主应力变化曲线

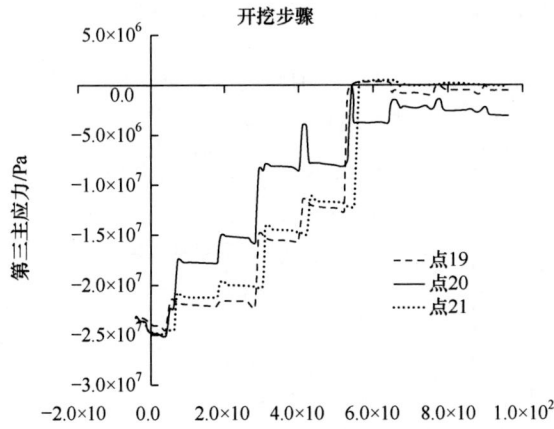

图 5.64　监测点 19、20、21 随回采步的第三主应力变化曲线

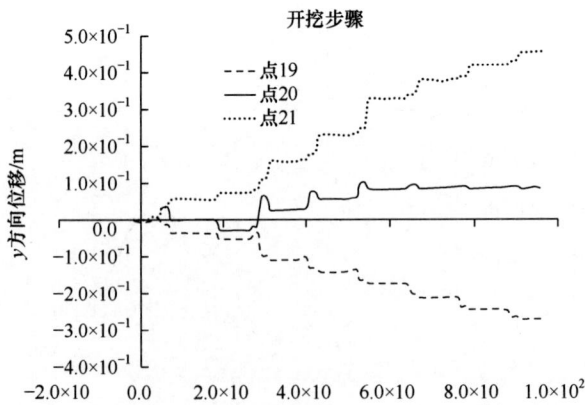

图 5.65　监测点 19、20、21 随回采步的 y 方向位移变化曲线

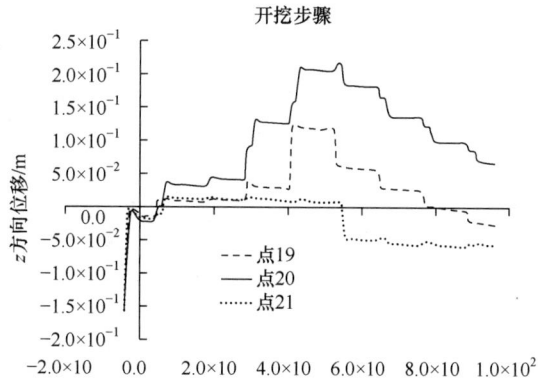

图 5.66　监测点 19、20、21 随回采步的 z 方向位移变化曲线

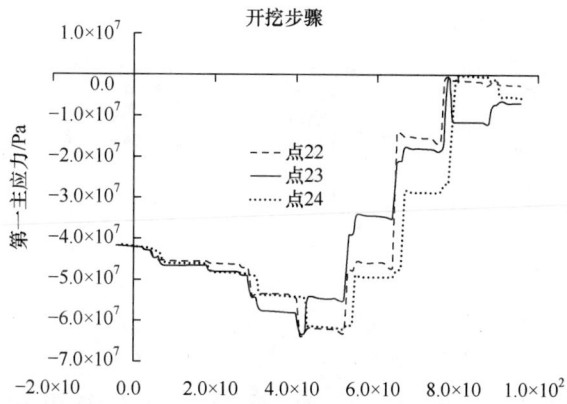

图 5.67　监测点 22、23、24 随回采步的第一主应力变化曲线

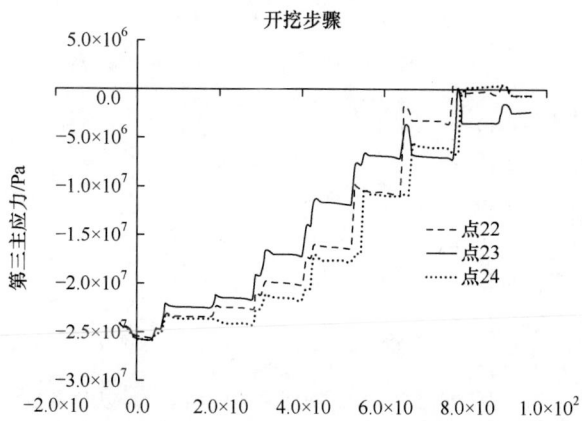

图 5.68　监测点 22、23、24 随回采步的第三主应力变化曲线

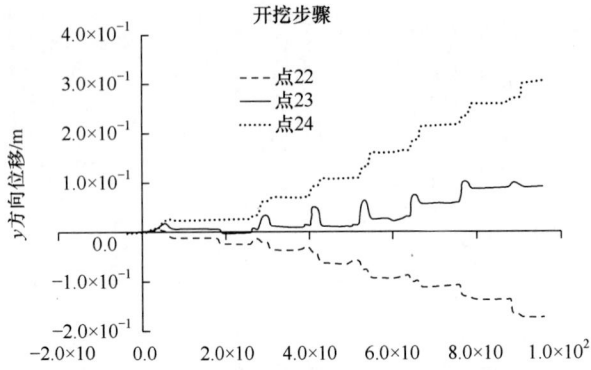

图 5.69　监测点 22、23、24 随回采步的 y 方向位移变化曲线

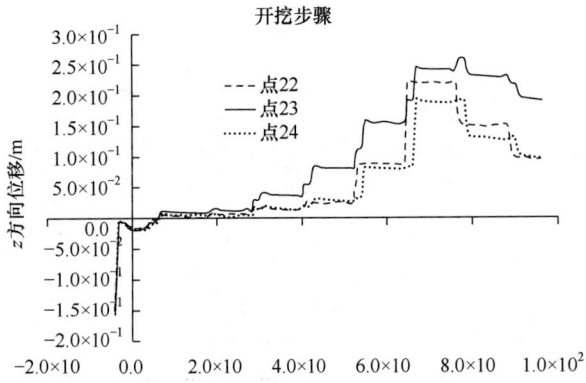

图 5.70　监测点 22、23、24 随回采步的 z 方向位移变化曲线

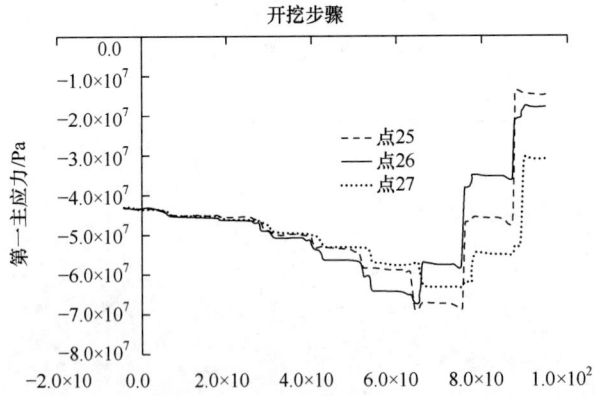

图 5.71　监测点 25、26、27 随回采步的第一主应力变化曲线

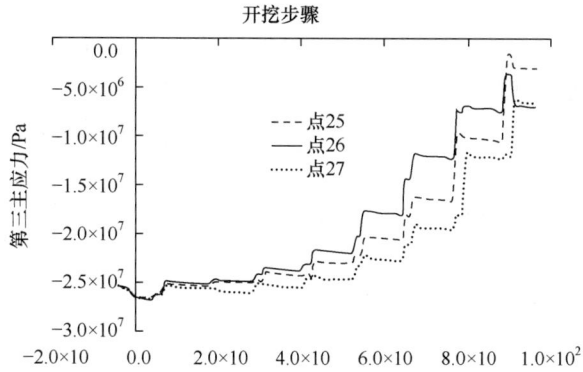

图 5.72　监测点 25、26、27 随回采步的第三主应力变化曲线

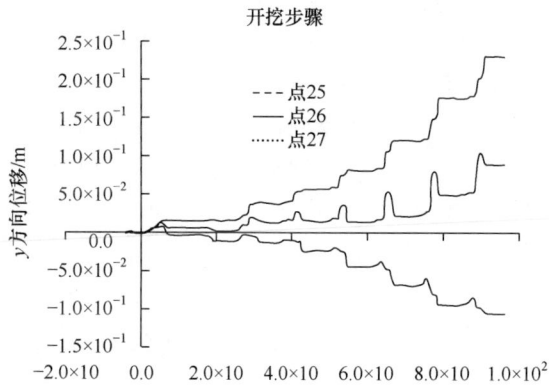

图 5.73　监测点 22、23、24 随回采步的 y 方向位移变化曲线

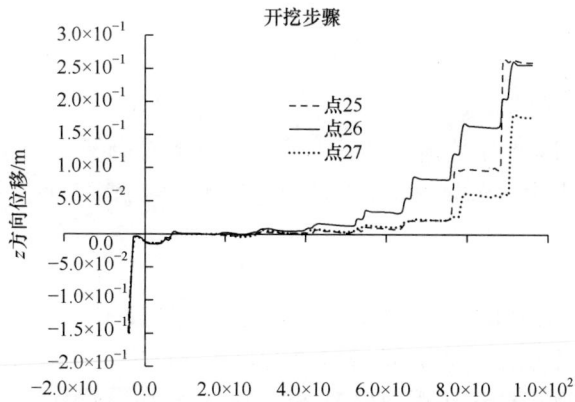

图 5.74　监测点 22、23、24 随回采步的 z 方向位移变化曲线

　　分析可知：各监测点的初始第一主应力为 41～44MPa，第三主应力为 18～25MPa，在各分层的初始阶段均有一个应力缓慢增大过程，增大的幅度约为 20%。这说明在上层矿体被开采后，应力发生一定程度的集中趋势，随着回采的进行，监测点上部的矿体逐渐被

开采,监测点的应力开始有下降的趋势,这个阶段表现为水平矿柱下部充填体承担了一部分来自上下盘的应力。从 13、14、15 监测点可以看出,水平矿柱下部随着开采的逐渐进行,其第一主应力和第三主应力逐渐增加,即水平矿柱下部充填体的应力逐渐增大,水平矿柱逐渐变薄,其承载能力逐步降低,而金川二矿区充填体强度相对较高,弹性模量较大,充填体能够对围岩和矿体起到良好的支撑作用,水平矿柱中的应力逐步向充填体中转移,水平矿柱中形成的能量聚集也因此逐步耗散。

从各监测点位移图中可知,采用双中段回采时,中间水平矿柱和充填体主要有两个方向上的位移,即水平向位移和竖直向位移,两个方向上位移相当,当回采至 1150m 水平时,上盘向矿体方向的最大水平位移量为 0.04～0.22m,下盘向矿体方向的水平位移量为 0.03～0.22m。当回采 1060m 分段时上盘向矿体方向的最大水平位移量为 0.34～0.41m,下盘向矿体方向的水平位移量为 0.33～0.42m,水平矿柱全部开采完成时,上盘最大水平位移量为 0.79m,下盘的最大水平位移量为 0.73m。总的看来上盘位移量大于下盘位移量。由 1、2、3 位移监测图可知在 1150m 水平开采结束后由于 1150m 水平受到上下盘围岩的挤压作用,故 1150m 上的分析点在 1150m 水平开采结束后有正下位移,即向上凸起,在 1150m 下部的分析点由于受到矿体自重和上覆充填体的作用而向凹陷。从水平矿柱整体变形特征来看,水平矿柱在逐渐开采变薄的过程中,矿柱发生下沉挠曲变形,矿体越薄,下沉曲线挠度越大,当水平矿柱厚度 20m 时,矿体底部竖直向位移达到 0.95m,矿柱中部下沉最大,上盘次之,下盘最小。

5.3　水平矿柱回采工艺方案

针对水平矿柱赋存条件,结合金川二矿区多中段水平矿柱开采方案研究及数值模拟分析研究成果,通过开展水平矿柱回采工艺的研究,开发出凿岩、爆破、出矿运输、充填、通风等一整套工艺技术。

5.3.1　水平矿柱回采工艺

金川二矿区采盘区划分是沿矿体走向每 100m 划分 1 个盘区,宽度为矿体厚度。1150m 中段、1000m 中段、850m 中段由东向西沿矿体走向依次布置 7 个盘区。

1. 分区卸荷开采工艺

(1) 凿岩准备。撬碴(撬顶)处理浮石、标定中心和腰线。

(2) 凿岩。盘区采用 H-282 双臂液压凿岩台车进行凿岩,凿岩速度 2～3min/孔,孔深为 3～3.2m,孔径为 42mm,炮眼数根据进路顶板和两帮介质的不同一般为 35～40 孔/掌子面,总凿岩时间一般为 1.0～1.5h,掏槽方式为直线螺旋掏槽。

(3) 装药。采用人工装药。使用炸药为卷状乳化油炸药,掏槽眼、底眼、辅助眼采用 ϕ32 mm 药卷连续装药系数 0.8,辅助眼装药系数 0.6～0.7。周边眼除起爆药包外其余采用 ϕ22mm 药卷连续装药,装药系数 0.5。有水的底眼采用水封式的堵塞炮眼,其他装药的炮眼用炮泥堵塞,堵塞长度一般应大于 200mm。

（4）爆破。先做警戒,然后连线起爆。采用微差非电导爆管起爆。导爆管每 13～20 根为一组,每组加入一根同段导爆管,用雷管引爆。

（5）通风。通过贯通风流稀释炮烟,通风时间大于 30min,确保工作面无炮烟。

（6）出矿。即矿石运搬,检撬工作面浮石后,利用 6m³ 铲运机铲装矿石,运至盘区脉外溜井或由脉内溜井转运。

（7）支护。采取单层喷锚网支护顶板和两帮或其他强度高的支护方式。

（8）充填。进路采完后依据充填技术标准和充填工艺要求进行充填。

2. 高浓度砂浆胶结料浆制备与配比

棒磨砂用 60t 自翻车从砂石厂运来,卸到扩建后的棒磨砂仓,水泥用散装水泥罐车运来,用压缩空气吹到水泥仓中,供水由矿山高位水池引来。－3mm 的棒磨砂和 32.5# 散装普通硅酸盐水泥在搅拌桶内与水充分搅拌后依靠自重进入各充填管井、充填钻孔,经各水平管路后,进入采场进路。充填材料配比当灰砂比为 1:4,质量分数为 78% 时,每立方米的充填料浆的充填材料配比为:棒磨砂 1234kg,水泥 308.5kg,水 435.1kg,充填料浆 1977.6kg。充填体设计强度 5MPa。

3. 膏体泵送砂浆胶结料浆制备与配比

在地表按设计配比将尾砂、－3mm 棒磨砂、粉煤灰混合后运送至双轴叶片搅拌机,经初步搅拌的骨料下放到双轴螺旋式搅拌输送机搅拌均匀后,直接进入 PM 泵,进行泵压管道输送至各采场进路。

充填材料配比当灰砂比为 1:4,质量分数为 78%～80%,充填体设计强度 5MPa。

4. 采场进路充填工艺

采场进路充填按图 5.75 的工艺流程进行充填。充填时采空区用挡墙封密,采空区内的空气无法排出,聚集在高顶板处,产生较大压力,致使充填料浆无法充入高顶板处,造成充填进路不接顶。因此,在待充填进路高顶板处固定 1 根充填管、1 根排气管,一头固定在高顶板上,另一头接到充填板墙外。在接顶充填时,观察墙外的排气管,刚开始时,排气管一直在排气,当有水从排气管流出,立即停止充填,表明已经到高顶板接顶的效果,实现了充填接顶,提高了进路充填接顶率,使下一分层回采有稳定假底,保证回采工作的安全。

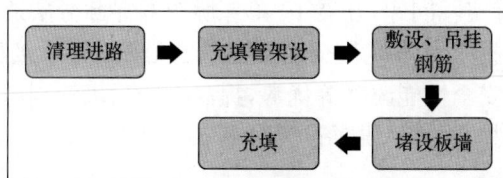

清理进路 → 充填管架设 → 敷设、吊挂钢筋

充填 ← 堵设板墙

图 5.75　采场进路充填工艺

为有效回收 1150m 中段与 1000m 中段间的水平矿柱,依据水平矿柱赋存条件,采用超前回采 2/5 水平矿柱及盘区卸压双穿脉分层道水平矿柱关键回采工艺。

5.3.2　超前回采 2/5 水平矿柱

随着 1178m 分段各盘区回采水平的不断下降,各盘区相继进入 1158m 水平矿柱回采,由于受地压活动及采矿扰动的影响,盘区内部回采条件变差,进路回采困难加大,越是到采矿后期回采问题将更加突出,势必造成 1158m 水平矿柱回采作业生产效率下降,将延长水平矿柱回采作业时间,再加上 1138m 分段冒落群赋存不宜于采矿作业时间暴露过长,不利于安全回采。

为了确保水平矿柱安全回采,必须缩短水平矿柱回采作业时间,加速资源回收。矿柱回采实践中,根据前期研究成果结合工程进度,利用 1178m 分段工程回采 1～2 层水平矿柱矿体,即可以超前回采 2/5 左右厚度的水平矿柱,以缩短水平矿柱回采时间,减少分段道的返修。

利用 1178m 分段工程,从 1178m 分段各盘区开口掘进分层联络道回采 1158m 分段第一分层及第二分层矿体。结合 1178m 分段各盘区实际回采标高与设计标高相比,均存在超挖 2～6.4m 的现象,采取适当调整各盘区的分层回采高度的措施,将原来 1178m 分段分层设计高度 4m 进行了调整,实现将矿体底板标高回采至 1162～1166m,确保了 1158m 水平矿柱只需回采三四个分层,即可实现缩短水平矿柱回采作业时间,加速 1158m 水平矿柱资源回收,其中 I 盘区从第四分层开始将分层设计高度调整为 4.8m,1158m 水平矿柱只需回采 3 个高度 4.8m 的采矿分层;利用 1178m 分段回采 1158m 水平矿柱 II 盘区 2 个层矿体,将 1158m 水平矿柱回采分层预留成 3 层,确保了 II 盘区在三分层回采作业时见到 1138m 分段首分层充填体,缩短了 1158m 水平矿柱 II 盘区回采作业时间,起到了有效地组织盘区回采顺序的优化调整、合理有效地减轻了由于上下盘围岩移动造成的应力集中问题,增强了盘区回采的安全可靠性,最大限度地回收了水平矿柱的矿石资源。

5.3.3　盘区卸压双穿脉分层道回采水平矿柱

针对水平矿柱规模大、矿岩条件破碎、应力高、底部冒落群赋存且上下部均为非均质不稳固充填体的特殊性,因此,在采矿作业过程中,必须实现快速高效回采,方可缩短采矿作业时间,才能降低水平矿柱开采的风险,鉴于原各采矿盘区采用单穿脉分层道设计,存在进路排布限制较大、受充填体顶板质量影响、分层道收敛变形快、来压明显、生产组织困难大、设备使用效率低等实际问题,开展了"单穿脉改双穿脉分层道"设计,实践表明,机采盘区双穿脉分层道采矿技术具有矿块分割更趋合理、采充关系接替顺畅、井位布置更合理、工作效率大大提高、安全性能改善等优势,提高了铲运机的利用率,进而提高了盘区的生产能力,也为类似矿山的开采提供了设计参考。

1. 双穿脉分层道技术的应用特点

(1) 机械化盘区下向胶结充填采矿法生产盘区回采设计,采用双穿脉分层道布置形式最初见于 1000m 中段 1138m 分段 II 盘区二分层回采设计及 III 盘区二分层的回采设计。这个时期生产盘区双穿脉分层道设计布置形式尚处于萌芽状态,之所以采用这种布置形式是因为沿脉方向布置进路时,进路长度过长,如不对该区域矿体沿穿脉方向进行切割,进路回采过程中的通风无法保障且检修量过大,无法保证安全回采。

(2) 对于单穿脉分层道布置形式,由于在生产盘区回采中的穿脉巷道片帮及充填体假顶质量差、地压活动频繁等原因无法使用,需利用另外一条穿脉道进行回采,盘区进路摆布较为灵活,受穿脉道影响因素变小。

(3) 利用双穿脉分层道将待回采的矿块切割划分为几块,既可独立回采又相互关联且相互补充地采区,从而达到提高回采效率的目的。

(4) 采用单穿脉布置形式,但单穿脉道东、西两区域沿穿脉方向布置进路,所布置的这些进路 60% 均可作为穿脉道使用,这就将单穿脉布置形式转化为多穿脉布置形式。

2. 双穿脉循环分层道的主要设计方案及要点

结合机采盘区原有的充填回风井及行人井的位置和矿体储存状况,创新地将原来的单一穿脉分层道设计方案修改为双穿脉循环分层道设计方案。

基本设计思路:与机械化采矿各盘区原通风预留工程顺利衔接,根据盘区原有的充填通风井、行人井的位置,合理确定穿脉分层道的位置,并根据它们在生产中发挥的作用不同,分为主回采穿脉道和辅助运输穿脉道。主回采穿脉道与分层联络道相连主要负责对矿块进行合理分割,架设风水管、排污管、电缆和照明等动力设施,确保盘区动力供应,它是盘区通风、人员出入、设备运输的主通道。辅助运输穿脉道主要负责对盘区横向布置的进路进行回采,增加预留小井数量,提高盘区通风质量,是人员、设备进入盘区的另一条通道,能协调进路回采顺序解决采充矛盾,以此保证盘区正常回采过程中通风和充填系统满足生产需求。

按照上下分层进路交错布置的原则,制定盘区本分层的进路布置方式。并考虑下一分层开口位置的进路和下盘、边缘进路应优先回采的顺序,合理设计回采方案。最终确定主穿脉道的具体位置。在环境条件不变的情况下,提高开采强度,缩短开采空间的暴露时间,获得良好的开采效果。根据统筹原理,双穿脉循环分层道设计应能提高设备使用效率,减少非正常作业时间,提高单班劳动效率,加快转层转段时间,缩短分层道及采空区的暴露时间,减小主、辅穿脉道的二次支护成本投入,保证盘区安全、高效、均衡的生产模式。该技术在设计与应用中应注意如下事项:

(1) 穿、沿脉分层道上、中和下盘要尽可能与小井连通,并确保小井位置分布和小井数量,以保证盘区在正常回采过程中通风和充填系统满足生产需求。

(2) 根据上一分层进路布置方式和矿体稳定状态,对矿块进行合理分割。按照上下分层进路交错布置的原则,制定盘区本分层的进路布置方式,并考虑下一分层开口位置的进路和下盘、边缘进路应优先回采的顺序,合理设计回采方案,最终确定主穿脉道的具体位置。主穿脉道服务时间等于盘区分层总回采时间。

(3) 当主回采穿脉分层道的位置确定后,再根据进路的布置方式确定辅助分层道。它将随着所服务回采区域的结束逐段消失。

(4) 主、辅穿脉道可循环段长度应能有效解决采充矛盾,保证进路回采顺序和进度按设计进行。一般确定在上、中盘范围内。

（5）在确保双穿脉道稳定和支护费用经济合理的前提下，为后期回采的需要，依据进路宽度的整数倍确定两分层道之间的矿柱宽度。

（6）在双穿脉循环绕道的两端要考虑无轨设备的转弯半径问题。

（7）根据回采设计方案合理架设风水管、排污管、电缆和照明等动力设施，随时根据回采需要调整所甩水头和配电盘的位置和数量，减小相互影响因素，确保盘区动力供应。

（8）盘区内设置污水中转沉淀池和毛石堆放点，以解决排水管线、钻孔堵塞和充填溢流灰、毛石临时堆放的问题。

（9）在环境条件不变的情况下，提高开采强度，缩短开采空间的暴露时间，获得良好的开采效果。

（10）根据统筹原理，双穿脉循环分层道设计应能提高设备使用效率，减少非正常作业时间，提高单班劳动效率，加快转层转段时间，缩短分层道及采空区的暴露时间，减小主、辅穿脉道的二次支护成本，保证盘区安全、高效、均衡的生产模式。

3. 双穿脉分层道布置形式的优点

双穿脉循环道回采设计方案比原设计多 1 条穿脉道，并与沿脉道贯通实现盘区车场可循环，减少了影响铲运机出矿时间，增加了铲运机的运行时间，提高了铲运机的利用率，进而提高了盘区的生产能力，由此可见，其布置形式具有以下优点：

（1）多了 1 条出矿路线，盘区内车辆通行率由不到 88% 提高到 96%，无轨设备利用率明显提高；

（2）多了 1 条安全通道，盘区回采强度加大，单层回采时间缩短，减少了盘区安全隐患，提高了盘区的安全标准；

（3）充填、转层转段对盘区生产组织无明显影响，每班作业循环数增幅达 20%，盘区产量增幅达 20%，盘区产量保持稳定高产；

（4）盘区内平均通风量达到 $10m^3/s$，进路通风量达到 $6m^3/s$，通风状况、作业条件大大改善；

（5）减少了穿脉分层道两帮因服务时间过长而造成的二次支护费用，进路开口爆破对风水管、电缆的破坏几乎为零，因此节省的材料、人工维护费用都很可观；

（6）盘区现场文明生产施工状况明显改善。

5.4　本章小结

首先采用了三维有限差分软件 FLAC3D 对金川二矿区 1000m、850m 两中段同时开采，分析在不同开采方案下的地压变化，对不同方案进行比选，确定方案一（从左至右逐步逐层回采）为最优方案。

金川二矿区采用方案一进行开采回填时，其回采区域的应力、应变分布较均匀；两中段同时开采初期，水平矿柱（1050m 水平左右）会出现应力集中，最大主压应力约为 75MPa（这是由于开采部分矿体应力释放区的水平应力与原岩应力叠加所致），故在此阶段开采时应特别注意观测水平矿体的应力情况，采取合理的措施，防止因水平矿柱应力过高而失稳。随着回采作业的推进，水平矿柱逐渐变薄，承载能力逐步降低，水平矿柱中形成的应力集中逐渐释放，当回采至 1040m 分段时，矿体下部充填体与水平矿柱承载能力相同。随着回采的继续，水平矿柱的承载能力进一步得到削弱，水平矿柱中的应力逐步向水平矿柱下部充填体中转移，水平矿柱中形成的能量聚集也因此逐步耗散。当回采至 1020m 分段时，此时支撑上下盘围岩的主体是矿柱下部的充填体。建议在此水平采用强度相对较高，弹性模量较大的充填体进行充填。

开发了由东向西阶梯式推进的卸压式采矿方案，并超前回采 2/5 的水平矿柱资源，避免了大面积同时遇到底部冒落区，缩短了大危险区域的采矿作业时间，有利于地压控制及安全生产。

针对水平矿柱规模大、矿岩条件破碎、应力高、底部冒落群赋存且上下部均为非均质不稳固充填体的特殊性，采用双穿脉分层道回采水平矿柱，使得矿块分割更趋合理、采充关系接替顺畅、井位布置更合理、工作效率大大提高、安全性能改善等优势，提高了铲运机的利用率，进而提高了盘区的生产能力，也为类似矿山的开采提供了设计参考。

开发了复杂难采特大型水平矿柱高效卸压采矿技术，采用水平矿柱回采过程的稳定性分析，为安全高效回收矿柱资源、提高资源综合利用水平、保障矿山安全持续发展提供技术支撑，对国内外同类型水平矿柱开采起到良好的示范作用，促进了我国有色金属矿业整体科技水平的提高。

第6章　深部开采大范围充填体强度特性研究

6.1　引　　言

金川二矿区在采用胶结充填采矿法开采 20 多年后,二矿上部中段空区充填体约为 440 万 m³。大范围充填体支撑地表岩层,在 1999 年底到 2000 年初发现了大范围的地表开裂和移动变形,引起了人们的关注。1995~2005 年对二矿区的井下巷道返修量统计资料表明,在 1999~2001 年井下巷道返修长度急剧增加。与地裂缝出现时间相对应,1999 年以来金川二矿区至少经历了一次大面积地压显现过程。由于二矿区采用多中段回采,在两中段之间形成了板状的水平矿层。随着 1150m 中段向下推进,水平矿层逐年采薄。另外,起着分割开采面积、支撑上部充填体的垂直矿柱也已开始回采。这就提出了两柱(水平矿柱和垂直矿柱),特别是水平矿柱开采的安全性问题。地裂缝、地表变形及井下大量采掘巷道破坏的事实表明,由地下开采造成的大范围岩体移动已经开始并波及到地表,"两柱"回采无疑是雪上加霜,地压显现将更加明显,二矿区整体稳定性和开采风险问题将更加突出。

6.2　采场上覆充填体特性

由于二矿区采用的下向胶结充填采矿法,在采场上覆形成一厚大的充填体。充填体的几何和物理特性对充填体稳定性影响显著,对二矿区整体稳定性意义重大。为此对采场上覆充填体特性及其稳定性开展了研究。

1. 充填体的形态与体积

在分析总结二矿区长期调查成果的基础上,得出 1330m、1310m、1290m、1270m、1250m、1230m 等 6 个中段的充填体的边界形状,获得了不同中段的充填体实际边界特征及面积(图 6.1 和表 6.1)。

表 6.1　金川二矿区 1330~1230m 各中段充填体面积调查表

调查中段/m	1330	1310	1290	1270	1250	1230
面积/万 m²	0.89	1.34	2.71	5.08	5.52	6.27

调查结果表明,1330~1230m 中段之间的充填体体积约为 436.2 万 m³,总自重约 749 万 t。可见采场上覆充填体体积庞大、重量巨大,其整体稳定性对矿山开采意义重大。所幸的是,每一中段的充填体边界曲折不平,极不规则。而且自上而下,充填体面积变化很大(表 6.1),从 1330m 中段到 1230m 中段,充填体面积增加了 6 倍。充填体边界的不规则性有利于其稳定。由于充填体面积较大,充填体的垂直自重应力仅为 1.2MPa,应力

图 6.1 金川二矿区 1330～1230m 各中段充填体边界形状

较小,这对下部采场的安全也是有利的。

2. 充填体的结构与长期强度

为探测和了解充填体的状态与长期强度,在 1250m 水平的充填体中施工了 6 个 30m 深的数字摄像钻孔,并进行了现场取样试验,钻孔位置如图 6.2 所示。

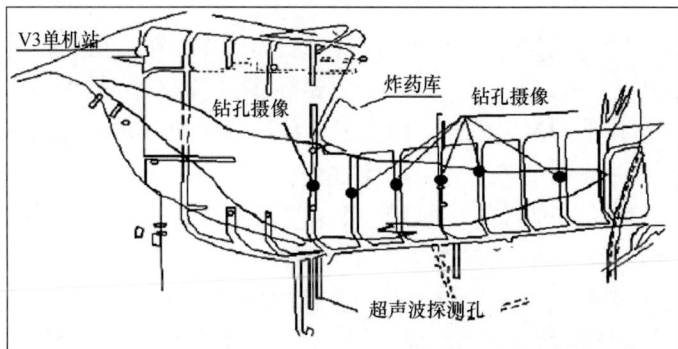

图 6.2 二矿区 1250m 中段充填体摄像孔布置

通过穿过 7 个充填分层的钻孔摄像和取芯发现,充填体在经过长时间固结和压密后,在各分层之间没有发现大的不接顶和空洞存在,也没有发现充填体破坏的现象,充填体完整性尚好。

利用钻孔取得的原位充填体岩芯做 15 个单轴压缩试验(表 6.2),试验结果表明,原位充填体的最大单轴抗压强度高达 19.5MPa,最小值为 6.1MPa,平均值为 12.3MPa。钻孔取得的原位充填体强度比实验室配置的充填材料强度要高。这表明随着充填体固结时间的延长,充填体的长期强度有所提高。显然,这对充填体的变形稳定性十分有利。

表 6.2　充填体钻孔取样单轴压缩试验结果

试件编号	直径/cm	高度/cm	单轴抗压强度/MPa	变形量/mm
16—1—1	8.2	16.4	13.0	1.80
16—1—2	8.4	16.2	11.8	1.62
16—2—1	8.3	17.0	12.9	1.89
16—2—2	8.4	17.0	12.2	1.96
16—2—3—1	8.3	16.9	11.1	1.66
16—2—3—2	8.4	16.8	19.5	2.08
19—1—1	8.2	18.0	14.5	1.90
19—1—2—1	8.2	16.7	10.2	2.04
19—1—2—2	8.1	16.7	10.0	1.78
19—1—3	8.6	14.9	13.6	2.05
19—1—4	8.5	15.6	6.1	2.08
19—2—1	8.5	17.0	17.6	2.24
19—2—2	7.5	15.5	9.6	1.40
19—2—3	7.4	14.7	12.4	2.04
19—2—4	7.6	15.9	9.9	1.76

3. 充填体变形特征

为了了解充填体各分层的相对位移,以及充填体边界与矿岩体的相对位移,分别在二矿区 1250m 水平和 1150m 水平安装了 12 个钻孔多点位移计,其中,1250m 水平 4 个,1150m 水平 8 个,钻孔平均深度 30m。四点式位移计分两种方式布设:一种方式是垂直钻孔布设在充填体内,一般穿过 7 个分层,监测充填体各分层的位移;第二种方式是倾斜钻孔穿过充填体和上、下盘围岩的接触带,用以监测充填体沿接触边界的滑移变形,见图 6.3。充填体及其边界的钻孔多点位移计监测历时一年半,获得了各层充填体及其边界的位移特性,图 6.4 是 1150m 水平 5 号位移计的位移-时间曲线图。

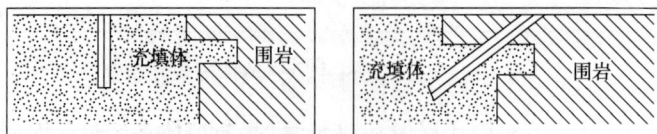

图 6.3　钻孔多点位移计的两种布设方式

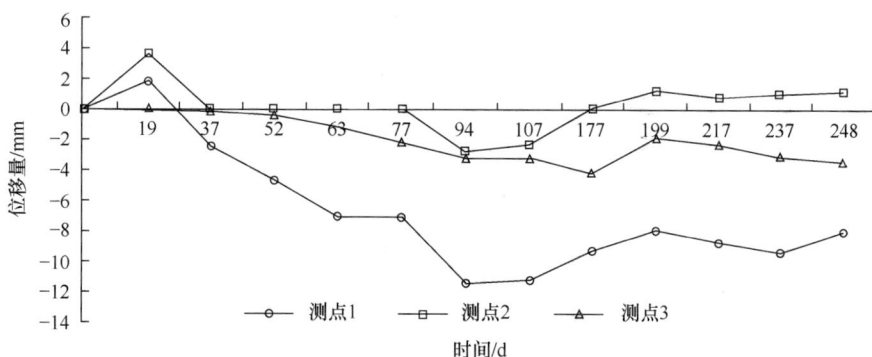

图 6.4　二矿区 1150m 水平 5 号位移计的位移-时间曲线图

充填体变形监测结果表明,充填体以下沉变形为主。在沿矿体走向方向上,14~18 行充填体下沉量较大,向两侧扩展,变形逐渐减小。在沿行线方向上,中部充填体下沉最大,靠近上盘充填体次之,靠近下盘充填体下沉变形最小。在由上向下的垂直方向上,上层充填体位移略大于下层位移,充填体处于逐渐压密状态,但位移差不大,尤其是 1250m 中段,充填体近乎整体下沉。从充填体与围岩接触边界的位移来看,充填体与围岩的相对位移不大,在一年多时间位移仅为 3~6cm(其中包括充填体本身的压缩变形),并逐渐稳定。测量时间段内,没有发现边界充填体向下滑落或错动的现象。

6.3　深部充填体强度影响因素

对于使用胶结充填采矿法的矿山,充填体的强度特性往往是影响采矿工程成败的关键因素之一,一个特定矿山使用某种胶结充填采矿法进行矿体回采时,充填体的设计强度是一个确定的值,各个矿山都有各自的设计标准。事实上,在生产现场,充填体的实际强度并非是一个定值,而是受充填材料的性质、充填料浆浓度、充填体的养护时间、养护条件、充填工艺等各个随机因素的影响,这些因素都具有不确定性,因而必然导致充填体强度具有不确定性。

1. **充填料浆制备对充填体强度的影响**

充填料浆制备应该严格控制料浆配合比,保持最佳的输送浓度、平稳的搅拌液位和流量。在实际生产中,料浆因含水量和过渡砂仓料位的不同,以及计量控制系统、给料工艺系统的不稳定,会造成给料量的不稳定。以水泥为例,在输送过程中如果水泥含有杂物,在多段螺旋输送过程中,会造成螺旋卡死;以干灰形式进入搅拌筒的水泥,在下灰口受潮,慢慢结块,使下灰口逐渐变小,产生断灰;供灰设备系统存在缺陷或给料叶轮磨损严重,产生供灰失调。可见在充填料浆的制备过程中,由于充填料各组分含量、料浆浓度等因素具有不确定性,必然会引起充填体强度的不确定性。

2. **引流水和刷管水对充填体强度的影响**

在充填作业开始前,为了检查管路是否通畅,同时起到润滑管道的作用,一般要先给管路输送引流水,充填结束后,要用清水冲洗管路以清除管壁上的胶结附着物(通常称为刷管水)。这些清水从地表送至采场后往往无单独的排水措施,都排入充填进路之中,使采场料浆浓度下降,离析加重,胶结剂易被流水带走,充填体分层现象明显,造成局部区域充填体强度下降。通过矿区现场实测表明,每次充填时引流水平均为 $12.94m^3$,刷管水平均为 $21.45m^3$。以打底充填为例,采用质量分数为 78% 的充填料浆充填一条进路,由于引流水和刷管水的稀释,充填料浆实际质量分数将下降 $2\%\sim3\%$。

3. 充填体分层现象对充填体强度的影响

进行采场充填时,一般分为打底充填、补口充填和接顶充填等,每次充填的时间间隔往往超过数十小时,同时由于各种故障也常造成充填作业中断,由此造成充填体内形成多个结构面。研究表明,当充填间歇超过 20min 时,在充填体表面将形成结构面,沿此表面下部充填体与随后充填所形成的上部充填体之间实际上是不胶结的。这些结构面的存在,破坏了充填体的整体性,降低了充填体的强度特性。

充填料浆在进路内流动时,较粗的颗粒容易下沉,导致充填骨料颗粒呈条带状分布,上层是细颗粒,下层是粗颗粒,同时距充填料浆下料口越近,粗颗粒所占比重越大,距下料口越远,粗颗粒所占比重越小,充填料浆中粒级组成的不均匀性,必然造成充填体整体强度的不均匀。

图 6.5 是金川二矿区深部充填下向进路棒磨砂胶结充填体结构示意图。在图中可以清楚地看到充填体内有 5 条分界面,其中,3、5、7 三条为沉降界面,4、6 两条为多次充填引起的分界面。

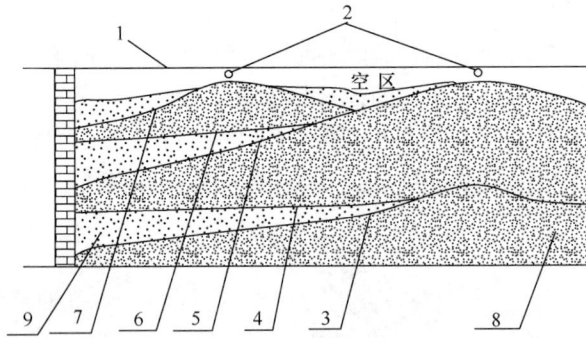

图 6.5　下向进路棒磨砂胶结充填体结构示意图
1. 进路顶板;2. 管头位置;3. 第一次充填沉降面;4. 充填分界面;5. 二次充填沉降面;
6. 充填分界面;7. 三次充填沉降面;8. 砂子堆积区;9. 细泥、水泥区

4. 充填体龄期对充填体强度的影响

充填体强度随着时间的推移逐渐增大,充填体强度随龄期的变化规律符合低标号混凝土的特征,即水泥含量越少,强度变化幅度越小,不同灰砂比各龄期强度见表 6.3,其变化关系见图 6.6。以下向进路胶结充填采矿法为例,由于受矿体形状、品位、回采强度、回采顺序等各个因素的影响,下向进路充填体的强度特性也必然因充填体形成时间的不同

而有所差异。

表 6.3　料浆质量分数为 78% 时不同灰砂比的充填体强度测定值

序号	灰砂比	水泥/(kg/m³)	水/(kg/m³)	棒磨砂/(kg/m³)	单轴抗压强度/MPa				抗拉强度/MPa
					3d	7d	28d	60d	28d
1	1∶4	310	437	1240	2.05	2.93	6.4	8.44	1.01
2	1∶5	257	435	1285	1.68	2.41	4.32		0.79
3	1∶6	220	443	1350	1.21	2.21	3.23	4.33	0.55
4	1∶7	192	433	1344	0.9	1.59	2.78		0.44
5	1∶8	171	432	1368	0.49	0.87	2.31	2.39	0.35
6	1∶9	154	435	1386	0.47	0.80	1.66		0.30
7	1∶10	140	431	1400	0.39	0.64	1.32	1.69	0.2

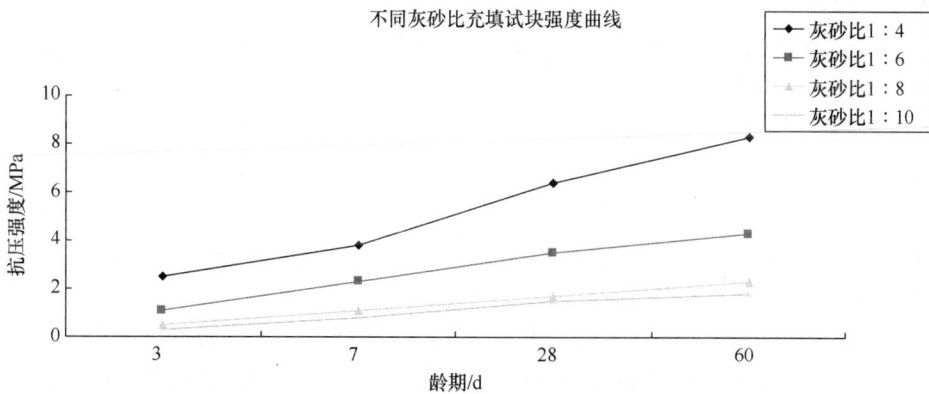

图 6.6　不同灰砂(棒磨砂)比时充填试块强度与龄期关系曲线

5. 充填料浆浓度对充填体强度的影响

在一定水泥耗量的前提下,料浆浓度对充填体强度起着至关重要的作用。以 −3mm 棒磨砂为例(图 6.7),充填料浆浓度每提高一个百分点,充填体单轴抗压强度提高 6%～7.7%,由此可看出充填料浆浓度对充填强度的影响。

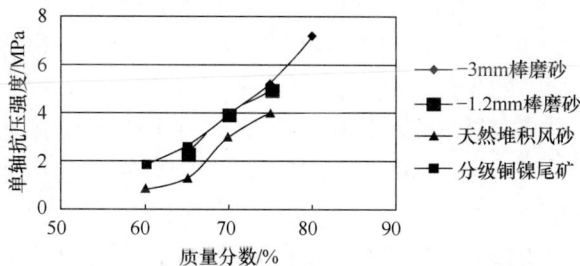

图 6.7　不同质量分数下充填体 28d 单轴杭压强度曲线图

　　由于受上述各因素的影响,充填体强度的不确定性是实际存在的。从现场实际生产状况来看,各个因素对充填体强度的影响程度不尽相同,根据上述研究及现场生产调查表明,充填料浆浓度是影响充填体强度的首要因素,影响充填体强度的第二大关键因素是充填体的结构尺寸,充填体的分层现象是影响充填体强度特性的第三大因素,其次分别为充填材料、充填料浆制备过程、引流水和刷管水等因素。

　　充填料浆浓度、充填体结构尺寸、充填体分层现象、充填材料及充填料浆制备各因素间紧密相关,充填料浆浓度降低,其和易性随之变差,充填料浆离析加剧,充填体分层现象明显,充填体强度随之迅速降低。但充填料浆浓度提高,又会给料浆管道输送带来困难,容易出现堵管事故。

6.4　深部充填体强度合理确定

　　20 年来,金川二矿区采用无矿柱大面积连续开采取得了巨大成功。1500m 水平以上回采平均高度已达 130m,回采面积达 10 万 m^2;1000m 中段(1150~1000m)矿体被 16 行间柱(30m 宽)分割成东西两部分,每部分回采面积分别为 4.4 万 m^2、6.3 万 m^2,平均回采高度均为 100m 以上。

　　在高地应力的影响下,大面积的开采还有很多潜在的稳定性问题,如何解决这些问题,加强井下生产的安全保障,是二矿现在面对的一大难题。二矿区 1 矿体主要工程地质特征:矿岩特别破碎、地应力大、节理发育。这给下向大面积胶结充填开采带来很大困难,如何保持围岩与充填体的稳定性是深部采用无矿柱大面积连续开采的关键问题。

　　下向进路回采采场稳定性影响因素有两个方面:

　　(1)采场围岩构造控制破坏。该类破坏主要受控于岩体中的构造面。岩体中的断层、节理以及剪切带是控制工程岩体稳定的重要因素。当这些弱面切割的岩体与开挖面构成潜在的滑移或冒落块体(关键块体)时,处于极限平衡状态的岩体受外界干扰就会发生突发性破坏。构造潜在滑移冒落岩体的界面可能是断层、剪切带,也可能是节理主优势面。

　　(2)充填体整体滑移失稳。在分析充填体受力时已经表明,充填体的重量依赖于充填体与上下盘围岩之间的剪切力,重力载荷呈拱形转移到围岩内。显然,充填体与围岩之间的剪切阻力是维持充填体稳定的重要因素。由于充填体与围岩的接触面是一个弱面,其面的抗剪强度有限。因此,一旦接触面上的抗滑阻力小于充填体的重量,充填体就发生沿接触面的滑移失稳,这就是人们一直担心的充填体的整体失稳问题。随着开采水平的延伸,开采所暴露的充填面积在逐步扩大,潜在的充填体的整体失稳的可能性在增加。

　　解决金川矿区所面临的生产问题,特别是在高应力作用下,如何提高充填体综合强度,增加其承载性能,进一步提高充填体稳定性,改善井下生产环境,保障井下安全、高效进行生产。下向进路采矿时,进路顶板是不支护的,工人在假顶下作业,因此假顶的结构和质量的好坏至关重要。

　　金川二矿进路充填底板充填采用高浓度料浆管道自流输送工艺,充填用砂为－3mm戈壁集料及棒磨砂,砂浆质量分数为 78%,水泥标号 4.25$^\#$,灰砂比 1:4。充填体设计抗压强度为 5MPa 以上。深部大体积充填的稳定性是否会影响进路采矿的安全,是矿山生产面临的课题之一。

1. 充填体质量对采矿安全的影响

充填体质量对采矿人身、设备安全有举足轻重的影响。据二矿区安全管理部门统计，1987 年 3 月～2004 年 2 月因充填体质量引起人身事故 55 起，造成 19 人死亡、重伤 18 人、轻伤 39 人；1997 年 7 月～2001 年 12 月发生 10 起充填体顶板脱落引起的设备事故，2 台次矿用卡车、1 台次铲运机、1 台次台车、5 处风水管不同程度受损。充填体质量对采矿安全的影响主要表现形式为顶板充填体冒落、脱层和掉块。产生的原因主要有以下几个方面：

（1）对进路打底充填时，在前后两次充填之间充填体有明显的分层现象。在上分层进路打底充填过程中，充填站临时停车改变进路充填管头落料点位置；或者充填系统出现故障（充填物料供应不及、设备电气故障、管路漏浆等）引起充填站非正常紧急停车。根据统计，充填站停车间隔一般不少于 30min，这样进路内充填体会出现明显分层，造成充填体整体性、稳定性较差，易脱层。

（2）受充填砂浆在进路内流动性影响，对一次充填长度为 40～60m 的进路，远离充填管头落料点一端往往厚度不足 1m 且强度较差，下分层充填体顶板易脱层。

（3）当相邻进路充填不接顶时，充填体顶板暴露面积增大，引起顶板稳定性变差，易脱层。

（4）充填体顶板应变、稳定性也与时间长短有关。当充填体顶板暴露时间过长时，其稳定性变差，易脱层。

（5）当进路底角留有残矿时，会造成下分层充填体顶板有夹矿，易脱落伤人。

（6）当充填进路内敷设吊挂的钢筋各节点联结不牢靠时，钢筋作用发挥不充分，不能有效减少充填体脱层。

（7）进路回采时不按腰线施工时，造成相邻进路底板高程不一致，这样下分层顶板就会参差不齐，凸出的顶板受力状态为单向或两向，易脱落伤人。

二矿区深部开采采用盘区式机械化下向分层水平进路胶结充填采矿法，应用胶结充填采矿法开采矿山存在着充填体的局部稳定性问题和区域稳定性问题。从充填体区域稳定性来讲，控制充填体质量可以支撑围岩，有效限制开采区域围岩发生位移，预防发生大面积充填体失稳和灾变，从充填体局部稳定性来讲，充填体质量具有多米诺骨牌效应，它的好坏与回采安全、采矿成本、矿石损失贫化、稳产高产等关联性强。

2. 进路回采充填体稳定性评价

下向进路胶结充填采矿法成败的关键取决于充填体的稳定性，而充填体的稳定性又受充填体强度、进路宽度、承载层厚度、外载荷等各种因素的影响，目前，针对下向进路充填体的稳定性评价，并没有一个统一的综合评价指标，上述影响充填体稳定性的因素中，哪些是主要因素，哪些是次要因素，各因素之间相互关系如何，每个因素的变化会对整个进路的稳定性带来多大程度的影响，各国学者针对这一问题所做的研究工作相对较少，并缺乏系统性。由于国外采用下向进路胶结充填采矿方法的矿山相对较少，因此针对这一问题研究报道也非常少，我国各矿山在确定承载层厚度、进路宽度和充填体强度时，由于缺乏相应的理论依据,往往依靠生产经验来判断。

　　以金川二矿区为例,该矿是我国使用下向进路胶结充填采矿法最为成功的矿山,20世纪 90 年代中期,由于二矿区机械化盘区生产能力难以提高,部分工程技术人员就提出将进路宽度由 4.0m 扩大到 5.5m,这样可以提高进路爆破效率,充分发挥大型无轨设备的生产能力,从而达到提高机械化盘区生产能力的目的。然而,扩大进路的宽度,会降低采矿作业的安全性,由于没有相关理论的指导,尤其是缺乏对充填体稳定性的理论研究,进路宽度扩大会给采矿作业的安全造成多大的影响,并没有一个定量化的衡量标准,如果将进路宽度盲目扩大,一旦出现安全问题,后果十分严重。出于对安全生产的考虑,金川二矿区目前进路宽度仍然保持 4.0m。

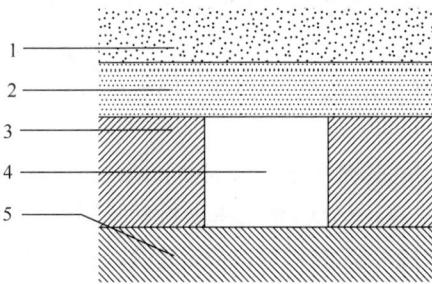

图 6.8　下向进路胶结充填采矿法进路结构示意图
1. 补口层和接顶层;2. 承载层;3. 进路侧帮(矿体或充填体);
4. 回采进路;5. 底板(矿体)

　　下向进路胶结充填采矿法的回采顺序是由上而下进行,并在承载层保护下进行分层回采,其进路结构示意图如图 6.8 所示。

　　在一条进路中,一般承载层的充填料浆灰砂比较大,充填体强度较高,整体性好;而补口层和接顶层的充填体灰砂比较小,充填体强度较低,整体性较差。因此,充填进路顶板的稳定性主要取决于承载层,承载层所受载荷主要是垂直载荷。

　　基于可靠度理论对金川二矿区进路回采研究,影响下向进路回采充填体承载层稳定性影响因素有进路宽度、承载层所受载荷、承载层抗拉强度和承载层的厚度。因此,为提高下向进路充填体承载层的稳定性,关键在于控制进路的宽度和提高接顶率,其次是通过优化地压控制以尽可能减小承载层所受载荷,再次是提高承载层充填体的强度。

　　金川二矿回采进路宽度一般确定为 4m 左右不变,充填接顶率一般保持在 60% 左右,充填体承受的载荷基本相同的情况下,充填体的承载层的稳定性与充填体的抗拉强度有很大的关系。根据可靠度理论可计算出承载层稳定性可靠概率为 90% 时,承载层厚度与其所需强度的关系,见表 6.4。图 6.9 显示了可靠概率为 90% 时,承载层厚度与其所需抗拉强度的关系曲线。

表 6.4　承载层厚度与其所需抗拉强度关系

h/m	σ_t/MPa	h/m	σ_t/MPa	h/m	σ_t/MPa	h/m	σ_t/MPa
1.75	1.01	1.90	0.88	2.08	0.76	2.48	0.57
1.76	1.00	1.93	0.86	2.11	0.74	2.54	0.55
1.77	0.99	1.94	0.85	2.13	0.73	2.60	0.53
1.83	0.94	1.97	0.83	2.22	0.68	2.70	0.50
1.84	0.93	2.00	0.81	2.31	0.68	2.74	0.49
1.85	0.92	2.03	0.79	2.33	0.63	2.94	0.44
1.89	0.89	2.06	0.77	2.38	0.61	2.98	0.43

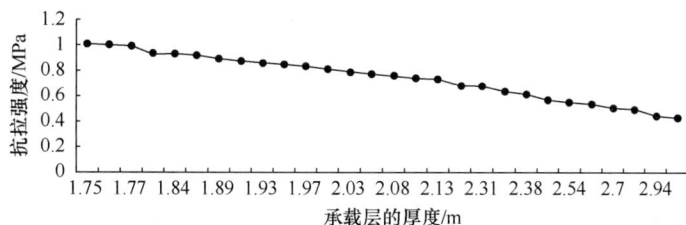

图 6.9　可靠概率为 90% 时承载层厚度与其所需抗拉强度的关系曲线

3. 下向进路充填体稳定性研究

充填体稳定性是下向胶结充填法技术关键。它提出了如何确定充填体稳定,承载层的强度及其厚度参数合理和相邻进路加固方式。为解决这些问题,首先进行充填体稳定性研究。通过分析充填体的受力状态的可能失稳或破坏的机理,从理论上指导充填设计,使充填工艺合理、简单、可靠,保证了作业安全,成本又是最低。这无疑对下向进路开采具有重要意义。

1) 基本假设

(1) 考虑充填体的收缩,多进路回采,各充填分层之间有一定空隙,每一分层相对安全,每分层受的力不向下一分层传递。各分层为单体受力。

(2) 相邻进路的矿体或充填体不影响顶部充填体的支承基础稳定,即不存在悬臂梁。

2) 充填体破坏模型

影响充填体稳定性的因素有相邻矿体的稳固性、矿体与充填体黏结强度和分次充填各进路充填体相互之间的黏结强度。

根据回采工艺特征及进路顶板受力情况,充填体可能破坏形式有 3 种:

(1) 倾倒式破坏;

(2) 弯曲受拉破坏;

(3) 整体下滑式破坏。

经过计算可知,金川二矿区下向进路回采参数下,充填体整体下滑式破坏可能性极小,进路充填体与支撑体结构力不足而下滑的话,很自然变成了倾倒式破坏形式。如图 6.10 所示。

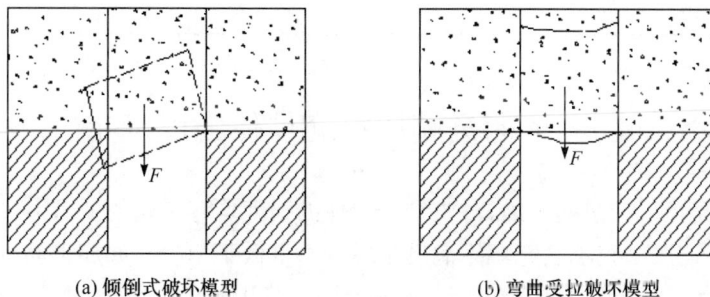

(a) 倾倒式破坏模型　　　　　　　　(b) 弯曲受拉破坏模型

图 6.10　充填体破坏模型

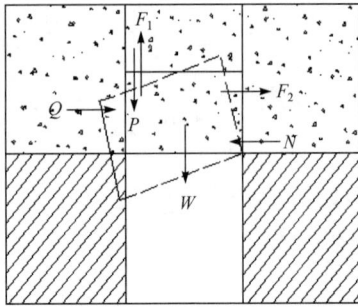

图 6.11　倾倒受力图

3）倾倒式破坏分析

充填体可能倾倒的主要原因是下向开挖顶板进路充填体与支撑体的黏结力较低,分析充填体承载层倾倒破坏。分析的关键是确定下倾力矩,进而确定充填体强度、配比、支护方式及参数等。承载层倾倒受力模型如图 6.11 所示。倾倒力矩计算结果见表 6.5。

表 6.5　倾倒力矩计算结果

进路宽度/m	4	3	4	4.5	5	6	7
倾倒力矩/(kN·m)	−8.613	+5.939	−6.706	−0.266	+8.282	+29.022	+55.519
倾倒力/kN	−4.307	−10.626	−3.352	−0.119	3.312	+9.674	+15.863

表 6.5 中负号表示不可能倾倒,只有当充填体暴露超过 5m 时,即回采进超过 5m 时有发生倾倒的可能。

4）弯曲破坏分析

假设条件:

（1）进路充填体顶板与支撑体牢固接触;

（2）不考虑承载层中配筋影响;

（3）承载层以上的充填体强度忽略不计。

针对进路充填体弯曲破坏模型的受力机理,求解充填体最低强度,计算结果见表 6.6。根据充填材料室内试验强度与水泥含量关系曲线找出相应的水泥含量。

表 6.6　弯曲模型计算结果

进路宽度/m	1.5	2.5	3.5	2	3	4	5
最大弯矩/kN·m	3.447	6.361	10.485	3.492	6.767	11.253	16.949
拉应力/MPa	0.0525	0.0969	0.1598	0.0532	0.1031	0.1705	0.2583
要求抗压强度/MPa	0.477	0.881	1.453	0.484	0.937	1.595	2.348
设计抗压强度/MPa	0.95	1.76	2.90	0.97	1.88	3.12	4.78

6.5　下向进路胶结充填体强度确定

采用胶结充填采矿法的矿山,对胶结充填体的强度均有明确的要求。《冶金矿山安全规程》规定:"下向胶结充填法充填用混凝土标号不得低于 50 号,如加钢筋网,则不得低于40 号";《有色金属采矿设计规范》规定"下向分层充填法的分层假顶,尤其是第一、二分层的假顶,必须充填完整坚实,充填体强度应为 3～4MPa"事实上,由于各矿山工程地质条件、进路宽度、充填材料及工艺等因素的不同,各个矿山对充填体强度的要求并不一致。

如果充填体强度确定过高,耗费不必要的水泥,确定的充填体强度过低,则难以进行生产,工作人员和设备的安全得不到保证。为此,采矿工程技术人员进行了大量的研究工作,以满足胶结充填实践的需要。在确定胶结充填体强度中,所使用的方法主要有经验类比法、物理模拟法、弹性力学和土力学分析法、数值分析法等,各方法均有其特点,但也有其不足之处。

1. 充填体强度确定方法

1) 经验类比法

经验类比法,由于使用简便,到目前为止,仍被广泛采用。原因在于人们对于充填体的性能与作用的认识不够深刻,而只能依据在实践中积累起来的经验,做出设计决策。经验和教训无疑是很有价值的,但是由于各个矿山工程地质条件、矿体和围岩的力学性质、地应力水平、开采强度、充填方式等均存在一定差异,由此所确定的充填体强度往往与工程实际有一定的差距,因此所得充填体强度也就不会是最合理的。

2) 物理模拟方法

采用一定规模的物理模型,对欲确定矿山的开采条件、充填条件进行模拟,利用相似模拟的结果加以放大,推及被模拟矿山开采时的胶结充填体强度。事实上,相似材料模拟的实质是在保证模型与原型初始状态和边界条件相似的情况下,通过对模型进行模拟开挖,观察和观测模型在模拟开挖过程中矿岩的断裂破坏和岩体的移动变形及应力、位移变化规律,由于监测仪器、相似材料配比、模型加载、边界条件等各方面所存在的误差,必然带来最终结果的累积误差,这也是相似材料模拟难以克服的一个致命弱点。因此,采用物理模拟的手段确定胶结充填体的强度,误差比较大。

3) 弹性力学和土力学分析方法

在弹性假设基础上,利用弹性力学分析手段,分析胶结充填体中的应力分布,据此确定其所需强度,或者移植岩土力学中的有关分析方法,如面积承载理论等,确定胶结充填体所需的强度。弹性力学和土力学分析方法是一种相对比较精确的方法,但由于决定充填体强度的主要因素如充填体所受的载荷、采场(或进路)尺寸、充填体形状、充填体尺寸等受各种原因的影响,在实际生产中是一个服从某种分布的随机变量,采用弹性力学和土力学的分析方法,一般取各因素的均值进行计算,计算所得充填体强度乘以一定的安全系数,从而得到充填体的最终强度设计值。采用这种计算方式,并没有考虑到各个参数的变异性对充填体强度的影响,仅用安全系数来考虑包括参数变异在内的所有不利因素的影响,因此所得结果缺乏一定的科学依据。

4) 数值分析方法

采用有限元、有限差分法等数值分析法,对充填体-围岩进行应力应变分析,进而确定胶结充填体的强度要求。目前对岩体或充填体的变形破坏机理尚不十分清楚,同时也很难准确把握矿岩或充填体的本构关系,因此,虽然数值模拟对各种岩土工程问题的指导作用得到了岩土工程力学界的公认,但数值模拟很难达到比较准确的定量计算水平,表6.7为国内外矿山实际使用的胶结充填体的强度设计方法。

表6.7　国内外矿山实际使用的胶结充填体的强度设计方法

国别	矿山名称	胶结充填体强度的设计方法	充填骨料	充填体强/MPa
中国	凡口铅锌矿	经验类比法	尾砂、棒磨砂	2.5
中国	金川二矿区	经验类比法	尾砂、棒磨砂	4～7
中国	金川龙首矿	经验类比法	—	4～7
中国	锡矿山矿	经验类比法	尾砂、碎石	4
中国	柏坊铜矿	经验类比法	碎石、河砂	4.0
中国	前河金矿	弹性力学	碎石	4～7
中国	焦家金矿	弹性力学	高水固结尾砂	2.5
中国	武山铜矿	弹性力学	分级尾砂	4.5
中国	新城金矿	弹性力学	分级尾砂	—
中国	灵山金矿	弹性力学	高水固结尾砂	3
中国	鹰桥镍矿	经验类比法	尾砂、碎石	0.6
加拿大	洛各比矿	数值分析法	尾砂、碎石	1.2
加拿大	基德克里克矿	经验类比法	尾砂、碎石	4.1
加拿大	诺里达矿	经验类比法	尾砂	0.95
加拿大	福克斯矿	岩土力学分析法	尾砂、研石	0.45
澳大利亚	芒特·艾萨矿	经验类比法	碎石、尾砂	2.2
澳大利亚	布劳肯希尔矿	数值分析法	尾砂	0.85
澳大利亚	奥托昆普矿	经验类比法	尾砂、碎石	1.75
芬兰	瓦马拉矿	经验类比法	碎石、砂	5.0
芬兰	克立迪矿	经验类比法	尾砂	15.0
芬兰	威汉迪矿	经验类比法	尾砂、碎石	6.75
南非	黑山矿物公司	经验类比法和物理模拟	尾砂	7.0
意大利	夸勒纳矿	岩土力学分析法	碎石	10.2

从充填体强度确定方法的多样性中容易看出，胶结充填体所需强度的确定是一个尚未解决的问题，按照上述方法确定出来的世界各地实际使用的胶结充填体强度值，差别很大，这其中除了由于具体开采条件不同外，在很大程度上与确定胶结充填体强度的理论和方法的科学性不足有关。可见，如何科学地确定胶结充填体的强度是一个非常重要的研究课题，充填体强度的确定问题被看成是制约胶结充填采矿技术发展的三大充填体力学问题之一，由此可见充填体强度确定的重要性和难度。

2. 充填体强度与充填体布筋的研究

国外对充填体强度确定的研究比较早，早在1943年，Terzaghi就提出了非常著名的Terzaghi模型，该模型最初用来确定沉陷带上沙土体中的应力分布，由于胶结充填材料的强度特性接近固结土，故这个方法也用来设计胶结充填体的强度；Thomas等在研究胶结充填采场底部的挡墙时，提出应考虑一种成拱作用，这种作用主要是由水砂充填材料与围岩壁间的摩擦力所致,并提出了 Thomas 公式。我国学者卢平认为 Thomas 公式只考虑了充填体的几何尺寸和充填料的容重,而没有考虑充填料的强度特性,因此对 Thomas 公式作了修订。

充填体的强度直接会影响围岩和充填体的稳定性,其不仅要满足采矿工艺的要求,还直接影响着生产成本。所以合理地确定充填体的强度和结构,提高充填体的充满率具有很重要的现实意义。对于胶结充填体的强度来说,不同的采矿方法和不同的行业对其的要求是不同的,下向分层充填采矿法分层假顶胶结充填要求充填体强度大于 3～4MPa。

国内外很多矿山都在确定合理的充填体强度方面作了很多的研究工作,德国普鲁萨格五金股份公司格隆德铅锌矿采用机械化下向分层充填采矿法,用全尾砂的重介质尾矿膏体充填,充填体 28d 龄期时强度为 2～5MPa;瑞典波立登公司彭贝里铅锌矿采用分级尾砂下向分层胶结充填,28d 龄期充填体强度为 3MPa;金川公司龙首矿采用进路形式为六边形的下向充填采矿法,用钢筋网铺底的混凝土胶结充填,充填体 7d 龄期时强度为 1.8MPa,28d 时强度为 4MPa。

为了提高回采进路充填体人工假顶的稳定性,在进路充填时会制作钢筋网放置在回采进路底部,用来提高充填体综合强度。通过多年来的实践对比研究,铺设钢筋网的充填体其整体强度比没有铺设钢筋网的充填体大很多,充填体整体强度提高 30%以上,在地应力大、构造应力复杂的采场,充填体中加铺钢筋网非常重要。假顶在采场中主要是承受弯矩作用,为了提高假顶的这种承载能力,通常在铺设假顶时就布置受力钢筋,要合理地配置钢筋,达到实用经济的目的,必须对假顶的传力特点进行受力分析,以掌握其受力特点。由于进路顶板的暴露形状一般为长方形,并且长边往往大于短边,根据上述长方形板的传力特点,在铺设进路的假顶时,布置的主受力筋也应当有明显的方向性,即沿主传力方向的短边布置主受力筋,而沿长边方向布置副筋,从而达到充分发挥铺设的钢筋的作用、合理经济配置钢筋的目的。

根据回采时对比研究表明,通过对比两种材料加筋试件与无筋试件的抗折强度,发现加筋对提高充填体抗折强度的效果非常明显,在生产实践中,应对充填体布筋工艺进行深入的研究,使得布筋的作用得到最大利用。因此,进路充填时加密铺吊,将原来的设计吊筋网度 1.0m×1.5m 调整为 1m×1m,底筋网度 0.25m×0.25m 要求一排必须按照图 6.12进行布筋。

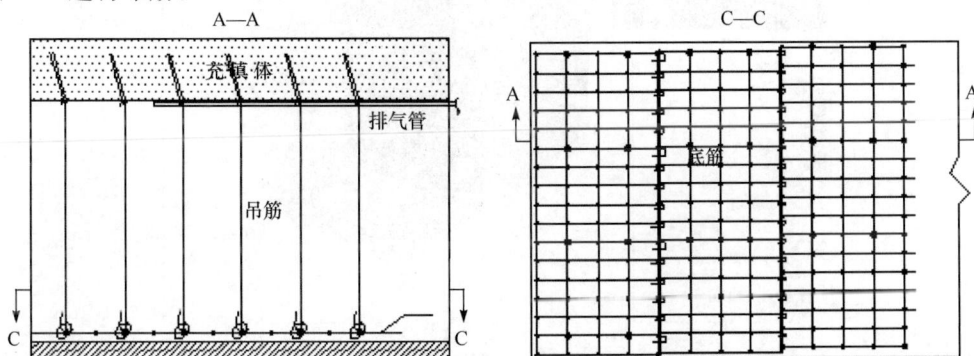

图 6.12　充填钢筋铺设图

6.6 充填体稳定性数值模拟

1. 计算模型

计算模型阶段主要是模拟真实的回采环境。数值模拟效果受到初始地应力、地形、回采情况和矿体的几何特征等因素的影响，因此该阶段尽量真实模拟这些情况，以期达到真实模拟卸荷过程，为回采的安全性提供依据。

2. 数值分析

由于二矿区采用的下向胶结充填采矿法，在采场上覆形成一厚大的充填体。充填体的稳定性对二矿区整体稳定性意义重大。为此，对采场上覆充填体稳定性进行了研究。针对 1150m 中段和 1000m 中段按照从左至右同时进行开挖，每次开挖，水平方向（沿着 y 轴）挖进深度 100m，竖直方向（沿着 z 轴）开挖厚度 20m。各中段均分为 8 层进行开挖，每层又分为 6 步进行开挖每一步开挖完成后及时回填，然后进行下一步开挖。故每次开挖回填共计 12 步，中段开挖回填完成共计 96 步。重点分析 1150m 水平以上大面积充填体的稳定性。1150m 水平以上矿体回采以后，1150m 水平以上有一定的卸荷作用，1150m 水平以下矿体应力有小幅增加，但随矿体的深度增加，应力增幅越来越小，即 1150m 水平以上矿体的开采对 1000m、850m 中段矿体周围应力影响较小。对 1000m、850m 两中段同时回采时，通过各开采步所显示的应力及位移分布图可知，两中段同时开采回填对上覆充填体的影响范围主要在上覆充填体内部，现重点分析 1150m 水平上覆充填体随开采步的应力应变变化情况。以下剖面（剖面 C_0）图均取中心点坐标为 $(260,0,0)$，平行于 yz 平面所在的剖面。其中对上覆充填体稳定性分析剖面在模型重的位置和该剖面上分析点布置分布如图 6.13 和图 6.14 所示。

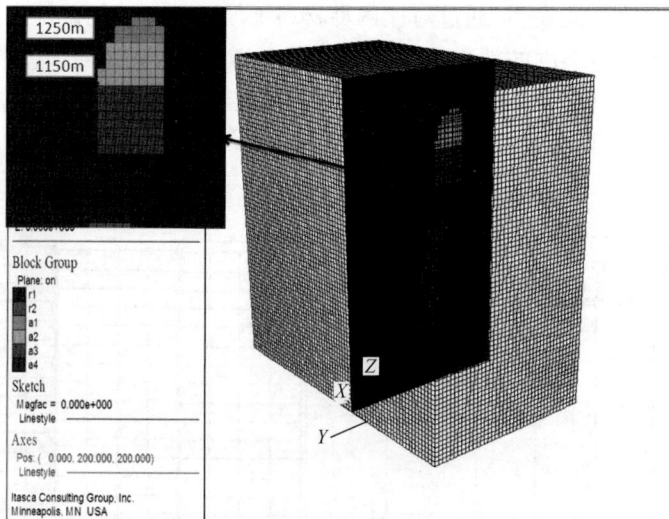

图 6.13 分析剖面（剖面 C）在模型中的位置

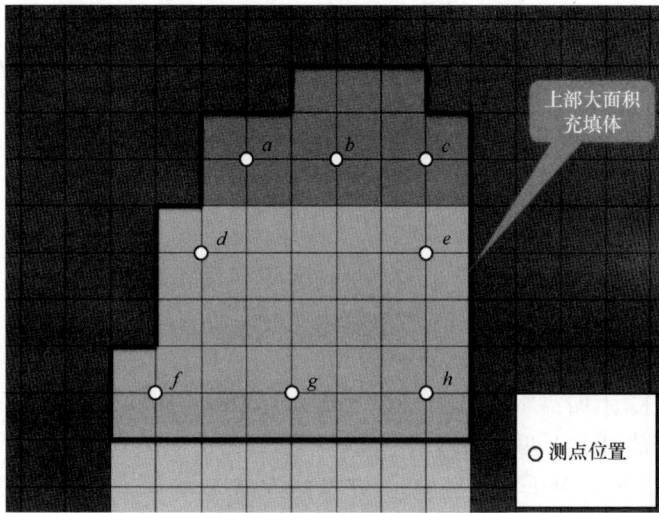

图 6.14　分析剖面(剖面 C)上分析点布置示意图

图 6.15 所示为未开采前初始状态下 1150m 以上矿体的第一主应力、竖直方向位移以及水平方向位移,从图中可知,在初始状态时 1150m 以上矿体的第一主应力、竖直方向位移、水平方向位移在模型区内分布均匀,第一主应力为 40~41MPa;竖直方向最大位移为 18.5cm(最大位移发生在 1150m 以上矿体顶部,即 1350m 处),从上到下位移逐渐减小;初始条件下水平方向位移较小,且表现为上、下盘均向矿体周围围岩挤压。

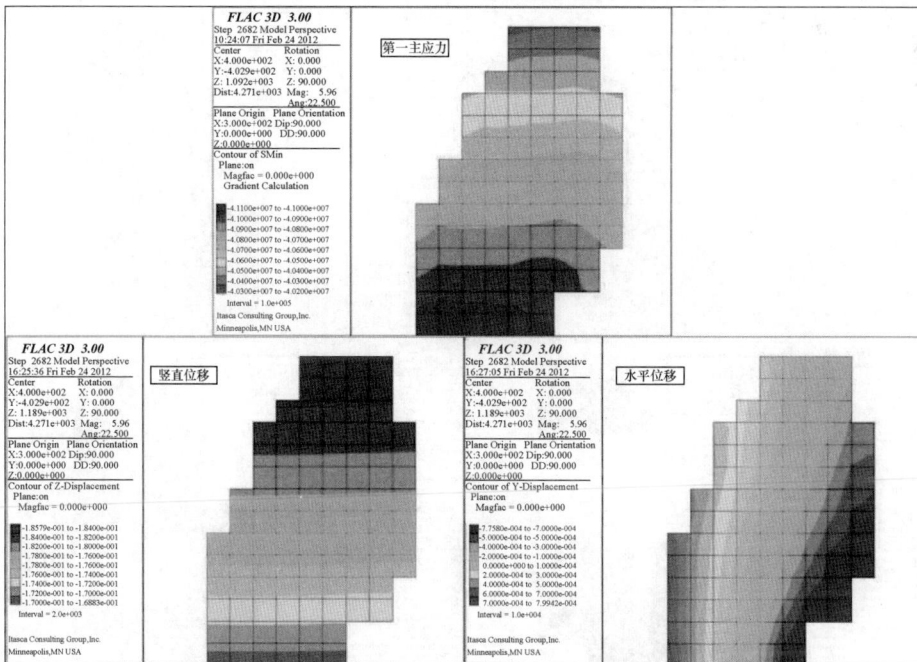

图 6.15　初始状态下 1150m 以上矿体第一主应力、水平、竖直方向位移图

图 6.16~图 6.19 为 1150m 以上矿体回采各阶段的第一主应力、竖直方向位移、水平方向位移图,由此可知:当 1250m 以上矿体开采回填完成时,充填体内部应力为 0.45~10MPa,充填体大部分区域应力在 5MPa 左右,由于 1250m 以上矿体的开采,原 1250m 以上矿体内应力释放并向下部矿体转移,使得 1150~1250m 内的矿体有一定程度的应力集中,最大应力为 45~54MPa,最大应力主要集中在 1200m 处,从应力图上还可以看出,受开采扰动的影响,1250m 以下 20m 附近内矿体应力有一定程度的减小,为 20~32MPa,与初始条件相比,应力减少 18%~50%;充填体大面积区域的位移较小,为 10~20cm,竖直方向最大位移(发生在 1250m 中段顶板处,表现为向下沉陷)为 22cm,与初始条件相比增加 18%左右,在 1250m 中段底板以及 1150m 顶板竖直位移表现为向上凸起,竖直方向位移为 15cm 左右,上、下两盘水平方向位移大致相当,最大水平位移约为 30cm,由于受到开采回填的影响,此时上下两盘围岩水平向位移表现为向矿体内部移动,与初始条件下相反。当 1150m 以上矿体开采回填完成时,充填体内部应力为 0.78~10MPa,1150m 以上大面积充填体应力为 5MPa 左右,受 1150m 以上矿体开采回填的影响,原 1150m 以上矿体内应力释放并向下部 1000m 中段内矿体转移,使得 1000m 中段内的矿体有一定程度的应力集中,最大应力为 50~56MPa,较原岩应力增加了 25%~35%,最大应力主要集中在 1090m 处,从应力图上可以看出,由于受开采扰动的影响,1150m 以下 20~35m 附近内矿体应力有一定程度的减小,为 15~38MPa,与初始条件相比,应力减少为 20%~50%;充填体大面积区域的位移较小,为 10~20cm,竖直方向最大位移(发生在 1250m 中段顶板处,表现为向下沉陷)为 21cm,与初始条件相比增加 20%左右,同时最大竖直向位移倾向

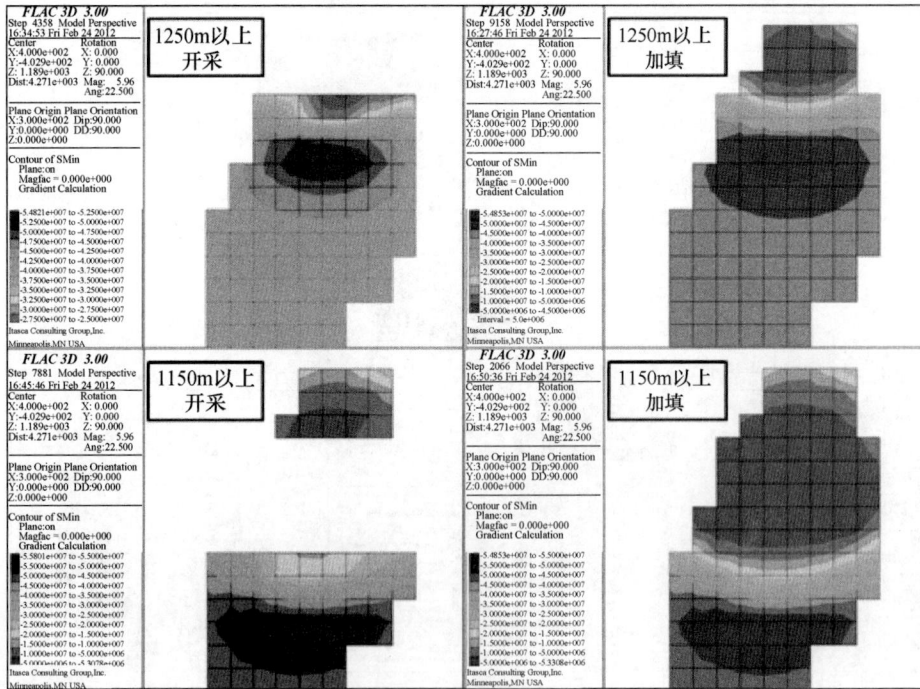

图 6.16　1150m 以上回采时各阶段上覆充填体的第一主应力图

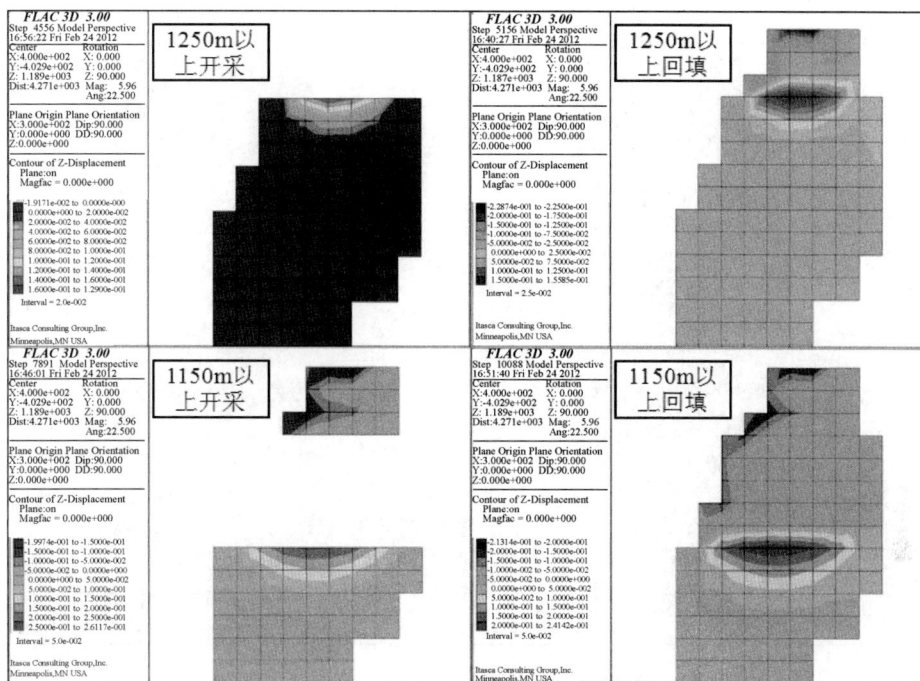

图 6.17　1150m 以上回采时各阶段上覆充填体的竖直方向位移图

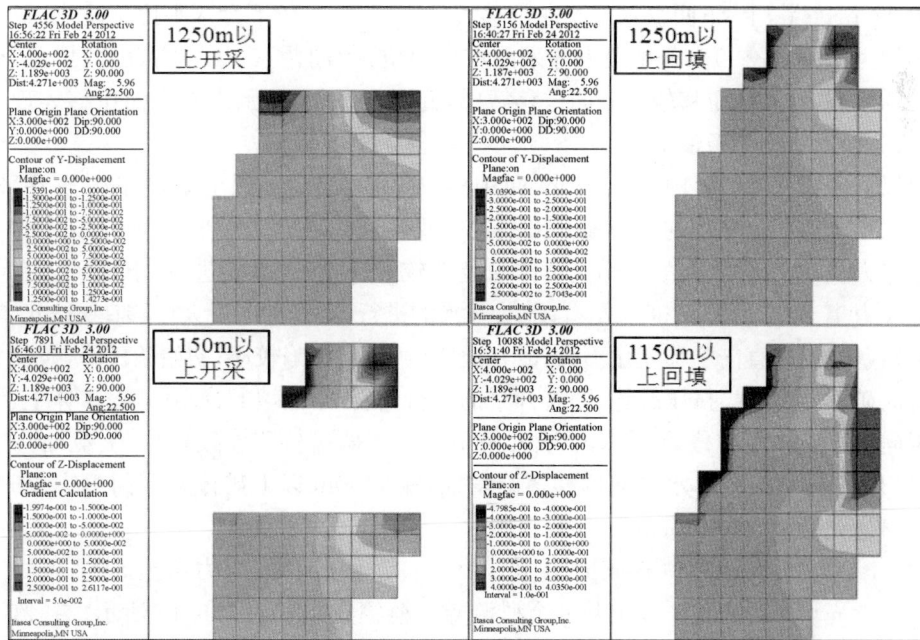

图 6.18　1150m 以上回采时各阶段上覆充填体的水平方向位移图

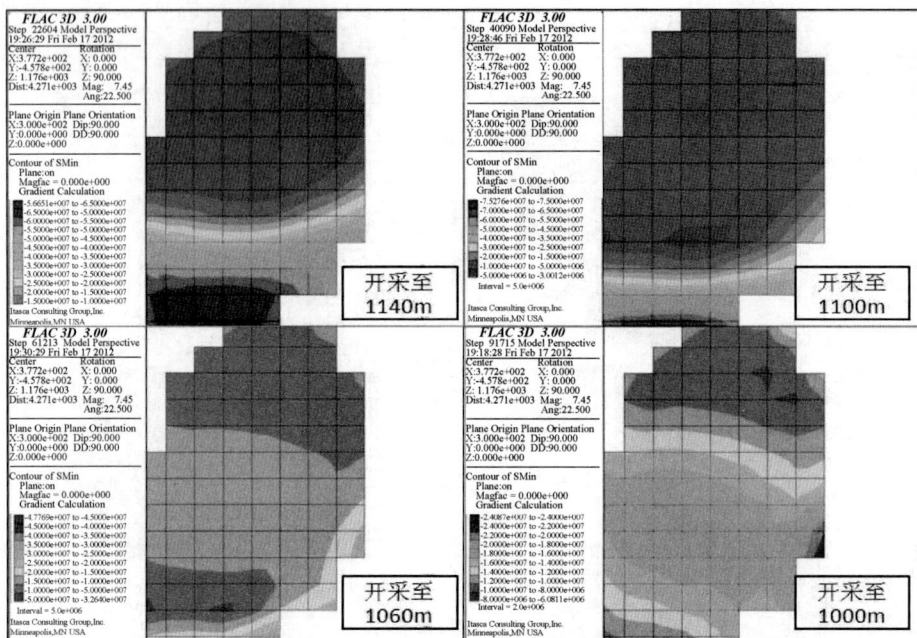

图 6.19　在各回采阶段上覆充填体的第一主应力分布图

于矿体上盘,在 1150m 中段底板以及 1000m 中段顶板竖直向位移表现为向上凸起,竖直位移为 22cm 左右,上、下两盘水平方向位移大致相当,上盘较下盘水平位移略高,最大水平位移约为 45cm,较 1150m 中段未开采前水平向位移增加了 50% 左右,由此可见,受开采扰动的影响,水平向位移较竖直向位移敏感,此时上、下两盘围岩水平向位移表现为向矿体内部移动,与初始条件下相反。

由以上分析可知,在 1000m、850m 两中段开采前,1150m 以上矿体单中段开采时,1150m 以上大面积充填体的应力随开采的进行保持在 0.5～10MPa,其中充填体的大部分区域应力在 5MPa 左右,故可知充填体稳定性较好;随着开采的进行,下部矿体有一定程度的应力集中,应力增加 30% 左右;随着开采的进行,竖直方向最大位移在 21cm 左右,相较初始条件下竖直向位移变化不大,故在此阶段,地面沉陷较小;初始条件下,矿体水平向上有向矿体周围围岩挤压趋势,随着开采的进行,受开采回填的扰动影响,矿体上、下两盘围岩向盘区矿体内部移动,在单中段开采下,上、下两盘位移大致相当,上盘略高于下盘,随着开采的逐步进行,水平向位移逐渐增加,在 1150m 以上矿体开采回填完成时,水平向位移达到最大,约为 45cm。

(1) 1000m、850m 两中段同时开采,1150m 以上充填体应力应变变化规律。在 1150m 以上充填体内布置了 3 组共 8 个监测点。监测点布置如图 6.14 所示。各监测点的高程见表 6.8。图 6.20～图 6.31 是各监测点的第一主应力、第三主应力、水平方向位移、竖直方向位移随开采步增加的变化情况(其中横坐标 -4～0 表示两中段同时开采前,原始初始状态下、1250m 以上矿体开采、1250m 以上回填、1150m 以上矿体开采、1150m 以上回填过程,横坐标 1～96 表示两中段同时开采时按方案一的开采步骤)。

表 6.8　各监测点高程

监测点	高程/m
a、b、c(第一组)	1280
d、e(第二组)	1220
f、g、h(第三组)	1180

由此可见,在初始状态下,各监测点的第一主应力均在 40MPa 左右。从后面两组分析点的第一主应力和第三主应力可知,在 1150m 水平以上回采时,其曲线有一个略微升高的过程,之后突然有一个突变,起降幅度很大,最后趋于缓和。各监测点应力突变均发生在模拟过程中该点所在标高处的矿体已经被回采的时段,这与应力在矿体开采时突然被释放,导致该点附近的主应力也迅速递减相符。随着 1000m、850m 中段的同时开采,1150m 上部充填体内部的第一主应力基本保持在 10~15MPa,并且随着中间水平矿柱的开采,1150m 水平上覆充填体内第一主应力和第三主应力逐渐增大。

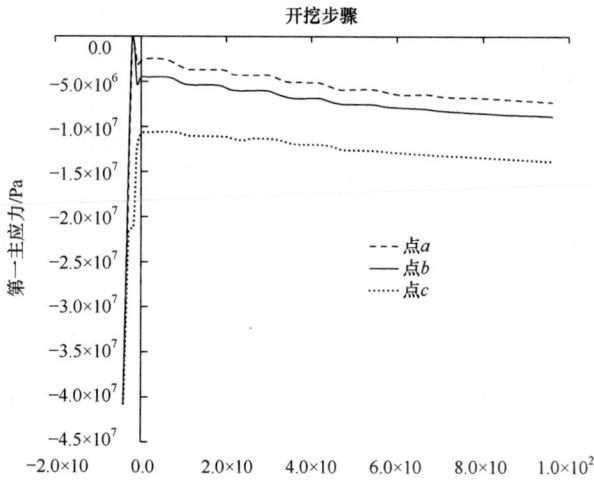

图 6.20　监测点 a、b、c 随回采步的第一主应力变化曲线

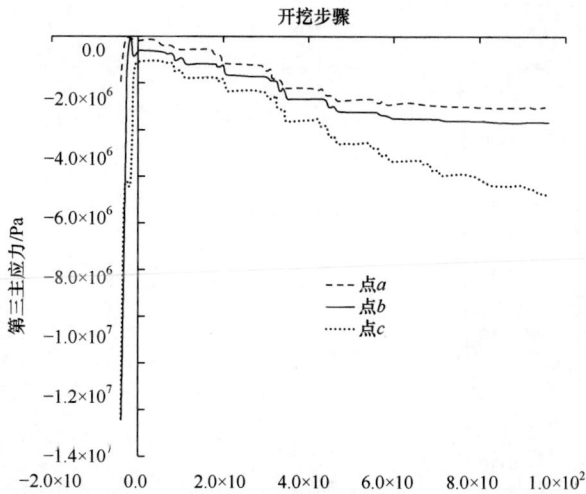

图 6.21　监测点 a、b、c 随回采步的第一主应力变化曲线

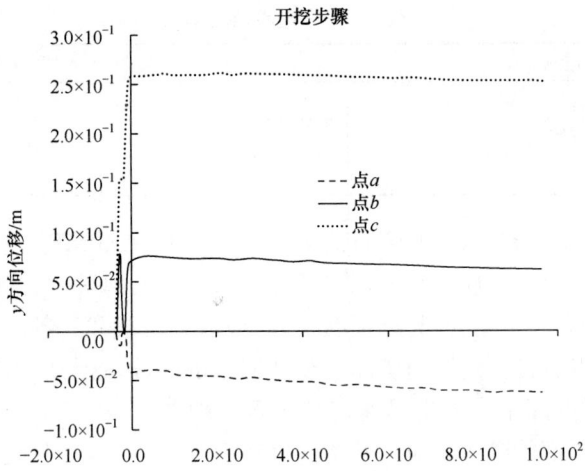

图 6.22　监测点 a、b、c 随回采步的 y 方向位移变化曲线

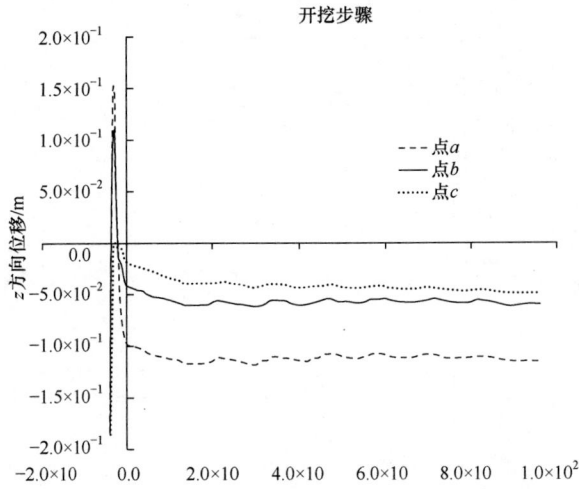

图 6.23　监测点 a、b、c 随回采步的 z 方向位移变化曲线

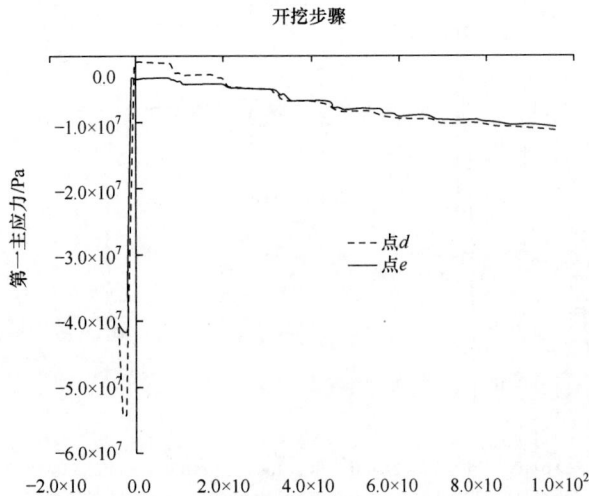

图 6.24　监测点 d、e 随回采步的第一主应力变化曲线

开挖步骤

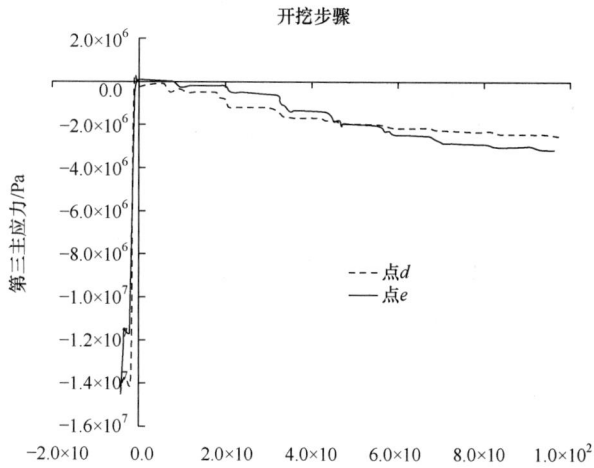

图 6.25　监测点 d、e 随回采步的第三主应力变化曲线

开挖步骤

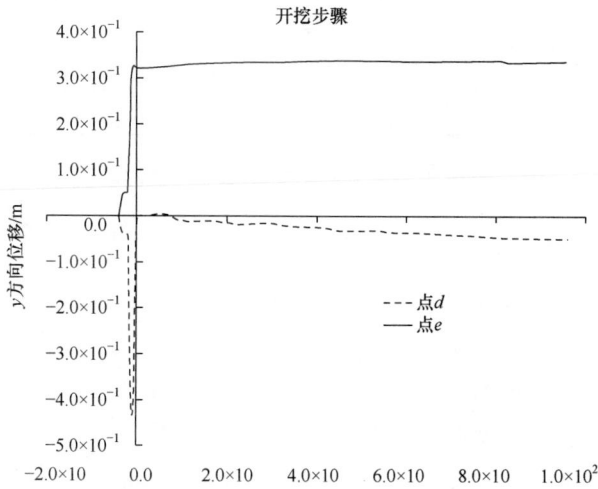

图 6.26　监测点 d、e 随回采步的 y 方向位移变化曲线

开挖步骤

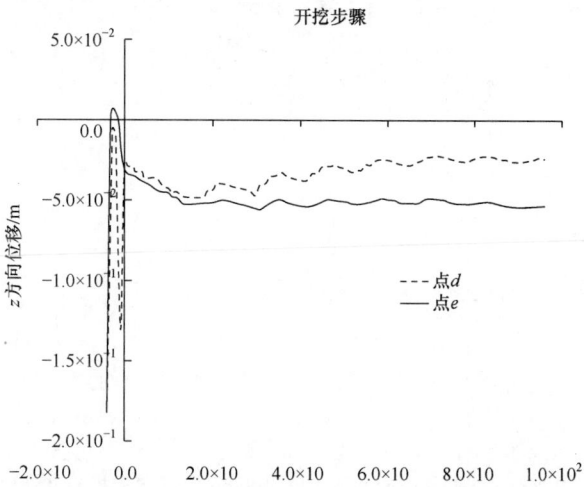

图 6.27　监测点 d、e 随回采步的 y 方向位移变化曲线

开挖步骤

第一主应力/Pa

点f
点g
点h

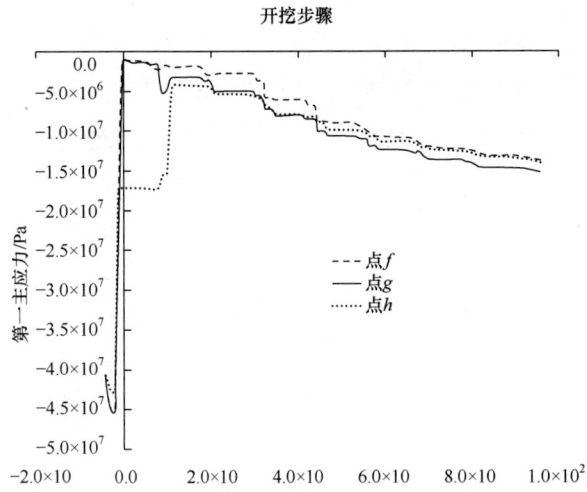

图 6.28　监测点 f、g、h 随回采步的第一主应力变化曲线

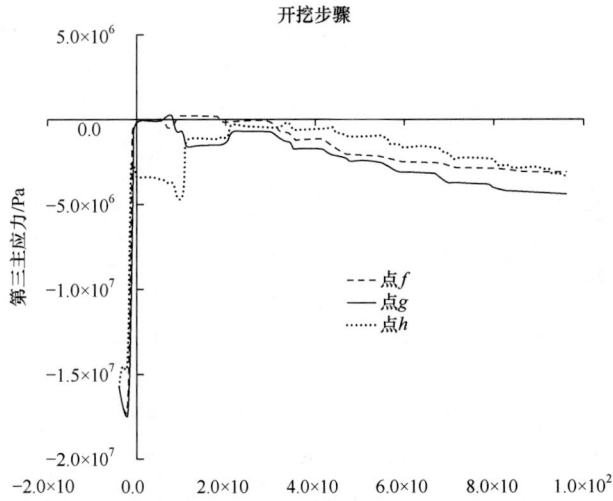

开挖步骤

第三主应力/Pa

点f
点g
点h

图 6.29　监测点 f、g、h 随回采步的第三主应力变化曲线

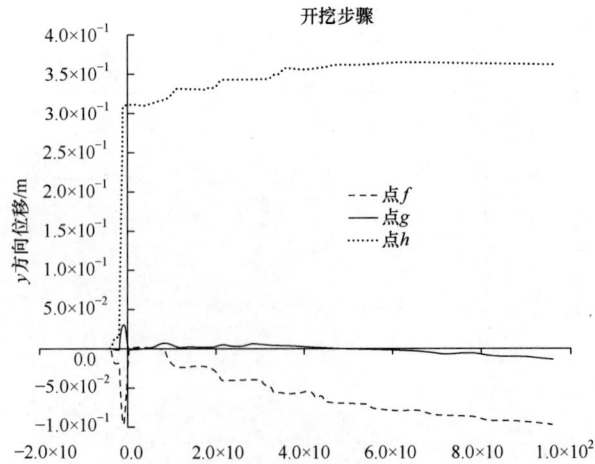

开挖步骤

y 方向位移/m

点f
点g
点h

图 6.30　监测点 f、g、h 随回采步的 y 方向位移变化曲线

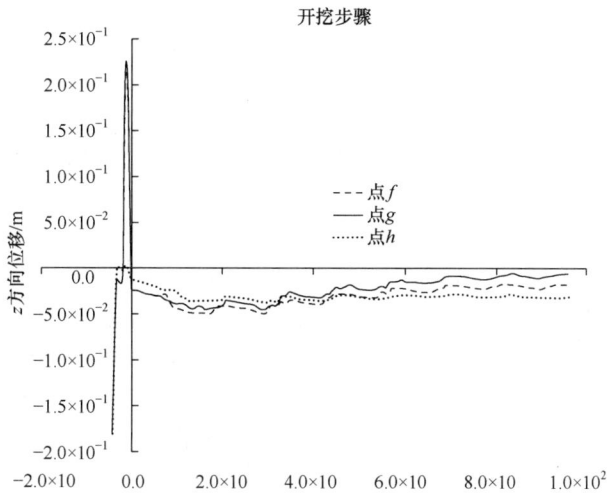

图 6.31　监测点 f、g、h 随回采步的 z 方向位移变化曲线

　　(2) 双中段开采过程充填体位移变化规律。水平方向的位移大于竖直方向上的位移。水平方向上充填的位移随中间水平矿体的开采变化不大,当水平矿柱回采至 1060m 水平时,由第一组监测点可知,下盘向矿体方向的水平位移为 0.26m,上盘向矿体方向的水平位移为 0.06m,由第三组分析点可知,下盘向矿体方向的水平位移为 0.36m,上盘向矿体方向的水平位移为 0.08m,故在水平方向上上盘的位移要小于下盘。竖直方向上,第一组监测点竖直方向上的位移为 0.05~0.12m,第二组监测点竖直方向上的位移为 0~0.05m,故可知在由上向下的垂直方向上,上层充填体位移略大于下层位移,充填体处于逐渐压密状态。从各监测点图上可知在水平、竖直两个方向上位移变化幅度较小且十分均匀,说明整个回采过程中具有较好的稳定性。总的来说,随着 1000m、850m 中段同时开采,1150m 水平以上大面积充填体各个方向位移均不是很大,多在 0.3m 左右,可以推断充填体应能保持稳定。

6.7　本 章 小 结

　　上部充填体的勘探调查结果显示,原位充填体最大单轴抗压强度高达 19.5MPa,最小值为 6.1MPa,平均值为 12.3MPa。钻孔取得的原位充填体强度比实验室配置的充填材料强度高。充填体强度完全能适应大面积无矿柱连续开采的需要。

　　数值模拟结果表明,在 1000m、850m 两中段开采前,1150m 以上大面积充填体的应力随开采保持在 0.5~10MPa 内,其中充填体大部分区域应力在 5MPa 左右,充填体稳定性较好;二矿区 1# 矿体采取从一端向另一端逐步过度式开采回填时,其回采区域的应力、应变分布较均匀;1150m 水平以上大面积充填体各个方向位移均较小,充填体内部位移场较稳定,最人位移在 0.3m 左右,并且随着中间水平矿柱的开采,1150m 上部充填体内部的最大主压应力基本保持在 10~15MPa,故可知充填体稳定性较好。

　　从结构受力来讲,两柱(水平矿柱和垂直矿柱)能起到抑制和限制上、下盘围岩移近的作用,能起到水平支撑和垂直支撑的作用,特别对水平矿柱的作用更明显。目前,两柱同时回采的结果将使上、下盘围岩丧失了支撑作用,围岩相对移近变形势必加大,导致充填体受力增加,特别是上盘岩体移动更加明显。岩体移动将进一步加剧地表变形,可能致使地表裂缝形成环状区域。表现形式是,两柱开采完毕,上盘岩体加速下移,地表环形裂缝区形成,充填体变形加剧,井下采掘工程大量破坏。这是关系到二矿区整体稳定性和开采安全性的重大问题,应该引起足够的重视。

二矿区开采的整体稳定性对矿山安全开采意义重大。然而,目前对这一问题的研究多采用数值模拟方法,缺乏长期有效的监测与现场调查工作。采矿工程是一个极其复杂的数据不完备系统,不十分清楚的初始条件(地应力、岩体参数)和边界条件(地质结构),导致数值模拟方法应用的局限性。因此,数值模拟结果不能作为重大工程决策的唯一依据。应该开展矿山日常的工程地质调查和矿压观测工作;应该加强矿山整体稳定性的系统的、长期的、连续的监测和研究,将日常矿压观测和专业监测相结合;应该着手开展矿山开采风险性评估和工程预案研究。

第 7 章 深部高浓度尾砂充填工艺技术试验研究

7.1 引　言

二矿区目前充填量约 150 万 m³,根据"十二五"发展规划,到 2015 年二矿区年出矿量将达 500 万 t,年充填量将达 170 万 m³。考虑不均衡系数,充填量最大将达 195 万 m³,届时二矿区将呈现 850m 中段、1000m 中段及 1250m 中段以上贫矿多中段同时回采及充填的生产格局。850m 中段投入生产后,其开采深度将超过 800m,即进入深部开采,且深部开采条件更趋复杂,对充填体的整体质量要求更高。为了满足现有生产中段及深部生产水平对充填的技术要求,金川矿山开展了二矿区深部开采高浓度尾砂充填工艺技术试验研究。

7.1.1　主要研究内容

1. 充填料配比优化试验

对金川公司所用棒磨砂、戈壁砂、充填尾砂及水泥等充填料进行取样,在实验室进行粒度、容重、比重、化学成分等基本物理化学参数测定。在遵循高浓度自流输送系统灰砂比均为 1∶4 的原则下,对棒磨砂、戈壁砂及尾砂不同比例进行了配比强度试验,试验质量分数分别为 85%、82%、79% 及 76%,龄期分别为 3d、7d、28d 及 60d。除个别质量分数为 76% 的配比外,其余质量分数为 79% 及以上的配比试块强度均满足 $R_{3d}{\geqslant}1.5MPa$、$R_{7d}{\geqslant}2.5MPa$、$R_{28d}{\geqslant}5.0MPa$ 的规定要求。

2. 充填体物理力学性能测定

对各配比充填料浆及充填试块容重、沉降率、脱水率及各种材料消耗等参数进行测定,从而为充填工艺参数设定提供了试验依据。

3. 充填料输送性能研究

对不同配比充填料浆的坍落度进行测定,采用 L 形自流输送装置对不同浓度的充填料浆进行流变参数测定,获得了不同配比的充填料浆屈服剪切应力 τ_0 及黏性系数 η,计算了不同配比充填料浆的输送阻力 i,为充填管网压力计算及优化布置提供了试验参数及理论计算依据。

4. 充填料制备及充填系统研究

对二矿区二期充填制备站自流输送允填系统及膏体泵送充填系统进行工艺技术研究。自流输送系统采用的工艺为:棒磨砂及戈壁砂经抓斗、中间料仓、圆盘给料机、皮带输送机、核子秤给料计量后添加至搅拌桶,水泥经双管螺旋给料机及冲板流量计给料及计量后添加至搅拌桶,水经电磁流量计计量后添加至搅拌桶。各组分经搅拌桶搅拌均匀后,经充填小井及井下管网自流输送至采场(进路)进行充填。

膏体泵送充填系统经优化后采用的工艺流程为:棒磨砂及戈壁砂经抓斗、中间料仓、圆盘给料机、皮带输送机、核子秤给料计量后添加至搅拌槽;水泥经双管螺旋给料机及冲板流量计给料及计量后添加至搅拌桶;同时向搅拌桶添加水,水泥在搅拌桶内制备成水泥浆后,由软管泵输送至地表的搅拌槽中;尾砂仓内尾砂经循环水造浆放砂后由管道输送至搅拌槽;水经电磁流量计计量后添加至搅拌槽。各组分经搅拌槽搅拌均匀后制备成胶结膏体,由德国 Schwing 公司生产的 KSP140-HDR 液压双缸活塞泵加压,通过管道一段输送至井下采场(进路)进行充填。

5. 充填工业试验

分别开展了二矿区二期充填制备站自流输送充填系统及膏体泵送充填系统的充填工业试验。

7.1.2　主要研究成果

1) 充填料配比优化试验成果

试验结果表明,全尾砂、戈壁砂及棒磨砂均可作为充填料,在灰砂比为 1∶4 时,除个别质量分数为 76% 的配比外,其余各组配比的试块强度均满足 $R_{3d}\geqslant1.5MPa$、$R_{7d}\geqslant2.5MPa$、$R_{28d}\geqslant5.0MPa$ 的规定要求。充填料中适当添加尾砂,有利于改善充填试块内部结构,且当质量分数大于 76%、低于 79% 时,还可提高充填试块早期强度。当料浆质量分数大于 79% 时,充填料中戈壁砂添加比例可提高至 40% 以上,各龄期强度均满足采矿方法要求。

2) 充填料输送性能研究成果

通过 L 形管道自流输送试验及理论分析计算,得出了各配比料浆的流变参数。试验结果表明,料浆质量分数由 82% 降至 79% 时,其屈服剪切应力 τ_0 及黏性系数 η 均发生突变(降低)。理论计算表明,料浆质量分数为 79% 时,在目前充填管网布置参数下,各组配比的充填料浆实现可靠自流输送的充填倍线为 4.59~6.09。

3) 充填料制备及充填系统研究成果

二矿区二期充填站高浓度自流输送系统所制备的充填料浆质量分数达到 77%~79%。对井下采场(进路)充填挡墙进行了优化改进,并研究应用了滤水管等设施,从而使充填料浆快速脱水,减少了充填料离析、分层,提高了充填体的早期强度。

对膏体泵送充填系统工艺进行了优化,采用地表制备水泥浆并添加至地面搅拌槽中,尾砂仓中尾砂经循环水造浆后直接放砂至地面搅拌槽中。地表制备好的胶结膏体通过液压双缸活塞泵一段直接输送至井下采场(进路)进行充填,系统工艺更为简化、顺畅。

4) 充填工业试验成果

通过以上室内试验研究及工业试验,目前二矿区二期充填站高浓度自流输送系统及膏体泵送充填系统均在生产中正常应用,膏体泵送系统目前已达到 20 万 m^3/a 的设计充填能力,充填质量满足下向进路充填采矿法要求,从而为二矿区的安全高效生产提供了有力保障。

5）创新性成果

尾砂仓内尾砂经循环水造浆后直接放砂至搅拌槽中，与棒磨砂、水泥浆制备成胶结膏体，并由液压双缸活塞泵一段直接输送至井下采场（进路）进行充填，输送管道总长度达到 2500m 以上。

7.1.3 主要技术指标

1）自流输送充填系统制备输送参数

充填料组成为棒磨砂及戈壁砂-水泥胶结充填、灰砂比 1：4、料浆质量分数为 77％～79％、料浆流量 90～100m³/h，充填倍线 2.5～3.5。

2）膏体泵送充填系统制备输送参数

充填料组成为 $m_{棒磨砂}：m_{尾砂}＝1：1～3：2$. 灰砂比 1：4、料浆质量分数为 76％～80％、料浆流量为 80m³/h。

7.2　充填材料试验研究

矿山充填用的棒磨砂由矿内货运列车自棒磨砂磨制地点运至充填站卸料储料车间，戈壁砂由汽车从筛分场地运至卸料储料车间，试验用棒磨砂和戈壁砂均分类取自卸料车间；在矿山充填站尾砂仓底部出口取充填用的尾砂样。为避免细和极细的颗粒流失，现场就近找平地铺防渗彩条布对充填材料进行分类蒸发晾晒，干燥后均匀堆积，袋装后由货运汽车托运至长沙。试验用水泥取自金川矿山充填站充填时所用水泥，袋装密封后随其他材料一同托运至长沙矿山研究院。试验过程中实验室室温及湿度达到试块养护标准并保持恒定。

7.2.1　充填物料基本物化参数测定

根据试验的要求，进行了不同水泥-棒磨砂、戈壁砂、尾砂充填材料配比的物化性能指标及力学性能试验。利用金川二矿区充填用的棒磨砂、戈壁砂、尾砂三种材料，按照不同的配合比分别和二矿区充填用的水泥，根据影响充填体强度的主要因素（灰砂比、料浆浓度）设计试验方案，测定各龄期的试块强度。同时，为了验证所作配比的充填料浆的各种物理性能，还进行了充填材料基本物理性能参数测定（包括筛分粒度、激光粒度、比重、松散容重、密实容重、孔隙率、孔隙比、自然安息角）、尾砂沉降容重和沉降浓度测定、充填料浆坍落度测定、充填料浆流变参数等的测定。

1. 粒度测定

对于颗粒较粗的棒磨砂、戈壁砂采用组合筛进行筛分，对其中的颗粒质量百分数进行测定，而对于较细的－0.5mm 筛余颗粒则采用 CILAS1064 型激光粒度分析仪进行激光粒度测定。由于金川矿山充填用的尾砂颗粒较细，其最粗颗粒粒度在激光粒度仪测定范围（0.04～500μm）之内，因此采用 CILAS1064 型激光粒度分析仪测定尾砂的粒级分布。测试结果见表 7.1 和表 7.2 以及图 7.1～图 7.3。由此可见，金川尾砂中－5μm、－10μm、

$-20\mu m$ 的极细颗粒含量(质量分数)分别为 8.89%、13.92%、20.24%，-200 目($-75\mu m$)为 60.94%；$-0.5mm$ 棒磨砂中$-5\mu m$、$-10\mu m$、$-20\mu m$ 的极细颗粒含量(质量分数)分别为 7.67%、11.4%、16.12%，-200 目($-75\mu m$)为 38.06%；$-0.5mm$ 戈壁砂中$-5\mu m$、$-10\mu m$、$-20\mu m$ 的极细颗粒含量(质量分数)分别为 7.16%、10.18%、13.14%，-200 目($-75\mu m$)为 32.08%。

表 7.1　金川矿山三种充填料和水泥粒级组成

$-0.5mm$	粒径/μm	-5	-10	-20	-50	-75	-100	-150	-180	$+180$
棒磨砂	累计/%	7.67	11.4	16.12	28.39	38.06	47.56	64.56	74.07	100
$-0.5mm$ 戈壁砂	累计/%	7.16	10.18	13.14	21.91	32.08	43.34	63.41	74.01	100
尾砂	累计/%	8.89	13.92	20.24	40.14	60.94	79.15	95.94	98.93	100
水泥	累计/%	30.34	46.14	69.75	97.87	100	100	100	100	100

表 7.2　金川矿山三种充填料和水泥粒径分布特征值

	$d_{10}/\mu m$	$d_{50}/\mu m$	$d_{90}/\mu m$	$d_V/\mu m$	不均匀系数(d_{90}/d_{10})
$-0.5mm$ 棒磨砂	7.80	106.64	240.72	118.29	30.86
$-0.5mm$ 戈壁砂	9.57	115.54	238.53	123.94	24.92
尾砂	5.90	62.18	124.35	64.55	21.08
水泥	1.16	11.36	36.47	15.32	31.44

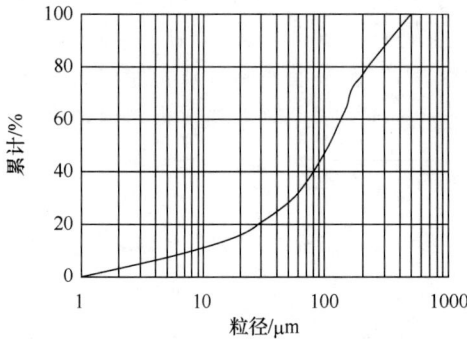

图 7.1　金川矿山棒磨砂粒级分布曲线($-500\mu m$)

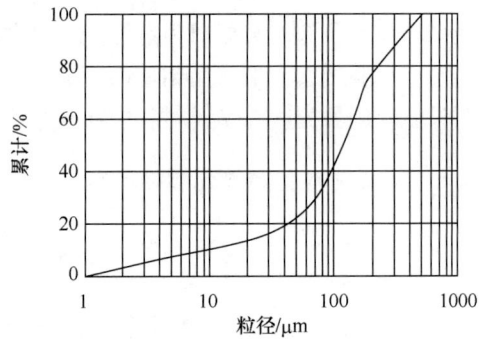

图 7.2　金川矿山戈壁砂粒级分布曲线($-500\mu m$)

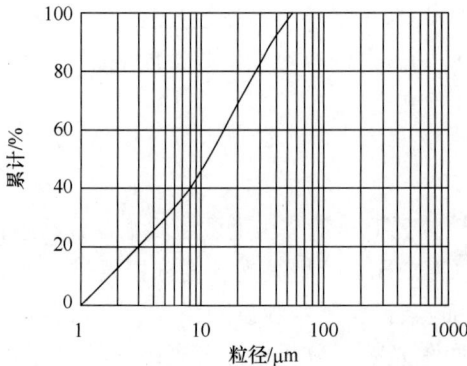

图 7.3　金川矿山用水泥粒级分布曲线

由于水泥颗粒粒径属于细粒级范畴,棒磨砂、戈壁砂等粗骨料的加入与否及添加量的大小对其输送性能影响很大,因此对金川矿山充填用的水泥也进行了激光粒度测定(表 7.1、表 7.2 和图 7.3)。由此可见,水泥中$-5\mu m$、$-10\mu m$、$-20\mu m$ 的极细颗粒含量(质量分数)分别为 30.34%、46.14%、69.75%,-200 目($-75\mu m$)的极细颗粒含量为 100%。

作为整体考虑,将$-500\mu m$ 计入总质量后换算出棒磨砂、戈壁砂全粒级组成分布如表7.3及图7.4～图7.6所示。

表7.3　金川棒磨砂和戈壁砂的全粒级组成

筛分孔径/mm	总重10kg 棒磨砂			总重10kg 戈壁砂		
	质量/g	分计百分含量/%	累计百分含量/%	质量/g	分计百分含量/%	累计百分含量/%
+20	0.0	0.00	0.00	0.0	0.00	0.00
20～12	16.0	0.16	0.16	4.6	0.05	0.05
12～10	28.5	0.29	0.44	8.2	0.08	0.13
10～8	41.6	0.42	0.86	16.6	0.17	0.30
8～5	372.7	3.73	4.59	728.2	7.28	7.58
5～4	490.8	4.91	9.50	962.4	9.62	17.20
4～3.536	570.7	5.71	15.21	696.9	6.97	24.17
3.536～1.768	1998.0	19.98	35.19	2031.8	20.32	44.49
1.768～0.891	1941.0	19.41	54.60	1842.0	18.42	62.91
0.891～0.707	1662.1	16.62	71.22	1150.6	11.51	74.42
0.707～0.636	380.5	3.81	75.02	365.4	3.65	78.07
0.636～0.445	945.5	9.46	84.48	552.3	5.52	83.59
0.445～0.3	43.8	0.44	84.92	43.0	0.43	84.02
0.3～0.18	358.8	3.59	88.51	383.5	3.84	87.85
0.18～0.15	147.7	1.48	89.99	173.9	1.74	89.59
0.15～0.1	263.9	2.64	92.63	329.3	3.29	92.88
0.1～0.075	147.5	1.47	94.10	184.8	1.85	94.73
0.075～0.05	150.1	1.50	95.60	166.9	1.67	96.40
0.05～0.02	190.5	1.91	97.50	143.9	1.44	97.84
0.02～0.01	73.3	0.73	98.23	48.6	0.49	98.33
0.01～0.005	57.9	0.58	99.81	49.6	0.50	98.83
0.005～0	119.1	1.19	100	117.5	1.17	100

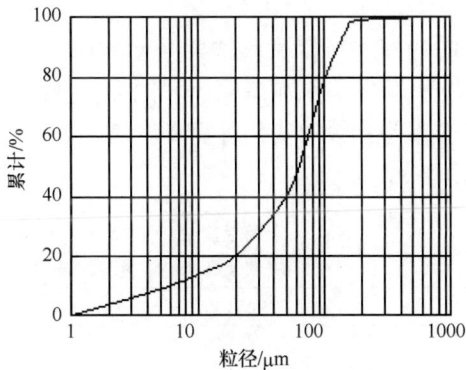

图7.4　金川选厂尾砂粒级分布曲线

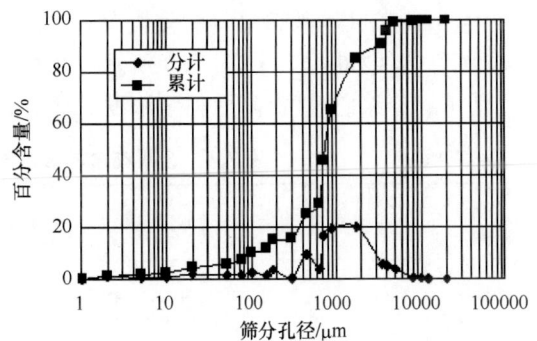

图7.5　金川棒磨砂全粒级分布曲线

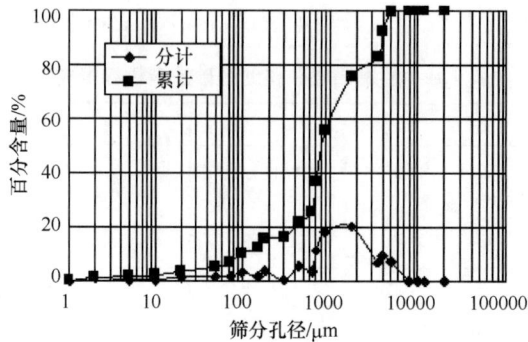

图 7.6　金川矿山采用的戈壁砂全粒级分布曲线

2. 物理化学参数测定

棒磨砂、戈壁砂和充填用尾砂物理参数测定结果见表 7.4,化学成分测试结果见表 7.5。

表 7.4　金川充填物料的物理参数测试结果

物料 \ 参数	密度/(t/m³)	松散容重/(t/m³)	实容重/(t/m³)	孔隙率/%	自然安息角/(°)
棒磨砂	2.693	1.445	1.745	35.20	37.8
戈壁砂	2.660	1.537	1.742	34.51	36.1
尾砂	2.841	1.248	1.477	48.01	35.6

表 7.5　金川矿山充填料化学成分测试结果

物料	化学成分含量/%							
	Fe_2O_3	CaO	MgO	Al_2O_3	SiO_2	S	Ni	Cu
棒磨砂	1.92	3.4	0.87	8.69	74.48	0.024	—	—
戈壁砂	1.97	1.78	0.77	7.96	77.41	0.016	—	—
尾砂	8.73	3.74	23.6	3.1	37.43	0.68	0.21	0.18

7.2.2　尾砂沉降性能测定

金川二矿区尾砂起始质量分数为 40% 的尾砂浆 1# 试样沉降试验结果见表 7.6,各试样的沉降曲线如图 7.7～图 7.9 所示。由此可直观地看出清水净增量、清水总量、料浆量、清水和料浆总量、沉降后料浆浓度、沉降后料浆容重等参数的变化过程及规律。

表 7.6　金川充填尾砂沉降试验 1# 试样记录结果

1# 试样 \ 时间	清水净增量/mL	清水总量/mL	料浆量/mL	总量/mL	沉降后料浆质量分数/%	沉降后料浆容重/(g/cm³)
开始	0	0	949	949	40.00	1.317
10min	520	520	420	940	68.49	1.738
20min	14	534	405	939	69.83	1.768
30min	3	537	402	939	70.13	1.774
40min	1	538	401	939	70.22	1.776

续表

时间 \ 1#试样	清水净增量/mL	清水总量/mL	料浆量/mL	总量/mL	沉降后料浆质量分数/%	沉降后料浆容重/(g/cm³)
50min	0	538	401	939	70.22	1.776
60min	1	539	400	939	70.32	1.778
90min	0	539	400	939	70.32	1.778
120min	1	540	399	939	70.42	1.779
180min	0	540	399	939	70.42	1.779
240min	0	540	398	938	70.42	1.784
360min	0	540	398	938	70.42	1.784
720min	0	540	398	938	70.42	1.784
24h	1	541	398	938	70.52	1.786

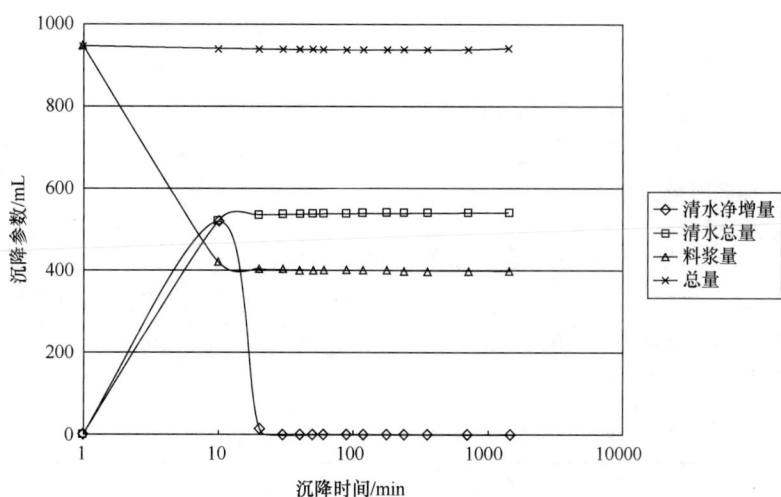

图 7.7 金川矿山全尾砂 1# 试样沉降曲线

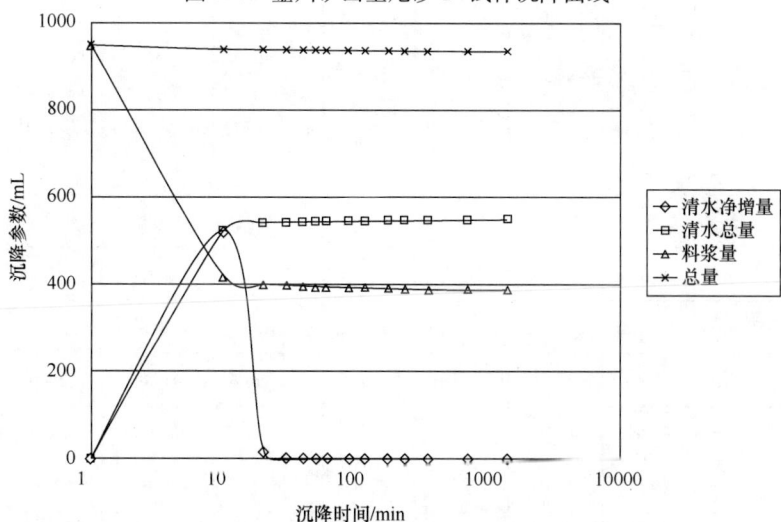

图 7.8 金川矿山全尾砂 2# 试样沉降曲线

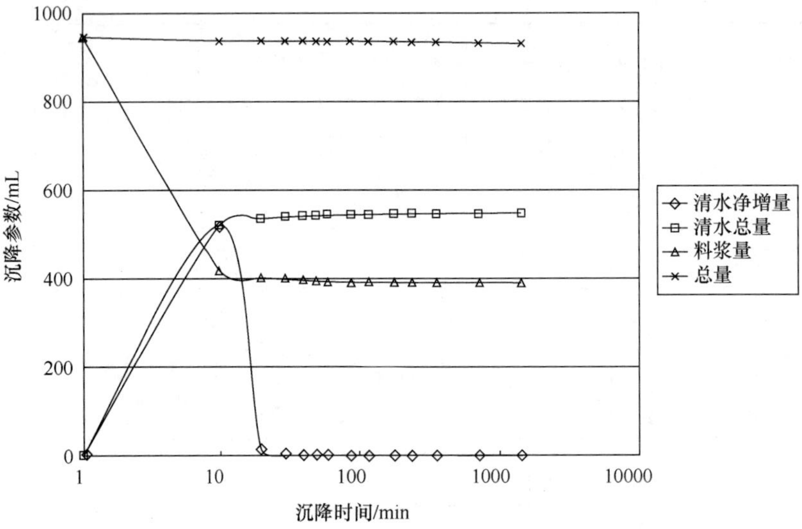

图 7.9　金川矿山全尾砂 3# 试样沉降曲线

7.2.3　充填料浆坍落度测定

对金川的水泥、棒磨砂、戈壁砂、尾砂 4 种材料按不同配比配制了 9 组充填料浆进行坍落度试验，由此获得的试验结果见表 7.7 及图 7.10。由此可见，随着料浆不断地被稀释，料浆坍落度不断增大。各组充填料浆坍落度试验照片如图 7.11～图 7.19 所示。

表 7.7　金川矿山充填料浆坍落度试验结果

组号	1	2	3	4	5	6	7	8	9
灰砂比	1∶4	1∶4	1∶4	1∶4	1∶4	1∶4	1∶4	1∶4	1∶4
集料组成	棒磨砂 100%	戈壁砂 100%	$m_{棒磨砂}$∶$m_{戈壁砂}$= 80∶20	$m_{棒磨砂}$∶$m_{戈壁砂}$= 60∶40	$m_{棒磨砂}$∶$m_{戈壁砂}$= 40∶60	$m_{棒磨砂}$∶$m_{戈壁砂}$∶$m_{尾砂}$=60∶30∶10	$m_{棒磨砂}$∶$m_{戈壁砂}$∶$m_{尾砂}$=50∶30∶20	$m_{棒磨砂}$∶$m_{戈壁砂}$∶$m_{尾砂}$=45∶45∶10	$m_{棒磨砂}$∶$m_{戈壁砂}$∶$m_{尾砂}$=40∶40∶20
质量分数 88%	5cm	7.5cm	干硬性	干硬性	干硬性	干硬性	干硬性	干硬性	干硬性
质量分数 86%	15cm	21.5cm	14cm	21.5cm	22.3cm	15.5cm	5.5cm	12cm	6cm
质量分数 84%	23cm	26.5cm	23.5cm	25.5cm	26.5cm	24cm	18cm	23cm	20cm
质量分数 82%	26cm	27cm	27cm	26.5cm	27.5cm	27cm	25cm	26cm	23.5cm
质量分数 80%	27.5cm	27.3cm	27.7cm	27.5cm	摊开	27.5cm	26.5cm	27cm	26cm
质量分数 78%	27.8cm	摊开	摊开	摊开	摊开	摊开	摊开	摊开	摊开
质量分数 76%	摊开	摊开	摊开	摊开	摊开	摊开	摊开	摊开	摊开

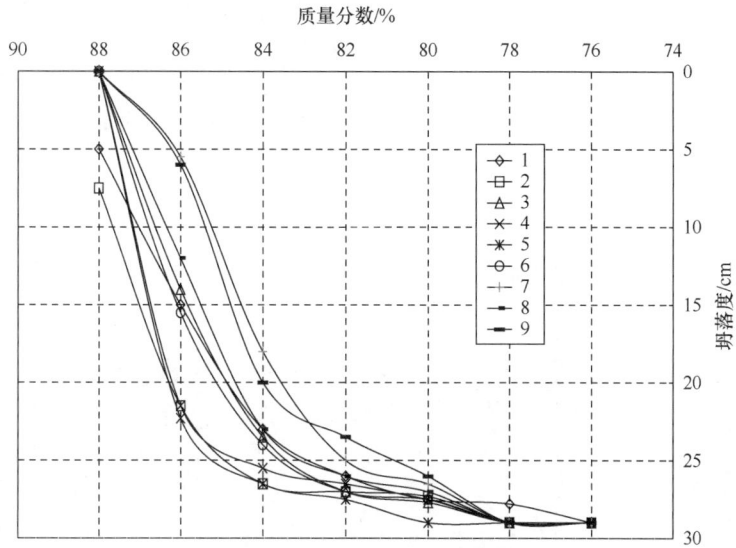

图 7.10　金川矿山充填料浆坍落度试验曲线

图 7.11　灰砂比为 1 ∶ 4 棒磨砂充填料浆坍落度试验
(a)87.3%;(b)86%;(c)84%;(d)82%;(e)80%;(f)78%

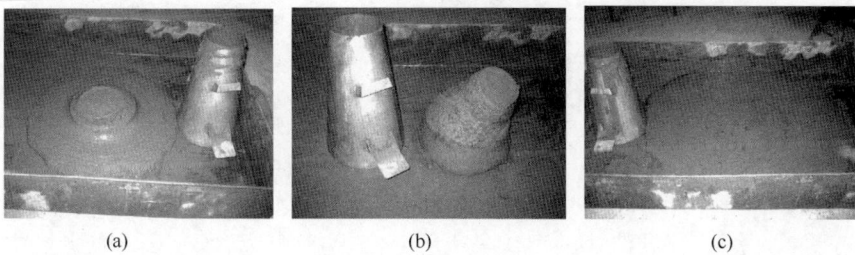

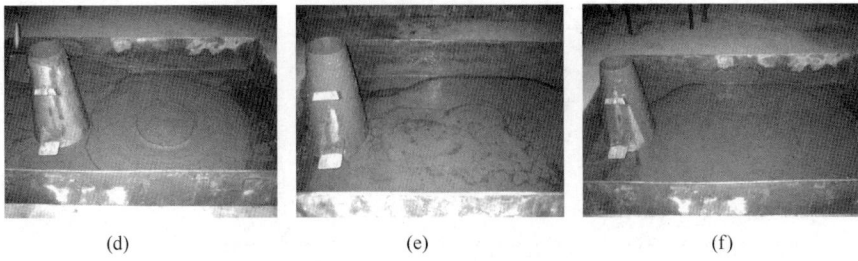

图 7.12　灰砂比为 1∶4 戈壁砂充填料浆坍落度试验
(a)88%；(b)86%；(c)84%；(d)82%；(e)80%；(f)78%

图 7.13　灰砂比为 1∶4、$m_{棒磨砂}$∶$m_{戈壁砂}$＝80∶20 充填料浆坍落度试验
(a)88%；(b)86%；(c)84%；(d)82%；(e)80%；(f)78%

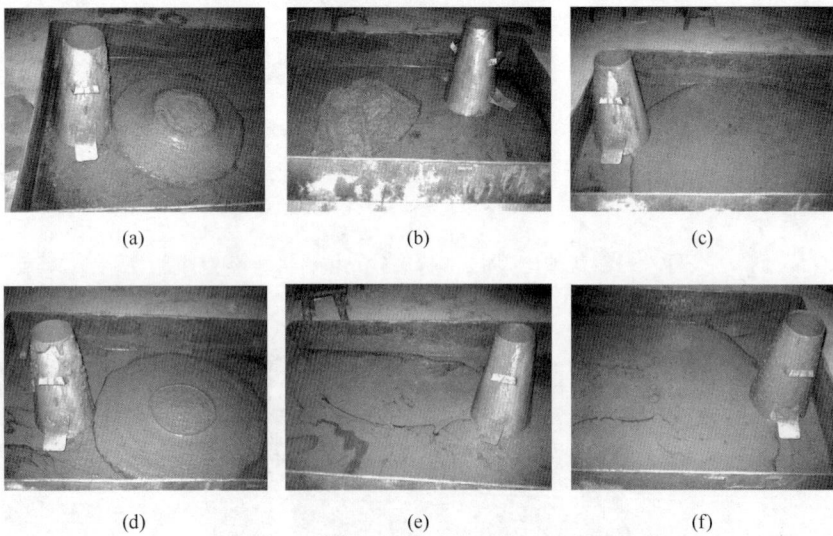

图 7.14　灰砂比为 1∶4、$m_{棒磨砂}$∶$m_{戈壁砂}$＝60∶40 充填料浆坍落度试验
(a)88%；(b)86%；(c)84%；(d)82%；(e)80%；(f)78%

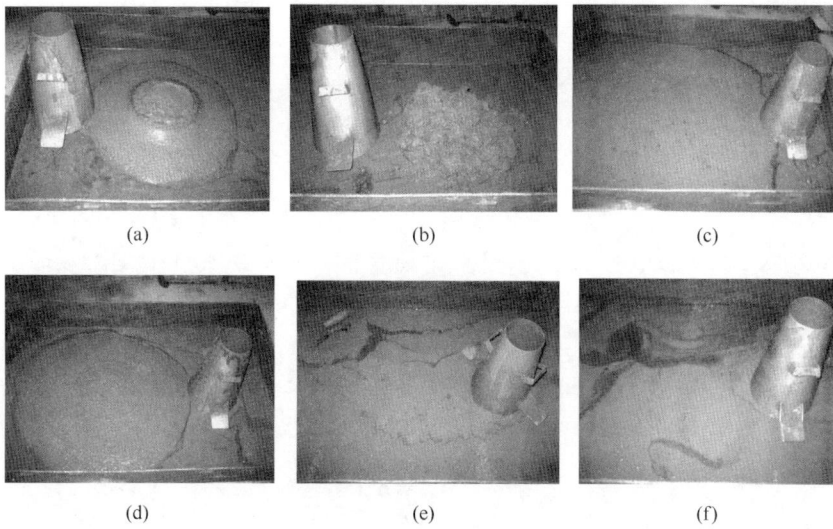

图 7.15　灰砂比为 1∶4、$m_{棒磨砂}$∶$m_{戈壁砂}$＝40∶60 充填料浆坍落度试验
(a)88%；(b)86%；(c)84%；(d)82%；(e)80%；(f)78%

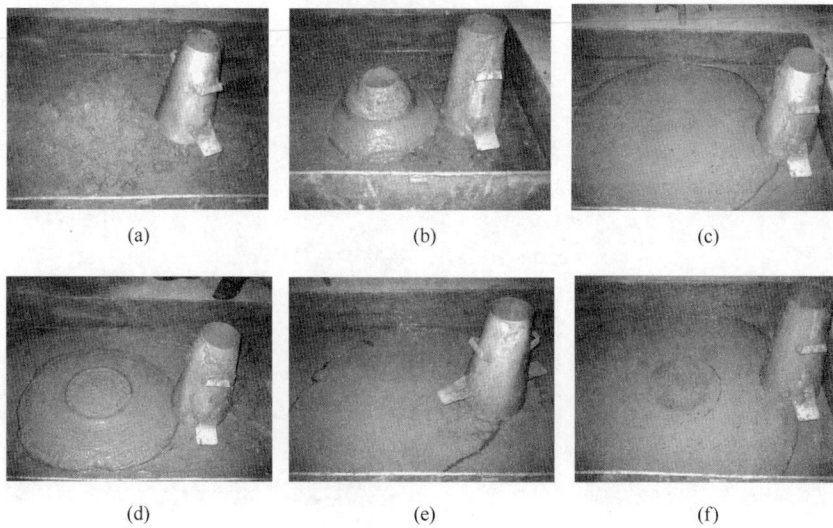

图 7.16　灰砂比为 1∶4、$m_{棒磨砂}$∶$m_{戈壁砂}$∶$m_{尾砂}$＝60∶30∶10 充填料浆坍落度试验
(a)88%；(b)86%；(c)84%；(d)82%；(e)80%；(f)78%

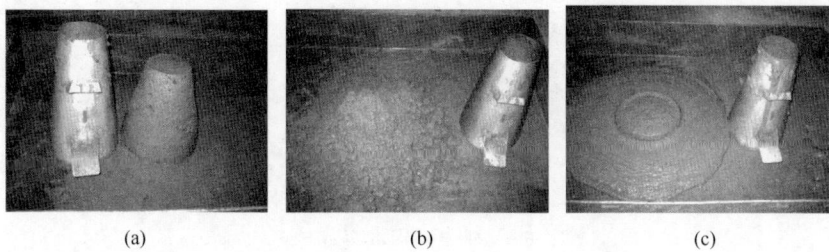

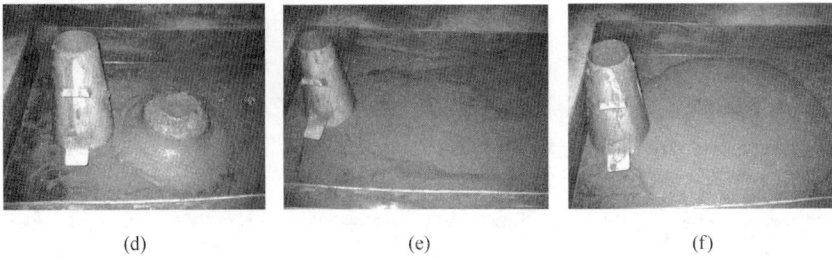

图 7.17　灰砂比为 1：4、$m_{棒磨砂}$：$m_{戈壁砂}$：$m_{尾砂}$＝50：30：20 充填料浆坍落度试验
(a)88％；(b)86％；(c)84％；(d)82％；(e)80％；(f)78％

图 7.18　灰砂比为 1：4、$m_{棒磨砂}$：$m_{戈壁砂}$：$m_{尾砂}$＝45：45：10 充填料浆坍落度试验
(a)88％；(b)86％；(c)84％；(d)82％；(e)80％；(f)78％

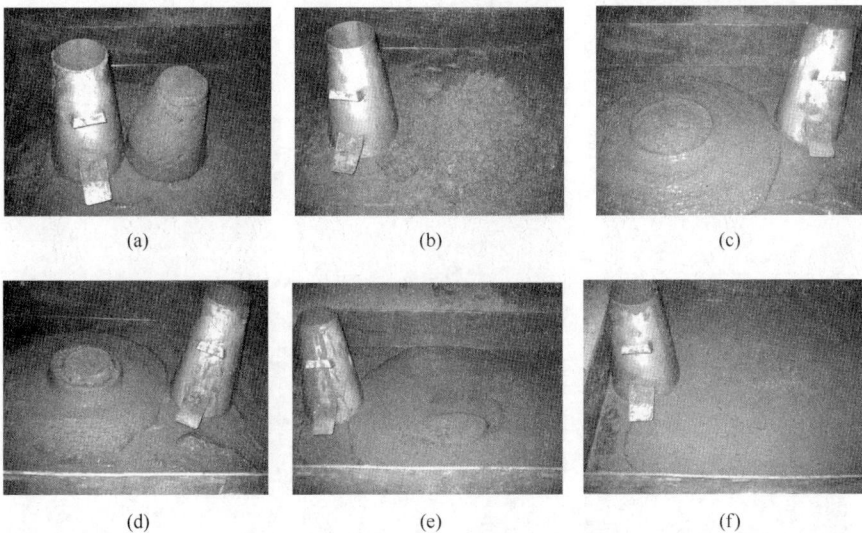

图 7.19　灰砂比为 1：4、$m_{棒磨砂}$：$m_{戈壁砂}$：$m_{尾砂}$＝40：40：20 充填料浆坍落度试验
(a)88％；(b)86％；(c)84％；(d)82％；(e)80％；(f)78％

7.2.4 充填配比强度试验

利用金川的棒磨砂、戈壁料、尾砂分别按不同配合比和二矿区充填用水泥和自来水,根据影响充填体强度的主要因素、坍落度试验和下向进路采矿方法,设计充填料浆灰砂比为 1∶4,料浆质量分数分别为 85%、82%、79%、76% 四组,试模规格为 7.07cm×7.07cm×7.07cm,每组试验进行 3d、7d、28d、60d 四个龄期的强度测试,部分试块如图 7.20 所示,各组配比充填试块单轴抗压强度结果见表 7.8,试块内部断裂面性状如图 7.21 所示。

图 7.20 充填配比强度试验中的部分充填体试块

表 7.8 金川矿山不同配比的充填体强试验结果

序号	充填材料	灰砂比	编号	质量分数/%	试块容重/(g/cm³)				抗压强度/MPa			
					3d	7d	28d	60d	3d	7d	28d	60d
1		1∶4	318—1	85	2.19	2.21	2.22	2.23	3.49	8.14	13.42	17.02
2	水泥、棒磨砂	1∶4	318—2	82	2.16	2.15	2.16	2.19	1.33	3.32	7.20	8.69
3		1∶4	318—3	79	2.16	2.15	2.16	2.18	1.28	2.96	6.80	8.09
4		1∶4	318—4	76	2.14	2.14	2.13	2.17	0.91	2.63	5.43	6.08
5		1∶4	318—5	85	2.22	2.28	2.25	2.23	1.98	5.31	11.14	12.77
6	水泥、戈壁砂	1∶4	318—6	82	2.22	2.27	2.22	2.23	1.88	4.99	9.48	10.82
7		1∶4	318—7	79	2.17	2.20	2.17	2.17	1.23	2.49	5.43	7.43
8		1∶4	318—8	76	2.13	2.11	2.11	2.17	1.21	2.34	3.85	5.61
9	水泥、棒磨砂、戈壁砂,$m_{棒磨砂}$:$m_{戈壁砂}$=8∶2	1∶4	318—9	85	2.19	2.19	2.20	2.21	4.51	7.72	12.62	16.56
10		1∶4	318—10	82	2.19	2.17	2.18	2.19	3.83	5.61	7.64	11.85
11		1∶4	318—11	79	2.18	2.18	2.17	2.17	2.41	3.59	6.15	8.81
12		1∶4	318—12	76	2.12	2.12	2.12	2.12	2.11	3.23	4.15	5.71
13	水泥、棒磨砂、戈壁砂,$m_{棒磨砂}$:$m_{戈壁砂}$=6∶4	1∶4	318—13	85	2.21	2.25	2.26	2.27	5.38	9.09	11.67	17.04
14		1∶4	318—14	82	2.17	2.18	2.17	2.19	3.53	5.44	7.09	10.99
15		1∶4	318—15	79	2.13	2.13	2.15	2.17	2.35	4.26	6.53	8.90
16		1∶4	318—16	76	2.10	2.09	2.11	2.12	1.78	2.82	4.57	6.13

续表

序号	充填材料	灰砂比	编号	质量分数/%	试块容重/(g/cm³)				抗压强度/MPa			
					3d	7d	28d	60d	3d	7d	28d	60d
17	水泥、棒磨砂、	1∶4	318—17	85	2.22	2.22	2.22	2.24	5.46	8.31	12.42	15.98
18	戈壁砂，$m_{棒磨砂}$∶	1∶4	318—18	82	2.16	2.16	2.18	2.20	1.79	4.33	7.91	9.27
19	$m_{戈壁砂}$	1∶4	318—19	79	2.19	2.17	2.16	2.18	1.51	3.45	6.74	8.68
20	＝4∶6	1∶4	318—20	76	2.10	2.10	2.11	2.10	0.88	2.13	4.63	5.18
21	水泥、棒磨砂、	1∶4	318—21	85	2.16	2.19	2.19	2.21	3.36	7.29	11.54	14.04
22	戈壁砂、尾砂，	1∶4	318—22	82	2.16	2.18	2.19	2.18	2.95	6.07	8.95	12.43
23	$m_{棒磨砂}$∶$m_{戈壁砂}$∶$m_{尾砂}$＝	1∶4	318—23	79	2.14	2.13	2.15	2.16	2.39	3.79	6.82	9.80
24	6∶3∶1	1∶4	318—24	76	2.14	2.12	2.12	2.13	1.76	3.44	5.88	8.45
25	水泥、棒磨砂、	1∶4	319—25	85	2.23	2.23	2.25	2.27	5.50	7.83	10.62	14.98
26	戈壁砂、尾砂，	1∶4	319—26	82	2.26	2.23	2.23	2.26	4.58	6.11	8.61	13.48
27	$m_{棒磨砂}$∶$m_{戈壁砂}$∶$m_{尾砂}$	1∶4	319—27	79	2.19	2.21	2.22	2.21	3.06	4.67	7.11	10.73
28	＝5∶3∶2	1∶4	319—28	76	2.19	2.17	2.18	2.17	2.58	3.84	6.75	10.01
29	水泥、棒磨砂、戈	1∶4	319—29	85	2.33	2.27	2.26	2.27	5.57	8.11	12.98	16.82
30	壁砂、尾砂，	1∶4	319—30	82	2.27	2.26	2.24	2.26	4.73	6.06	8.99	11.19
31	$m_{棒磨砂}$∶$m_{戈壁砂}$∶$m_{尾砂}$	1∶4	319—31	79	2.20	2.19	2.19	2.21	3.08	4.87	7.30	9.13
32	＝4.5∶4.5∶1	1∶4	319—32	76	2.20	2.19	2.19	2.20	2.86	4.79	6.62	8.45
33	水泥、棒磨砂、	1∶4	319—33	85	2.20	2.21	2.21	2.22	4.32	6.11	7.21	11.82
34	戈壁砂、尾砂，	1∶4	319—34	82	2.18	2.17	2.19	2.19	3.42	5.21	7.15	11.15
35	$m_{棒磨砂}$∶$m_{戈壁砂}$∶$m_{尾砂}$＝	1∶4	319—35	79	2.14	2.16	2.18	2.17	2.81	4.33	6.20	8.81
36	4∶4∶2	1∶4	319—36	76	2.13	2.11	2.15	2.15	2.37	3.77	5.43	7.51

1#　　　　　2#　　　　　3#　　　　　4#

5#　　　　　6#　　　　　7#　　　　　8#

| 9# | 10# | 11# | 12# |

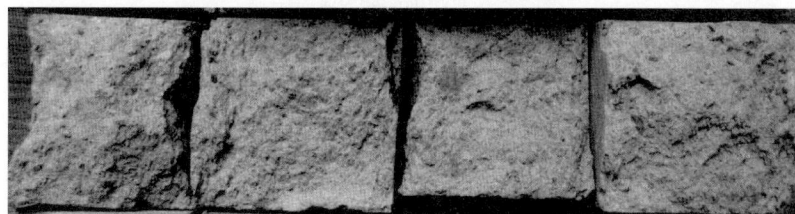

| 13# | 14# | 15# | 16# |

| 17# | 18# | 19# | 20# |

| 21# | 22# | 23# | 24# |

| 25# | 26# | 27# | 28# |

| 29# | 30# | 31# | 32# |

33#　　　　　　34#　　　　　　35#　　　　　　36#

图 7.21　试块内部断裂面性状

$1^{\#}.m_{水泥}:m_{棒磨砂}=1:4$,质量分数 85%;$2^{\#}.m_{水泥}:m_{棒磨砂}=1:4$,质量分数 82%;

$3^{\#}.m_{水泥}:m_{棒磨砂}=1:4$,质量分数 79%;$4^{\#}.m_{水泥}:m_{棒磨砂}=1:4$,质量分数 76%;

$5^{\#}.m_{水泥}:m_{戈壁砂}=1:4$,质量分数 85%;$6^{\#}.m_{水泥}:m_{戈壁砂}=1:4$,质量分数 82%;

$7^{\#}.m_{水泥}:m_{戈壁砂}=1:4$,质量分数 79%;$8^{\#}.m_{水泥}:m_{戈壁砂}=1:4$,质量分数 76%;

$9^{\#}.m_{棒磨砂}:m_{戈壁砂}=80:20$,质量分数 85%;$10^{\#}.m_{棒磨砂}:m_{戈壁砂}=80:20$,质量分数 82%;

$11^{\#}.m_{棒磨砂}:m_{戈壁砂}=80:20$,质量分数 79%;$12^{\#}.m_{棒磨砂}:m_{戈壁砂}=80:20$,质量分数 76%;

$13^{\#}.m_{棒磨砂}:m_{戈壁砂}=60:40$,质量分数 85%;$14^{\#}.m_{棒磨砂}:m_{戈壁砂}=60:40$,质量分数 82%;

$15^{\#}.m_{棒磨砂}:m_{戈壁砂}=60:40$,质量分数 79%;$16^{\#}.m_{棒磨砂}:m_{戈壁砂}=60:40$,质量分数 76%;

$17^{\#}.m_{棒磨砂}:m_{戈壁砂}=40:60$,质量分数 85%;$18^{\#}.m_{棒磨砂}:m_{戈壁砂}=40:60$,质量分数 82%;

$19^{\#}.m_{棒磨砂}:m_{戈壁砂}=40:60$,质量分数 79%;$20^{\#}.m_{棒磨砂}:m_{戈壁砂}=40:60$,质量分数 76%;

$21^{\#}.m_{棒磨砂}:m_{戈壁砂}:m_{尾砂}=60:30:10$,质量分数 85%;$22^{\#}.m_{棒磨砂}:m_{戈壁砂}:m_{尾砂}=60:30:10$,质量分数 82%;

$23^{\#}.m_{棒磨砂}:m_{戈壁砂}:m_{尾砂}=60:30:10$,质量分数 79%;$24^{\#}.m_{棒磨砂}:m_{戈壁砂}:m_{尾砂}=60:30:10$,质量分数 76%;

$25^{\#}.m_{棒磨砂}:m_{戈壁砂}:m_{尾砂}=50:30:20$,质量分数 85%;$26^{\#}.m_{棒磨砂}:m_{戈壁砂}:m_{尾砂}=50:30:20$,质量分数 82%;

$27^{\#}.m_{棒磨砂}:m_{戈壁砂}:m_{尾砂}=50:30:20$,质量分数 79%;$28^{\#}.m_{棒磨砂}:m_{戈壁砂}:m_{尾砂}=50:30:20$,质量分数;

$29^{\#}.m_{棒磨砂}:m_{戈壁砂}:m_{尾砂}=45:45:10$,质量分数 85%;$30^{\#}.m_{棒磨砂}:m_{戈壁砂}:m_{尾砂}=45:45:10$,质量分数 82%;

$31^{\#}.m_{棒磨砂}:m_{戈壁砂}:m_{尾砂}=45:45:10$,质量分数 79%;$32^{\#}.m_{棒磨砂}:m_{戈壁砂}:m_{尾砂}=45:45:10$,质量分数 76%;

$33^{\#}.m_{棒磨砂}:m_{戈壁砂}:m_{尾砂}=40:40:20$,质量分数 85%;$34^{\#}.m_{棒磨砂}:m_{戈壁砂}:m_{尾砂}=40:40:20$,质量分数 82%;

$35^{\#}.m_{棒磨砂}:m_{戈壁砂}:m_{尾砂}=40:40:20$,质量分数 79%;$36^{\#}.m_{棒磨砂}:m_{戈壁砂}:m_{尾砂}=40:40:20$,质量分数 76%

7.2.5　小结

1. 充填物料的粒径组成

对于级配良好的充填料,理想状态应该是孔隙率最小,密实性最大,结构紧凑致密。金川矿山尾砂平均粒径 $d_v=64.55\mu m$,$d_{10}=5.90\mu m$、$d_{50}=62.18\mu m$、$d_{90}=124.35\mu m$,不均匀系数 $a_2=d_{60}/d_{10}=5.32$,级配良好,其中$-20\mu m$ 细颗粒含量为 20.24%,在 3~5h 基本上可以达到最大沉降浓度。24h 最大沉降质量分数为 70.52%~71.23%,平均为 70.96%,沉降后重为 1.786~1.817g/cm^3,平均为 1.806g/cm^3。尾砂细颗粒成分能够较为合理地与棒磨砂、戈壁砂的较粗颗粒搭配组合,从而有利于充填体力学特性的提高。

金川对充填用棒磨砂及戈壁砂制定了相关技术标准,要求泥质含量不大于 7%。从试验取样粒度测定结果可知,棒磨砂$-50\mu m$ 含量为 2.5%、$-20\mu m$ 含量为 1.77%,戈壁砂$-50\mu m$ 含量为 2.16%、$-20\mu m$ 含量为 1.67%,其含泥量均达到技术标准要求。由于水泥$-20\mu m$ 含量达 69.75%,在灰砂比为 1:4 的水泥添加量时,集料中尾砂添加比例为 0~20%、$m_{棒磨砂}:m_{戈壁砂}$ 为 0~100% 的条件下,混合充填物料中$-20\mu m$ 含量均大于 15%,所以均能制备出粒度组成、保水性能及输送良好的充填料浆。

2. 充填料浆的坍落度

从充填料浆坍落度试验结果可知,当料浆质量分数为 88% 时为干硬性,料浆均不具流动性,其质量分数为 86% 时料浆为泥塑状,各配比料浆的坍落度范围在 5.5~22.3cm,仍不具流动性,质量分数为 84% 时初具流动性。当质量分数降为 82%、80%、78% 时,各配比料浆坍落度范围为 23.5~27.5cm,料浆流动性明显改善,基本无不良现象(严重离析、泌水)发生。当质量分数降为 76% 及以下时,料浆的保水性能降低,已有泌出水迅速增加的迹象,当质量分数低于 76% 时,各配比料浆水砂分离,并出现较严重离析现象。所以实际生产中根据充填物料配比所能选择的合理充填料浆浓度范围较小,在试验各组配比条件下,合理的质量分数范围为 78%~80%。

3. 充填试块的强度特征

金川充填材料的选择必须以满足下向进路充填采矿法对充填质量的要求为前提,即充填体强度 $R_{3d} > 1.5\text{MPa}$, $R_{7d} > 2.5\text{MPa}$, $R_{28d} > 5.0\text{MPa}$;同时能实现充填料浆的顺利输送,充填料来源可靠、成本低廉,以满足大规模充填的要求。通过对充填用尾砂、棒磨砂、戈壁砂的不同添加比例进行强度试验,可得出以下结论。

1) 充填体强度特征

各组配比试验中棒磨砂与戈壁砂比例为 0~100%,尾砂所占比例为 0~20%,灰砂比均为 1:4,当充填料浆质量分数为 79% 时,试块 3d 强度为 1.226~3.08MPa,7d 强度为 2.486~4.873MPa,28d 强度为 5.433~7.3MPa,60d 强度为 7.426~10.726MPa。除个别配比 3d 强度外,其余充填试块强度均满足采矿方法要求,所以金川充填集料选择余地较大。目前高浓度自流系统所用集料为棒磨砂及戈壁砂,膏体泵送系统为棒磨砂、戈壁砂及尾砂,可考虑用戈壁砂更多地代替棒磨砂以实现"以筛代磨",从而降低充填成本并减轻充填料浆对管道的磨损。

2) 充填集料组成及强度特征

(1) 适当添加尾砂有利于改善充填试块内部结构。在充填料浆质量分数低于 79% 时,适当添加尾砂可较大幅度地提高试块早期强度,配比 6~9 组试块 3d 强度明显大于不添加尾砂的配比 1~5 组。而当充填料浆质量分数达到 82% 及以上时,此种作用明显减弱。分析其原因是当为 79% 及以下时,不添加尾砂的料浆明显产生分层及粗细骨料离析现象,而添加适量尾砂后,此种现象明显降低。水泥及尾砂比表面积远大于棒磨砂等粗集料。所以其表观浓度显得更高,料浆保水性及抗离析性能更好,试块断面更为均匀、密实。

(2) 浓度的提高对试块强度影响极大。当充填料浆质量分数从 76% 提高至 85% 时,试块各龄期强度均大幅度提高,早期强度提高幅度达 100% 以上。质量分数提高可减少充填料浆离析,降低充填料浆在采场中的脱(泌)水率,提高充填体的整体性。各组配比料浆质量分数从 76% 提高至 82% 时,充填料浆泌水体积比从 10%~12% 降低至 3%~5%。

(3) 试块长时强度普遍增幅较大。试块 60d 强度较 28d 强度增长幅度平均达 35.13%。9 组配比中即使充填料浆质量分数为 76%,其 60d 强度均达到了 5MPa 以上。质量分数达到 82% 及以上时,各组试块 60d 强度普遍达到 10MPa,配比 $4m_{棒磨砂}:m_{戈壁砂}$

为 6∶4、质量分数为 85%、灰砂比为 1∶4 时,试块 60d 强度达到 17.04MPa。

7.3　充填料浆输送性能研究

充填料浆能否顺利实现管道输送受多种因素影响,包括充填料粒级组成、充填料浆浓度、充填料浆输送量、充填管道直径及材质、充填倍线及管网布置等。

7.3.1　充填料浆流变参数测定

为了确定充填料浆的输送性能,为充填管网设计提供理论计算依据,在实验室有选择性地进行了配比 1、配比 2、配比 4、配比 6、配比 9 等 5 组充填料浆自流输送试验。图 7.22～图 7.26 分别为配比 1、配比 2、配比 6 和配比 9 组的充填料浆自流输送试验照片。

图 7.22　配比 1 水泥∶棒磨砂＝1∶4 料浆流动情况

(a)质量分数 85%料浆管口流动状态;(b)料浆停止流动后竖管中的料浆柱;(c)料浆在料箱中的流动状态;
(d)质量分数 82%料浆管口流动状态;(e)料浆停止流动后竖管中的料浆柱;(f)料浆在料箱中的流动状态;
(g)质量分数 79%坍落度 27.8cm;(h)料浆管口流动状态;(i)料浆在料箱中的流动状态;(j)质量分数 76%
料浆摊开;(k)料浆管口流动状态;(l)料浆在料箱中的流动状态

图 7.23　配比 $2m_{水泥}$：$m_{戈壁砂}$＝1：4 料浆流动情况

(a)质量分数 85％料浆管口流动状态；(b)料浆停止流动后竖管中的料浆柱；(c)料浆在料箱中的流动状态；(d)质量分数 82％料浆坍落度 27cm；(e)料浆管口的流动状态；(f)料浆在料箱中的流动状态；(g)质量分数 79％料浆坍落度 27.3cm；(h)料浆管口的流动状态；(i)料浆在料箱中的流动状态；(j)76％料浆管口流动状态；(k)料浆在料箱中的流动状态

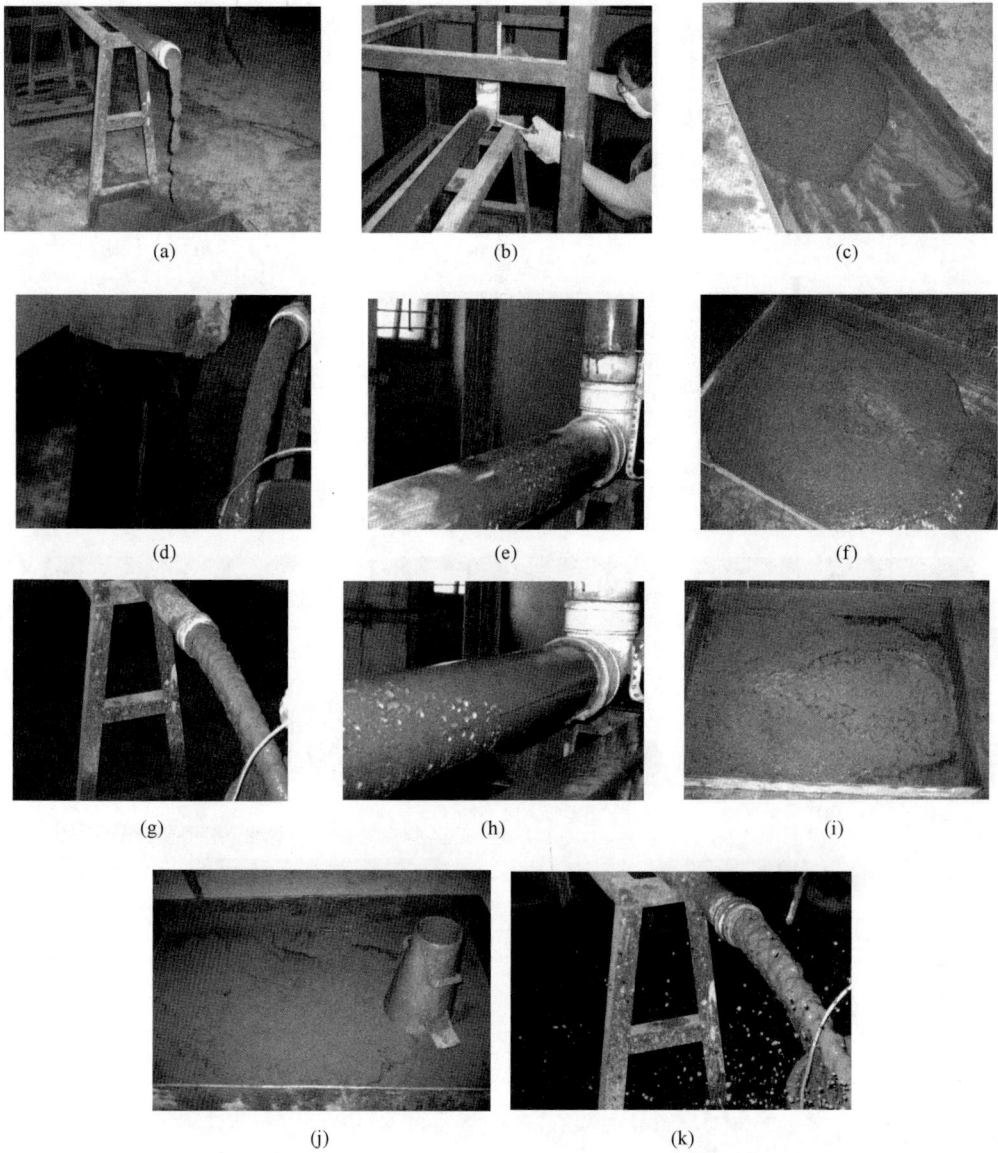

图 7.24　配比 4 集料中 $m_{棒磨砂}：m_{戈壁砂}=60：40$ 料浆流动情况

(a)质量分数 85%料浆管口流动状态；(b)料浆停止流动后竖管中的料浆柱；(c)料浆在料箱中的流动状态；
(d)质量分数 82%料浆管口流动状态；(e)料浆停止流动后竖管中的料浆柱；(f)料浆在料箱中的流动状态；
(g)质量分数 79%料浆管口流动状态；(h)料浆停止流动后竖管中的料浆柱；(i)料浆在料箱中的流动状态；
(j)质量分数 76%料浆摊开；(k)料浆管口流动状态

图 7.25　配比 6 集料中 $m_{棒磨砂}$：$m_{戈壁砂}$：$m_{尾砂}$＝6：3：1 料浆流动情况

(a)质量分数 85％料浆坍落度 24cm；(b)料浆管口流动状态；(c)料浆在料箱中的流动状态；(d)质量分数 82％
料浆管口流动状态；(e)料浆停止流动后竖管中的料浆柱；(f)料浆在料箱中的流动状态；(g)质量分数 79％料
浆管口流动状态；(h)料浆停止流动后竖管中的料浆柱；(i)料浆在料箱中的流动状态；(j)质量分数 76％料浆
开；(k)料浆管口流动状态；(l)料浆在料箱中的流动状态

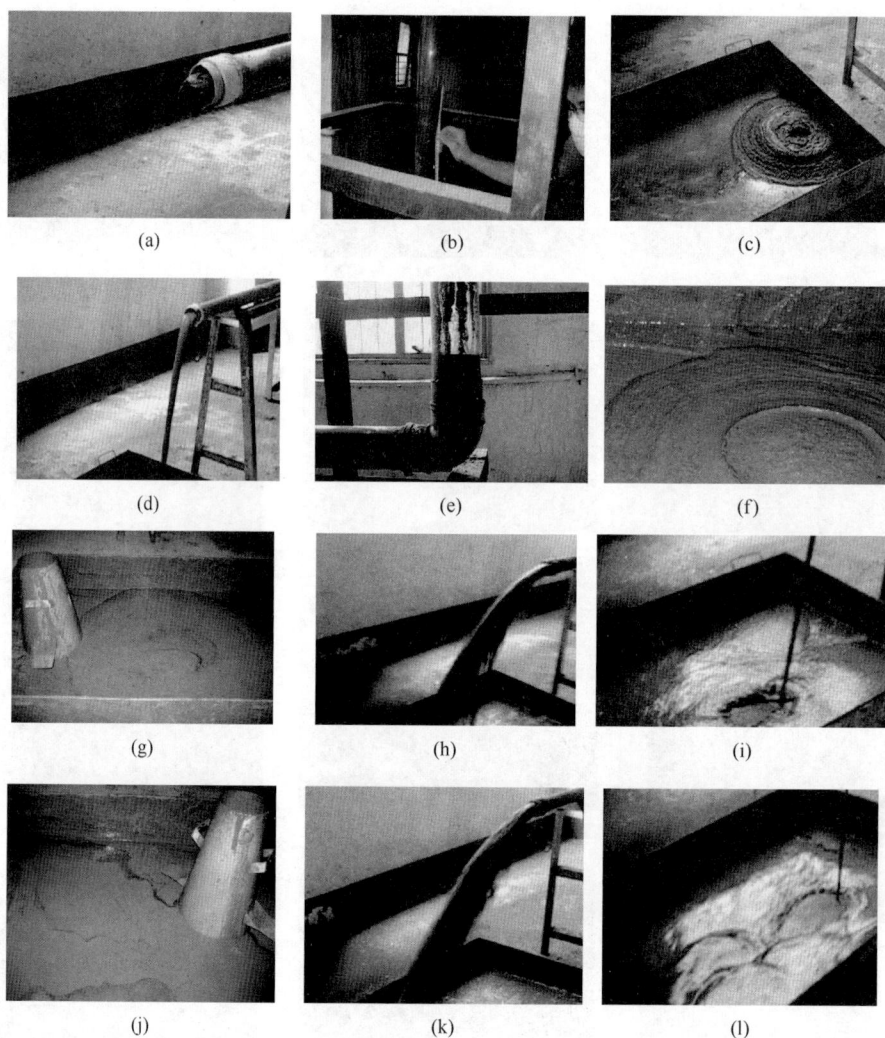

图 7.26　配比 9 集料中 $m_{棒磨砂}$：$m_{戈壁砂}$：$m_{尾砂}$＝4：4：2 料浆流动情况

(a)质量分数 85％料浆坍落度 24cm；(b)料浆管口流动状态；(c)料浆在料箱中的流动状态；(d)质量分数 82％料浆管口流动状态；(e)料浆停止流动后竖管中的料浆柱；(f)料浆在料箱中的流动状态；(g)质量分数 79％料浆坍落度 26cm；(h)料浆管口流动状态；(i)料浆在料箱中的流动状态；(j)质量分数 76％料浆开；(k)料浆管口流动状态；(l)料浆在料箱中的流动状态

7.3.2　充填料浆输送阻力分析

含有一定比例的 $-20\mu m$ 细颗粒的充填料浆，当浓度较高、坍落度为 $18\sim20cm$ 以上时，其流变特性既不同于牛顿流体，也不同于其他固体颗粒和水组成的固液两相流。牛顿流体无抗剪切强度。当沿管道流动且流速较低时为层流；流速较高时则为紊流，其流动阻力主要与其黏度及流速有关。其 $\tau-\dfrac{dv}{dy}$ 曲线为一过坐标原点的直线。固液两相流沿管道流动则完全处于紊流状态，固体颗粒必须在水流的带动下呈悬浮、跳跃、滑动或滚动等方式向前运动,其显著特征是液体(水)的流速与固体颗粒流速存在差异。一旦管内流速降低到临界流速以下,固体颗粒在自重作用下沉淀于管道底部,在管道中产生分层、离析。

高浓度充填料浆的流变特性可用宾汉流体来描述,在压力条件下沿管道流动时的受力如图7.27所示。流体具有一定的初始抗剪切变形能力,当沿管道流动时产生摩擦阻力为

$$\tau = \tau_0 + \eta \frac{dv}{dy} \tag{7-1}$$

式中:τ——管壁剪切应力,Pa;

　　τ_0——初始剪切应力(或屈服剪切应力)Pa;

　　η——黏性系数,Pa·s;

　　dv/dy——剪切速率,s^{-1}。

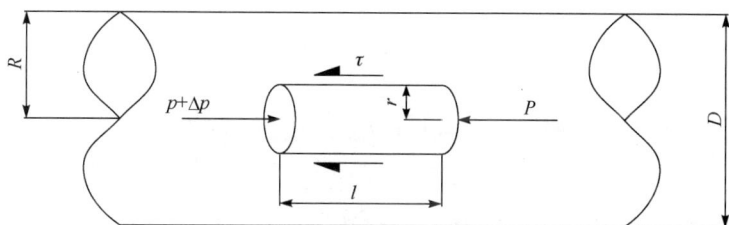

图7.27　输送管道内流体受力图

取长度为l,半径为r的一段圆柱体,其受力平衡方程式为

$$(p + \Delta p)\pi r^2 = p\pi R^2 + 2\pi R \cdot l \tag{7-2}$$

即

$$\tau_r = \Delta p \frac{r}{2l} \tag{7-3}$$

将式(7-1)代入式(7-3)得

$$\frac{dv}{dr} = \frac{1}{\eta}\left(\frac{\Delta p \cdot r}{2l} - \tau_0\right) \tag{7-4}$$

对r进行积分,且在边界条件$r = R$时,$V = 0$,可求得流速在管内的分布函数为

$$V = \frac{1}{\eta}\left[\frac{\Delta p}{4l}(R^2 - r^2) - \tau_0(R - r)\right] \tag{7-5}$$

式中,Δp——长度为l时的流体两端压力差;

　　R——管道半径。

由式(7-5)可知,管内不同地点的流体其剪切速率及剪切应力随r值的变化而变化。当$r = R$即在管壁内,剪切速率及剪切应力达到最大,而越靠近管道中心,两者越小。当剪切应力小于流体屈服应力τ_0时,其剪切速度为0。

根据式(7-4),令$dv/dr = 0$,可得出其范围为

$$r_0 = \tau_0 \frac{2\Delta p}{l} = 2\tau_0/i \tag{7-6}$$

式中,i——单位管道长度的压力损失,即输送阻力,Pa/m。

由式(7-5)可知,宾汉流体在管道内流动时,其流速分布不像牛顿流体那样呈抛物线分布,而是在 $r < r_0$ 的范围内流速相同,即在该范围内流体自身不产生相对运动,不同半径处的流层之间不产生质点交换,即产生所谓的柱塞流或称"结构流"。

宾汉流体在整个管道中的流速分布还与管径有关。当 $R > r_0$ 时,只是在管道中心产生柱塞流或"结构流"。而当 $R \leqslant r_0$ 时,则流速在整个管道内均匀分布,即形成整管柱塞流或"结构流",如图7.28所示。

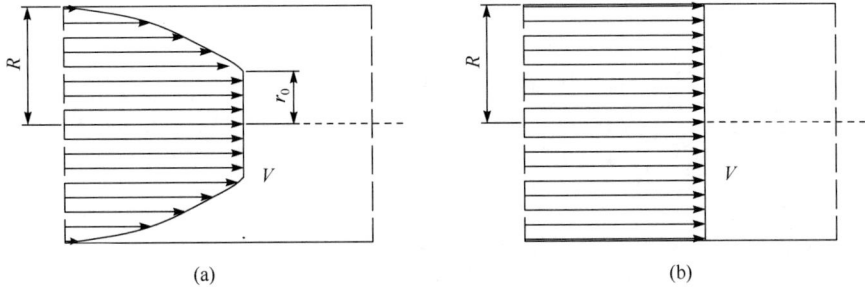

图 7.28　宾汉体管内流动时流速分布图
$(a)R > r_0$;$(b)R \leqslant r_0$

在柱塞流或"结构流"的范围内,流体质点既不产生相对运动又不发生质点交换,从而可减少输送过程的内摩擦损失,流体沿管道的流动只是沿管壁的"滑移"。由大量生产实践证实,含有细微颗粒的料浆沿管道输送时,由于压力作用,浆体物质及细微颗粒被挤向外层,从而在管壁形成一个润滑层,从而显著降低管道输送阻力。

由于宾汉流体的上述输送特性,特别是由于其屈服剪切应力 τ_0 的存在,在管内流速较小甚至停止流动的状态下,充填料中的粗颗粒也不会产生沉降、离析等不良现象,即料浆具有良好的稳定性,堵管的危险性小,从而与固液两相流的流动状态具有根本区别。宾汉流体的上述输送特性构成全尾砂结构流体充填的理论基础。

根据宾汉流变方程(7-1),并考虑管道全断面具有流速 V,根据伯努利方程可得出方程式:

$$\frac{8V}{D} = \left(\frac{\tau}{\eta}\right)\left[1 - \frac{4}{3}\left(\frac{\tau_0}{\tau}\right) + \frac{1}{3}\left(\frac{\tau_0}{\tau}\right)^4\right] \tag{7-7}$$

一般认为 τ_0/τ 高次幂很小,可以忽略,故可得出近似的管壁剪切应力

$$\tau = \frac{4}{3}\tau_0 + 8\eta\frac{V}{D} \tag{7-8}$$

式中,D——管道直径,m。

实验室充填料浆自流输送试验装置结构尺寸如图7.29所示,充填料浆在流动时的受力状态如图7.30所示。根据能量守恒定律,可得出如下公式:

$$P_0 + P_g = P_l + P' \tag{7-9}$$

式中,P_0——进口处压力,由下式计算:

$$P_0 = \gamma h'\frac{\pi}{4}D^2 \tag{7-10}$$

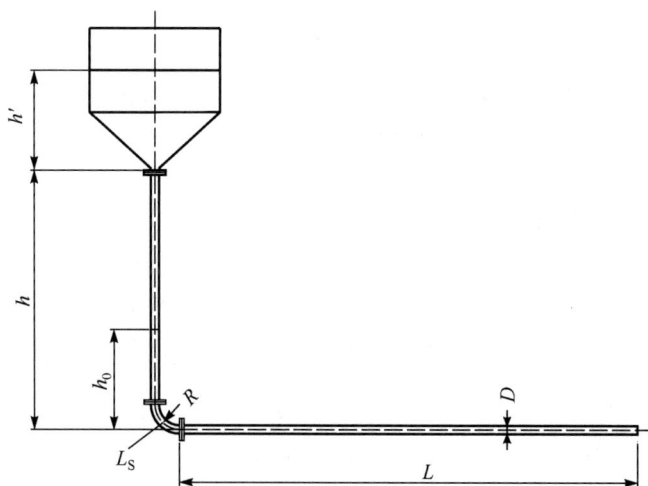

图 7.29　自流输送试验装置结构尺寸图

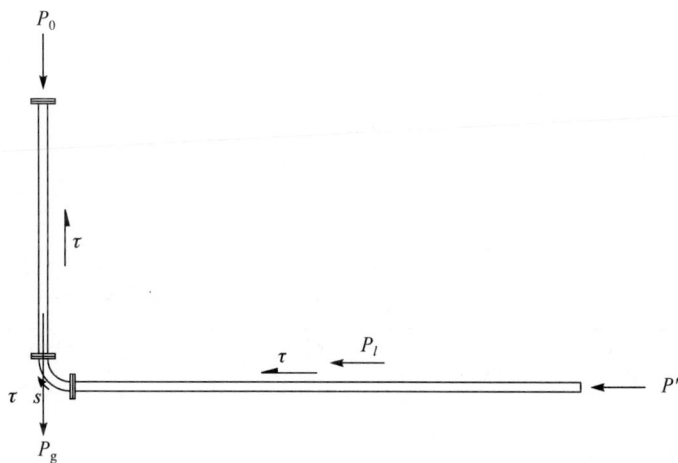

图 7.30　管内流体受力分析图

P_g——料浆自重压力,由下式计算:

$$P_g = \gamma \cdot h \frac{\pi}{4} D^2 \qquad (7\text{-}11)$$

P_l——沿程阻力损失,由下式计算:

$$P_l = P_{直} + P_{局} = \tau(t+L)\pi D + \sum_{i=1}^{n} \xi_i \gamma \frac{V^2}{2g} \qquad (7\text{-}12)$$

P'——出口压力损失,由下式计算:

$$P' = \gamma \frac{V^2}{2g} \cdot \frac{\pi}{4} D^2 \qquad (7\text{-}13)$$

式中,γ——料浆密度,N/m^3;

V——料浆流速,m/s;

g——自重加速度，9.8m/s²；

ξ_i——局部阻力损失系数。

沿程损失中的局部损失一项包括弯管损失、接头损失等，计算较为繁杂。为了简化，一般取其为直管损失的10%～20%，在数据计算时取10%。

则将上述各项代入式(7-9)，化简后得

$$\frac{\gamma D}{4}(h+h') = 1.10\,\tau(h+L) + \gamma\frac{V^2 \cdot D}{8g} \tag{7-14}$$

随着试验过程的进行，料斗内料浆料面下降，流速逐渐降低，最终停止流动时，竖管内料柱高度为h_0，料浆自重压力与管道静摩擦阻力相平衡，这时即可按以下公式计算料浆的屈服剪切应力：

$$\tau_0 = \frac{\gamma \cdot h_0 D}{4(h_0 + L)} \tag{7-15}$$

试验过程中分别配制不同浓度的全尾砂充填料浆，测定其坍落度与料浆容重，同时测定计算充填料浆在管道中的流速V，则根据式(7-14)和式(7-15)即可分别计算相应的τ_0、τ。同时根据式(7-8)可计算出料浆的黏性系数η，即

$$\eta = \frac{(3\tau - 4\tau_0) \cdot D}{24V} \tag{7-16}$$

本次试验装置，$h=1.2$m，$h'=0.24$m，$D=0.06$m，$L=2.06$m。

将测试数据与试验装置几何参数代入以上各式，即求得金川矿山不同浓度充填料浆流变参数见表7.9。

表7.9　金川矿山充填料浆流动性试验结果及输送流变参数测定值

配比	质量分数/%	坍落度/cm	料浆容重/(t/m³)	流速/(m/s)	静止料柱高度/cm	料浆流变参数	
						屈服应力 τ_0/Pa	黏性系数 η/(Pa·s)
配比1	85	23	2.115	0.181	14.5	20.4450	3.8891
	82	26	2.066	1.080	7.5	10.6687	0.6958
	79	27.8	1.907	1.801	3.5	4.6833	0.3855
	76	摊开	1.904	2.445	2	2.6912	0.2632
配比2	85	26.5	2.12	0.357	12.5	17.8284	2.0451
	82	27	2.049	1.441	7	9.8987	0.5037
	79	27.3	1.961	2.076	3	4.1378	0.3287
	76	摊开	1.957	2.712	1.5	2.0796	0.2330
配比4	85	25.5	2.141	0.230	25	34.0614	2.4363
	82	26.5	2.07	1.233	7.8	11.1013	0.5820
	79	27.5	2.028	1.975	3.5	4.9805	0.3539
	76	摊开	1.908	2.207	2.5	3.3630	0.2989

续表

配比	质量分数/%	坍落度/cm	料浆容重/(t/m³)	流速/(m/s)	静止料柱高度/cm	料浆流变参数	
						屈服应力 τ_0/Pa	黏性系数 η/(Pa·s)
配比6	85	24	2.108	0.000	46.6	57.1664	1922.4390
	82	27	2.056	0.967	11	15.3205	0.7255
	79	27.5	1.91	1.982	5	6.6533	0.3247
	76	摊开	1.898	2.070	3	4.0049	0.3193
配比9	85	20	2.157	0.000	53	64.8849	1582.9301
	82	23.5	2.074	0.687	18	24.4991	0.9018
	79	26	1.954	1.622	5.5	7.4695	0.4227
	76	摊开	1.952	1.848	3.5	4.7938	0.3769

根据不同浓度全尾砂充填料浆流变参数,分别按以下计算公式计算出不同充填料浆浓度、流量及输送管道内径时的输送阻力及可实现顺利输送的充填倍线。

料浆流速 V(m/s)为

$$V = \frac{Q}{3600 \times \frac{\pi}{4}D^2} \tag{7-17}$$

式中,V——料浆流速,m/s;

Q——充填料浆流量,m³/h。

不同流量及管道内径时充填料浆流速见表7.10。

表7.10 不同料浆流量及管径时料浆流速计算表

管道内径/mm	料浆流速/(m/s)											
	40m³/h	50m³/h	60m³/h	70m³/h	80m³/h	90m³/h	100m³/h	110m³/h	120m³/h	130m³/h	140m³/h	150m³/h
80	2.212	2.765	3.317	3.870	4.423	4.976	5.529	6.082	6.635	7.188	7.741	8.294
90	1.747	2.184	2.621	3.058	3.495	3.932	4.369	4.805	5.242	5.679	6.116	6.553
100	1.415	1.769	2.123	2.477	2.831	3.185	3.539	3.892	4.246	4.600	4.954	5.308
110	1.170	1.462	1.755	2.047	2.340	2.632	2.924	3.217	3.509	3.802	4.094	4.387
125	0.906	1.132	1.359	1.585	1.812	2.038	2.265	2.491	2.718	2.944	3.171	3.397
140	0.722	0.903	1.083	1.264	1.444	1.625	1.805	1.986	2.166	2.347	2.528	2.708
150	0.629	0.786	0.944	1.101	1.258	1.415	1.573	1.730	1.887	2.045	2.202	2.359

管道单位长度流动阻力 i(Pa/m)为

$$i = \frac{16\tau_0}{3D} + \frac{32\eta V}{D^2} \tag{7-18}$$

在配比1、配比2、配比4、配比6和配比9,以及料浆质量分数分别为85%、82%、79%、76%时,不同料浆流量及管径时料浆流动阻力计算结果见表7.11~表7.15。

表 7.11 配比 1($m_{水泥}$: $m_{棒磨砂}$ ＝1 : 4)充填料浆流动阻力 i 计算表

质量分数 /%	管道内径 /mm	料浆流动阻力/(kPa/m)											
		40 m³/h	50 m³/h	60 m³/h	70 m³/h	80 m³/h	90 m³/h	100 m³/h	110 m³/h	120 m³/h	130 m³/h	140 m³/h	150 m³/h
85	80	44.37	55.12	65.87	76.62	87.37	98.13	108.88	119.63	130.38	141.13	151.88	162.64
	90	28.06	34.77	41.48	48.20	54.91	61.62	68.33	75.04	81.76	88.47	95.18	101.89
	100	18.71	23.11	27.51	31.92	36.32	40.72	45.13	49.53	53.94	58.34	62.74	67.15
	110	13.02	16.03	19.04	22.05	25.05	28.06	31.07	34.08	37.09	40.09	43.10	46.11
	125	8.09	9.89	11.70	13.50	15.30	17.11	18.91	20.71	22.52	24.32	26.13	27.93
	140	5.36	6.51	7.66	8.80	9.95	11.10	12.24	13.39	14.54	15.68	16.83	17.97
	150	4.21	5.08	5.95	6.82	7.69	8.56	9.43	10.30	11.17	12.04	12.91	13.78
82	80	8.41	10.33	12.25	14.18	16.10	18.02	19.95	21.87	23.79	25.72	27.64	29.56
	90	5.44	6.64	7.84	9.04	10.24	11.44	12.64	13.84	15.04	16.24	17.44	18.65
	100	3.72	4.51	5.30	6.08	6.87	7.66	8.45	9.24	10.02	10.81	11.60	12.39
	110	2.67	3.21	3.75	4.28	4.82	5.36	5.90	6.44	6.97	7.51	8.05	8.59
	125	1.75	2.07	2.39	2.71	3.04	3.36	3.68	4.01	4.33	4.65	4.97	5.30
	140	1.23	1.43	1.64	1.84	2.05	2.25	2.46	2.66	2.87	3.07	3.28	3.48
	150	1.00	1.16	1.31	1.47	1.62	1.78	1.94	2.09	2.25	2.40	2.56	2.71
79	80	4.58	5.64	6.71	7.77	8.84	9.90	10.97	12.04	13.10	14.17	15.23	16.30
	90	2.94	3.60	4.27	4.94	5.60	6.27	6.93	7.60	8.26	8.93	9.59	10.26
	100	2.00	2.43	2.87	3.31	3.74	4.18	4.62	5.05	5.49	5.92	6.36	6.80
	110	1.42	1.72	2.02	2.31	2.61	2.91	3.21	3.51	3.81	4.10	4.40	4.70
	125	0.92	1.09	1.27	1.45	1.63	1.81	1.99	2.17	2.35	2.52	2.70	2.88
	140	0.63	0.75	0.86	0.97	1.09	1.20	1.31	1.43	1.54	1.66	1.77	1.88
	150	0.51	0.60	0.68	0.77	0.86	0.94	1.03	1.12	1.20	1.29	1.37	1.46
76	80	3.09	3.82	4.55	5.27	6.00	6.73	7.46	8.18	8.91	9.64	10.37	11.09
	90	1.98	2.43	2.88	3.34	3.79	4.25	4.70	5.16	5.61	6.06	6.52	6.97
	100	1.34	1.63	1.93	2.23	2.53	2.83	3.12	3.42	3.72	4.02	4.32	4.61
	110	0.94	1.15	1.35	1.56	1.76	1.96	2.17	2.37	2.57	2.78	2.98	3.18
	125	0.60	0.73	0.85	0.97	1.09	1.21	1.34	1.46	1.58	1.70	1.82	1.95
	140	0.41	0.49	0.57	0.65	0.72	0.80	0.88	0.96	1.03	1.11	1.19	1.27
	150	0.33	0.39	0.45	0.51	0.57	0.63	0.68	0.74	0.80	0.86	0.92	0.98

表 7.12　配比 2($m_{水泥}$：$m_{戈壁砂}$＝1：4)充填料浆流动阻力计算表

质量分数/%	管道内径/mm	料浆流动阻力/(kPa/m)											
		40 m³/h	50 m³/h	60 m³/h	70 m³/h	80 m³/h	90 m³/h	100 m³/h	110 m³/h	120 m³/h	130 m³/h	140 m³/h	150 m³/h
85	80	23.80	29.46	35.11	40.76	46.42	52.07	57.73	63.38	69.03	74.69	80.34	85.99
	90	15.17	18.70	22.23	25.76	29.29	32.82	36.35	39.88	43.41	46.94	50.47	54.00
	100	10.21	12.53	14.85	17.16	19.48	21.79	24.11	26.42	28.74	31.06	33.37	35.69
	110	7.19	8.77	10.35	11.94	13.52	15.10	16.68	18.26	19.84	21.43	23.01	24.59
	125	4.55	5.50	6.45	7.40	8.35	9.30	10.25	11.19	12.14	13.09	14.04	14.99
	140	3.09	3.69	4.30	4.90	5.50	6.10	6.71	7.31	7.91	8.52	9.12	9.72
	150	2.46	2.92	3.38	3.84	4.29	4.75	5.21	5.67	6.12	6.58	7.04	7.50
82	80	6.23	7.62	9.02	10.41	11.80	13.19	14.59	15.98	17.37	18.76	20.16	21.55
	90	4.06	4.93	5.80	6.67	7.54	8.41	9.28	10.15	11.02	11.89	12.76	13.63
	100	2.81	3.38	3.95	4.52	5.09	5.66	6.23	6.80	7.37	7.94	8.51	9.08
	110	2.04	2.43	2.82	3.21	3.60	3.99	4.38	4.77	5.15	5.54	5.93	6.32
	125	1.36	1.59	1.82	2.06	2.29	2.53	2.76	2.99	3.23	3.46	3.69	3.93
	140	0.97	1.12	1.27	1.42	1.56	1.71	1.86	2.01	2.16	2.31	2.46	2.60
	150	0.80	0.92	1.03	1.14	1.25	1.37	1.48	1.59	1.70	1.82	1.93	2.04
79	80	3.91	4.82	5.73	6.64	7.54	8.45	9.36	10.27	11.18	12.09	13.00	13.90
	90	2.51	3.08	3.65	4.22	4.78	5.35	5.92	6.48	7.05	7.62	8.19	8.75
	100	1.71	2.08	2.45	2.83	3.20	3.57	3.94	4.31	4.69	5.06	5.43	5.80
	110	1.22	1.47	1.73	1.98	2.23	2.49	2.74	3.00	3.25	3.51	3.76	4.01
	125	0.79	0.94	1.09	1.24	1.40	1.55	1.70	1.85	2.01	2.16	2.31	2.46
	140	0.55	0.64	0.74	0.84	0.93	1.03	1.13	1.22	1.32	1.42	1.51	1.61
	150	0.44	0.51	0.59	0.66	0.74	0.81	0.88	0.96	1.03	1.10	1.18	1.25
76	80	2.71	3.36	4.00	4.65	5.29	5.93	6.58	7.22	7.87	8.51	9.15	9.80
	90	1.73	2.13	2.54	2.94	3.34	3.74	4.14	4.55	4.95	5.35	5.75	6.15
	100	1.17	1.43	1.69	1.96	2.22	2.48	2.75	3.01	3.28	3.54	3.80	4.07
	110	0.82	1.00	1.18	1.36	1.54	1.72	1.90	2.08	2.26	2.44	2.62	2.80
	125	0.52	0.63	0.74	0.85	0.95	1.06	1.17	1.28	1.39	1.49	1.60	1.71
	140	0.35	0.42	0.49	0.56	0.63	0.70	0.77	0.83	0.90	0.97	1.04	1.11
	150	0.28	0.33	0.39	0.44	0.49	0.54	0.59	0.65	0.70	0.75	0.80	0.86

表 7.13　配比 4($m_{水泥}$ ：$m_{集料}$ ＝ 1：4,$m_{棒磨砂}$ ：$m_{戈壁砂}$ ＝ 6：4)充填料浆流动阻力计算

质量分数/%	管道内径/mm	料浆流动阻力/(kPa/m)											
		40 m³/h	50 m³/h	60 m³/h	70 m³/h	80 m³/h	90 m³/h	100 m³/h	110 m³/h	120 m³/h	130 m³/h	140 m³/h	150 m³/h
85	80	29.21	35.95	42.68	49.42	56.15	62.89	69.62	76.36	83.09	89.83	96.56	103.30
	90	18.84	23.04	27.25	31.45	35.66	39.86	44.07	48.27	52.48	56.68	60.89	65.09
	100	12.85	15.61	18.37	21.13	23.89	26.65	29.40	32.16	34.92	37.68	40.44	43.20
	110	9.19	11.07	12.96	14.84	16.73	18.61	20.49	22.38	24.26	26.15	28.03	29.92
	125	5.97	7.10	8.23	9.36	10.49	11.62	12.75	13.88	15.01	16.14	17.27	18.40
	140	4.17	4.89	5.61	6.32	7.04	7.76	8.48	9.20	9.92	10.63	11.35	12.07
	150	3.39	3.94	4.48	5.03	5.57	6.12	6.66	7.21	7.75	8.30	8.84	9.39
82	80	7.18	8.79	10.39	12.00	13.61	15.22	16.83	18.44	20.05	21.66	23.27	24.88
	90	4.68	5.68	6.68	7.69	8.69	9.70	10.70	11.71	12.71	13.72	14.72	15.73
	100	3.23	3.89	4.55	5.21	5.86	6.52	7.18	7.84	8.50	9.16	9.82	10.48
	110	2.34	2.79	3.24	3.69	4.14	4.59	5.04	5.49	5.94	6.39	6.84	7.29
	125	1.55	1.82	2.09	2.36	2.63	2.90	3.17	3.44	3.71	3.98	4.25	4.52
	140	1.11	1.28	1.45	1.62	1.80	1.97	2.14	2.31	2.48	2.65	2.82	3.00
	150	0.92	1.05	1.18	1.31	1.44	1.57	1.70	1.83	1.96	2.09	2.22	2.35
79	80	4.25	5.22	6.20	7.18	8.16	9.14	10.12	11.09	12.07	13.05	14.03	15.01
	90	2.74	3.35	3.96	4.57	5.18	5.79	6.40	7.01	7.62	8.23	8.85	9.46
	100	1.87	2.27	2.67	3.07	3.47	3.87	4.27	4.67	5.07	5.47	5.88	6.28
	110	1.34	1.61	1.88	2.16	2.43	2.70	2.98	3.25	3.53	3.80	4.07	4.35
	125	0.87	1.03	1.20	1.36	1.53	1.69	1.85	2.02	2.18	2.35	2.51	2.67
	140	0.61	0.71	0.82	0.92	1.02	1.13	1.23	1.34	1.44	1.55	1.65	1.75
	150	0.49	0.57	0.65	0.73	0.81	0.89	0.97	1.05	1.13	1.21	1.29	1.36
76	80	3.53	4.36	5.18	6.01	6.83	7.66	8.49	9.31	10.14	10.97	11.79	12.62
	90	2.26	2.78	3.29	3.81	4.33	4.84	5.36	5.87	6.39	6.91	7.42	7.94
	100	1.53	1.87	2.21	2.55	2.89	3.23	3.56	3.90	4.24	4.58	4.92	5.26
	110	1.09	1.32	1.55	1.78	2.01	2.24	2.47	2.71	2.94	3.17	3.40	3.63
	125	0.70	0.84	0.98	1.11	1.25	1.39	1.53	1.67	1.81	1.95	2.08	2.22
	140	0.48	0.57	0.66	0.74	0.83	0.92	1.01	1.10	1.19	1.27	1.36	1.45
	150	0.39	0.45	0.52	0.59	0.65	0.72	0.79	0.85	0.92	0.99	1.06	1.12

表 7.14　配比 6($m_{水泥}$：$m_{集料}$＝1：4,$m_{棒磨砂}$：$m_{戈壁砂}$：$m_{尾砂}$＝6：3：1)充填料浆流动阻力计算

质量分数/%	管道内径/mm	料浆流动阻力/(kPa/m)											
		40 m³/h	50 m³/h	60 m³/h	70 m³/h	80 m³/h	90 m³/h	100 m³/h	110 m³/h	120 m³/h	130 m³/h	140 m³/h	150 m³/h
85	80	21262.2	26576.8	31891.4	37206.0	42520.6	47835.2	53149.8	58464.4	63779.0	69093.6	74408.2	79722.8
	90	13274.9	16592.8	19910.7	23228.5	26546.4	29864.3	33182.2	36500.0	39817.9	43135.8	46453.7	49771.5
	100	8710.5	10887.3	13064.2	15241.1	17417.9	19594.8	21771.6	23948.5	26125.4	28302.2	30479.1	32655.9
	110	5950.1	7436.9	8923.7	10410.5	11897.4	13384.2	14871.0	16357.8	17844.7	19331.5	20818.3	22305.1
	125	3569.0	4460.6	5352.3	6243.9	7135.6	8027.2	8918.9	9810.5	10702.1	11593.8	12485.4	13377.1
	140	2268.8	2835.4	3402.1	3968.8	4535.4	5102.1	5668.7	6235.4	6802.0	7368.7	7935.3	8502.0
	150	1722.0	2152.0	2582.0	3012.0	3442.0	3872.0	4302.0	4732.0	5162.0	5592.0	6022.0	6452.0
82	80	9.0	11.0	13.1	15.1	17.1	19.1	21.1	23.1	25.1	27.1	29.1	31.1
	90	5.9	7.2	8.4	9.7	10.9	12.2	13.4	14.7	15.9	17.2	18.4	19.7
	100	4.10	4.92	5.75	6.57	7.39	8.21	9.03	9.85	10.68	11.50	12.32	13.14
	110	2.99	3.55	4.11	4.67	5.23	5.79	6.35	6.91	7.48	8.04	8.60	9.16
	125	2.00	2.34	2.67	3.01	3.35	3.68	4.02	4.36	4.69	5.03	5.36	5.70
	140	1.44	1.65	1.87	2.08	2.29	2.51	2.72	2.94	3.15	3.36	3.58	3.79
	150	1.19	1.36	1.52	1.68	1.84	2.01	2.17	2.33	2.49	2.65	2.82	2.98
79	80	4.03	4.93	5.83	6.73	7.62	8.52	9.42	10.32	11.22	12.11	13.01	13.91
	90	2.64	3.20	3.76	4.32	4.88	5.44	6.00	6.56	7.12	7.68	8.24	8.80
	100	1.83	2.19	2.56	2.93	3.30	3.66	4.03	4.40	4.77	5.13	5.50	5.87
	110	1.33	1.58	1.83	2.08	2.33	2.58	2.83	3.08	3.34	3.59	3.84	4.09
	125	0.89	1.04	1.19	1.34	1.49	1.64	1.79	1.94	2.09	2.24	2.39	2.54
	140	0.64	0.73	0.83	0.92	1.02	1.11	1.21	1.31	1.40	1.50	1.59	1.69
	150	0.53	0.60	0.67	0.74	0.82	0.89	0.96	1.04	1.11	1.18	1.25	1.33
76	80	3.80	4.68	5.56	6.45	7.33	8.21	9.09	9.98	10.86	11.74	12.62	13.51
	90	2.44	2.99	3.54	4.09	4.65	5.20	5.75	6.30	6.85	7.40	7.95	8.50
	100	1.66	2.02	2.38	2.74	3.11	3.47	3.83	4.19	4.55	4.91	5.28	5.64
	110	1.18	1.43	1.68	1.92	2.17	2.42	2.66	2.91	3.16	3.40	3.65	3.90
	125	0.76	0.91	1.06	1.21	1.36	1.50	1.65	1.80	1.95	2.10	2.24	2.39
	140	0.53	0.62	0.72	0.81	0.91	1.00	1.09	1.19	1.28	1.38	1.47	1.56
	150	0.43	0.50	0.57	0.64	0.71	0.79	0.86	0.93	1.00	1.07	1.14	1.21

表 7.15 配比 9($m_{水泥}$：$m_{集料}$＝1：4, $m_{棒磨砂}$：$m_{戈壁砂}$：$m_{尾砂}$＝4：4：2)充填料浆流动阻力 i 计算

质量分数 /%	管道内径 /mm	料浆流动阻力/(kPa/m)											
		40 m³/h	50 m³/h	60 m³/h	70 m³/h	80 m³/h	90 m³/h	100 m³/h	110 m³/h	120 m³/h	130 m³/h	140 m³/h	150 m³/h
85	80	17508.42	21884.44	26260.47	30636.49	35012.51	39388.53	43764.56	48140.58	52516.60	56892.63	61268.65	65644.67
	90	10931.56	13663.49	16395.42	19127.35	21859.28	24591.21	27323.14	30055.07	32787.00	35518.93	38250.86	40982.79
	100	7173.14	8965.56	10757.98	12550.39	14342.81	16135.23	17927.65	19720.07	21512.49	23304.91	25097.33	26889.75
	110	4900.13	6124.38	7348.62	8572.87	9797.12	11021.36	12245.61	13469.86	14694.10	15918.35	17142.60	18366.84
	125	2939.47	3673.64	4407.82	5141.99	5876.17	6610.34	7344.52	8078.69	8812.87	9547.04	10281.22	11015.39
	140	1868.80	2335.38	2801.96	3268.54	3735.12	4201.70	4668.29	5134.87	5601.45	6068.03	6534.61	7001.19
	150	1418.54	1772.60	2126.66	2480.71	2834.77	3188.83	3542.89	3896.95	4251.00	4605.06	4959.12	5313.18
82	80	11.61	14.10	16.59	19.08	21.58	24.07	26.56	29.06	31.55	34.04	36.53	39.03
	90	7.68	9.23	10.79	12.35	13.90	15.46	17.02	18.57	20.13	21.68	23.24	24.80
	100	5.39	6.41	7.43	8.45	9.48	10.50	11.52	12.54	13.56	14.58	15.60	16.62
	110	3.98	4.68	5.37	6.07	6.77	7.46	8.16	8.86	9.56	10.25	10.95	11.65
	125	2.72	3.14	3.55	3.97	4.39	4.81	5.23	5.65	6.06	6.48	6.90	7.32
	140	2.00	2.26	2.53	2.79	3.06	3.33	3.59	3.86	4.12	4.39	4.65	4.92
	150	1.68	1.88	2.08	2.28	2.48	2.69	2.89	3.09	3.29	3.49	3.69	3.90
79	80	5.17	6.34	7.51	8.68	9.85	11.02	12.18	13.35	14.52	15.69	16.86	18.03
	90	3.36	4.09	4.82	5.55	6.28	7.01	7.74	8.47	9.20	9.93	10.66	11.39
	100	2.31	2.79	3.27	3.75	4.23	4.71	5.19	5.66	6.14	6.62	7.10	7.58
	110	1.67	2.00	2.32	2.65	2.98	3.30	3.63	3.96	4.29	4.61	4.94	5.27
	125	1.10	1.30	1.50	1.69	1.89	2.08	2.28	2.48	2.67	2.87	3.06	3.26
	140	0.78	0.91	1.03	1.16	1.28	1.41	1.53	1.66	1.78	1.90	2.03	2.15
	150	0.64	0.74	0.83	0.93	1.02	1.12	1.21	1.31	1.40	1.49	1.59	1.68
76	80	4.49	5.53	6.57	7.61	8.66	9.70	10.74	11.78	12.82	13.87	14.91	15.95
	90	2.89	3.54	4.19	4.84	5.49	6.14	6.79	7.44	8.09	8.74	9.39	10.04
	100	1.96	2.39	2.82	3.24	3.67	4.10	4.52	4.95	5.38	5.80	6.23	6.66
	110	1.40	1.69	1.98	2.27	2.56	2.86	3.15	3.44	3.73	4.02	4.31	4.61
	125	0.90	1.08	1.25	1.43	1.60	1.78	1.95	2.13	2.30	2.48	2.65	2.83
	140	0.63	0.74	0.85	0.96	1.07	1.18	1.29	1.40	1.52	1.63	1.74	1.85
	150	0.51	0.59	0.68	0.76	0.84	0.93	1.01	1.10	1.18	1.27	1.35	1.44

7.3.3 充填倍线分析计算

对于矿山充填管网而言,在自流输送的条件下,若垂直管道高度为 H,水平管道长度为 L,则根据能量守恒原理,可得出

$$\gamma H = i(H+L) + \sum_{i=1}^{n} \xi_i \cdot \gamma \frac{V^2}{2g} + \gamma \frac{V^2}{2g} \tag{7-19}$$

取局部阻力及出口损失之和为管道沿程阻力的 15%，则上式变为

$$\gamma H = 1.15 i(H+L) \tag{7-20}$$

即

$$\frac{H+L}{H} = \frac{\gamma}{1.15 i} \tag{7-21}$$

$(H+L)/H$ 为管道总长与垂直管道高度之比，即充填倍线。

根据上述计算结果，即可得到配比 1、配比 2、配比 4、配比 6、配比 9 不同料浆浓度、流量及管道直径时，可实现顺利输送的允许充填倍线如表 7.16～表 7.20 所示，其中小于 1 的数值均无法实现自流输送。

表 7.16　配比 1($m_{水泥} : m_{棒磨砂} = 1 : 4$)不同输送参数下可实现的自流输送倍线

质量分数/%	管道内径/mm	自流输送倍线											
		40 m³/h	50 m³/h	60 m³/h	70 m³/h	80 m³/h	90 m³/h	100 m³/h	110 m³/h	120 m³/h	130 m³/h	140 m³/h	150 m³/h
85	80	0.41	0.33	0.27	0.24	0.21	0.18	0.17	0.15	0.14	0.13	0.12	0.11
	90	0.64	0.52	0.43	0.37	0.33	0.29	0.26	0.24	0.22	0.20	0.19	0.18
	100	0.96	0.78	0.66	0.56	0.50	0.44	0.40	0.36	0.33	0.31	0.29	0.27
	110	1.38	1.12	0.95	0.82	0.72	0.64	0.58	0.53	0.49	0.45	0.42	0.39
	125	2.23	1.82	1.54	1.34	1.18	1.05	0.95	0.87	0.80	0.74	0.69	0.65
	140	3.36	2.77	2.35	2.05	1.81	1.62	1.47	1.35	1.24	1.15	1.07	1.00
	150	4.28	3.55	3.03	2.64	2.34	2.11	1.91	1.75	1.61	1.50	1.40	1.31
82	80	2.09	1.70	1.44	1.24	1.09	0.98	0.88	0.81	0.74	0.68	0.64	0.60
	90	3.24	2.65	2.25	1.95	1.72	1.54	1.39	1.27	1.17	1.08	1.01	0.94
	100	4.73	3.91	3.32	2.89	2.56	2.30	2.08	1.91	1.76	1.63	1.52	1.42
	110	6.59	5.49	4.70	4.11	3.65	3.28	2.98	2.74	2.52	2.34	2.19	2.05
	125	10.08	8.51	7.36	6.49	5.80	5.24	4.78	4.40	4.07	3.79	3.54	3.32
	140	14.35	12.30	10.75	9.56	8.60	7.82	7.16	6.61	6.14	5.73	5.37	5.06
	150	17.57	15.21	13.41	11.99	10.84	9.89	9.10	8.42	7.84	7.33	6.88	6.49
79	80	3.55	2.88	2.42	2.09	1.84	1.64	1.48	1.35	1.24	1.15	1.07	1.00
	90	5.53	4.51	3.81	3.29	2.90	2.59	2.34	2.14	1.97	1.82	1.69	1.58
	100	8.14	6.68	5.66	4.92	4.34	3.89	3.52	3.22	2.96	2.74	2.55	2.39
	110	11.45	9.46	8.06	7.02	6.22	5.58	5.06	4.63	4.27	3.96	3.69	3.46
	125	17.76	14.86	12.77	11.20	9.97	8.98	8.17	7.50	6.93	6.44	6.01	5.64
	140	25.67	21.77	18.89	16.69	14.94	13.53	12.36	11.38	10.54	9.82	9.18	8.63
	150	31.78	27.19	23.76	21.10	18.98	17.24	15.80	14.57	13.53	12.62	11.83	11.13

质量分数/%	管道内径/mm	自流输送倍线											
		40 m³/h	50 m³/h	60 m³/h	70 m³/h	80 m³/h	90 m³/h	100 m³/h	110 m³/h	120 m³/h	130 m³/h	140 m³/h	150 m³/h
76	80	5.25	4.25	3.57	3.08	2.70	2.41	2.18	1.98	1.82	1.68	1.57	1.46
	90	8.21	6.68	5.62	4.86	4.28	3.82	3.45	3.15	2.89	2.68	2.49	2.33
	100	12.15	9.93	8.40	7.28	6.42	5.74	5.19	4.74	4.36	4.04	3.76	3.52
	110	17.17	14.13	12.00	10.43	9.22	8.27	7.49	6.85	6.31	5.84	5.44	5.10
	125	26.90	22.37	19.15	16.74	14.87	13.37	12.15	11.13	10.27	9.53	8.90	8.34
	140	39.30	33.08	28.57	25.13	22.44	20.26	18.47	16.97	15.70	14.60	13.65	12.81
	150	48.99	41.60	36.14	31.95	28.63	25.94	23.71	21.83	20.23	18.84	17.64	16.58

表 7.17　配比 2($m_{水泥}:m_{戈壁砂}=1:4$)不同输送参数下可实现的自流输送倍线

质量分数/%	管道内径/mm	自流输送倍线											
		40 m³/h	50 m³/h	60 m³/h	70 m³/h	80 m³/h	90 m³/h	100 m³/h	110 m³/h	120 m³/h	130 m³/h	140 m³/h	150 m³/h
85	80	0.76	0.61	0.51	0.44	0.39	0.35	0.31	0.29	0.26	0.24	0.22	0.21
	90	1.19	0.97	0.81	0.70	0.62	0.55	0.50	0.45	0.42	0.38	0.36	0.33
	100	1.77	1.44	1.22	1.05	0.93	0.83	0.75	0.68	0.63	0.58	0.54	0.51
	110	2.51	2.06	1.74	1.51	1.34	1.20	1.08	0.99	0.91	0.84	0.79	0.73
	125	3.97	3.28	2.80	2.44	2.16	1.94	1.76	1.61	1.49	1.38	1.29	1.21
	140	5.85	4.89	4.21	3.69	3.28	2.96	2.69	2.47	2.28	2.12	1.98	1.86
	150	7.33	6.18	5.35	4.71	4.21	3.80	3.47	3.19	2.95	2.75	2.57	2.41
82	80	2.80	2.29	1.94	1.68	1.48	1.32	1.20	1.09	1.01	0.93	0.87	0.81
	90	4.30	3.54	3.01	2.62	2.32	2.08	1.88	1.72	1.58	1.47	1.37	1.28
	100	6.21	5.17	4.42	3.86	3.43	3.08	2.80	2.57	2.37	2.20	2.05	1.92
	110	8.57	7.19	6.20	5.44	4.85	4.38	3.99	3.66	3.39	3.15	2.94	2.76
	125	12.87	10.98	9.57	8.49	7.62	6.92	6.33	5.84	5.41	5.05	4.73	4.45
	140	17.98	15.60	13.77	12.33	11.16	10.19	9.38	8.69	8.09	7.57	7.11	6.70
	150	21.75	19.08	16.99	15.31	13.93	12.78	11.81	10.97	10.25	9.61	9.05	8.55
79	80	4.27	3.47	2.92	2.52	2.22	1.98	1.79	1.63	1.49	1.38	1.29	1.20
	90	6.65	5.42	4.58	3.96	3.49	3.12	2.82	2.58	2.37	2.19	2.04	1.91
	100	9.78	8.03	6.81	5.91	5.23	4.68	4.24	3.87	3.57	3.30	3.08	2.88
	110	13.73	11.36	9.68	8.44	7.48	6.72	6.09	5.58	5.14	4.77	4.45	4.16
	125	21.25	17.80	15.32	13.44	11.97	10.79	9.82	9.02	8.33	7.74	7.23	6.78
	140	30.66	26.03	22.62	20.00	17.92	16.23	14.84	13.66	12.66	11.79	11.04	10.37
	150	37.88	32.47	28.41	25.25	22.73	20.66	18.94	17.48	16.24	15.15	14.21	13.37

续表

质量分数/%	管道内径/mm	自流输送倍线											
		40 m³/h	50 m³/h	60 m³/h	70 m³/h	80 m³/h	90 m³/h	100 m³/h	110 m³/h	120 m³/h	130 m³/h	140 m³/h	150 m³/h
76	80	6.14	4.97	4.17	3.59	3.15	2.81	2.54	2.31	2.12	1.96	1.82	1.70
	90	9.63	7.82	6.58	5.68	4.99	4.46	4.02	3.67	3.37	3.12	2.90	2.71
	100	14.30	11.66	9.85	8.52	7.51	6.71	6.07	5.54	5.09	4.71	4.38	4.10
	110	20.30	16.65	14.11	12.24	10.81	9.68	8.77	8.01	7.37	6.83	6.36	5.95
	125	32.02	26.52	22.63	19.74	17.50	15.72	14.26	13.06	12.04	11.17	10.41	9.76
	140	47.13	39.47	33.95	29.79	26.53	23.92	21.78	19.98	18.46	17.16	16.03	15.04
	150	59.06	49.86	43.14	38.02	33.98	30.72	28.03	25.77	23.85	22.20	20.76	19.49

表 7.18 配比 4($m_{水泥} : m_{集料} = 1 : 4, m_{棒磨砂} : m_{戈壁砂} = 6 : 4$) 不同输送参数下可实现的自流输送倍线

质量分数/%	管道内径/mm	自流输送倍线											
		40 m³/h	50 m³/h	60 m³/h	70 m³/h	80 m³/h	90 m³/h	100 m³/h	110 m³/h	120 m³/h	130 m³/h	140 m³/h	150 m³/h
85	80	0.62	0.51	0.43	0.37	0.32	0.29	0.26	0.24	0.22	0.20	0.19	0.18
	90	0.97	0.79	0.67	0.58	0.51	0.46	0.41	0.38	0.35	0.32	0.30	0.28
	100	1.42	1.17	0.99	0.86	0.76	0.68	0.62	0.57	0.52	0.48	0.45	0.42
	110	1.99	1.65	1.41	1.23	1.09	0.98	0.89	0.82	0.75	0.70	0.65	0.61
	125	3.05	2.57	2.22	1.95	1.74	1.57	1.43	1.31	1.22	1.13	1.06	0.99
	140	4.38	3.73	3.25	2.88	2.59	2.35	2.15	1.98	1.84	1.72	1.61	1.51
	150	5.38	4.64	4.07	3.63	3.28	2.98	2.74	2.53	2.35	2.20	2.06	1.94
82	80	2.46	2.01	1.70	1.47	1.30	1.16	1.05	0.96	0.88	0.81	0.76	0.71
	90	3.77	3.11	2.64	2.29	2.03	1.82	1.65	1.51	1.39	1.29	1.20	1.12
	100	5.46	4.54	3.88	3.39	3.01	2.70	2.45	2.25	2.08	1.93	1.80	1.68
	110	7.54	6.32	5.45	4.78	4.26	3.84	3.50	3.21	2.97	2.76	2.58	2.42
	125	11.4	9.67	8.43	7.46	6.70	6.08	5.56	5.12	4.75	4.43	4.15	3.90
	140	15.9	13.8	12.2	10.9	9.83	8.97	8.25	7.64	7.11	6.65	6.24	5.89
	150	19.3	16.9	15.0	13.5	12.3	11.3	10.4	9.66	9.01	8.45	7.96	7.51
79	80	2.41	3.31	2.79	2.41	2.12	1.89	1.71	1.56	1.43	1.32	1.23	1.15
	90	3.70	5.16	4.36	3.78	3.34	2.98	2.70	2.46	2.27	2.10	1.95	1.83
	100	5.35	7.62	6.47	5.63	4.98	4.46	4.04	3.70	3.41	3.16	2.94	2.75
	110	7.39	10.7	9.17	8.01	7.11	6.39	5.80	5.31	4.90	4.55	4.24	3.98
	125	11.1	16.7	14.4	12.7	11.3	10.2	9.32	8.56	7.92	7.37	6.88	6.46
	140	15.6	24.3	21.2	18.8	16.9	15.3	14.0	12.9	12.0	11.2	10.5	9.85
	150	18.9	30.2	26.	23.6	21.	19.4	17.8	16.5	15.3	14.3	13.5	12.67

质量分数/%	管道内径/mm	自流输送倍线											
		40 m³/h	50 m³/h	60 m³/h	70 m³/h	80 m³/h	90 m³/h	100 m³/h	110 m³/h	120 m³/h	130 m³/h	140 m³/h	150 m³/h
76	80	4.61	3.73	3.14	2.71	2.38	2.12	1.92	1.75	1.60	1.48	1.38	1.29
	90	7.19	5.85	4.94	4.27	3.76	3.36	3.03	2.77	2.54	2.35	2.19	2.05
	100	10.6	8.69	7.36	6.38	5.63	5.04	4.56	4.17	3.83	3.55	3.31	3.09
	110	15.0	12.3	10.49	9.13	8.08	7.25	6.57	6.01	5.54	5.13	4.78	4.48
	125	23.3	19.4	16.7	14.6	13.0	11.7	10.6	9.75	9.00	8.36	7.80	7.31
	140	33.8	28.6	24.8	21.8	19.5	17.7	16.1	14.8	13.7	12.8	11.9	11.22
	150	42.0	35.8	31.2	27.7	24.9	22.5	20.6	19.0	17.6	16.5	15.4	14.49

表 7.19　配比 6($m_{水泥}:m_{集料}=1:4,m_{棒磨砂}:m_{戈壁砂}:m_{尾砂}=6:3:1$)可自流输送倍线

质量分数/%	管道内径/mm	自流输送倍线											
		40 m³/h	50 m³/h	60 m³/h	70 m³/h	80 m³/h	90 m³/h	100 m³/h	110 m³/h	120 m³/h	130 m³/h	140 m³/h	150 m³/h
85	80	0.00	0.00	0.00	0.00	0.00	0.00	0.00	0.00	0.00	0.00	0.00	0.00
	90	0.00	0.00	0.00	0.00	0.00	0.00	0.00	0.00	0.00	0.00	0.00	0.00
	100	0.00	0.00	0.00	0.00	0.00	0.00	0.00	0.00	0.00	0.00	0.00	0.00
	110	0.00	0.00	0.00	0.00	0.00	0.00	0.00	0.00	0.00	0.00	0.00	0.00
	125	0.01	0.00	0.00	0.00	0.00	0.00	0.00	0.00	0.00	0.00	0.00	0.00
	140	0.01	0.01	0.01	0.00	0.00	0.00	0.00	0.00	0.00	0.00	0.00	0.00
	150	0.01	0.01	0.01	0.01	0.01	0.00	0.00	0.00	0.00	0.00	0.00	0.00
82	80	1.94	1.59	1.34	1.16	1.03	0.92	0.83	0.76	0.70	0.65	0.60	0.56
	90	2.96	2.44	2.08	1.81	1.60	1.44	1.30	1.19	1.10	1.02	0.95	0.89
	100	4.27	3.56	3.05	2.67	2.37	2.13	1.94	1.78	1.64	1.52	1.42	1.33
	110	5.87	4.94	4.26	3.75	3.35	3.02	2.76	2.53	2.34	2.18	2.04	1.91
	125	8.76	7.50	6.56	5.82	5.24	4.76	4.36	4.02	3.73	3.48	3.27	3.07
	140	12.2	10.6	9.39	8.42	7.64	6.99	6.44	5.97	5.56	5.21	4.90	4.62
	150	14.7	12.9	11.5	10.4	9.51	8.74	8.08	7.52	7.03	6.60	6.22	5.88
79	80	4.03	3.30	2.79	2.42	2.13	1.91	1.73	1.58	1.45	1.34	1.25	1.17
	90	6.18	5.09	4.33	3.77	3.34	2.99	2.71	2.48	2.29	2.12	1.98	1.85
	100	8.92	7.42	6.36	5.56	4.94	4.44	4.04	3.70	3.41	3.17	2.96	2.77
	110	12.3	10.3	8.90	7.82	6.98	6.30	5.74	5.28	4.88	4.54	4.24	3.98
	125	18.4	15.7	13.7	12.2	10.9	9.93	9.09	8.39	7.78	7.26	6.80	6.40
	140	25.6	22.2	19.7	17.6	16.0	14.6	13.5	12.5	11.6	10.9	10.2	9.64
	150	30.9	27.1	24.2	21.9	19.	18.3	16.9	15.7	14.7	13.8	13.0	12.28

续表

质量分数/%	管道内径/mm	自流输送倍线											
		40 m³/h	50 m³/h	60 m³/h	70 m³/h	80 m³/h	90 m³/h	100 m³/h	110 m³/h	120 m³/h	130 m³/h	140 m³/h	150 m³/h
76	80	4.26	3.46	2.91	2.51	2.21	1.97	1.78	1.62	1.49	1.38	1.28	1.20
	90	6.62	5.40	4.56	3.95	3.48	3.11	2.81	2.57	2.36	2.19	2.03	1.90
	100	9.75	8.00	6.79	5.89	5.21	4.66	4.22	3.86	3.55	3.29	3.07	2.87
	110	13.7	11.3	9.65	8.41	7.45	6.69	6.07	5.56	5.12	4.75	4.43	4.15
	125	21.2	17.8	15.3	13.4	11.9	10.8	9.79	8.99	8.30	7.72	7.21	6.76
	140	30.6	26.0	22.6	19.9	17.9	16.2	14.8	13.6	12.6	11.8	11.0	10.34
	150	37.8	32.3	28.3	25.2	22.7	20.6	18.9	17.4	16.2	15.1	14.2	13.33

表 7.20　配比 9($m_{水泥}$ ： $m_{集料}$ ＝1 ： 4,$m_{棒磨砂}$ ： $m_{戈壁砂}$ ： $m_{尾砂}$ ＝4 ： 4 ： 2)可自流输送倍线

质量分数/%	管道内径/mm	自流输送倍线											
		40 m³/h	50 m³/h	60 m³/h	70 m³/h	80 m³/h	90 m³/h	100 m³/h	110 m³/h	120 m³/h	130 m³/h	140 m³/h	150 m³/h
85	80	0.00	0.00	0.00	0.00	0.00	0.00	0.00	0.00	0.00	0.00	0.00	0.00
	90	0.00	0.00	0.00	0.00	0.00	0.00	0.00	0.00	0.00	0.00	0.00	0.00
	100	0.00	0.00	0.00	0.00	0.00	0.00	0.00	0.00	0.00	0.00	0.00	0.00
	110	0.00	0.00	0.00	0.00	0.00	0.00	0.00	0.00	0.00	0.00	0.00	0.00
	125	0.01	0.01	0.00	0.00	0.00	0.00	0.00	0.00	0.00	0.00	0.00	0.00
	140	0.01	0.01	0.01	0.01	0.00	0.00	0.00	0.00	0.00	0.00	0.00	0.00
	150	0.01	0.01	0.01	0.01	0.01	0.01	0.01	0.00	0.00	0.00	0.00	0.00
82	80	1.52	1.25	1.07	0.93	0.82	0.73	0.67	0.61	0.56	0.52	0.48	0.45
	90	2.30	1.91	1.64	1.43	1.27	1.14	1.04	0.95	0.88	0.82	0.76	0.71
	100	3.28	2.76	2.38	2.09	1.87	1.68	1.53	1.41	1.30	1.21	1.13	1.06
	110	4.44	3.78	3.29	2.91	2.61	2.37	2.17	1.99	1.85	1.72	1.61	1.52
	125	6.50	5.63	4.97	4.45	4.02	3.67	3.38	3.13	2.91	2.73	2.56	2.41
	140	8.85	7.81	6.99	6.33	5.78	5.31	4.92	4.58	4.29	4.03	3.80	3.59
	150	10.53	9.40	8.49	7.74	7.11	6.58	6.12	5.72	5.37	5.06	4.78	4.54
79	80	3.22	2.63	2.22	1.92	1.69	1.51	1.37	1.25	1.15	1.06	0.99	0.92
	90	4.95	4.07	3.45	3.00	2.65	2.38	2.15	1.97	1.81	1.68	1.56	1.46
	100	7.20	5.96	5.09	4.44	3.94	3.54	3.21	2.94	2.71	2.51	2.35	2.20
	110	9.97	8.34	7.17	6.28	5.59	5.04	4.59	4.21	3.89	3.61	3.37	3.16
	125	15.10	12.82	11.14	9.85	8.82	7.99	7.31	6.73	6.23	5.81	5.44	5.11
	140	21.27	18.35	16.13	14.39	12.99	11.84	10.88	10.06	9.36	8.74	8.21	7.73
	150	25.86	22.55	19.99	17.95	16.29	14.91	13.75	12.75	11.89	11.14	10.48	9.89

续表

质量分数/%	管道内径/mm	自流输送倍线											
		40 m³/h	50 m³/h	60 m³/h	70 m³/h	80 m³/h	90 m³/h	100 m³/h	110 m³/h	120 m³/h	130 m³/h	140 m³/h	150 m³/h
76	80	3.71	3.01	2.53	2.18	1.92	1.72	1.55	1.41	1.30	1.20	1.12	1.04
	90	5.76	4.70	3.97	3.44	3.03	2.71	2.45	2.24	2.06	1.90	1.77	1.66
	100	8.47	6.96	5.91	5.13	4.53	4.06	3.68	3.36	3.09	2.87	2.67	2.50
	110	11.89	9.84	8.39	7.32	6.49	5.82	5.28	4.84	4.46	4.14	3.86	3.61
	125	18.40	15.42	13.27	11.65	10.38	9.36	8.52	7.82	7.22	6.72	6.27	5.88
	140	26.53	22.54	19.59	17.32	15.53	14.07	12.86	11.84	10.97	10.22	9.57	9.00
	150	32.77	28.10	24.60	21.87	19.69	17.90	16.41	15.15	14.07	13.13	12.32	11.59

7.3.4　小结

从试验结果及理论分析计算可知,充填料浆沿管道的自流输送阻力 i 与充填料浆自身的流变参数 τ_0、黏性系数 η、充填料浆输送流速 V 及输送管道直径 D 有关。对于特定矿山而言,所用充填料组成一般较难改变。为了实现充填料浆的顺利输送,则需对输送阻力影响各因素进行综合分析研究,确定合适的充填料浆制备参数,布设适当的充填管网,使充填系统在合理的工况下顺利运行。对于金川二矿区自流输送充填系统,对影响充填料浆输送性能的各因素作如下分析。

1. 充填料粒级组成

要实现充填料浆在管道中呈柱塞流或"结构流"并在低流速($1\sim2\mathrm{m/s}$)甚至停止流动的条件下,不产生沉淀离析及堵管,国内外通常要求充填料中$-20\mu\mathrm{m}$颗粒含量不低于15%。根据金川矿山充填料粒级测定结果,其充填料中$-20\mu\mathrm{m}$的极细颗粒主要来源于作为胶凝剂的水泥,水泥中自身含$-20\mu\mathrm{m}$的极细颗粒为69.75%,棒磨砂和戈壁砂中$-20\mu\mathrm{m}$的极细颗粒含量分别仅为2.5%和2.16%,尾砂中$-20\mu\mathrm{m}$的极细颗粒含量为20.24%,总体考虑后通过计算得出配比1~配比9充填料中$-20\mu\mathrm{m}$的极细颗粒含量分别依次为15.95%、15.68%、15.896%、15.84%、15.79%、17.29%、18.71%、17.25%、18.68%。由此可见,配比试验所选择的九种配比均具备要求充填料中$-20\mu\mathrm{m}$颗粒含量不低于15%的条件。$-20\mu\mathrm{m}$颗粒含量大使充填料浆保水性更好,料浆不易于产生离析分层等现象,在低流速条件下堵管可能性更小。从实验室试验可以证实,各种配比充填料浆质量分数为79%时的料浆稳定性良好,试块强度也可满足采矿要求,在管道中流动性良好,未产生离析分层现象,也未出现管道堵塞现象,最终形成的充填体整体性良好,强度均匀稳定。

2. 屈服剪切应力

料浆屈服剪切应力的物理意义为料浆在静止状态下抵抗剪切变形的能力。也可理解为料浆抗离析沉淀的能力。与料浆浓度具有直接的关系。从数据表可见,充填料浆质量分数自 85% 降到 76% 时,τ_0 值大幅减低,相应的坍落度也随之提高。τ_0 过大,管道输送时静摩擦力增大,从而加大输送阻力。为了降低 τ_0,可于充填料浆中添加减水剂等方法。

3. 黏性系数

料浆在运动状态下所产生的抵抗剪切变形的能力,与料浆浓度、颗粒级配、颗粒形状等因素有关。通过分析计算表明,充填料浆质量分数在 85% 时,各种配比充填料浆黏性系数很大,而当质量分数降为 82%、79%、76% 时,η 降低很快。η 过大,使料浆在输送过程中产生过大的阻力,如各种配比料浆质量分数为 85% 时,由于 τ_0 和 η 过大,当输送管径为 110m、流量为 100m³/h 时,理论计算输送倍线均小于 1,即无法实现自流输送,只有采用高压活塞泵方可进行输送。当料浆质量分数降至 82% 时,由 η 所产生的输送阻力虽然有所降低,但可实现的自流输送充填倍线有限,无法满足大规模的生产要求。当料浆质量分数降为 79% 时,由于料浆流动阻力大为降低,几乎可实现表中所列各种流量及管径下的自流输送充填倍线,即可顺利地实现自流输送。当料浆质量分数降为 76% 时,离析现象出现,此浓度不宜作为自流输送浓度。

4. 管内流速

充填料浆在管道中的流速与制备输送量成正比,与管道内径的平方成反比。由于呈结构流性态的充填料浆可实现低流速输送,所以为了降低管道输送阻力,可适当增大输送管径,由此可使顺利实现自流输送的充填倍线范围得到适当的扩展。

5. 输送管道内径

料浆质量分数和输送管道内径是决定输送阻力的两个核心因素。从相关计算公式可知,输送阻力计算公式中的第一项与 D 成反比,第二项则与 D 的 4 次幂成反比(考虑流速的影响),所以加大管道内径可极大地降低管道输送阻力,如配比 1,料浆质量分数为 82%,流量为 80m³/h 时,管道内径从 80mm 增大至 150mm,输送阻力可从 16.1kPa/m 降至 1.62kPa/m,相应地充填倍线可从 1.09 提高至 10.84。所以对结构流体充填或充填料浆充填而言,由于不受临界流速的限制,国内外具有加大输送管径的趋势,如澳大利亚 Mount Isa 矿充填料浆充填料输送管径达到 200mm,这对于两相流充填而言是完全不可能的。

7.4　充填料浆制备及充填系统研究

7.4.1　高浓度自流输送系统

高浓度自流输送系统工艺流程如图 7.31 所示。可见,高浓度自流输送系统由棒磨砂(戈壁砂)给料计量、水泥给料计量、水添加计量、充填料浆制备及输送等子系统组成。

1. 棒磨砂(戈壁砂)给料计量

戈壁料经采集、筛分及棒磨机磨细后的最大粒径为 3mm,经脱水后用火车运至充填

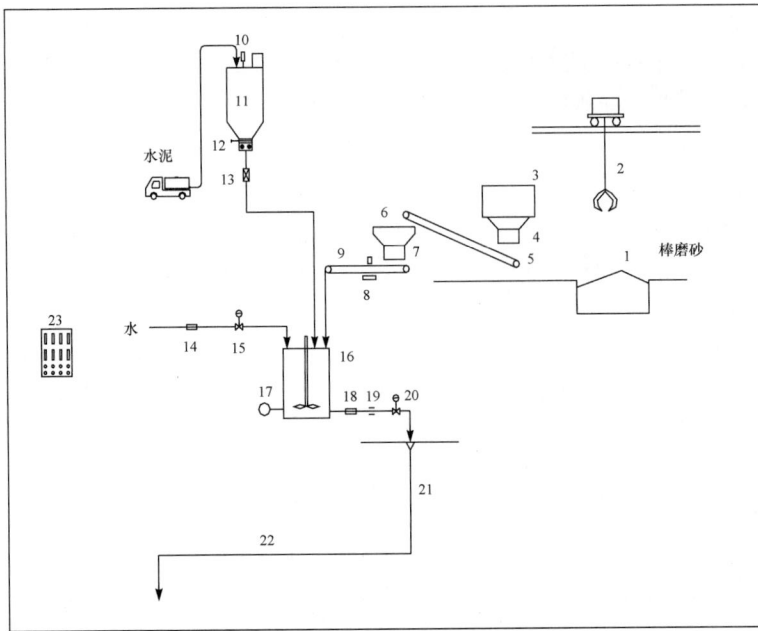

图 7.31　二矿区二期充填站高浓度自流输送系统工艺流程

1-棒磨砂池;2-电动抓斗;3-中间料仓;4-圆盘给料机;5-皮带输送机;6-棒磨砂存储仓;7-圆盘给料机;8-核子秤;9-皮带给料机;10-料位计;11-散装水泥仓;12-双管螺旋给料机;13-冲量流量计;14-电磁流量计;15-电动调节阀;16-高浓度搅拌桶;17-液位计;18-电磁流量计;19-核密度计;20-电动夹管阀;21-充填钻孔;22-井下管网;23-自动控制系统

站的棒磨砂池 1,部分经筛分后的戈壁砂则由汽车运至卧式砂池。充填时砂池中的棒磨砂或戈壁砂经电动抓斗 2 转运至中间料仓 3,中间料仓底部安装圆盘给料机 4 向皮带输送机 5 给料。皮带输送机将棒磨砂或戈壁砂输送至站内棒磨砂存储仓 6,棒磨砂存储仓底部圆盘给料机 7 将棒磨砂或戈壁砂定量给料至皮带给料机 9,皮带给料机上安装有核子秤 8 对棒磨砂或戈壁砂给料量进行计量。根据设定给料量由电子计算机给出信号调节圆盘给料机 7 的转速,从而使棒磨砂或戈壁砂给料量满足充填料浆配比要求。

2. 水泥给料计量

32.5 级增强水泥经散装水泥罐车运至充填站后,卸入散装水泥仓 11 中,水泥仓顶安装有收尘器及料位计 10,底部安装有双管螺旋给料机 12。水泥经双管螺旋给料机给料后,由冲量流量计 13 进行计量。双管螺旋给料机电机采用变频调速,电子计算机根据设定水泥量与冲量流量计检测信号进行对比,然后发出信号改变双管螺旋转速从而改变水泥给料量,以使水泥添加量满足充填料浆配比要求。

3. 水添加计量

由充填站供水管网向高浓度搅拌桶 16 添加水,供水线上安装有电磁流量计 14 及电动调节阀 15,供水量由电磁流量计进行检测。电子计算机根据设定用水量与电磁流量计检测信号进行对比,然后给出信号调节电动调节阀开度,从而使供水量满足充填料浆制备浓度要求。

4. 充填料浆制备及输送

棒磨砂或戈壁砂、水泥及水经各自的给料线供给 $\phi 2000mm \times 2100mm$ 高浓度搅拌桶，搅拌桶安装有液位计 17，底部有放料阀，放料管上有电磁流量计 18、核密度计 19 及电动夹管阀 20。搅拌桶液位由液位计进行检测，为了保证搅拌桶液位处于合理范围，电子计算机根据设定料位与液位计检测信号进行对比，然后输出信号给电动夹管阀，从而控制电动夹管阀开度，使搅拌桶液位处于设定值范围。制备好的高浓度充填料浆流量通过电磁流量计进行检测、浓度由核密度计进行检测，检测合格的充填料浆通过充填小井、充填钻孔 21 及井下管网 22 自流输送至井下采场(进路)进行充填。充填 978m 水平Ⅲ盘区进路时，输送管网总长度达 2374m，充填倍线 3.38。

金川二矿区自流输送系统工控机显示画面见图 7.32。

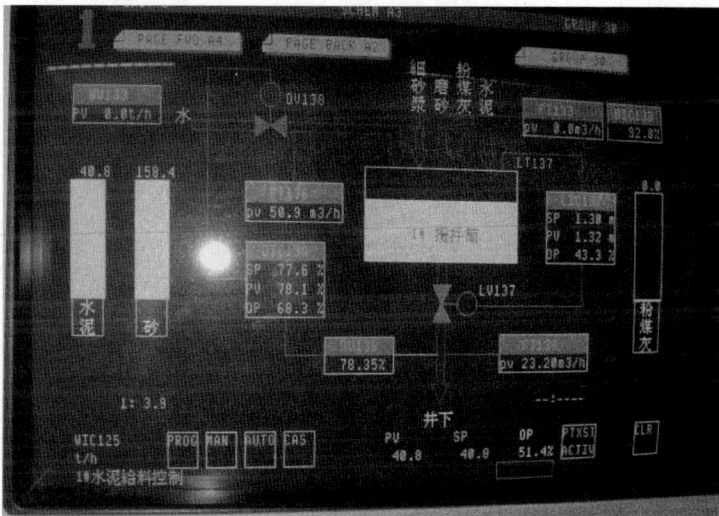

图 7.32　金川二矿区自流输送系统工控机显示画面

7.4.2　膏体泵送充填系统工艺及优化

膏体泵送充填系统工艺流程优化后如图 7.33 所示。由尾砂制备放砂、棒磨砂或戈壁砂给料计量、水泥浆的制备与添加、膏体制备、膏体泵压输送等子系统组成。

1. 尾砂制备放砂

金川二选厂尾砂经脱泥分配箱分配后，由渣浆泵加压向水力旋流器供料，尾砂经旋流器分级后，其底流进入储槽并由油隔离泵经约 3.2km 的管路输送至二期充填站的立式砂仓中存储。旋流器溢流则经分配箱进入浓密机进行浓密，浓密机底流由渣浆泵加压后输送至尾矿库进行堆存。

立式砂仓中尾砂的处理及定量给料至搅拌机历来是尾砂充填工艺中的关键环节，也是技术难度高的环节。金川公司在多年的尾砂充填试验及工业生产过程中，于自流输送

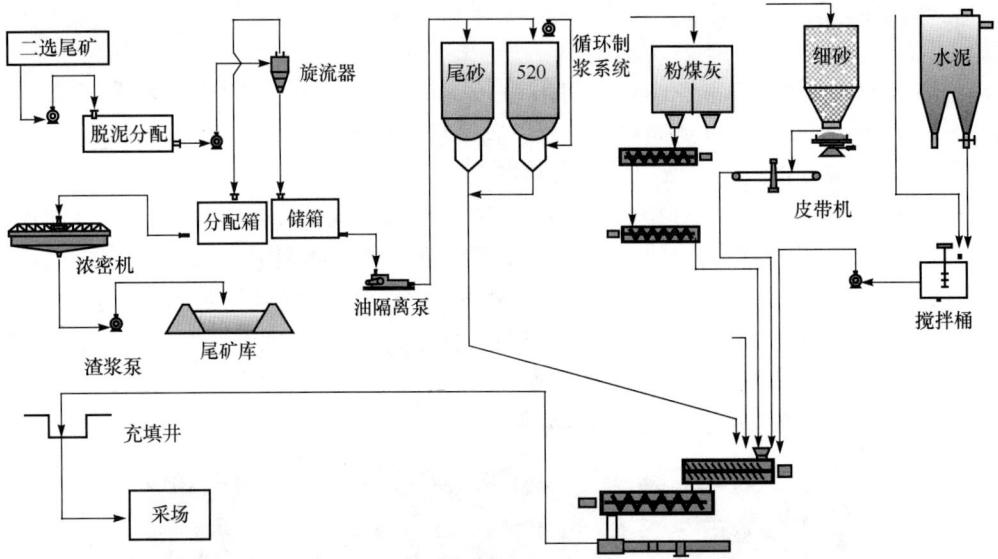

图 7.33　膏体泵送充填系统工艺流程图

系统曾采用高压水造浆、管道放砂至搅拌桶的制备工艺,但存在放砂浓度波动大、流量难于保持恒定,从而导致充填料浆浓度及配比不准等问题而未推广应用。后于膏体泵送充填中采用砂仓中尾砂高压水造浆放砂至真空带式过滤机脱水、滤饼添加至搅拌机的工艺,但由于放砂浓度及流量的波动,同样存在真空带式过滤机滤饼含水量波动大、滤饼产量波动大等问题,加之真空过滤能耗大、成本高等原因,同样未得到推广。

经过技术攻关及优化,最终采用循环水造浆及管道放砂技术,如图 7.34、图 7.35 所示。当尾砂仓装满尾砂后,在尾砂仓顶部安装一台潜水泵,泵的出口与砂仓底部的造浆系统相连接。充填前通过渣浆泵抽取砂仓中的水进行循环制浆,使砂仓中的尾砂全部循环搅动起来,从而破坏砂仓中尾砂的自然分层结构,使砂仓中尾砂粒度分布均匀、浓度一致。循环造浆均匀后,再打开砂仓底部的放砂阀通过管道向搅拌机供给尾砂浆。放砂管上安

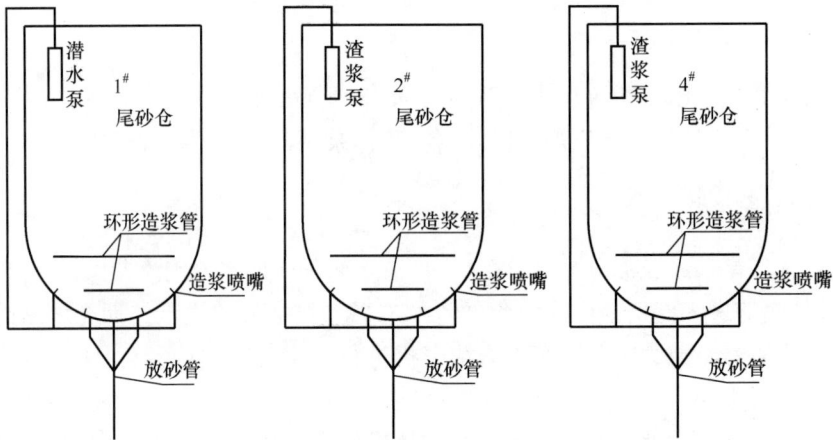

图 7.34　循环水制浆工艺流程图

装有电磁流量计对放砂流量进行检测,电动夹管阀对放砂流量进行调节。上述工艺使尾砂浆放砂质量分数稳定在 60% 左右,由于生产中尾砂浆浓度均匀,从而使放砂流量稳定可调,从而解决了膏体充填系统尾砂添加的难题,实现了尾砂浆的连续稳定供料,保证了膏体充填料浆配比参数的稳定。尾砂放浆管路中电动夹管阀及流量计安装情况如图 7.36 所示。

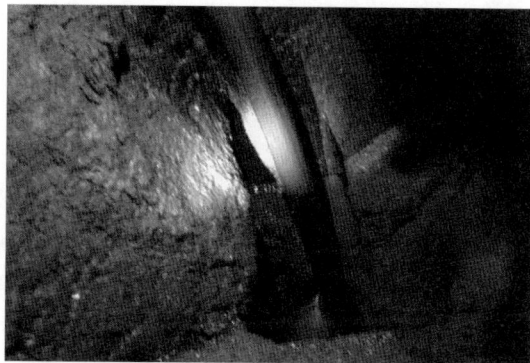

图 7.35　尾砂制浆后效果照片

(a) 电动夹管阀　　　　　　　　　　　(b) 流量计

图 7.36　尾砂放浆管路中的夹管阀及流量计

2. 棒磨砂的供料计量

棒磨砂的给料计量与高浓度自流输送系统相同。

3. 水泥浆的制备与添加

水泥添加工艺经过地面添加、井下添加、干式添加、制浆后添加等多种技术方案比较及半工业、工业试验,最终采用地面制浆并添加至地面搅拌机的工艺,如图 7.37 所示。水泥仓中水泥经双管螺旋给料机给料及冲量流量计计量后输送至二期自流系统中的一个搅拌桶中,同时向该搅拌桶按配比添加水,从而制备成质量分数为 65% 左右的水泥浆,然后通过软管泵或渣浆泵加压向膏体搅拌机供给水泥浆。

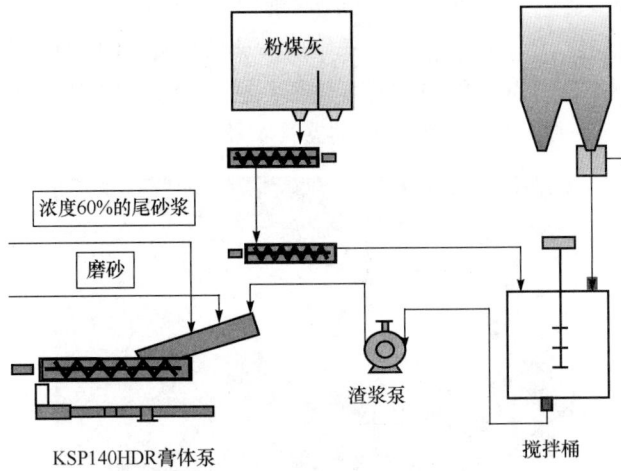

图 7.37　水泥浆添加系统

4. 膏体制备

采用两段连续制备工艺。尾砂浆、棒磨砂、水泥浆通过各自的给料线连续供料给搅拌机。一段搅拌机为 ATDⅡ——ϕ500mm 双轴叶片式搅拌机,其槽体容积为 $2m^3$,生产能力为 $60\sim80m^3/h$,电机功率 37kW。二段搅拌机为 ATDⅢ——ϕ700mm 双螺旋搅拌输送机,其槽体容积为 $5m^3$,生产能力为 $60\sim80m^3/h$,电机功率 $22\times2kW$。

5. 膏体充填料浆的泵压输送

制备好的胶结膏体由膏体输送泵通过充填钻孔及管道一段输送至井下采场(进路)空区进行充填。膏体输送泵为德国 Schwing 公司生产的 KSP140-HDR 液压双缸活塞泵(正排量泵),该泵主要技术参数为:理论排料能力 $128.7m^3/h$,有效排料能力 $80m^3/h$,排出口压力 $12\sim13MPa$,液压缸直径 200mm,输送缸直径 300mm,冲程长度 2000mm,电机功率 $2\times200kW$。膏体输送管道为 ϕ133mm×11.5mm 双金属耐磨管,充填 978m 水平进路时,管道总长度达 2300m 以上。

7.5　充填工业试验

7.5.1　高浓度自流输送系统工业试验

二期高浓度自流输送系统设定的配比参数为:质量分数为 78%,体积分数为56.35%,灰砂比 1:4,料浆容重 $1.984t/m^3$,充填料浆各材料用量为水泥 $310kg/m^3$、棒磨砂 $1238kg/m^3$、水 $436\ kg/m^3$。实际工业试验及生产中运行参数略有波动,其中充填料浆质量分数为 $76\%\sim79\%$。

2010 年 7 月 29 日、7 月 30 日、7 月 31 日、8 月 2 日系统实际运行参数见表 7.21。自地表充填站搅拌桶取样,测定充填料浆容重、脱水率等物理参数如表 7.22。将充填料浆置于矿泉水瓶如图 7.38、图 7.39 所示,可直观看出自由水所占料浆总体积之比。

表 7.21　金川矿山二期自流充填系统实际运行参数

编号	取样时间	二号自流充填系统运行参数瞬时值				
		棒磨砂/(t/h)	水泥/(t/h)	水/(t/h)	搅拌液位/m	质量分数/%
1	2010.7.29.12:50	140.14	40.09	13.76	1.49	75.08
2	2010.7.29.12:55	140.14	38.89	13.7	1.48	75.09
3	2010.7.30.17:00	140.21	41.97	20.1	1.5	77.59
4	2010.7.30.17:05	139.91	33.86	20.06	1.5	77.13
5	2010.7.31.10:00	140.15	47.38	25.32	1.5	76.85
6	2010.7.31.10:05	140.16	42.16	25.37	1.49	76.39
7	2010.7.31.13:00	140.15	43.16	29.18	1.5	78.28
8	2010.7.31.13:05	138.02	47.82	29.13	1.48	77.32
9	2010.8.2.13:00	138.69	37.94	27.66	1.39	77.35
10	2010.8.2.13:05	137.98	41.99	27.53	1.39	77.38
11	2010.8.2.15:00	137.29	42.92	25.89	1.4	76.89
12	2010.8.2.15:05	138.7	43.23	25.26	1.38	76.89
13	2010.8.2.16:00	140.12	45.07	25.14	1.41	76.89
14	2010.8.2.16:05	139.41	49.37	25.19	1.41	77.37

表 7.22　金川矿山二期自流系统充填料浆取样测试参数

编号	取样时间	取样瓶料参数测定						
		总体积/cm³	净总质量/g	净浆质量/g	初始容重/(g/cm³)	沉后质量分数/%	沉后容重/cm³	脱水率/%
1	2010.7.29.12:50	579	1114	1085	1.924	77.054	2.039	6.563
2	2010.7.29.12:55	579	1135	1113	1.960	76.551	2.064	5.354
3	2010.7.29.17:00	579	1146	1123	1.979	73.217	2.078	5.181
4	2010.7.29.17:05	579	1113	1094	1.922	72.996	2.014	4.663
5	2010.7.30.17:00	579	1084	1056	1.872	79.613	1.978	6.218
6	2010.7.30.17:05	579	1051	1015	1.815	79.818	1.931	7.599
7	2010.7.31.10:00	579	998	917	1.724	83.508	1.908	15.371
8	2010.7.31.10:05	579	1035	966	1.788	81.747	1.960	13.299
9	2010.7.31.13:00	579	996	904	1.720	86.091	1.925	17.271
10	2010.7.31.13:05	579	1044	990	1.803	81.462	1.950	10.708
11	2010.8.2.13:00	579	974	865	1.682	86.898	1.915	20.380
12	2010.8.2.13:05	579	1026	957	1.772	82.856	1.942	13.299
13	2010.8.2.15:00	579	1007	954	1.739	81.083	1.876	10.535
14	2010.8.2.15:05	579	991	918	1.712	82.887	1.883	14.162
15	2010.8.2.16:00	579	995	924	1.718	82.685	1.884	13.644
16	2010.8.2.16:05	579	1020	968	1.762	81.450	1.903	10.535

图 7.38　编号为 1～8 的瓶装料浆沉降后自由水所占比例

图 7.39　编号为 9～16 的瓶装料浆沉降后自由水所占比例

由图 7.38、图 7.39 及表 7.22 可知,充填料浆充入采场(进路)后,脱水率为 4.66%～20.4%,平均 10.9%。为了使充填料浆在进路中尽快脱水,经过了方案研究及工业试验,最终采用的方案为:在待充填进路挡墙的内侧,布置 1～2 根直径为 100mm、长 5000mm 的软式透水管,透水管上均匀钻凿 ϕ20mm 透水孔,外包土工布,一端悬挂于进路顶板,另一端穿过充填挡墙而伸出挡墙外。充填作业时,将充填管道接至进路最里端 8m 左右,使充填料浆自里向外流动,以防充填料浆堵塞透水管。

实施该滤水方案后,进路脱水取得了良好效果,如二矿区三工区Ⅳ盘区 25# 进路长度 46m,进路中间没设挡墙,自里向外充填,透水管滤水量 2～4m³/h,充填结束后 30min 水全部滤干,实测充填体坡积角 0.62°。进路实际脱水效果如图 7.40 所示。

图 7.40　二矿区下向进路充填挡墙外侧脱水管排水情况

7.5.2 膏体泵送充填系统工业试验

经多次试验研究总结,设定膏体泵送充填工业试验及生产应用的配比参数见表 7.23。膏体充填实际生产数据见表 7.24,膏体充填体强度实测数据见表 7.25。

表 7.23 膏体充填各物料配比及控制参数

膏体种类	控制流量 /(m³/h)	控制质量分数/%	灰砂比	质量分数/%	1m³ 膏体材料用量 /kg				
					尾砂	磨砂	干粉煤灰	水泥	水
$m_{棒磨砂}$: $m_{尾砂}=3:2$	80~100	76~80	1:4	80	472	710	150	295	400
$m_{棒磨砂}$: $m_{尾砂}=1:1$		76~80	1:4	80	590	590	150	295	405
$m_{棒磨砂}$: $m_{尾砂}=3:2$		76~80	1:4	80	472	710	150	295	400

表 7.24 膏体充填系统正常生产数据

序号	充填地点	充填量/m³	说明
1	六工区五盘区 58# 进路打底充填	1415	连续充填 12h
2	五工区四盘区 41# 进路打底充填	885	连续充填 8h
3	五工区四盘区 44# 进路打底充填	945	连续充填 9h
4	六工区六盘区 65# 进路二次充填	1039	连续充填 11h
5	六工区七盘区 33# 进路二次充填	1028	连续充填 10h
6	四工区三盘区 2# 进路二次充填	1230	连续充填 18h
7	四工区三盘区 34# 进路二次充填	1050	连续充填 15h
8	四工区三盘区 37~40# 进路二次充填	1400	连续充填 23h
9	五工区五盘区 16~18# 进路二次充填	1260	连续充填 19h
10	五工区四盘区 16# 进路二次充填	400	连续充填 5h
11	五工区四盘区 16# 进路二次充填	700	连续充填 8h
12	四工区一盘区 39+41+1 川打底充填	734	连续充填 7h
13	五工区五盘区 10# 进路二次充填	843	连续充 19h
14	五工区四盘区 26# 进路二次充填	961	连续充填 9h
15	四工区二盘区 37# 进路打底充填	3542	连续充填 32h
16	五工区四盘区 37# 进路二次充填	571	连续充填 7h
17	五工区四盘区 58# 进路打底充填	828	连续充填 10h

表 7.25　部分膏体充填体质量的实测数据

充填地点	抗压强度/MPa		
	R_{3d}	R_{7d}	R_{28d}
1178 分段四区 1 盘区 45#	1.2	3.4	5.1
1118 分段二区 7 盘区 41#	2.5	3.6	5.8
1118 分段二区 6 盘区 17#	2.1	2.9	5.8
1198 分段四区 1 盘区 39#	1.8	4.4	6.4
1198 分段五区 4 盘区 17#	2.2	4.6	7.2
1198 分段六区 5 盘区 7#	2.1	3.1	6.0
1198 分段六区 5 盘区 2#	0.9	2.4	5.0
1198 分段五区 4 盘区 44+37#	2.4	4.5	7.5
1198 分段六区 5 盘区 48#	1.7	3.0	—
1118 分段二区 6 盘区 51#	2.3	—	6.5
五区 4 盘区 48#	2.3	2.8	5.6
1118 分段 4 盘区五分层 17#	1.6	2.8	4.4

7.6　本 章 小 结

通过实验室试验、理论分析计算及充填工业试验结果总结如下：

（1）由于金川二矿区矿岩破碎、地应力大，同时矿石中含有多种有用成分，价值高，特别是富矿，不但铜镍品位高，另含有钴、金、银及铂族元素，所以采用下向进路充填采矿法。为了满足人工假顶下的作业安全要求，充填体 3d、7d、28d 单轴抗压强度需分别达到 1.5MPa、2.5MPa、5.0MPa。实验室配比强度试验表明，采用棒磨砂、戈壁砂、充填用尾砂及 32.5 及增强型水泥为充填料，在遵循高浓度自流输送系统灰砂比 1∶4 的原则下，除少数质量分数为 76% 的试块外，各试块强度均可满足采矿方法要求，其中棒磨砂与戈壁砂的比例可设定为 8∶2～4∶6，即戈壁砂可大量替代棒磨砂，以达到"以筛代磨"、降低充填成本的目的。尾砂的添加有利于改善充填体内部结构，在充填料浆的质量分数为 79% 以上时，可显著减少充填料浆的离析，充填料浆保水性明显改善，更有利于充填料浆接顶。

（2）对不同配比充填料浆的坍落度及流变参数进行了测定，得出了不同配比充填料浆的屈服剪切应力 τ_0 及黏性系数 η，同时分析计算了不同配比充填料浆的输送阻力 i。其试验研究结果表明，在灰砂比 1∶4，水泥添加量 310kg/m³ 的配比条件下，充填物料颗粒组成中 $-20\mu m$ 含量均达到了不小于 15% 的结构流或膏体充填配比要求。当充填料浆质量分数为 79% 时，其流动性、保水性能良好，当管道内径为 110mm、料浆流量为 100m³/h 时，试验各组配比的输送阻力为 2.74～3.63kPa/m，可实现自流输送的充填倍线为 4.59～6.09。根据二矿区目前充填管网布置，最深部 978m 水平局部地段最小充填倍线约 2.6，最大充填倍线 3.5，其余中段充填倍线一般为 2～5，当充填料浆质量分数为 79% 时，均可实现顺利的自流输送。

（3）通过充填尾砂循环水造浆及供料系统优化研究、水泥浆添加系统的攻关、膏体充填料浆配比参数优化、膏体充填料浆输送系统优化等，使膏体泵送充填系统制备输送能力达到 80 m^3/h，充填料浆质量分数为 76%～80%，并达到了 20 万 m^3/a 的设计生产能力，充填体质量满足下向进路充填采矿法要求。高浓度自流输送系统经设备扩能改造、充填管网优化、采场充填工艺及充填料浆脱水方案的实施，使充填料浆制备输送能力从 80m^3/h提高至 100m^3/h，充填料浆质量分数达到 77%～79%。

（4）随着金川公司的"十一五"发展规划的实施，二矿区的生产能力将不断得到提升，2011 年其矿石生产能力达到 430 万 t，充填量达到 150 万 m^3。通过技术攻关，使高浓度自流输送系统产能得到了提高，膏体泵送系统达到了设计能力，整体充填能力及充填质量满足了生产要求，从而为金川公司取得突出的经济效益提供了保障。

第8章　高压头低倍线充填管道输送技术

8.1　引　言

金川二矿区为了满足日益扩大的矿石生产能力要求,对一、二期自流输送系统及膏体泵送充填系统进行了工艺优化及技术改造,以实现产能提升,使充填能力达到 150～170 万 m^3/a。同时由于目前采用多中段同时回采,单个下向进路体积一般为 600～800m^3,最大为 1200m^3,与大空场嗣后充填相比,充填地点复杂多变。所以历年来逐步形成了庞大的充填钻孔及井下输送管网,井下充填管道铺设总长度超过万米。

随着 850m 中段的开拓和 978m 水平及以下采场投入生产,垂直管道总高度达到 600～800m。由于二矿区矿体厚大,其沿走向长度约 1500m,水平厚度最大达 120m,所以随着采深的增加,充填倍线逐步减小。进入 850m 中段后,局部充填倍线将小于 2,一般为 2～3,最大 3.5。由于目前主要采用棒磨砂自流输送,在垂直深度达到 600～800m、充填倍线为 2 时,如采用常规的管道布置形式及自平衡充填料浆输送系统,将存在以下两个问题:

(1) 料浆将在管道中出现高速流动(流速大于 4m/s)。由于棒磨砂呈尖锐棱状,将对充填钻孔及管网产生剧烈冲刷,从而导致管道磨损严重。

(2) 管道压力加大,特别是当最底部管道出现堵管时,将使管道处于高压状态,最大压力将达到 12～16MPa,如此大的压力可能导致管道连接件破坏、管道爆裂等事故发生,从而严重影响矿山安全生产。

为了实现高浓度棒磨砂充填料浆的顺利自流输送,有必要开展充填料浆在管道中的运动状态、不同管道布置形式的管道压力分布及降低管道压力措施研究。一方面使管道压力处于合理范围,另一方面使充填料浆流速得到控制以减少管道磨损,延长充填钻孔及管道使用寿命。本章进行了高压头低倍线充填管道输送技术研究。

8.1.1　试验研究内容

1. 充填管道调压原理研究

目前金川二矿区 978m 水平Ⅲ盘区进路充填管道总长度 2374m,高差为 702m,充填倍线 3.38。国外特别是南非深井黄金矿山一般采用地面及井下料仓分配系统或小直径竖管、大直径水平管进行调压,也曾研究采用节流板调压或压力耗散器调压。国内外条件具备的矿山还可采用阶梯式管道布置以使管道压力均衡分布。通过对国内外多种充填管道调压方式及原理进行分析比较后指出,在实际生产中,避免管道压力过高从而避免爆管,必须与减少管道磨损和延长管道使用寿命相结合,从而确保充填作业的顺利进行。

2. 高压头充填管道压力分析计算

针对二矿区现有管网布置,结合充填料浆流变参数研究,建立了充填管网压力计算模型,分别对 L 形管道布置、阶梯形管道布置及自平衡满管流输送状态进行了管道压力模拟计算。计算结果表明,阶梯形管道布置有利于降低管道最大压力。在正常输送参数下,应尽量避免大高程竖直管段的存在,特别是需保证充填料浆处于正常的流动状态,最低水平管道产生堵管事故将使充填管道处于最高压力状态。

3. 高压头充填管道调压装置研究

在对多种调压装置原理进行分析比较后,研究确定采用增阻圈的形式进行调压,即在阶梯式管道布置的基础上,于竖管底部的水平管道部位增设多个 90°弯头进行增阻调压。一方面使管道压力处于平衡分布状态;另一方面使管内料浆流速得到控制,从而减轻管道磨损,延长管道使用寿命,保证充填料浆的顺利输送。为此,对增阻圈的布置形式、布置地点等进行了研究,分析计算了设置增阻圈后充填管道的压力分布。

4. 充填管路布置优化研究

通过对金川二矿区近 30 年充填钻孔及井下管网使用情况分析,对充填管道布置采取以下各项优化措施:各组充填钻孔普遍采用 ϕ299mm×20mm 或 ϕ219mm×20mm 双金属耐磨管;各中段主水平管采用 ϕ133mm×11.5mm 刚玉复合耐磨管或 ϕ133mm×14mm 铬钼双金属耐磨管;增阻圈 90°弯头同样采用 ϕ133mm×14mm 铬钼双金属耐磨管;水平管均采用快速卡箍进行连接;管道切换研究采用耐磨柔性接头;进路口研究应用充填导水阀以使洗管水不进入采场(进路)等。

5. 高压头充填管道调压输送工业试验

对 978m 水平进路,利用高浓度自流输送系统进行高压头充填管道调压输送工业试验和应用。试验采用水泥-棒磨砂作为充填料,在充填料浆质量分数为 77%～79%、充填料浆流量为 100m³/h,水平管流速为 2.924m/s 的制备输送参数下,实现了充填料浆顺利的自流输送。

8.1.2　试验研究成果

通过试验研究并采用综合优化措施后,二矿区一期二套自流输送系统加二期一套自流输送系统合计年充填体积 130 万 m³ 以上。充填钻孔及井下管网压力分布处于平衡状态,水平管道流速更为合理,管道磨损大为降低,钻孔及管道使用寿命从平均不到 60 万 m³ 提高至 100 万 m³ 以上。由充填钻孔及水平管道因素而引起的事故停车率从 0.795 次/万 m³ 降低至 0.171 次/万 m³。

生产实践表明,在阶梯式布置充填钻孔及水平管道的基础上,采用设置增阻圈的措施使充填管道压力分布更为合理,使管内料浆流速得到控制,降低了管道磨损,延长了管道使用寿命,保证了充填料浆的顺利输送。

8.2 充填管道调压原理

8.2.1 充填管道压力计算

当充填料浆向敞口式竖管或充填钻孔放料、管道为 L 形布置时,充填料浆在正常流动状态下,垂直管道底部压力最大,其值可用下式计算:

$$P = \gamma \cdot h - i_v \cdot h = i_s \cdot L \tag{8-1}$$

式中,P——垂直管道底部压力,kPa;

γ——充填料浆重度,kN/m^3;

h——竖直管段满管流高度,m;

i_v——竖直管段充填料浆流动阻力,kPa/m;

i_s——水平管段充填料浆流动阻力,kPa/m;

L——水平管道长度,m。

式(8-1)的 i_v、i_s 由充填料浆的流变参数测定数据进行计算,即

$$i = \frac{16\tau_0}{3D} + \frac{32\eta V}{D^2} \tag{8-2}$$

式中:τ_0——充填料浆屈服剪切应力,Pa;

η——充填料浆的黏性系数,Pa·s;

D——水平管内径,m;

V——充填料浆在管中的流速,m/s。

$$V = \frac{Q}{3600 \times \frac{\pi}{4}D^2} \tag{8-3}$$

式中,Q——充填料浆的流量,m^3/h。

8.2.2 影响充填管道压力因素分析

由式(8-1)可见,充填竖管或钻孔底部压力受多种因素影响,即依赖于水平管道长度及充填料浆在水平管道中的流动阻力。式(8-1)表明,充填料浆的自重压头 $\gamma \cdot h$ 减去竖管或充填钻孔的沿程阻力 $i_v \cdot h$ 用于克服水平管道的沿程阻力 $i_s \cdot L$。水平管道 L 越长,阻力系数 i_s 越大,竖管底部压力越大。

沿程阻力系数 i 与充填料浆流变参数 τ_0、η 及料浆流速成正比、与管道直径的一次方及二次方成反比,考虑到当充填料浆流量一定时,充填料浆流速与管道内径的平方

成反比,所以 i 的第一项与管道内径的 1 次方成反比,第二项与管道内径的 4 次方成反比。

充填料浆的 τ_0、η 与充填材料各组分自身性能、粒级组成、质量分数、水泥添加比例及是否发生水化反应等因素有关。对特定的矿山,一旦选定充填材料及配比,τ_0、η 则取决于充填料浆浓度。室内试验结果表明,充填料浆坍落度与流变参数存在密切关系,特别是由干硬性向膏体、浆体、两相流转变的过程中,τ_0、η 对充填料浆浓度的变化十分敏感。

根据充填管网布置,如竖管高度 H 较大,水平管道较短时,$(H-h)$ 段管道为自由下落段,h 段管道为满管段。如水平管路长度过大或充填倍线较大时,自由下落段变小。当 $i_s \cdot L$ 大于 $\gamma \cdot H$ 时,则充填料浆自重无法克服竖管及水平管段的沿程阻力损失,这时管道流速自然降低,流动阻力自然减小、流量下降,但仍维持更小流量的自流输送。

8.2.3 充填管道调压方法

随着矿山开采不断加深,充填管道压力不断增大,如南非黄金矿山开采深度达 3000m 以上,如采用一段垂直式布置(L 形布置),且在最低水平出现管道堵塞时,其管道最大压力 $\gamma \cdot H$ 将达到 50MPa 以上,这在实际生产中是不能接受的。国内外曾研究采用多种方法对深井充填管道进行调压,其目的是降低管道的最大压力,避免爆管等事故的发生。调压的方法主要有:井下料仓分配系统、小直径竖管大直径水平管系统、节流孔板或节流壶调压装置、压力耗散器调压等。

1. 井下料仓分配系统

井下料仓分配系统的调压方式如图 8.1 所示,此调压方式为分段接力输送。其充填管网基本布置形式为:地表制备好的充填料浆流量为 100m³/h,通过竖井中管道(南非黄金矿山常采用该种方式)或充填钻孔输送至井下上部中段水平,在离该竖管底部不远的水平巷道或硐室中布置敞口式料仓,料仓容积为 100~1000m³,地表充填料浆通过竖管输送至该料仓中;然后通过另一组管道以流量为 20m³/h 分配至下部中段的各充填地点。由于采用该种布置形式,可视为将原有的总高差 H 分为两段或多段,每一段的竖管底部压力均遵循公式(8-1)所计算的压力分布原则,即使某一段产生堵管,其最大压力不会累积,从而大幅度地降低了管道压力。该种布置方式

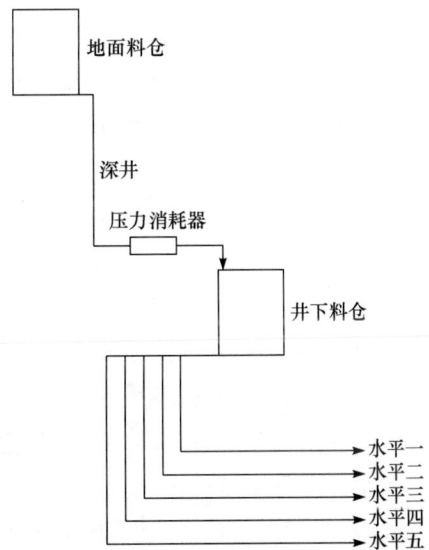

图 8.1 井下料仓分配系统

的缺点是井下分配料仓需设置搅拌及分配装置,增加了作业环节和作业人员。

2. 小直径竖管大直径水平管系统

小直径竖管大直径水平管系统布置形式为竖井中管道或充填钻孔采用小直径管道,其内径通常为 70~80mm,而水平管内径为 100~110mm。由于沿程阻力系数与管道内径的 1 次方及 4 次方成反比,所以料浆在竖管中的流速急剧增大,i 值同样急剧增大,从而使竖管阻力急剧增大,竖管内料浆的自重压头直接耗散在竖管的流动过程中。同时由于水平管道直径较大,料浆流速趋于正常,流动阻力较小,竖管剩余压头较小即可克服水平管道流动阻力,从而实现低压满管流自流输送。图 8.2 分析计算了当流量为 80m³/h、L 形敞口布置、竖管和水平管不同管径配备时竖管的最大压力计算值。

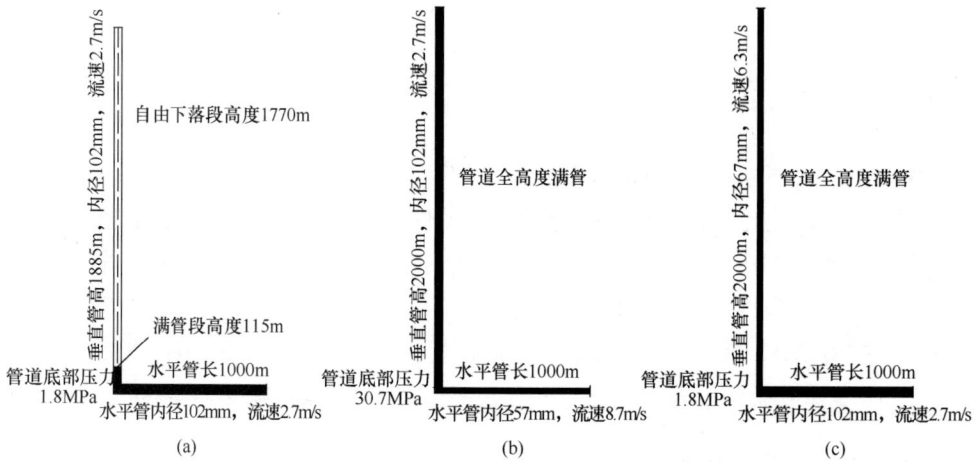

图 8.2 L 形管道敞口布置、不同管径配备时管道最大压力
(a)低压自由下落系统;(b)高压满管流系统;(c)低压满管流系统

图 8.2(a)为竖管及水平管内径同为 102mm、竖管高度 1885m、水平管长度 1000m 时,充填料浆在竖管及水平管中流速同为 2.7m/s,竖管底部最大压力 1.8MPa,满管段高度为 115m,自由下落段高度达 1770m,所以称为低压自由下落系统。该种布置形式虽然竖管底部压力小,但由于自由下落段过高,充填料浆自由下落速度可达 40m/s 以上,对管道或钻孔产生严重的冲刷,从而使竖管或钻孔磨损严重,大大缩短了竖管的使用寿命。

图 8.2(b)为竖管高度 1885m、内径 102mm,而水平管长度 1000m、内径 57mm,充填料浆在竖管中的流速为 2.7m/s,而水平管流速达 8.7m/s。由于水平管流速很大,所以其沿程阻力很大,竖管底部压力达到 30.7MPa,且竖管中充满了料浆,料浆的自重压头主要用于克服小直径水平管过高的输送阻力,所以该种布置形式称为高压头满管流系统。该种布置形式竖管中流速较小且呈满管状态,不存在自由下落段,所以可以减少竖管的磨损和冲击,但水平管流速过大,管道中最大压力过高,生产中存在风险。

图 8.2(c)中竖管高度 2000m、内径 67mm,水平管长度 1000m、内径 102mm,充填料

浆在竖管中的流速为 6.3m/s,水平管流速为 2.7m/s。由于水平管流速低,所以输送阻力较小,竖管底部最大压力为 1.8MPa,而竖管中由于流速大,所以阻力大,充填料浆的自重压头主要用于克服竖管的沿程阻力,所以竖管中为满管流。由于整条管道均处于满管流状态且压力较低所以称为低压满管流系统。

3. 节流孔板或节流壶调压装置

南非深井黄金矿山一般将充填竖管安装于竖井中,竖井中充填管道的破坏将使充填料浆喷射切割井筒装备,造成人员安全事故等严重后果。为了解决这一问题,曾在竖井充填管道中安装节流孔板或节流壶以形成部分满管流系统。节流孔板或节流壶一般沿垂直管道 300m 安装一个,其结构如图 8.3 所示。节流孔板中孔的直径为正常管段的 1/2,且节流段由陶瓷等耐磨性能良好的材料制作。充填料浆到达该构件时,由于节流孔直径缩小一半,阻止了料浆的直接下落,从而使孔板上方出现一段满管段,料浆通过孔板的流速增大 4 倍,料浆进入下一管段时,没有压力累积现象,调整节流孔板之间的高差可将竖管压力控制在合理的范围内。但生产实际表明,该种布置形式存在诸多问题,其一为节流孔板下游的管道磨损极快,料浆通过孔板的流速急剧增大,形成高速砂浆射流冲击下游管壁。节流孔板之间的管道空间内空气、砂浆等处于一种密闭压缩状态,砂浆冲击、气蚀等综合作用,使下游管壁迅速磨穿,在管道中心未对直的情况下,该种现象更为严重。

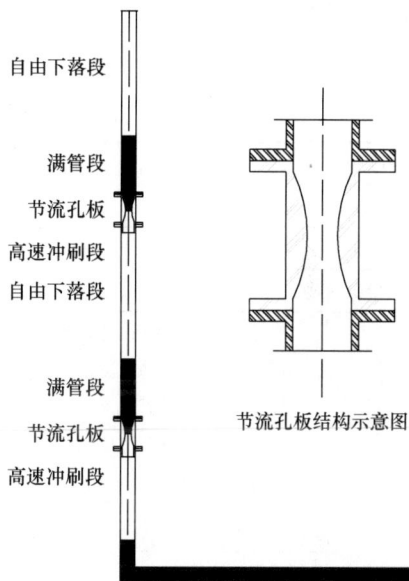

图 8.3　节流孔板降阻降速示意图

4. 压力耗散器(能量消耗器)

压力耗散装置同样安装于管道中,壳体内设置耐磨性能良好的陶瓷球,或在壳体中使料浆流道或流速发生改变,使料浆在耗散器内部产生高速流动,从而增大内部流动阻力,使单位长度压力损失达到很高。如南非阿散蒂金矿在主垂直管道底部安装两台压力耗散器,每台可耗散压力 4.5MPa。采用该种调压装置应配套采用安全阀,一旦出现管道堵塞或故障,安全阀自动打开以卸压,否则管道压力将达到很高水平。

8.3　高压头充填管道压力分析计算

8.3.1　二矿区现有充填管网布置

金川二矿区一、二期自流输送系统及膏体泵送系统一直采用充填小井、充填钻孔及水平（或倾斜）管道相结合的管道输送系统，随着开采范围不断扩大和开采深度的增加，充填管网也不断扩大，其中二期充填站目前所使用的充填管网如表 8.1 及图 8.4 所示，各中段水平管布置如图 8.5～图 8.11 所示。二期自流系统及膏体泵送系统均位于地表 1680m 水平，各自的充填料浆输送管经地表二期充填小井及斜巷进入 A2 组充填钻孔到达 1350m 中段，再经 587.7m 水平管道到达 Ⅵ 组钻孔，最终通过 Ⅶ 组钻孔、Ⅷ 组钻孔、850m 钻孔及水平管道到达各中段或分层盘区进路。目前充填 978m 分层东西两端进路时，管道总长度均超过 2000m，如向东至 Ⅲ 盘区管道总长度 2373.8m，总高差 702m，充填倍线 3.38。

表 8.1　二矿区二期自流充填系统管线布置及充填倍线

中段/m	水平管长/m	竖直管长/m	管道总长/m	充填倍线
1600 以上	179.93	80	254.8	3.19
1350	587.7	330	1092.5	3.31
1250	130.2	430	1328.1	3.09
1200	最近向西至 1200m 中段 15 穿 1178m 分段长 1022.6274m 最远向东至 1200m 中段 21 穿 1158m 分段长 1573.6274m	最近为向西至 1200m 中段 15 穿 1178m 回采分段 506.4m 最远为向东至 1200m 中段 21 穿 1158m 回采分段 526.4m	最近为向西至 1200m 中段 15 穿 1178m 分段长 1528.9m 最远为向东至 1200m 中段 21 穿 1158m 分段长 2099.9m	3.02～4.00
1150	45.7＋79.4＝125.1m	530	767.6	1.45
1100	Ⅷ组钻孔路线：最近向西至 1100m 中段 16 穿 1078 分段长 1077.6m 最远向西至 1100m 中段 22 穿 1078 分段长 1669.9m	Ⅷ组钻孔路线长 602m	Ⅷ组钻孔路线：最近向西至 1100m 中段 16 穿 1078m 分段长 1687.9m 最远向西至 1100m 中段 22 穿 1078m 分段长 2436.4m。	Ⅷ组钻孔路线为 2.8～4.05
1100	通风钻孔路线：最近向东至 1100m 中段 17 穿 1088m 分段长 1188.5m 最远向东至 1100m 中段 26 穿 1088m 分段长 1821.0m	通风钻孔路线长 592m	通风钻孔路线：最近向东至 1100m 中段 17 穿 1088m 分段 1780.8m；最远向东至 1100m 中段 26 穿 1088m 分段 2413.3m	通风钻孔路线为 3.01～4.08
1000	最近至 Ⅳ 盘区 1000m 中段 15 穿 978m 分段长 787.2m 最远至 Ⅲ 盘区 1000m 中段 18 穿 978m 分段长 1082.2m	702m	最近至 Ⅳ 盘区 1000m 中段 15 穿 978m 分段 2077.2m 最远至 Ⅲ 盘区 1000m 中段 18 穿 978m 分段 2372.2m	2.96～3.38

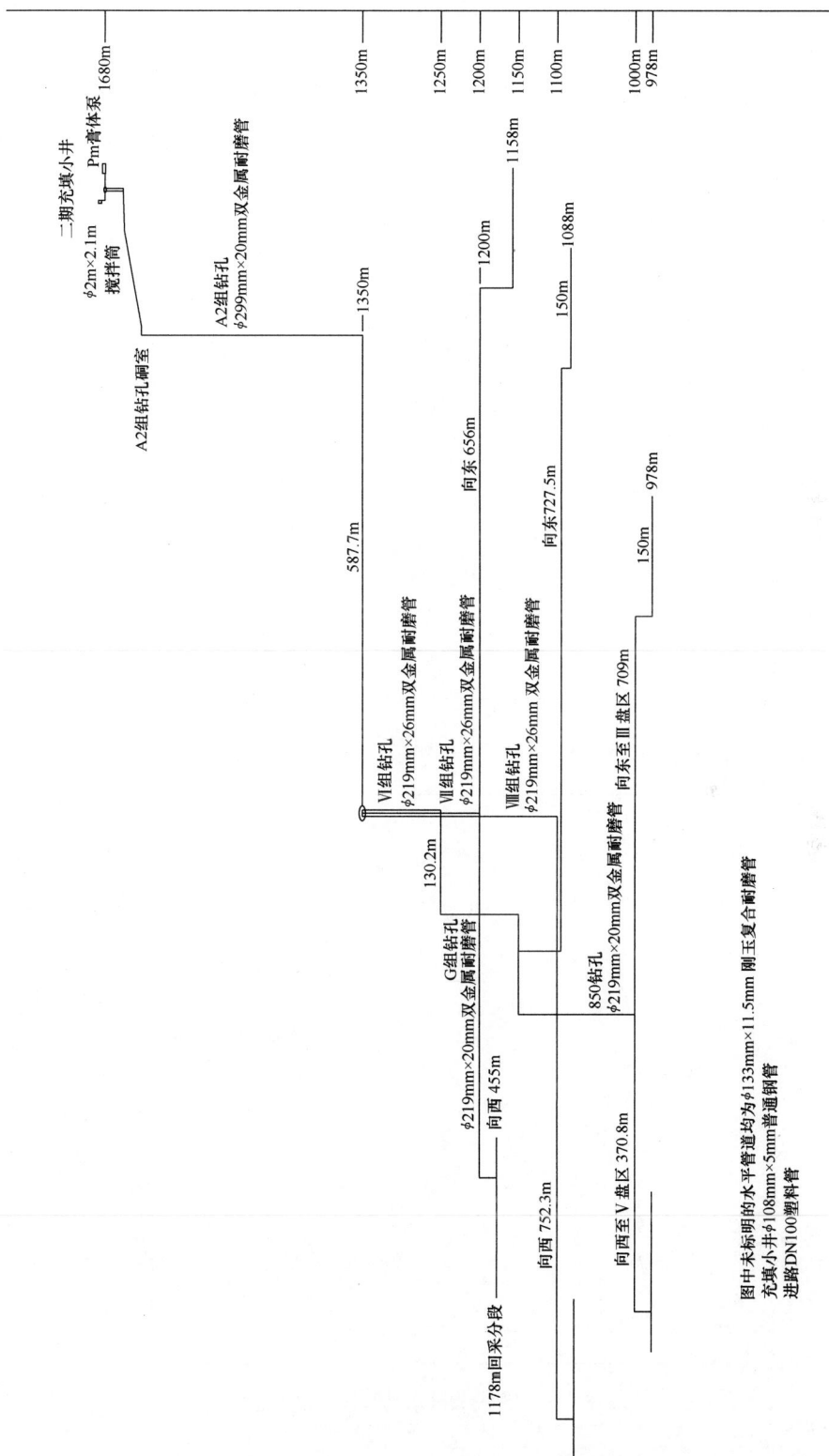

图 8.4 二矿区二期自流系统充填钻孔及井下充填管网布置图

一期　　　　　　　　　二期

表示:
$X + Y + Z$

弯头(ϕ133mm×600mm)
三通(ϕ133mm×500mm)
直管(ϕ133mm×2000mm)

1m+0m+1m

41m+13m+0m

5m+0m+1m

过门
局部放大

2.0m 2.0m 2.0m

24m+3m+1m(+1m)

0m+0m+2m

25m+0m+1m

58m+3m+0m

5m+2m+1m

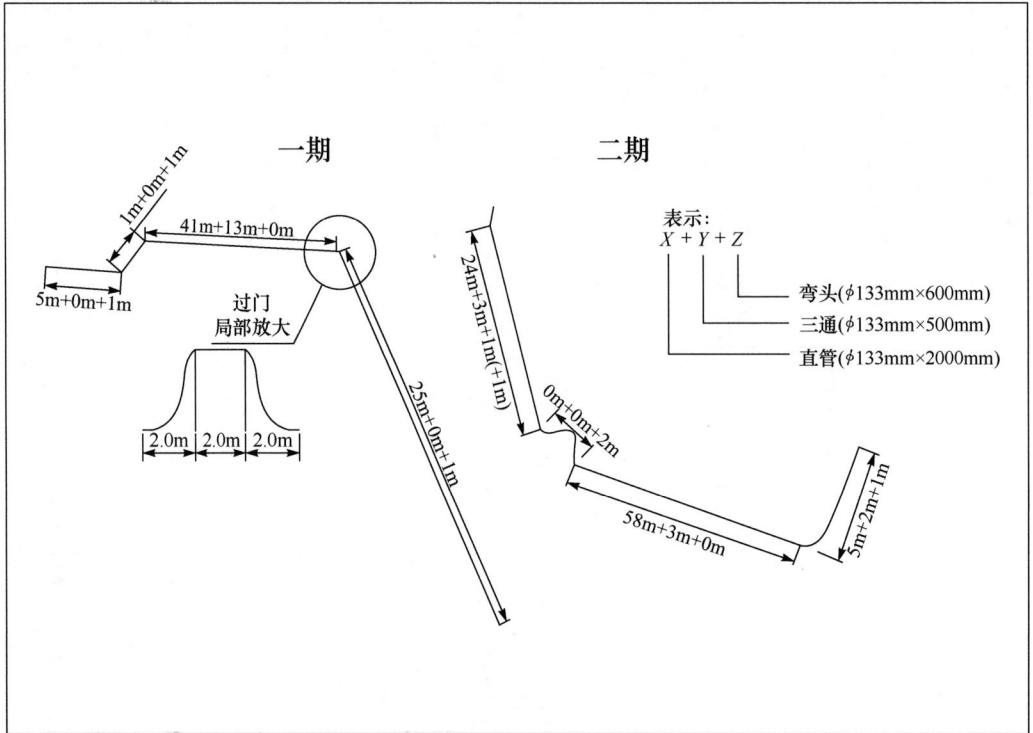

图 8.5　二矿区 1600m 水平管线布置示意图

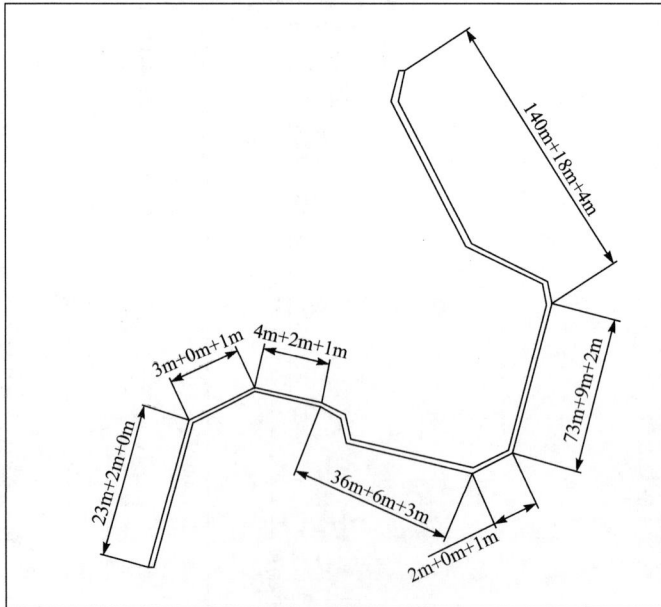

140m+18m+4m

3m+0m+1m　4m+2m+1m

23m+2m+0m

73m+9m+2m

36m+6m+3m

2m+0m+1m

图 8.6　二矿区 1350m 水平管线布置示意图

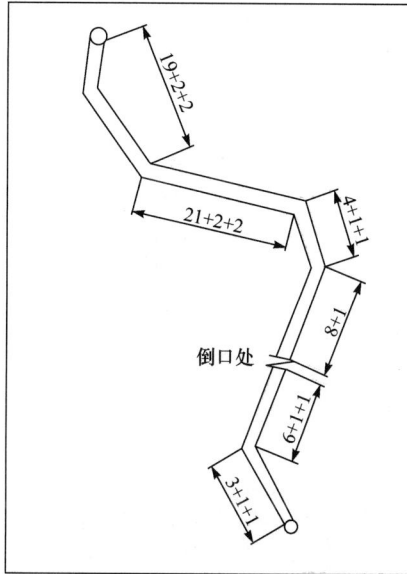

图 8.7　二矿区 1250m 水平管线布置示意图(单位:m)

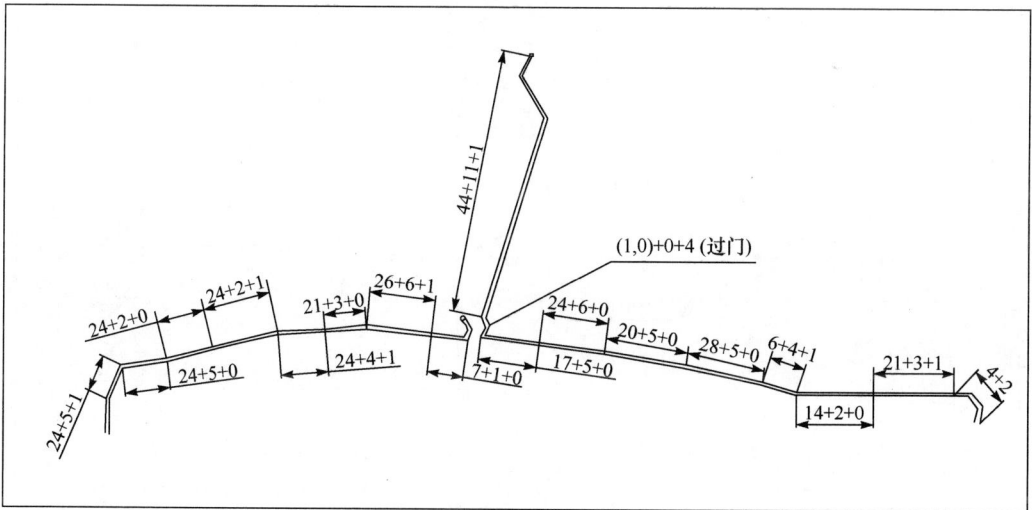

图 8.8　二矿区 1200m 水平管线布置示意图(单位:m)

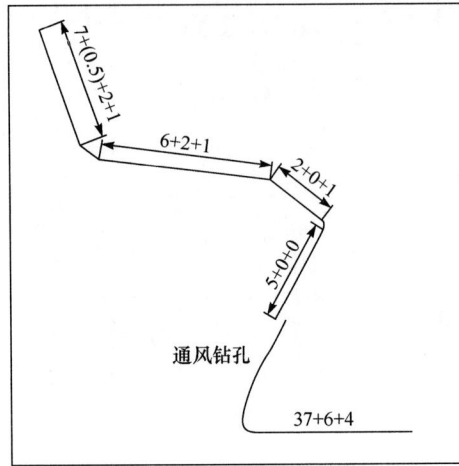

图 8.9　二矿区 1150m 水平管线布置示意图（单位：m）

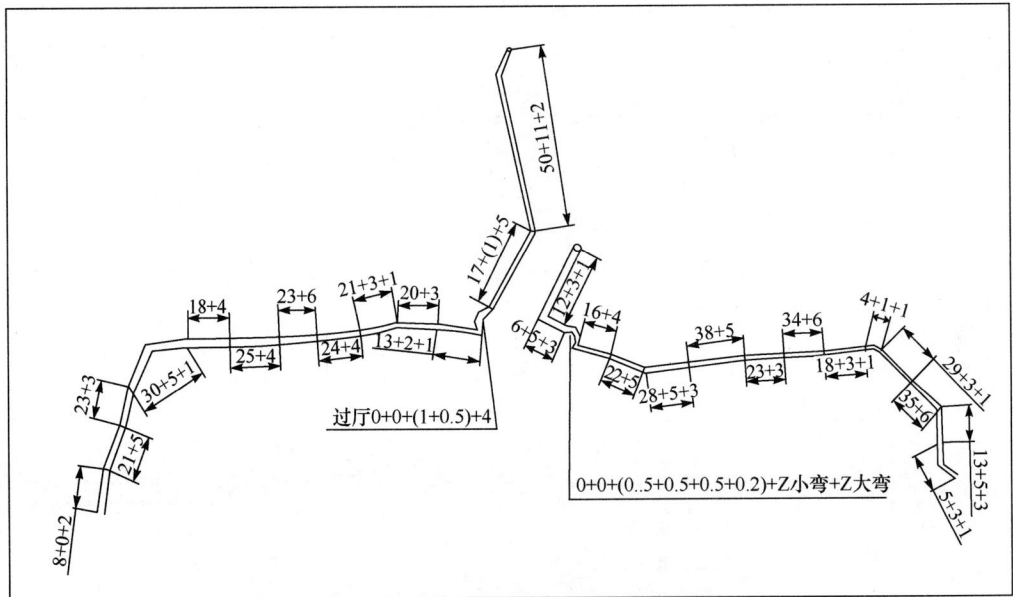

图 8.10　二矿区 1100m 水平管线布置示意图（单位：m）

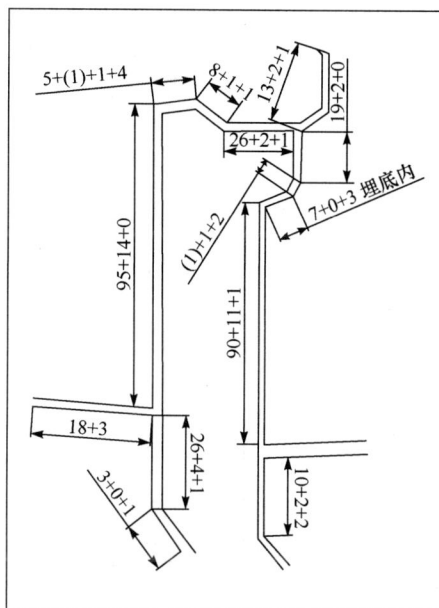

图 8.11 二矿区 1000m 水平管线布置示意图(单位:m)

将充填管网布置进行简化,可得出 978m 分层Ⅲ盘区管线布置如图 8.12 所示。经多年生产实践并不断优化,目前垂直钻孔主要采用 ϕ299mm×20mm 或 ϕ219mm×20mm 双金属耐磨管,其耐磨层厚度 10mm,水平管主要采用 ϕ133mm×11.5mm 刚玉复合耐磨管,耐磨层厚 6.5mm,或 ϕ133mm×14mm 铬钼双金属耐磨管,耐磨层厚度为 9mm,90°弯头主要采用 ϕ133mm×14mm 铬钼双金属耐磨管。

8.3.2 充填料浆流变参数

充填管道压力与管道布置参数、充填料浆流动阻力密切相关,而充填料浆流动阻力取决于充填料浆流变参数。通过 L 形管道自流输送试验,得出不同配比充填料浆流变参数见表 8.2。

表 8.2 金川矿山充填料浆流动性试验结果及输送流变参数测定值

配方	质量分数/%	坍落度/cm	料浆容重/(t/m³)	料浆流变参数	
				屈服应力 τ_0/Pa	黏性系数 η/(Pa·s)
配方 1$m_{水泥}$:$m_{棒磨砂}$ =1:4	85	23	2.115	20.45	3.89
	82	26	2.066	10.67	0.70
	79	27.8	1.907	4.68	0.39
	76	摊开	1.904	2.69	0.26
配方 2$m_{水泥}$: $m_{戈壁砂}$=1:4	85	26.5	2.12	17.83	2.05
	82	27	2.049	9.90	0.50
	79	27.3	1.961	4.14	0.33
	76	摊开	1.957	2.08	0.23

续表

配方	质量分数/%	坍落度/cm	料浆容重/(t/m³)	料浆流变参数	
				屈服应力 τ_0/Pa	黏性系数 η/(Pa·s)
配方 $4 m_{水泥}:m_{集料}$ $=1:4 m_{棒磨砂}:$ $m_{戈壁砂}=6:4$	85	25.5	2.141	34.06	2.44
	82	26.5	2.07	11.10	0.58
	79	27.5	2.028	4.98	0.35
	76	摊开	1.908	3.36	0.30
配方 $6 m_{水泥}:m_{集料}=$ $1:4 m_{棒磨砂}:m_{戈壁砂}$ $:m_{尾砂}=6:3:1$	85	24	2.108	57.17	1922.44
	82	27	2.056	15.32	0.73
	79	27.5	1.91	6.65	0.32
	76	摊开	1.898	4.00	0.32
配方 $9 m_{水泥}:m_{集料}=$ $1:4 m_{棒磨砂}:m_{戈壁砂}:$ $m_{尾砂}=4:4:2$	85	20	2.157	64.88	1582.93
	82	23.5	2.074	24.50	0.90
	79	26	1.954	7.47	0.42
	76	摊开	1.952	4.79	0.38

8.3.3　不同布置形式管道压力分布

为了便于计算,将二矿区现有充填管道进行简化。假设全部钻孔及水平管道均为 $\phi133\text{mm}\times11.5\text{mm}$ 刚玉复合耐磨管,其通径为110mm,充填方式为棒磨砂-水泥自流输送充填,灰砂比均为1:4,可对不同布置形式的管道压力分布进行分析计算。

1. L形敞口布置管道压力分布

L形敞口布置形式为充填小井下料管或充填钻孔与大气相通,搅拌桶或搅拌机制备好的充填料浆通过其放料口或放料管放料至下料管的料斗中,搅拌桶制备的充填料浆流量与管网布置及输送阻力无关。该种布置形式的特点是充填料浆搅拌制备能力只与各充填料组分的给料量有关,调节各充填料组分的给料量即可制备出不同配比、不同浓度及流量的充填料浆。而充填料浆的输送则与充填管网布置参数密切相关。当充填料浆流动阻力较小、充填倍线较小、充填流量亦较小时,充填料浆的自重压头大于充填料浆的输送阻力,所以存在竖直管的自由下落段。而当充填料浆浓度较高、流动阻力较大、充填倍线亦较大时,充填料浆的自重压头小于充填料浆的输送阻力,这时料浆流速将降低、流量减小,若搅拌制备能力不变,则出现下料斗漫溢现象。二矿区充填管网呈L形敞口布置、充填料浆质量分数为82%、79%、76%时,管道压力分布如图8.13所示。当充填料浆质量分数为82%、流量为100m³/h时,料浆流速为2.924m/s,流动阻力 $i=5.8987$kPa/m,料浆自重压头小于管网输送阻力,竖直管均为满管流,钻孔底部压力为11.3MPa。当充填料浆质量分数为79%、流量为100m³/h时,流动阻力 $i=3.209$kPa/m,料浆自重压头大于管网输送阻力,从而出现自由下落段,其高度为311m,满管流高度为397m,钻孔底部压力为6.15MPa。而当充填料浆质量分数为76%、流量为100m³/h时,流动阻力 $i=2.166$kPa/m,自由下落段高度增大至456m,满管流高度为252m,钻孔底部压力为4.15MPa。

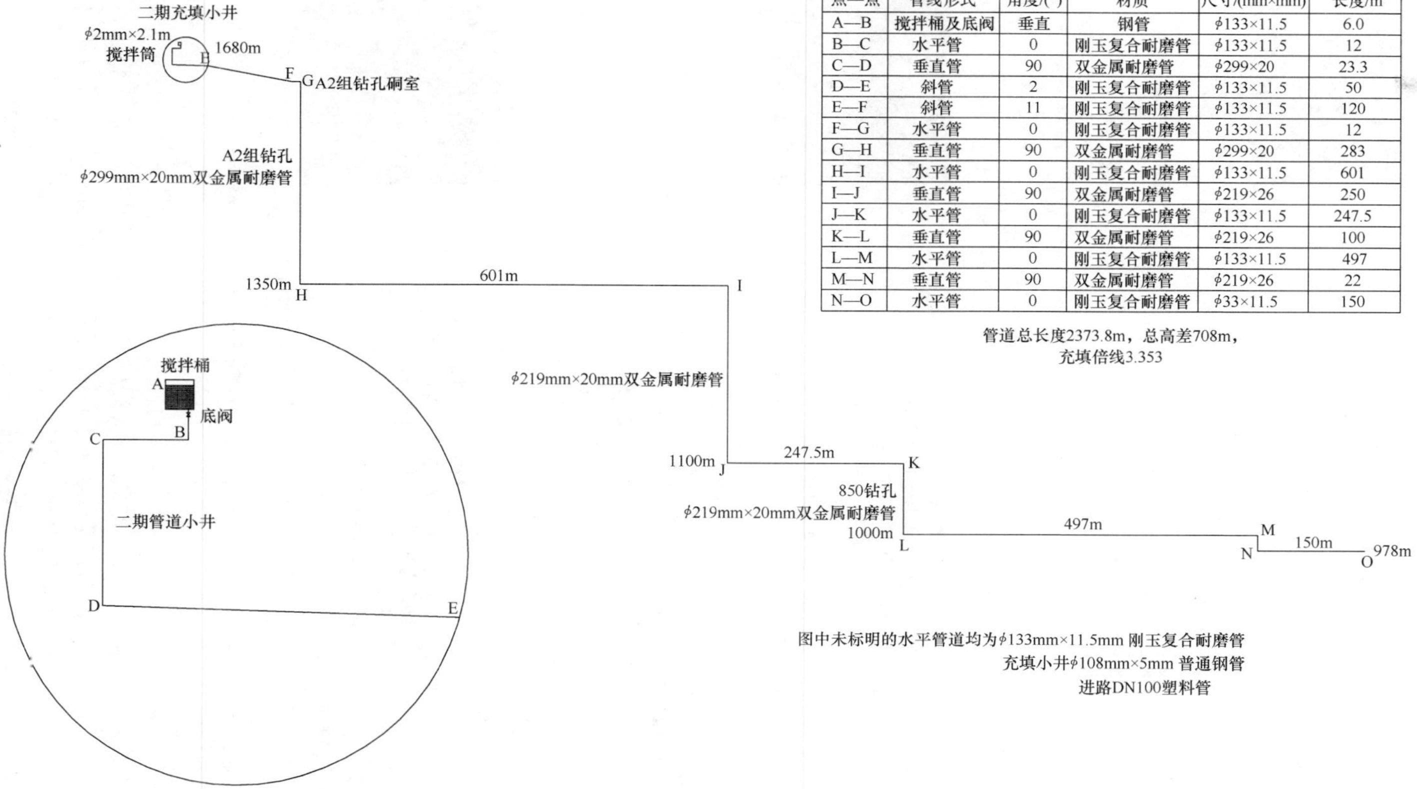

管线布置参数表

点—点	管线形式	角度/(°)	材质	尺寸/(mm×mm)	长度/m
A—B	搅拌桶及底阀	垂直	钢管	φ133×11.5	6.0
B—C	水平管	0	刚玉复合耐磨管	φ133×11.5	12
C—D	垂直管	90	双金属耐磨管	φ299×20	23.3
D—E	斜管	2	刚玉复合耐磨管	φ133×11.5	50
E—F	斜管	11	刚玉复合耐磨管	φ133×11.5	120
F—G	水平管	0	刚玉复合耐磨管	φ133×11.5	12
G—H	垂直管	90	双金属耐磨管	φ299×20	283
H—I	水平管	0	刚玉复合耐磨管	φ219×26	601
I—J	垂直管	90	双金属耐磨管	φ219×26	250
J—K	水平管	0	刚玉复合耐磨管	φ133×11.5	247.5
K—L	垂直管	90	双金属耐磨管	φ219×26	100
L—M	水平管	0	刚玉复合耐磨管	φ133×11.5	497
M—N	垂直管	90	双金属耐磨管	φ219×26	22
N—O	水平管	0	刚玉复合耐磨管	φ33×11.5	150

管道总长度2373.8m，总高差708m，充填倍线3.353

图中未标明的水平管道均为φ133mm×11.5mm刚玉复合耐磨管
充填小井φ108mm×5mm普通钢管
进路DN100塑料管

二期未填充小井
φ2m×2.1m
搅拌筒
1680m
F GA2组钻孔硐室
A2组钻孔
φ299mm×20mm双金属耐磨管
601m
1350m H
247.5m K
850钻孔
1100m J
φ219mm×20mm双金属耐磨管
1000m L
φ219mm×20mm双金属耐磨管
497m
M 150m N O 978m
搅拌桶 底阀
A B
C D
二期管道输送
二期充填小井
E

图8.12　二矿二期充填站自流系统978m分层Ⅲ盘区充填管线布置图

全高程满管流

设:管道尺寸φ133mm×11.5mm，通径110mm
灰砂比1:4 棒磨砂水泥胶结充填
料浆质量分数82% γ=20.2468kN/m³
料浆流量100m³/h 料浆流速2.924m/s
坍落度=26cm
阻力 i=5.8987kPa/m

水平管实际长度1665.8m 当量长度1915.7m

978m

钻孔底部压力
11.3MPa

(a)

自由下落段高度311m

设:管道尺寸φ133mm×11.5mm，通径110mm
灰砂比1:4 棒磨砂水泥胶结充填
料浆质量分数79% γ=18.6886kN/m³
料浆流量100m³/h 料浆流速2.924m/s
坍落度=27.5cm
阻力 i=3.209kPa/m

满管段高度397m

水平管实际长度1665.8m 当量长度1915.7m

978m

钻孔底部压力
6.15MPa

(b)

自由下落段高度456m

设:管道尺寸φ133mm×11.5mm，通径110mm
灰砂比1:4 棒磨砂水泥胶结充填
料浆质量分数76% γ=18.6592kN/m³
料浆流量100m³/h 料浆流速2.924m/s
坍落度=27.8cm
阻力 i=2.166kPa/m

满管段高度252m

水平管实际长度1665.8m 当量长度1915.7m

978m

钻孔底部压力
4.15MPa

(c)

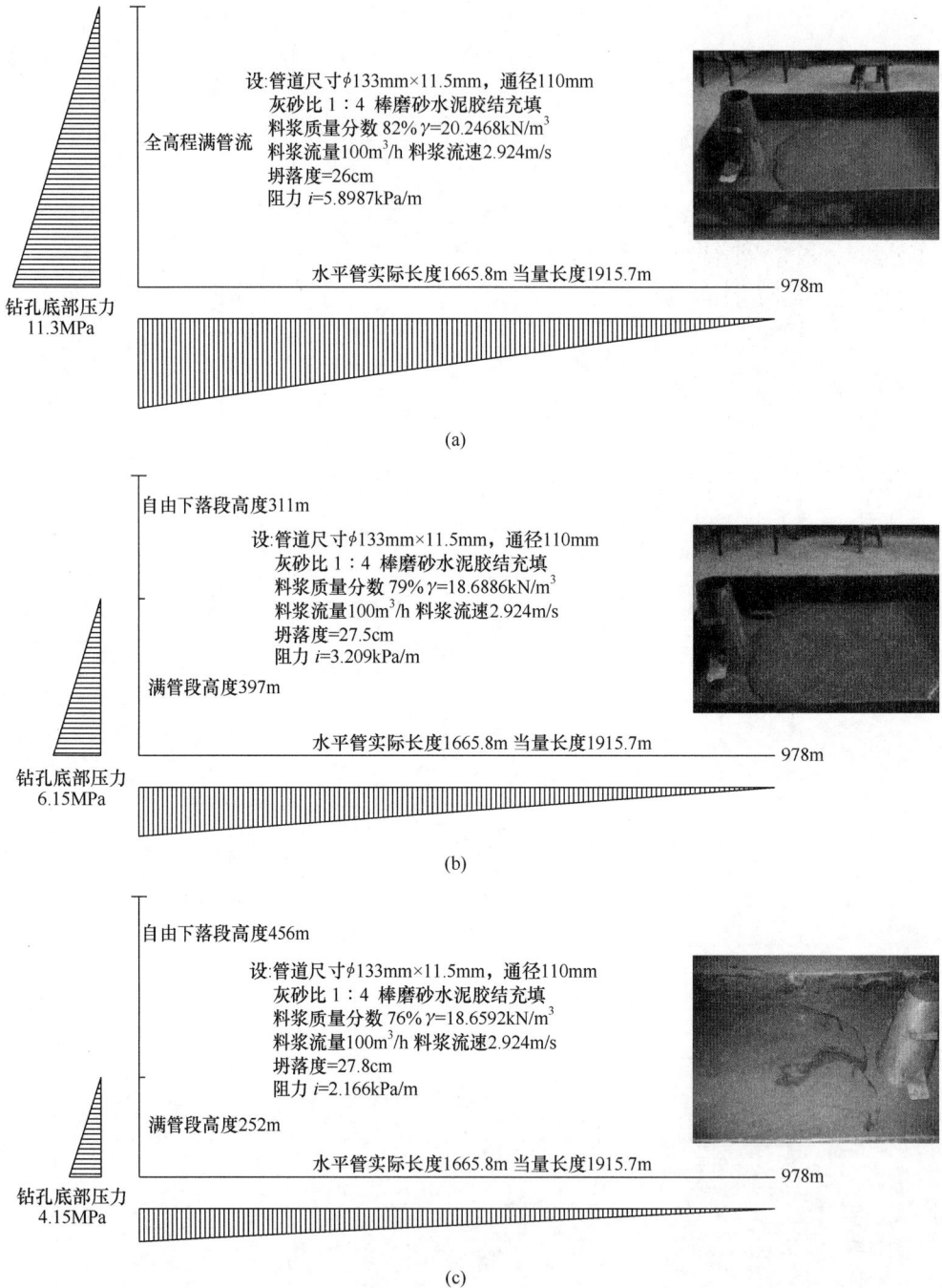

图 8.13　料浆质量分数为 82%、79% 及 76% 时 L 形布置管道压力分布

(a)料浆质量分数82%L形敞口布置管道压力分布图;(b)料浆质量分数79%L形敞口布置管道压力分布图;(c)料浆质量分数76%L形敞口布置管道压力分布图

2. 阶梯形敞口布置管道压力分布

金川二矿区在 1350m 中段布置水平管道长度为 771.3m,所以可视为阶梯形管道布

置,当充填料浆质量分数为 82%、流量为 100m³/h 时,管道压力分布如图 8.14(a)所示,
1350m 中段以上竖管均为满管流,1350m 水平钻孔底部压力为 5.23MPa,1350m 中段以
下竖管同样为满管流,978m 水平钻孔底部压力为 6.07MPa。当充填料浆质量分数为
79%、流量为 100m³/h 时,管道压力分布如图 8.14(b)所示,1350m 中段以上竖管自由下
落段高度为 151.9m,满管流高度为 184.1m,1350m 水平钻孔底部压力为 2.85MPa,
1350m 中段以下竖管自由下落段高度为 158.8m,满管流高度为 213.2m,978m 水平钻孔
底部压力为 3.30MPa。

当充填料浆质量分数为 76%、流量为 100m³/h 时,管道压力分布如图 8.14(c)所示,
1350m 中段以上竖管自由下落段高度为 219.4m,满管流高度为 116.6m,1350m 水平钻
孔底部压力为 1.92MPa,1350m 中段以下竖管自由下落段高度为 236.6m,满管流高度为
135.4m,978m 水平钻孔底部压力为 2.23MPa。

3. 自平衡充填料浆自流输送管道压力分布

自平衡充填料浆自流输送系统是相对敞口形管道布置而言的,该种布置将输送管道
与搅拌桶连成一个整体,从而使充填料浆浓度、流量、管网布置参数、料浆流速及管道压力
等诸多参数呈现复杂的互动关系。该种布置方式的料浆制备输送及控制过程分析如下:

充填料浆制备输送系统有多个运行参数需得到控制,其中主要有充填物料各组分的
给料量及灰砂比、充填料浆浓度、流量、搅拌桶液位等。在设计充填料浆制备自动控制系
统时,一般设定一个主控参数及主控回路,对主控参数进行实时检测及反馈调节,而其他
控制参数为辅助控制回路或从动回路。

在立式搅拌桶制备系统中,搅拌桶液位一般设定为主控参数,这是因为如搅拌桶液位
过高将产生漫溢现象,搅拌桶一旦漫溢,将使系统运行参数处于混乱状态,并造成充填系
统无法继续运行而导致非正常停机。反之如搅拌桶液位过低,将使充填各物料得不到充
分搅拌,在搅拌桶液位过低或空桶时,充填物料各组分可呈散状或干粉状等,造成无法进
入充填钻孔或造成充填钻孔堵塞等事故,同样导致非正常停车。

搅拌桶处于正常状态的条件为进入搅拌桶的物料量与排出量相平衡。进入搅拌桶的
物料量可通过调节各给料设备的给料量而实现,而充填料浆排出量在该种布置形式下则
取决于充填料浆浓度、流动阻力及充填管网布置参数。

搅拌桶料位的调节有两种方式,其一为调节进入搅拌桶的物料量,即当搅拌桶料
位较高时,搅拌桶液位计发出调节信号使各给料设备减少给料量,从而使搅拌桶液
位降低,反之亦然。该种调节方式当管道阻力较小时,料浆流量变化很大,且当充填
地点变化时,料浆流量亦发生变化,从而使充填系统运行参数随充填地点变化而
变化。

搅拌桶料位的另一调节方式为使进入搅拌桶的物料量保持恒定,而在出料口设置调
节装置,调节搅拌好的料浆排出量,国内一般采用电动闸阀或电动夹管阀进行调节。即当
搅拌桶料位较高时,搅拌桶料位计发出调节信号使调节阀开度增大,从而料浆排出量增
大,使搅拌桶料位降低。而当搅拌桶料位过低时,搅拌桶料位计发出调节信号使调节阀开
度关小,从而料浆排出量减小,使搅拌桶料位升高。

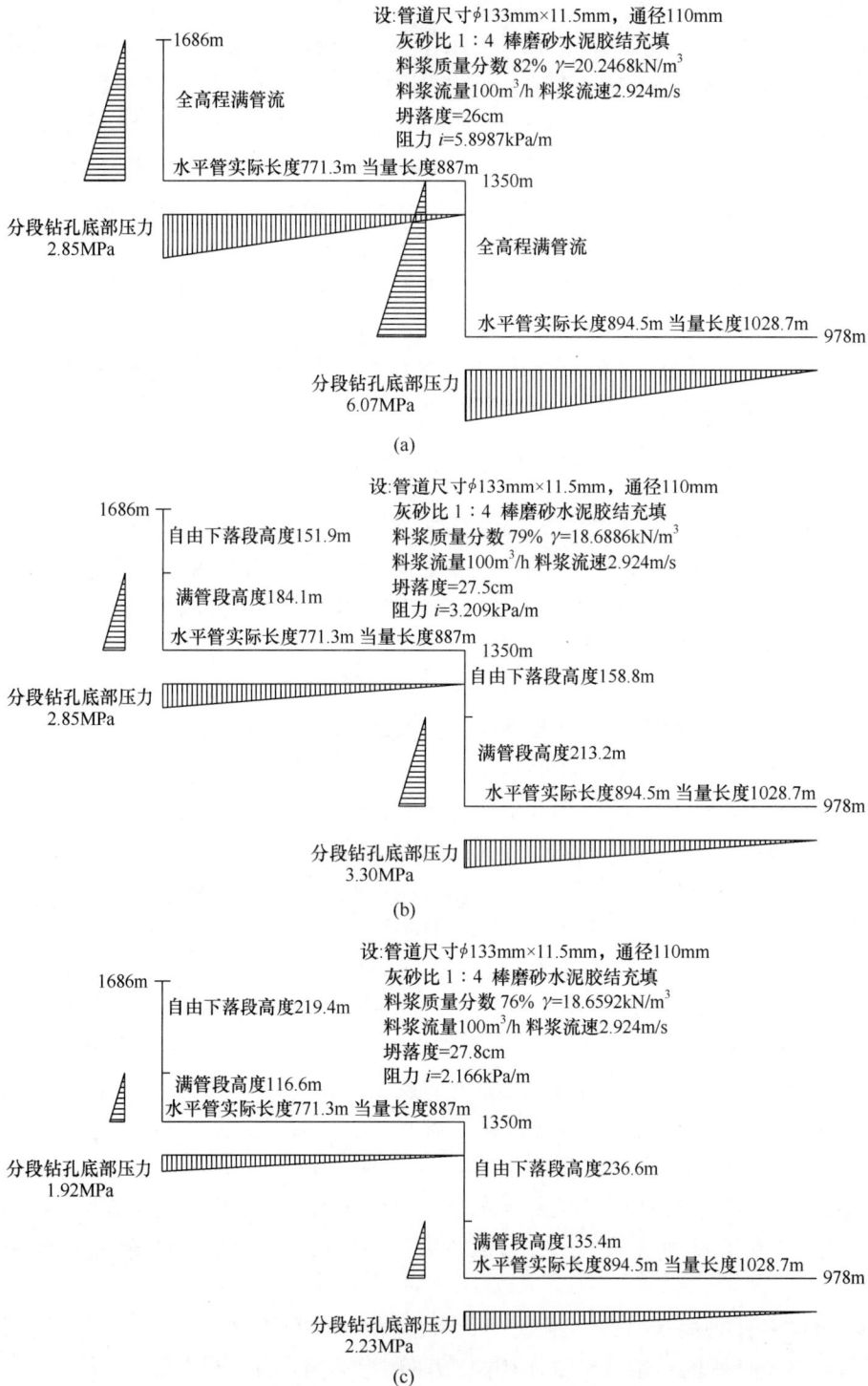

设:管道尺寸φ133mm×11.5mm,通径110mm
灰砂比1:4 棒磨砂水泥胶结充填
料浆质量分数82% γ=20.2468kN/m³
料浆流量100m³/h 料浆流速2.924m/s
坍落度=26cm
阻力 i=5.8987kPa/m

1686m

全高程满管流

分段钻孔底部压力
2.85MPa

水平管实际长度771.3m 当量长度887m

1350m

全高程满管流

水平管实际长度894.5m 当量长度1028.7m

978m

分段钻孔底部压力
6.07MPa

(a)

设:管道尺寸φ133mm×11.5mm,通径110mm
灰砂比1:4 棒磨砂水泥胶结充填
料浆质量分数79% γ=18.6886kN/m³
料浆流量100m³/h 料浆流速2.924m/s
坍落度=27.5cm
阻力 i=3.209kPa/m

1686m

自由下落段高度151.9m

满管段高度184.1m

水平管实际长度771.3m 当量长度887m

分段钻孔底部压力
2.85MPa

1350m

自由下落段高度158.8m

满管段高度213.2m

水平管实际长度894.5m 当量长度1028.7m

978m

分段钻孔底部压力
3.30MPa

(b)

设:管道尺寸φ133mm×11.5mm,通径110mm
灰砂比1:4 棒磨砂水泥胶结充填
料浆质量分数76% γ=18.6592kN/m³
料浆流量100m³/h 料浆流速2.924m/s
坍落度=27.8cm
阻力 i=2.166kPa/m

1686m

自由下落段高度219.4m

满管段高度116.6m
水平管实际长度771.3m 当量长度887m

分段钻孔底部压力
1.92MPa

1350m

自由下落段高度236.6m

满管段高度135.4m
水平管实际长度894.5m 当量长度1028.7m

978m

分段钻孔底部压力
2.23MPa

(c)

图 8.14 料浆质量分数为82%、79%及76%时阶梯形布置管道压力分布

(a)料浆质量分数82%阶梯形敞口布置管道压力分布图;(b)料浆质量分数79%阶梯形敞口布置管道压力分布
图;(c)料浆质量分数76%阶梯形敞口布置管道压力分布图

在充填管道与搅拌桶连接成一体且密封良好的条件下,无论搅拌桶料位采取何种调节方法,均可定义为自平衡满管流系统。第一种方式称为随动给料自平衡满管流,第二种称为定量给料自平衡满管流。

立式搅拌桶放料管上均装有底阀(排料阀)或调节阀(电动闸阀或电动调节阀)。该调节阀的作用可调节充填料浆排出量,同时亦可视为管路系统中的一个调压装置或节流阀。该阀的开度对系统的运行参数具有十分重要的作用。在充填管道敞口布置时,该阀的开度只与搅拌桶的料位有关,所受压力较小、开度较大,从而流速较小、磨损亦较小。但如果搅拌桶与充填管道连成整体且充填倍线较小时,则将受到充填料浆自平衡满管流效应的影响,管道将对搅拌桶内料浆产生虹吸效应。当充填料浆流量加大、搅拌桶料位快速下降时,将迫使该阀开度减小。该阀开度过小时,料浆通过该阀的流速增大,导致快速磨损。

金川矿山目前高浓度棒磨砂自流系统即采用定量给料底阀调节自平衡满管流输送方式。为了便于分析,先不考虑底阀的节流作用,对 L 形管道布置的充填料浆制备参数及管道压力进行分析计算,计算结果如图 8.15~图 8.18 所示。

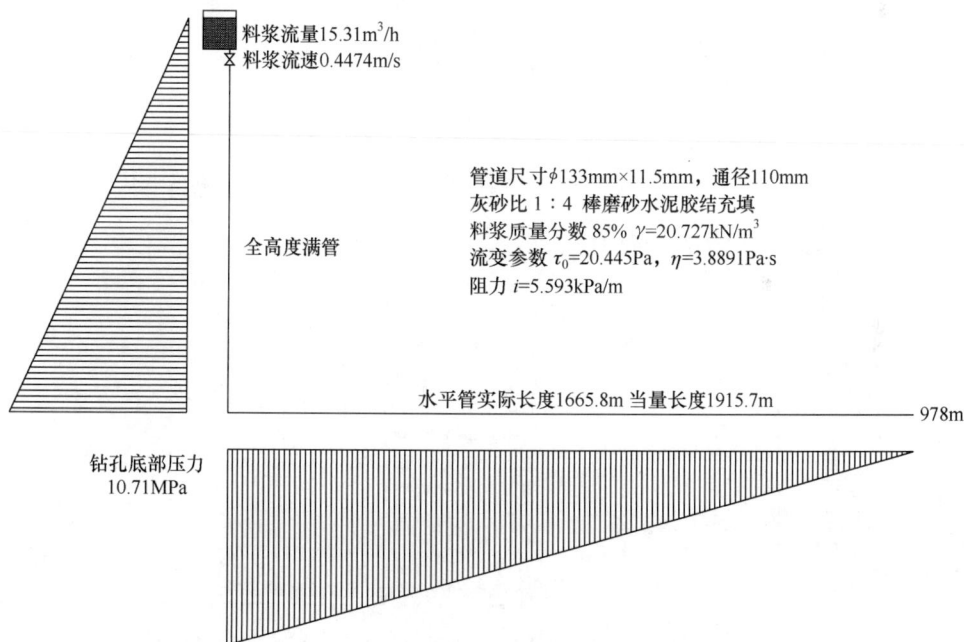

料浆流量15.31m³/h
料浆流速0.4474m/s

管道尺寸φ133mm×11.5mm,通径110mm
灰砂比1:4 棒磨砂水泥胶结充填
料浆质量分数85% γ=20.727kN/m³
流变参数 τ_0=20.445Pa, η=3.8891Pa·s
阻力 i=5.593kPa/m

全高度满管

水平管实际长度1665.8m 当量长度1915.7m   978m

钻孔底部压力
10.71MPa

图 8.15   L 形管道布置、自平衡满管流时质量分数 85％的管道输送参数及压力分布

设充填管道为等直径布置,尺寸为 φ133mm×11.5mm 刚玉复合耐磨管,通径为110mm,充填方式为棒磨砂—水泥自流输送充填,灰砂比均为 1:4,则当充填料浆质量分数为 85％时,料浆重度 20.727kN/m³,坍落度为 23cm,料浆流变参数为 τ_0＝20.445Pa,η＝3.889 Pa·s。由于料浆质量分数过高,流动阻力大,所以实现自平衡满管流的流量为15.31m³/h,料浆流速为 0.447m/s,流动阻力 i＝5.593kPa/m,钻孔底部压力为10.71MPa(见图 8.15)。当充填料浆质量分数为 82％时,料浆重度 20.247kN/m³,坍落度为 26cm,料浆流变参数为 τ_0＝10.6687Pa,η＝0.6958Pa·s。实现自平衡满管流的流量

料浆流量91.96m³/h
料浆流速2.688m/s

管道尺寸ϕ133mm×11.5mm，通径110mm
灰砂比1:4 棒磨砂水泥胶结充填
料浆质量分数82% γ=20.247kN/m³
流变参数τ_0=10.6687Pa，η=0.6958Pa·s
阻力i=5.464kPa/m

全高度满管

水平管实际长度1665.8m 当量长度1915.7m

978m

钻孔底部压力
10.47MPa

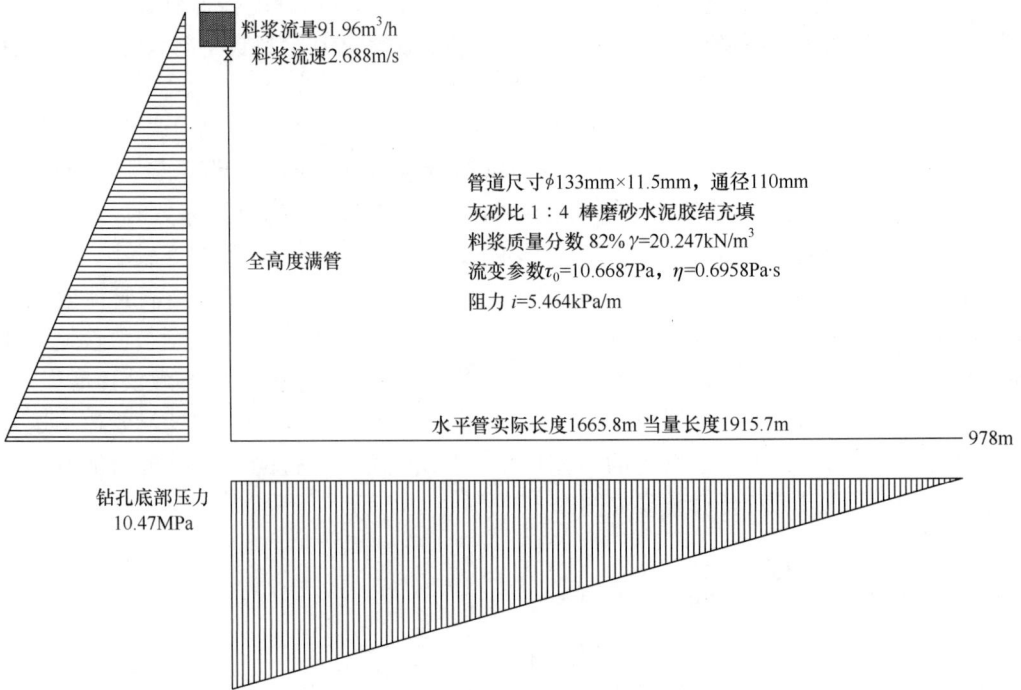

图 8.16　L形管道布置、自平衡满管流时质量分数 82% 的管道输送参数及压力分布

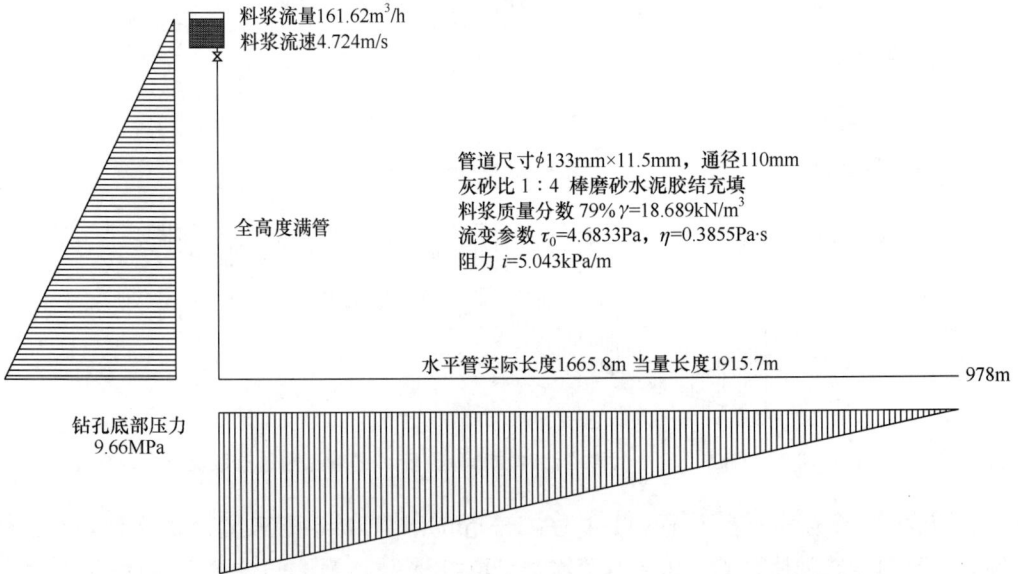

料浆流量161.62m³/h
料浆流速4.724m/s

管道尺寸ϕ133mm×11.5mm，通径110mm
灰砂比1:4 棒磨砂水泥胶结充填
料浆质量分数79% γ=18.689kN/m³
流变参数τ_0=4.6833Pa，η=0.3855Pa·s
阻力i=5.043kPa/m

全高度满管

水平管实际长度1665.8m 当量长度1915.7m

978m

钻孔底部压力
9.66MPa

图 8.17　L形管道布置、自平衡满管流时质量分数 79% 的管道输送参数及压力分布

为 91.96m³/h，料浆流速为 2.688m/s，流动阻力 i=5.464kPa/m，钻孔底部压力为 10.47MPa（见图 8.16）。当充填料浆质量分数为 79% 时，料浆重度 18.689kN/m³，坍落度为 27.8cm，料浆流变参数为 τ_0=4.6833Pa，η=0.3855Pa·s。实现自平衡满管流的流量为 161.62m³/h，料浆流速为 4.724m/s，流动阻力 i=5.043kPa/m，钻孔底部压力为

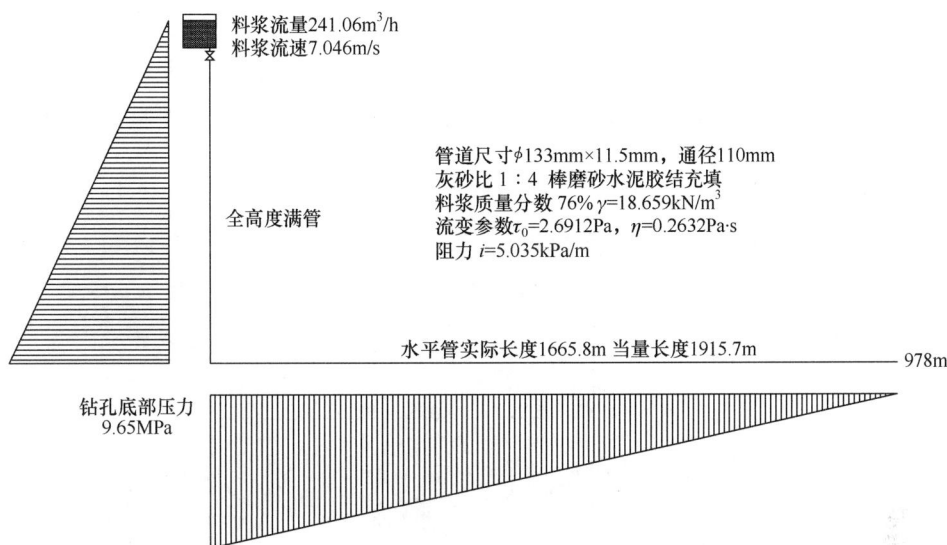

料浆流量241.06m³/h
料浆流速7.046m/s

全高度满管

管道尺寸φ133mm×11.5mm，通径110mm
灰砂比1：4　棒磨砂水泥胶结充填
料浆质量分数76%γ=18.659kN/m³
流变参数τ₀=2.6912Pa，η=0.2632Pa·s
阻力 i=5.035kPa/m

水平管实际长度1665.8m 当量长度1915.7m
978m

钻孔底部压力
9.65MPa

图 8.18　L 形管道布置、自平衡满管流时质量分数 76% 的管道输送参数及压力分布

9.66MPa（图 8.17）。当充填料浆质量分数为 76% 时，料浆重度 18.659kN/m³，料浆流变参数为 $\tau_0=2.6912$Pa，$\eta=0.2632$Pa·s。实现自平衡满管流的流量为 241.06m³/h，料浆流速为 7.046m/s，流动阻力 $i=5.035$kPa/m，钻孔底部压力为 9.65MPa（图 8.18）。

当充填管道呈阶梯形布置时，充填料浆制备参数及管道压力计算结果如图 8.19～图 8.22 所示。当充填料浆质量分数为 85% 时，实现自平衡满管流的流量同样为 15.31m³/h，料浆流速为 0.447m/s，流动阻力 $i=5.593$kPa/m，上部钻孔底部压力为 4.961MPa，下部钻孔底部压力为 5.754MPa（图 8.19）。当充填料浆质量分数为 82% 时，实现自平衡满管流的同样为流量为 91.96m³/h，料浆流速为 2.688m/s，流动阻力 $i=5.464$kPa/m，上部钻孔底部压力为 4.969MPa，下部钻孔底部压力为 5.621MPa（图 8.20）。当充填料浆质量分数为 79% 时，实现自平衡满管流的流量同样为为 161.62m³/h，料浆流速为 4.724m/s，流动阻力 $i=5.043$kPa/m，上部钻孔底部压力为 4.585MPa，下部钻孔底部压力为 5.188MPa（图 8.21）。当充填料浆质量分数为 76% 时，实现自平衡满管流的流量同样为 241.06m³/h，料浆流速为 7.046m/s，流动阻力 $i=5.035$kPa/m，上部钻孔底部压力为 4.578MPa，下部钻孔底部压力为 5.18MPa（图 8.22）。

对比两种不同布置形式管道压力分布可知，在自平衡自流输送系统运行过程中，L 形管道布置钻孔底部压力取决于水平管道长度，在充填料浆质量分数为 85% 降至 76% 时，为 10.71MPa～9.65MPa，其值较大，且随充填料浆浓度的降低而变化较小。而充填料浆流量则随充填料浆浓度降低而急剧加大，当充填料浆质量分数为 85% 时，实现自流输送的流量仅为 15.31m³/h，当充填料浆质量分数为 82% 时，实现自流输送的流量为 91.96m³/h，当充填料浆质量分数降至 79% 时，流量 161.62m³/h，当充填料浆质量分数进一步降至 79% 时，流量可达 241.06m³/h。国内矿山充填生产实际已证实该现象，在敞口型充填管道布置的条件下，当搅拌机制备的料浆浓度过高时，下料斗下料缓慢、料位升高

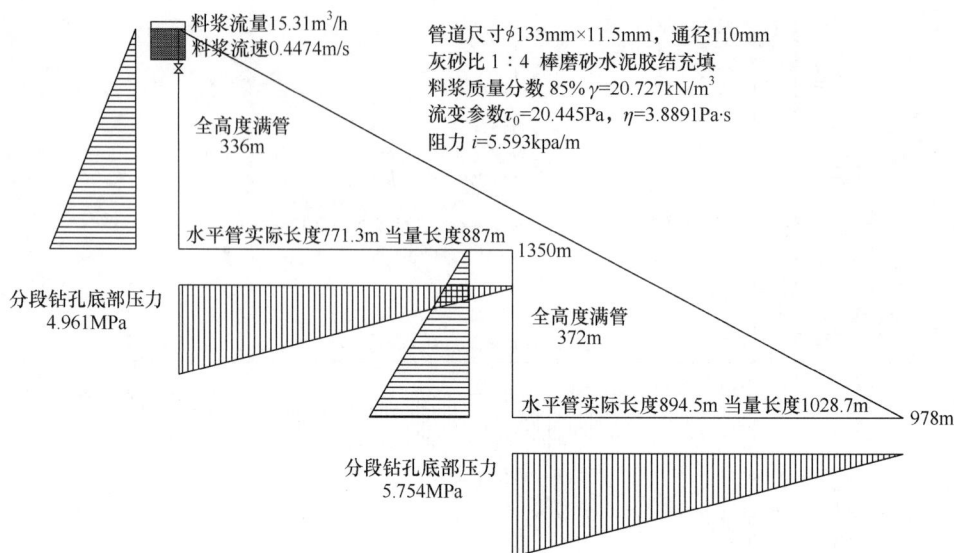

料浆流量15.31m³/h
料浆流速0.4474m/s
全高度满管 336m

管道尺寸ϕ133mm×11.5mm，通径110mm
灰砂比1:4 棒磨砂水泥胶结充填
料浆质量分数85% γ=20.727kN/m³
流变参数τ_0=20.445Pa，η=3.8891Pa·s
阻力 i=5.593kPa/m

水平管实际长度771.3m 当量长度887m

分段钻孔底部压力 4.961MPa

1350m

全高度满管 372m

水平管实际长度894.5m 当量长度1028.7m

978m

分段钻孔底部压力 5.754MPa

图8.19 阶梯形管道布置、自平衡满管流时质量分数85%的管道输送参数及压力

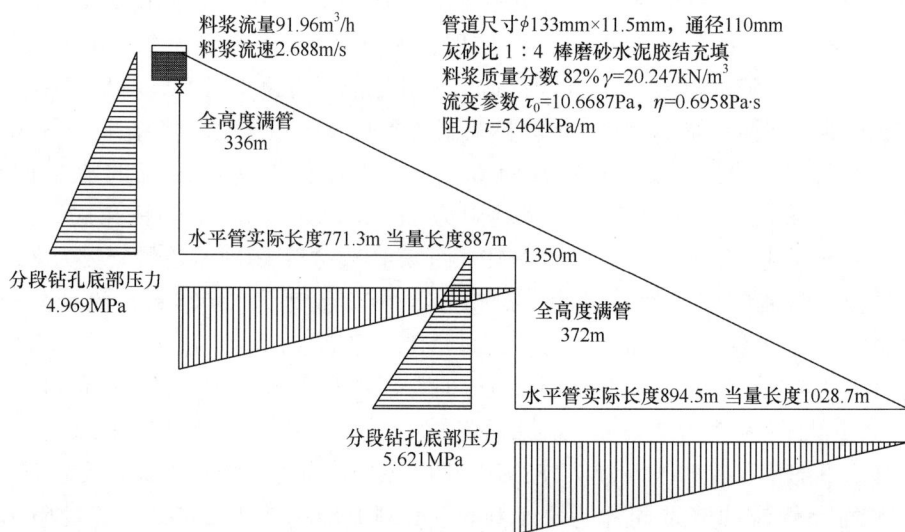

料浆流量91.96m³/h
料浆流速2.688m/s
全高度满管 336m

管道尺寸ϕ133mm×11.5mm，通径110mm
灰砂比1:4 棒磨砂水泥胶结充填
料浆质量分数82% γ=20.247kN/m³
流变参数 τ_0=10.6687Pa，η=0.6958Pa·s
阻力 i=5.464kPa/m

水平管实际长度771.3m 当量长度887m

分段钻孔底部压力 4.969MPa

1350m

全高度满管 372m

水平管实际长度894.5m 当量长度1028.7m

分段钻孔底部压力 5.621MPa

图8.20 阶梯形管道布置、自平衡满管流时质量分数82%的管道输送参数及压力分布

甚至出现漫溢，即料浆流量降低。这时若降低充填料浆质量分数，料斗中料浆进入钻孔的流量加大，进一步降低料浆质量分数，充填料浆快速进入充填钻孔甚至吸入空气。当采用阶梯形布置时，由于水平管道长度分为两段或多段，所以其分段钻孔底部最大压力降低至5.754MPa，分段越多，每段水平管道长度越小，各分段钻孔底部压力值越小。

4. L形管道堵塞时压力分布

当产生堵管时，管道压力分布完全呈现另一种状况。由于充填料浆在堵管状态下停

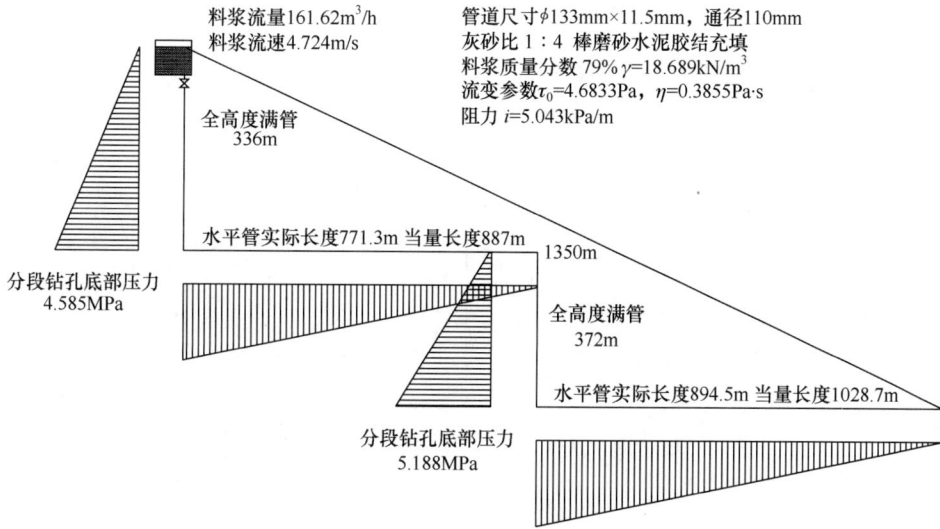

料浆流量161.62m³/h
料浆流速4.724m/s

管道尺寸φ133mm×11.5mm，通径110mm
灰砂比 1∶4 棒磨砂水泥胶结充填
料浆质量分数79% γ=18.689kN/m³
流变参数τ₀=4.6833Pa，η=0.3855Pa·s
阻力 i=5.043kPa/m

全高度满管
336m

水平管实际长度771.3m 当量长度887m

1350m

分段钻孔底部压力
4.585MPa

全高度满管
372m

水平管实际长度894.5m 当量长度1028.7m

分段钻孔底部压力
5.188MPa

图 8.21　阶梯形管道布置、自平衡满管流时质量分数 79% 的管道输送参数及压力分布

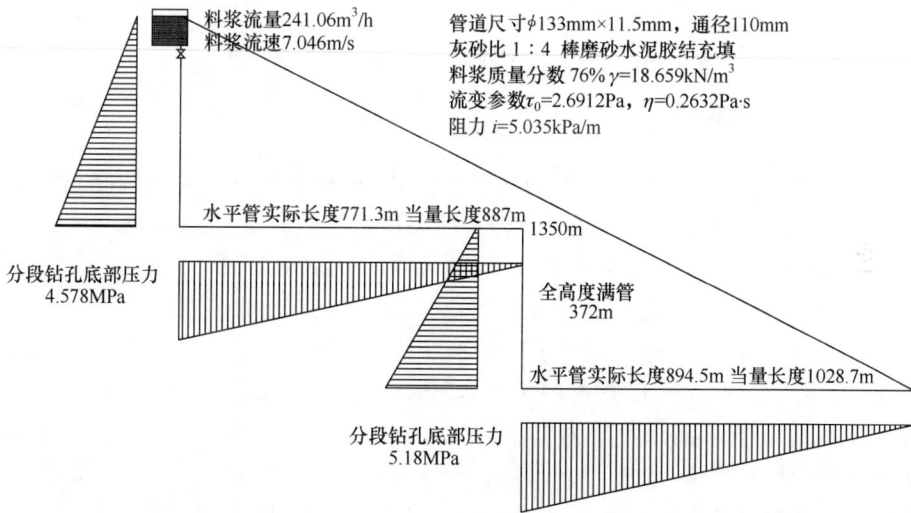

料浆流量241.06m³/h
料浆流速7.046m/s

管道尺寸φ133mm×11.5mm，通径110mm
灰砂比 1∶4 棒磨砂水泥胶结充填
料浆质量分数76% γ=18.659kN/m³
流变参数τ₀=2.6912Pa，η=0.2632Pa·s
阻力 i=5.035kPa/m

水平管实际长度771.3m 当量长度887m

1350m

分段钻孔底部压力
4.578MPa

全高度满管
372m

水平管实际长度894.5m 当量长度1028.7m

分段钻孔底部压力
5.18MPa

图 8.22　阶梯形管道布置、自平衡满管流时质量分数 76% 的管道输送参数及压力分布

止流动，在充填料浆呈膏体或结构流的状态且未凝固时，可将之视为液态物料，这时管道将承受静态液体压力，管道不同部位压力取决于堵管地点与该部位的高差，在充填料浆入口与堵管地点之间均遵循 $P=\gamma \cdot h$ 的压力分布规律，在金川公司二矿区目前充填管网布置参数下，若于 978m 水平管道产生堵管，其压力分布如图 8.23 所示，管道最大压力为 13.23MPa。

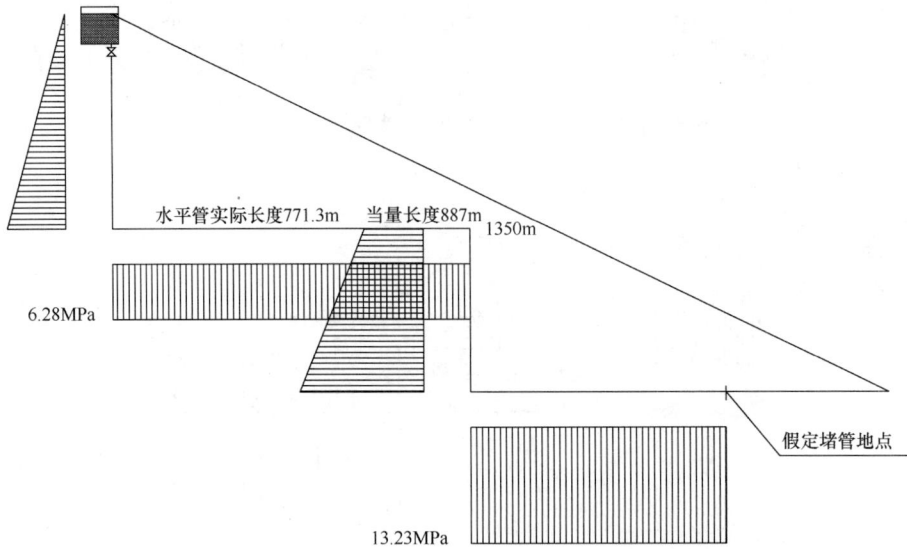

图 8.23   978m 水平堵管时管道压力分布(料浆质量分数 79%)

8.4   高压头充填管道调压装置研究

8.4.1   增阻圈的作用原理分析

从分析结果可知,由于金川二矿区自流输送系统将充填钻孔及井下管网与搅拌桶连成整体,并由搅拌桶底流阀调节搅拌桶料位,即采用自平衡自流输送系统,在 978m 水平最远处 Ⅲ 盘区充填时,在充填料浆质量分数为 79% 的条件下,充填料浆流量达 161.62m³/h,而实际生产过程中,料浆制备输送能力为 100m³/h 左右,如 2010 年 7 月 31 日 13:00,二期充填站 2# 自流系统仪表各显示参数为棒磨砂给料量 140.15t/h,水泥给料量 42.16t/h,供水量 29.18t/h,搅拌桶液位 1.5m,料浆质量分数 78.28%。根据上述仪表显示值反算,可得出充填料浆流量为 105.75m³/h。

实际生产中料浆流量为 105.75m³/h,远小于理论分析计算的 161.62m³/h,但充填系统仍平稳运行并顺利输送的原因为,搅拌桶底流阀的节流作用、增阻圈的增阻作用及井下弯管、变径管的局部阻力增大了料浆的输送阻力。输送阻力的增大,使料浆流速降低、流量减小,在充填料浆流量为 100m³/h 左右亦能实现满管流顺利输送。

搅拌桶底流阀的节流增阻作用如前所述,充填系统运行过程中,底流阀开度根据搅拌桶液位高度而定,其开度一般为 35%~45%,相应的其过流面积为阀全开面积的 35%~45%。由于过流面积突然缩小,充填料浆在该处流向突然发生变化,流速提高 2.22~2.86 倍。在充填料浆流量 100m³/h 时,通径为 110mm 的管道其料浆流速为 2.924m/s,而通过该阀时流速达到 6.49~8.36 m/s,其节流作用十分突出,从而产生很大的局部阻力。

增阻圈为多个通径为 110mm 的 90°弯管及短直管组成的呈半圆形或圆形管道,将之布置于钻孔底部或水平管道中。由于充填料浆通过弯管时流向急剧变化,从而产生较大的局部阻力。多个弯头的组合作用,使增阻圈同样产生很大的局部阻力,同样使料浆流速降低、流量减小。

8.4.2　增阻圈结构及布置形式

增阻圈的结构较为简单,其材质与水平管相同,通径同为 110mm,充填料浆流经增阻圈时,其流速不变,从而使其磨损较节流阀大为降低。

增阻圈的布置形式有多种,如驼背式、折返式、螺旋式等。金川矿山采用的为折返式及螺旋式,折返式增阻圈布置于 1600m 水平 A2 钻孔组的上部,其布置模型如图 8.24 所示,井下实际布置情况见图 8.25。螺旋式布置于 1100m 中段钻孔底部,如图 8.26 所示。

图 8.24　二矿区 1600m 水平 A2 钻孔组上部增阻圈模型

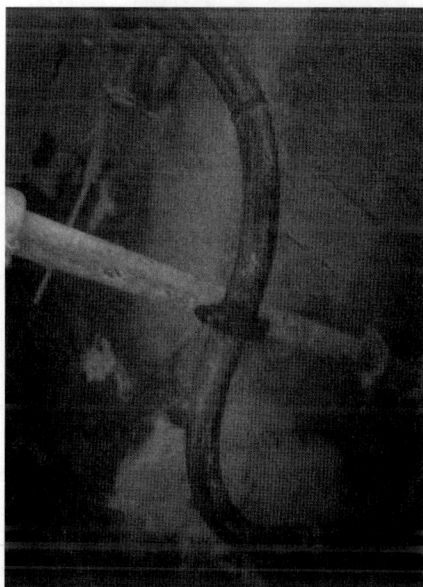

图 8.25　二矿区 1600m 水平 A2 钻孔组上部增阻圈管道布置

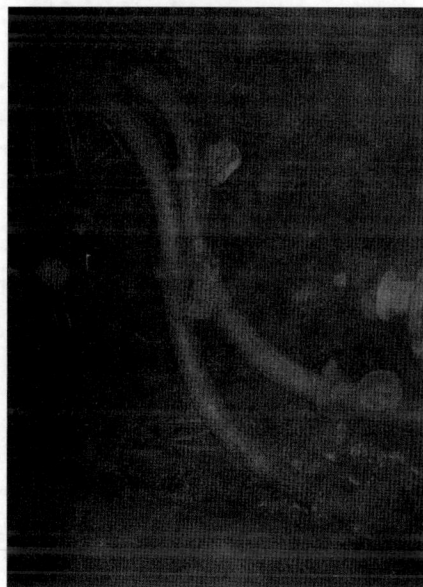

图 8.26　二矿区 1100m 水平钻孔底部增阻圈管道布置

8.4.3　加设增阻圈后管道压力分布

设于 1350m 中段钻孔及 978m 水平(1000m 中段)各布置一增阻圈,增阻圈由 8 个(2 圈)或 12 个(3 圈)半径为 1m、角度为 90°的等直径 $\phi133 \times 11.5$mm 刚玉复合耐磨管组成。

根据国内外生产实际经验,每一个 90°弯管折合水平管当量长度 15m,即相当于 1350m 中段及 978m 水平管道各增长了 120m 或 180m。当充填料浆质量分数为 79%、不考虑搅拌桶底阀节流作用且为自平衡输送时,管道输送参数及压力计算结果如图 8.27 所示。

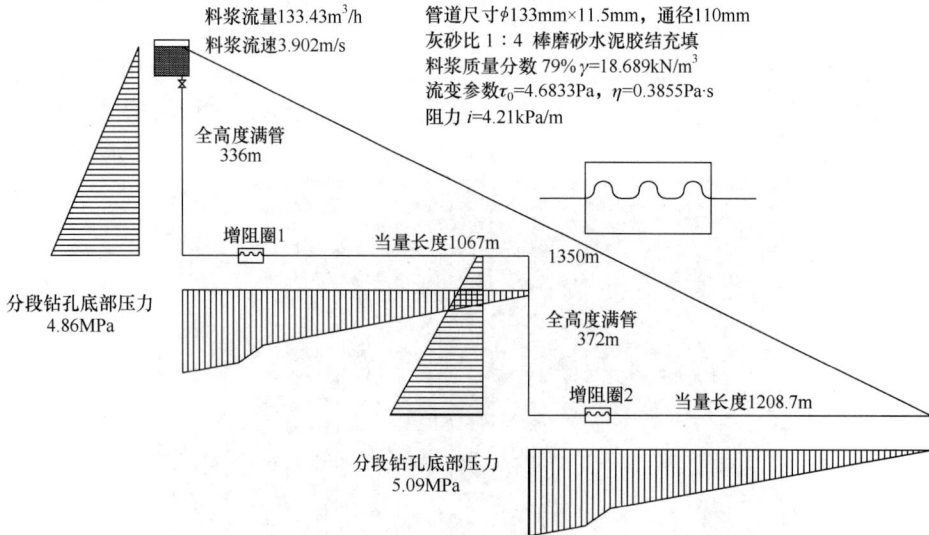

图 8.27　加设增阻圈后质量分数 79%的输送参数及管道压力

由计算结果可知,增阻圈相当于加长了水平管道长度,从而增加了输送阻力,降低了充填料浆流量。在不考虑搅拌桶底流阀的节流作用时,实现自平衡输送的流量由 161.62m³/h 降低至 133.43m³/h,流速由 4.724m/s 降低至 3.902m/s。由于流速降低,输送阻力 i 值由 5.043kPa/m 降低至 4.21kPa/m,而各分段钻孔底部压力变化不大,1350m 中段钻孔底部压力由 4.585MPa 变为 4.86MPa,而 978m 水平底部最大压力由 5.188MPa 变为 5.09MPa。

在实际生产过程中,增阻圈的增阻作用还可减弱搅拌桶底阀的节流作用,底阀开度可进一步加大,磨损将更小,从而有利于实现平稳的满管流输送。

8.4.4　增阻圈布置原则

增阻圈布置应遵循以下原则:

1. 布置于自流输送系统且充填倍线较小的情况

设置增阻圈的目的是增大充填料浆的水平输送阻力,降低料浆流速,在实现满管流的条件下使充填料浆流量处于合理范围。当采用泵送充填或充填倍线较大时,增阻圈将增大泵送阻力或使充填料浆流量不能满足生产要求,所以不能采用。

2. 根据充填料浆浓度设置增阻圈的圈数

尽量提高充填料浆浓度是充填技术发展的目标。当充填系统能制备出呈膏体或结构流的条件下,自流输送系统应尽量利用其自重压头以克服水平管道阻力。只有在充填料浆自重压头过大、水平管道长度过小从而出现高度较大的自由下落段时,才有必要设置增阻圈,增阻圈的圈数亦需通过理论分析计算及生产实践而调整优化。

3. 应设置于水平管道较短的中段水平和尽量靠近竖管

充填管道阶梯形布置时,阶梯越平缓,管道压力分布越均匀;分段越多,压力越小。若某一阶梯竖管段过高且水平段较小时,则竖管段底部压力较大,这时一方面应降低竖管段高度,另一方面则应于水平管段加设增阻圈,使阶梯变缓,从而降低竖管段底部压力。增阻圈应尽量靠近竖管底部,以减少压力较高的水平管长度。

4. 使当量管网布置图处于充填料浆入口至出口的折线下

如图 8.28 所示,当未设置增阻圈时管网布置如图 8.28(a)所示。由于竖管段高度过大、充填倍线较小,竖管段易于出现空管,空管段料浆自由下落使流速过高从而使竖管磨

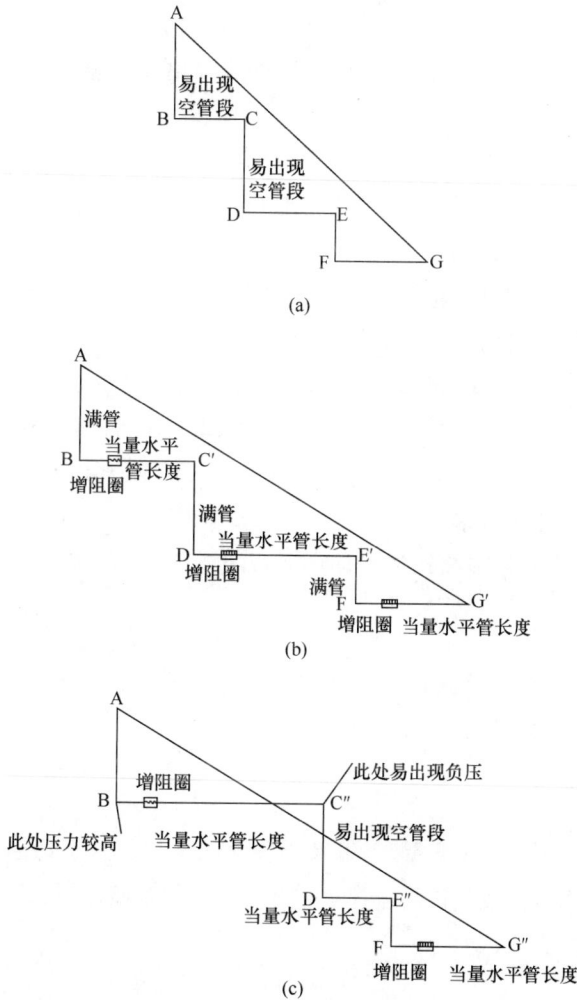

图 8.28　增阻圈后合理布置位置

(a)未设置增阻圈的管网布置;(b)合理的增阻圈布置形式;(c)不合理的增阻圈布置形式

损过快,这时需在水平管段设置增阻圈。合理的增阻圈布置如图 8.28(b)所示,根据各水平管道长度设置不同圈数的增阻圈,从而使分段阶梯充填倍线近似相等,同时使各当量充填管网布置于料浆入口 A 与出口 F'的连线之下,这时不但可实现全程管道的满管流,同时使全程管道压力分布均匀,各分段竖管底部压力亦近似相等。不合理的增阻圈布置如图 8.28(c)所示,在某一水平(BC")布置多圈增阻圈,从而使 BC"当量水平管道长度过大,B 点出现较高压力,而在 DE"水平段不设增阻圈,从而使 C"D 竖管段可能出现空管段,并于 C"点处出现负压。

8.5 充填管道布置优化研究

8.5.1 充填钻孔布置优化

由于高浓度棒磨砂充填料浆具有极大的磨蚀性,金川矿山多年来施工了大量充填钻孔。为了保证充填作业的正常进行,金川矿山对充填钻孔设计、钻孔材质、钻孔施工方法及质量控制、延长钻孔使用寿命、改善充填料浆输送及磨蚀性能方面,进行了大量研究及工程实践,取得了显著成效。

二矿区一期工程初期,东部充填站在 36 行措施井筒中架设了两条 $\phi152mm$ 普通无缝钢管,西部充填站在 16 行充填井筒中架设了四条 $\phi152mm$ 普通钢管做充填管用。这 6 条垂直无缝钢管使用寿命很短,少则充填 $3000m^3$ 料浆,多则充填 $15000m^3$ 料浆,管壁多处磨穿漏浆,迫使停止使用。分析原因,皆因材质差、管壁薄、架设垂直度及同心度不好所致。实践充分证明,对充填管道来说,垂直管道部分(不管是长段或短段),采用明管架设是不宜的,应尽可能采用垂直钻孔为宜。随后施工了 $\phi300mm$ 充填钻孔,该钻孔深度为 425m,套管内径 $\phi300mm$,管壁厚 10mm,管外径 $\phi320mm$,岩体荒孔直径 $\phi620mm$,管壁后注浆厚度 150mm。该钻孔共输送充填料浆 168 万 m^3,是其他孔径平均使用寿命长 10 倍以上,技术经济效益十分显著。

$\phi300mm$ 钻孔使用效果显著的主要原因有以下几点:

1. 垂直度好

钻孔的偏斜度为 $1°12'$,因而管壁受摩擦力较为均匀。垂直度愈好,使用效果愈好,这是垂直输送管道所共有的特性。

2. 钻孔内套管孔径大

在使用过程中,从未发现由管壁、管箍磨损脱落的情况。由于管径大,料浆在钻孔中流动时流速显著降低,相对减轻了料浆与管壁的直接冲击和摩擦,延长了钻孔的使用寿命。

3. 钻孔套管壁后注水泥

钻孔套管壁后注水泥为 $5.25^{\#}$ 油井高标号水泥,料浆质量分数为 $70\%\sim75\%$,厚度 150mm,且采用高压固井技术注浆,使水泥浆更加密实,水泥浆凝固后的强度大于

15MPa。使用过程中,管壁局部肯定会磨穿,后来采用专用摄像机摄像,的确管壁磨损很严重,但高强度水泥浆形成的圆形通道耐磨性能良好,从而保证了钻孔的继续使用。

4. 钻孔套管为高锰耐磨钢管

钻孔套管壁厚为 10mm 高锰耐磨钢管,使用寿命必然大于薄壁普通钢管。

该钻孔最终废弃是因金川矿区地压大,挤压钻孔发生错位所致,并不是钻孔自身被磨损破坏所造成的。实践经验得知,凡是采用棒磨砂作骨料且未采用满管输送的充填管道系统,充填钻孔的直径可适当选大些,应采用 $\phi200mm\sim\phi300mm$ 为宜。若采用尾砂作骨料且采用满管输送的充填管道系统,充填钻孔的直径可适当选小些,其内径为 $100\sim150mm$ 为宜。选择材料时尽可能采用耐磨管材,虽然一次性投资大些,但从最终使用效果来看,经济效益却是显著的。充填垂直钻孔显然是充填料浆管道输送的咽喉,所以施工技术要求严格,以延长其寿命。通过多年生产实践,金川矿山总结出较为成熟的施工技术要求有以下几点:

(1) 钻孔应尽可能垂直,其偏斜率应不大于 0.9%。

(2) 荒孔直径应大于成孔直径 $100\sim150mm$,以保证足够的套管壁后注浆厚度。

(3) 下套管前必须用高压清水冲洗钻孔。

(4) 套管必须导正于中心。

(5) 套管间用梯形螺纹管箍连接,套管长度以 $150\sim200mm$ 为宜,以保证套管间连接的牢固性。

(6) 必须采用油井高标号水泥高压固管,固管结束后应保证套管内无异物、畅通。

(7) 钻孔垂直度好环,直接关系到钻孔的使用寿命,所以在钻孔施工中,必须随时采用专用仪器测试偏斜度以指导施工,偏斜度应控制在 $1°30'$。

(8) 为了延长套管的使用寿命,套管应尽可能选取高强度耐磨抗腐蚀、加厚的管材,如内衬铸石管、夹套式铸石管、加筋铸石管、双金属耐磨管等高强耐磨管材。

(9) 钻孔施工时开孔钻头应根据地表岩层条件,适当选取大于设计孔径 100mm 的钻头。钻进到地表以下 $2\sim5m$ 时,套上 $2\sim5m$ 套管,防止地表岩层破碎塌陷影响施工,此后再用设计孔径的钻头钻进。

(10) 在充填钻孔内径较大而水平管道内径较小时,采用变径弯头连接,且由于钻孔底部压力较大、磨损严重,所以尽量采用厚壁耐磨管,弯头连接方式一般用法兰或快速连接卡箍,法兰或卡箍耐压等级满足设计要求,如图 8.29 所示。

图 8.29　二矿区充填钻孔底部管道连接

为了保证充填钻孔的畅通,必须严格按照充填工艺技术要求与操作程序、充填料浆工艺参数进行充填。在垂直钻孔底部安装事故排浆阀,且要有钻孔硐室,遇到充填管线全线堵塞事故而短时间又不能处理时,首先应及时将事故排浆阀打开,一般来说钻孔里的料浆就可依靠自重排出,若依靠自身重力不能及时排出,用铁锤敲击管壁给以振动料浆就可排出,避免钻孔堵塞事故的发生,造成不必要的经济损失。而在上述方法仍无法处理时,只有采用自下而上或自上而下用钻机扫孔的方式进行疏通。

在垂直充填钻孔下连续的弯管,要承受料浆加速流的冲击力和料浆流向改变引起的法向摩擦,所以很容易磨损,要靠修补该弯管处是很难的,因为该处弯管有时十多分钟就磨穿了,用得好也很难超过72小时。在实际应用中,多采用高标号砼将弯管埋入其中,一旦弯管磨穿,高标号砼形成的圆形通道还可通过料浆,实践说明,这是一种很好的延长弯管寿命的办法。

二矿区一期和二期工程设计的充填钻孔一般都存在管径小(ϕ152~219mm)、管壁薄(δ=15~20mm)、充填寿命短(5万~25万 m³)的问题,对生产造成严重影响。在近几年施工的充填钻孔中,对技术参数做了重大改进,通过合理选择钻孔最佳施工位置、钻孔采用分段设计形式、钻孔选用大孔径耐磨套管、增加钻孔施工的垂直度等技术措施,即可取得良好的应用效果。通过生产实践,现已将 ϕ299mm 内衬 KTB-Cr28 合金耐磨管作为充填钻孔的设计推荐标准。该推荐标准的执行,大幅度提高了充填钻孔的使用寿命,单孔充填自流充填量从原来的 60 万 m³ 提高到 100 万 m³ 以上,经济效益明显。

8.5.2　水平管道布置优化

二矿区井下现在共有 1600m、1350m、1250m、1200m、1150m、1100m、1000m 七个工作平面,管线总长度超过 10000m,单套系统管线最长在 2500m 左右,主系统管路均采用耐磨管连接,管道外径为 ϕ133mm,充填回风道内大多采用 ϕ108mm 普通钢管,全系统管线内径为 ϕ100~108mm。

由于高浓度棒磨砂自流输送系统采用棒磨砂为集料且料浆流速较大,充填料浆对充填输送管道的磨损是非常大的,原采用的 ϕ133mm 和 ϕ103mm 无缝钢管作为充填管,使用寿命仅为 20 万 m³ 左右。随着充填量的增大,因管路磨损造成的充填不正常停车故障率也随之增加。通过攻关选用不同的耐磨管材进行了试验比较应用,水平管道最终选取了 ϕ133mm 钼铬双金属耐磨管和 ϕ133mm 刚玉耐磨管,单节管道长度为 3m,采用卡箍连接,较好地满足了二矿区自流充填输送的高流速、高压力、高磨损的特点。同时对井下的管线实施标准化改造,将各中段主水平所有普通钢管全部用耐磨管进行替换,并将充填回风道内的非标管统一尺寸,提高了互换性,加快了更换管线的速度,减少了员工的劳动强度,也提高了充填系统的纯作业时间。上述两种耐磨管对比试验结果表明,弯管及钻孔底部承受冲击较大部位采用钼铬双金属耐磨管效果更佳,目前井下所用弯管均采用此管。各种管的性能效益见表 8.3。二矿区水平充填管道及井下卡箍连接如图 8.30、图 8.31 所示。

表 8.3　耐磨管与普通钢管成本比较

名称	管壁厚/mm	耐磨层/mm	单位重量/(kg/m)	单价/(元/t)	平巷使用寿命/万 m³
钼铬双金属耐磨管	14	9	43	12500	≥120
刚玉耐磨管	11.5	6.5	37	12500	≥100
普通无缝钢管	5	0	13	6700	20

图 8.30　φ133mm 双金属耐磨管

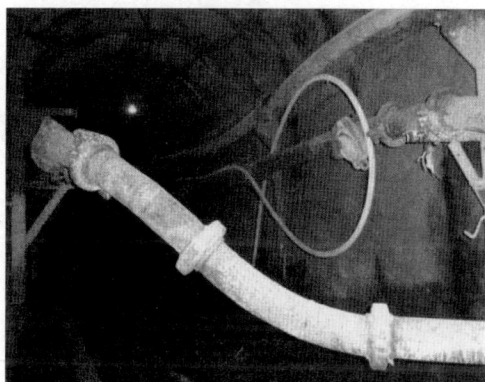

图 8.31　井下充填耐磨管卡箍连接

8.5.3　柔性接头及导水阀的应用

1. 柔性接头的应用

二矿区由于充填作业地点多，且单个充填采场（进路）体积小，加之年充填总体积巨大，所以需在充填作业过程中对充填管道随时进行系统切换。原采用的切换方法为将固定充填管的快速接头打开，用撬棍将待充填采场管路的管头拨到相应的系统管路，对上管口，然后再固定好快速接头。但由于井下充填管线大多采用 φ133mm 刚性耐磨管，管头与管头为刚性连接，倒口管管头位置的改变，使管子中心线偏斜，对口时必须通过调整管口前后 30~40m 管线来实现，有时还需加工小短接强行对接，每次倒口作业的时间都在 70~80min，个别中段多系统充填时，管线交叉倒口作业时间甚至达到两个小时，不仅工人劳动强度较大，同时也制约着充填系统能力的发挥。

2. 耐磨柔性接头的应用

柔性接头由三部分组成：一端为带卡盘的伸缩头，另一端为球形带卡盘结构的万向头，通过中间带密封装置的伸缩套管、辅助配件连接为一个整体。耐磨柔性接头如图 8.32 所示。

图 8.32　耐磨柔性接头

3. 耐磨柔性接头特点

球形旋转的接头密封设计,内衬耐磨层,柔性连接,最大可调节 200mm,由于将充填倒口作业的管线连接方式由刚性连接变为柔性连接,很好地解决了充填倒口作业过程中产生的管口偏斜与位移,减少了由此产生的泄漏,大大节约了倒口作业的时间,从而提高了系统的纯作业时间,为提高劳动生产率奠定了基础,同时降低了职工的劳动强度。

4. 导水阀的应用

充填作业全过程一般为:

(1) 开机前确认管路畅通,其方法为用压风或水进行试管,确认采场管道出口见风或水方可进行下一步作业。

(2) 用水泥浆对充填管路进行引流,水泥浆浓度由低至高,水泥浆量 $2\sim4m^3$,以对管道进行引流及润滑。

(3) 水泥浆正常下料后再按配比要求添加水泥、棒磨砂或戈壁砂并控制料浆浓度及流量,使系统处于正常运行状态。

(4) 当充填系统达到所需充填量后,进入停机程序,停机程序与开机相反,即先停止供给棒磨砂或戈壁砂,然后用水泥浆冲洗管道,水泥浆浓度由高到低,最后用水或压风吹洗管道。

充填系统每一次开关机(包括中途故障停车所引起的开关机)都需根据管路长短对其进行 $6\sim8min$ 时间的清洗。统计显示无论开机或关机,一次注入进路的水为 $7\sim12t$,按打底充填量 $800m^3$ 计算,进入进路的充填料浆质量分数将降低 $0.857\%\sim1.35\%$。而充填质量分数每降低 1%,充填体强度将降低 10% 左右,所以引流水及清洗水对充填质量和充填接顶效果影响较大。

为此研制设计了一种由阀体、阀板及曲柄连杆机构等部件组成的立方体形导水阀,如

图 8.33 和图 8.34 所示。阀的进口、出口及导水口均为方形,其端部与法兰焊接,阀板由钢板和具有密封功能且不易磨损的特殊胶皮连接而成,阀体设计有呈 45°角的料浆出口和导水口两个输出口。在进路前合适位置将导水阀连接在距离挡墙 5～6m 的充填管路中。为便于开关阀门,将导水阀尽量安装在操作人员不借助任何工具就可接触到的高度或地面上,进口与充填管连接,出口与采场管路连接,导水口接塑料管至工区集中排水处。充填前导水时,通过丝杠曲柄连杆机构推动阀板关闭出口打开导水口,将充填开始时的试管水和引流灰浆、故障停车管路清洗水以及处理堵管水通过该装置直接排到采矿工区集中排水处,让水不再直接进入充填进路。引流结束后,将阀板拉回,关闭导水口同时打开出浆口位,进入进路正常充填作业状态。充填结束后,进行相反的操作,再将充填结束后管路洗管水导出。

图 8.33　导水阀实物图

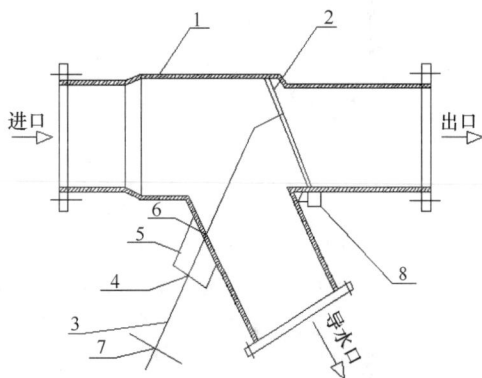

图 8.34　导水阀结构图

1. 油体;2. 油阀;3. 转动轮杠;4. 梯形螺母;5. 文交;
6. 密封压盖;7. 手轮;8. 转动轴

该导水阀具有较好的密封性能,无料浆泄漏现象。结构轻巧,重量约为 15kg,采场安装简便,操作安全可靠简便,可明显提高进路接顶率及充填体质量。

8.6　高压头充填管道调压输送工业试验

二期高浓度自流输送系统设定的配比参数为:质量分数 78%,体积分数 56.35%;灰砂比 1∶4;料浆容重 1.984t/m³;充填料浆各材料用量为水泥 310kg/m³、棒磨砂 1238kg/m³、水 436 kg/m³。实际工业试验及生产中运行参数略有波动,其中充填料浆质量分数为 76%～79%。

2010 年 7 月 29 日～7 月 31 日和 8 月 2 日系统实际运行参数见表 8.4,2005 年 1～9 月充填过程中非正常停车率(事故停车率)如表 8.5,2011 年充填过程中非正常停车率(事故停车率)见表 8.6。

表 8.4　二矿区二期自流充填系统实际运行参数

编号	取样时间	二号自流充填系统运行参数瞬时值					
		棒磨砂/(t/h)	水泥/(t/h)	水/(t/h)	搅拌液位/m	质量分数/%	料将流量/(m³/h)
1	2010.7.29.12:50	140.14	40.09	13.76	1.49	75.08	无记录
2	2010.7.29.12:55	140.14	38.89	13.7	1.48	75.09	同上
3	2010.7.30.17:00	140.21	41.97	20.1	1.5	77.59	同上
4	2010.7.30.17:05	139.91	33.86	20.06	1.5	77.13	同上
5	2010.7.31.10:00	140.15	47.38	25.32	1.5	76.85	同上
6	2010.7.31.10:05	140.16	42.16	25.37	1.49	76.39	同上
7	2010.7.31.13:00	140.15	43.16	29.18	1.5	78.28	同上
8	2010.7.31.13:05	138.02	47.82	29.13	1.48	77.32	同上
9	2010.8.2.13:00	138.69	37.94	27.66	1.39	77.35	同上
10	2010.8.2.13:05	137.98	41.99	27.53	1.39	77.38	同上
11	2010.8.2.15:00	137.29	42.92	25.89	1.4	76.89	同上
12	2010.8.2.15:05	138.7	43.23	25.26	1.38	76.89	同上
13	2010.8.2.16:00	140.12	45.07	25.14	1.41	76.89	同上
14	2010.8.2.16:05	139.41	49.37	25.19	1.41	77.37	同上

表 8.5　二矿区 2005 年 1~9 月停车事故统计表

事故分类	岗位操作		井下管道			采场	设备				其他		合计
	责任	操作	小井管	弯管	直管		调节阀	机械	电器	仪表	停电停水杂物	液位不正常	
次数	9	5	35	12	15	107	14	20	19	4	24	8	282
比例/%	3.19	1.77	12.41	4.26	5.32	37.94	4.96	7.09	6.74	1.42	8.51	2.84	100
分类次数	14		62			107	67				32		282
分类比例/%	4.96		21.96			37.94	23.76				11.35		100

表 8.6　二矿区 2011 年充填系统故障停车统计表

月份	充填量/m³	采场	管路			设备				振动筛鸟笼子	岗位责任	岗位操作	灰、砂供应		钻孔	其他	合计	含采场故障停车率/(次/万 m³)	不含采场故障停车率/(次/万 m³)
			堵管	小井管路	水平管路	调节阀	机械	电气	仪表				无灰断灰	无砂断砂					
1	107091	2		1												3	0.28	0.09
2	129014	2	1		1											4	0.31	0.16
3	128020	3		1			2									6	0.47	0.23
4	133053				2		1						3	5	1	12	0.9	0.9
5	128557	5	1	1	3								1			14	1.09	0.7

续表

月份	充填量/m³	采场	管路			设备					岗位责任	岗位操作	灰、砂供应		钻孔	其他	合计	含采场故障停车率/(次/万m³)	不含采场故障停车率/次/万m³
			堵管	小井管路	水平管路	调节阀	机械	电气	仪表	振动筛鸟笼子			无灰断灰	无砂断砂					
6	142508	4				1	1	1								1	8	0.56	0.28
7	123258	1			1	1		1								2	6	0.49	0.41
8	98393	2	1	1		1	1								1	1	8	0.81	0.61
9	109229	4	1	1									1			8	15	1.37	1.01
10	129180	5	2										2				9	0.69	0.31
11	128831	5	3	1			3									1	13	1.01	0.62
12	109546	5	2				2								1		10	0.91	0.46
合计	1466680	38															108	0.74	0.48

通过试验研究及综合技术措施的实施,在开采深度不断增加、充填倍线不断降低的条件下,实现了高浓度棒磨砂充填料浆的顺利自流输送,增阻圈的设置及阶梯式充填管网的布置形式使充填料浆流速得到了控制,管道压力更趋平衡,加之充填钻孔及水平管道材质的优化、连接方式不得更新使充填钻孔及水平管道的使用寿命由 60 万 m³ 提高至 100 万 m³ 以上,同时大大降低了由充填管网因素而引起的故障停车率,如 2005 年总故障停车率(包括地面制备站、管道及采场)为 3.62 次/万 m³,其中由充填管网因素而引起的为 0.795 次/万 m³,由调节阀而引起的为 0.18 次/万 m³,2011 年总故障停车率降低至 0.74 次/万 m³,由充填管网因素而引起的故障停车率降低至 0.171 次/万 m³,而由调节阀而引起的故障停车率降为 0 次/万 m³。

8.7　本章小结

通过室内试验、理论分析及工业试验,由此获得以下结论:

(1)随着开采深度的不断加大,金川二矿区单个独立输送管网深度达到 700m 以上,最大水平管道长度约 2500m,最小充填倍线小于 2,最大充填倍线小于 3.5,属高压头低倍线输送系统。加之生产中主要采用棒磨砂作为充填集料,高浓度充填料浆对管道具有非常大的磨蚀性,当料浆流速过大时更易使充填管道快速磨损。

为了实现充填料浆的顺利输送以满足不断扩大的充填能力要求,一方面需对影响充填管道压力的各因素进行分析研究,采取综合措施使管道压力处于合理范围,以避免管道爆裂等事故的发生;另一方面则必须控制充填料浆流速,使充填系统在设定的工况参数下稳定运行,以减小管道磨损、确保充填系统能力的发挥。

(2)在测定不同配比充填料浆流变参数的基础上,对不同管道布置形式的管道压力及输送参数进行分析。结果表明,阶梯式管道布置与 L 形管道布置相比,可使管道压力降低且分布更均衡。金川二矿区自流输送系统采用定量给料自平衡底阀调节方式,在充填料浆正常输送过程中,当料浆质量分数为 76%～82% 时,L 形管道布置钻孔底部压力 9.65～10.47MPa,而当阶梯形布置时,钻孔底部压力则降低至 5.18～5.62MPa。

(3) 通过对国内外多种管道调压原理进行对比分析,最终研究采用增阻圈进行管道调压。增阻圈较其他调压方式相比具有充填料浆流速不变、调压效果显著、成本低廉、易于实施、操作简便等优点。在金川二矿区目前采用的自流输送系统中,由增阻圈的增阻作用、调节阀的节流作用、井下弯管及变径管的局部增阻作用共同使充填料浆处于稳定流动状态。在阶梯形管道布置形式下,当料浆质量分数为 79% 时,分段钻孔底部压力为 5.09MPa。

(4) 增阻圈的另一作用为增大了水平管道的输送阻力,从而提高了竖管满管段高度亦即降低了竖管段自由下落段高度。对于敞口式管道布置,可减少充填料浆自由下落对竖管的冲刷破坏。而对于自平衡自流输送而言,则可减弱搅拌桶放砂管上调节阀的节流作用,使该阀的开度更大,从而有利于减少调节阀的磨损、降低由该阀所引起的故障停车,使充填系统运行更为稳定,充填系统生产能力更易得到保证。

(5) 通过试验研究和结合充填管网布置形式、管道材质及连接方式优化、柔性接头及导水阀的应用等,实现了高浓度棒磨砂充填料浆的顺利输送。充填钻孔及水平管道输送能力从 60 万 m³ 提高至 100 万 m³ 以上,为金川二矿区的 430 万 t/a 下向进路充填采矿法的安全开采提供了技术保障。

第9章 二矿区大面积开采地压及灾变控制技术

9.1 引 言

厚大矿体无矿柱大面积连续开采,通常采场地压显现剧烈。对于埋藏深、矿岩不稳定的金川厚大矿床尤其突出。针对二矿区超大型矿岩破碎和高地应力难采矿体,开展大面积连续开采灾变预测预报与地压技术研究,由此揭示大型难采矿床的地压显现规律,提出灾害防控技术以及采场灾变预测预报理论和方法,实现二矿区难采矿床的安全、经济和高效开采,为国内外大型难采矿床开采的地压显现规律和灾变控制奠定理论基础并提供宝贵经验。

9.1.1 研究内容与技术路线

1. 研究内容

围绕金川二矿区厚大矿体大面积连续开采的安全生产与灾变控制,为此开展了以下4个方面的研究内容:

(1) 矿区深部工程地质调查与矿岩力学特性研究;

(2) 大面积开采采场变形监测与灾变预警系统开发;

(3) 深部大面积开采采场地压规律与控制技术研究;

(4) 大面积采场地压控制技术与灾变风险预测。

2. 技术路线

本研究采取的研究技术路线如下:

(1) 现有研究工作的分析总结。首先全面搜集和分析现有的研究工作和研究成果,并结合国内外研究与发展,针对金川二矿区矿岩体特性和充填体工艺,进行矿岩体力学和变形特性研究。并结合现有工程揭示矿区地应力分布规律、矿区断层构造等工程地质条件,开展深部岩体和充填体特性分析和研究,为深部大面积连续开采的理论分析和仿真模拟奠定基础。

(2) 深部围岩和充填体变形监测和岩移规律研究。开展深部围岩和充填体的变形监测,是进行大面积连续开采采场地压控制与灾变风险预测的重要手段。针对金川二矿区开采技术条件和开采现状,采取光纤传感技术,开展深部多中段、多方位的围岩和充填体的变形监测,由此揭示采场围岩和充填体随开采过程的变化规律,建立与之相对应的矿床开采数值仿真等效模型,为深部采矿仿真模拟和竖井工程稳定性分析与风险预测奠定基础。

(3) 深部采矿对竖井工程影响分析与灾变失稳预测。在矿区工程地质和深部工程围岩变形监测的基础上,借助等效数值模型进行不同开采顺序和回采工艺的仿真模拟和稳定性评价,揭示深部矿体开采过程中,不同竖井工程的变形破坏机理、失稳模式以及影响因素。

（4）深部采场地压控制技术可靠性评价。在深部围岩和充填体变形监测和失稳机理研究的基础上,研究不同开采工艺和加固措施对采场地压控制效果,进而实现竖井和破碎站硐室等关键工程的稳定性控制和可靠性评价。

（5）二矿区岩移数据库管理系统研发和灾变风险预测研究。研究开发金川二矿区岩移监测数据库系统,并基于该数据库信息系统,建立采矿竖井工程的风险预测模型,进行矿区竖井工程的稳定性评价和风险动态预测,确保金川二矿区深部生产安全。

9.1.2　大面积开采灾变控制关键技术

大面积开采及灾变控制技术研究主要涉及以下关键技术难题。

1. 采场地压显现与岩层移动规律预测

大面积连续开采的地压显现规律是地压控制的基础。对于厚大矿体多中段充填法开采的采场显现规律,是目前未解决的世界性难题。例如,充填体作用机理、岩层移动规律及采场围岩变形破坏机理与失稳模式,在矿业界存在不同观点。尤其充填采矿应用于深埋厚大不稳固矿体开采,岩层移动是正常还是不正常? 是否有规律可寻? 是否可以进行预测? 如何加以控制? 这些都是研究的难点和关键技术问题。

2. 采场变形破坏机理与灾变失稳模式识别

对于采场面积超过 10 万 m^2、埋深将超过千米的采场结构的稳定性研究在国内外十分少见。对于这种规模的采场结构,其围岩力学特性、变形机理以及失稳模式必定与小断面的地下工程存在本质上差异。因此,研究揭示国内外少见的超大规模采场围岩变形机理和失稳模式也是亟待解决的难题之一。

3. 采场地压控制和风险预测技术

采场地压控制和风险预测是研究的重要难题。针对深埋、厚大、破碎围岩的高应力采场,将有重点地解决如下两个方面的关键技术难题:

（1）深部开采回采方案和结构参数。对于千米以上小于 10 万 m^2 的采场实现了无矿柱大面积连续安全开采,在超过千米的深部采场能否延用开采方案?

（2）如果延用大面积连续开采方案会存在何种风险? 如何加以控制? 需要何种回采工艺? 需要多高的充填体强度? 井巷工程受采场地压影响程度如何? 采取何种支护技术加以控制?

采场围岩和充填体变形是采场地压显现的重要特征。二矿区地表于 1998 年出现沉降裂缝,表明采场地压明显。尤其 2005 年 3 月 9 日～22 日 14 行风井发生了突发性冒落,说明深部采矿的采场地压剧烈显现,不仅导致采场巷道围岩应力集中难以维护,而且诱发的采场围岩移动已经对金川矿区已建和在建的 32 座竖井及地下大跨度地下硐室等关键工程稳定性带来严重问题。进行采场变形监测,并基于现场的监测信息,研究开发地压信息管理与灾变预警预报系统。

竖井工程是从地表向下延伸的垂直的矿山结构,在施工期间借助吊盘进行掘进施工和围岩支护。一旦竖井投入使用,人员难以直接近距离接触实施变形监测。不仅传统的收敛变形监测、激光测距仪等监测技术难以开展测量,而且竖井结构环境恶劣,传统的传感器也难以适应工作条件。一旦传感器被破坏难以恢复。由此可见。竖井工程变形监测也是一项十分困难而又艰巨的工作。

4. 复杂采矿条件下光栅光纤变形监测技术

针对金川矿区竖井等关键构筑物的结构特征以及工作环境,首先进行了竖井结构变形监测技术以及实施方案的调研、考察和方案论证研究;然后采用先进的光纤光栅(FBG)与 BOTDR 分布式传感监测技术,对矿区竖井和破碎站硐室以及采场围岩和充填体的变形进行监测,最后建立光纤与光栅智能竖井工程监测系统。

分布式光纤和点式光栅技术均为光传感技术,主要差别为终端探测器件。分布式采用连续式光纤,而光纤光栅技术采用点式传感器。该技术具有分布式、长距离、实时性、重点性、互补性、全面性、精度高、抗干扰、耐久性长等特点,可实现对矿山井巷的自动监测和远程监控。把智能材料(探测光纤和光栅传感器)安装被测结构体表面,便能够使监测系统感知和处理信息,并执行处理结果,对环境的刺激作出自适应响应,使离线、静态、被动的检测变为在线、动态、实时、预警、主动监测与控制,实现增强结构安全、减轻质量、降低能耗、提高结构性能等目标。由于光纤细径、柔韧、质轻,具有优良适应性,结合光栅传感器的超高精度和灵敏性,能集信息传输与传感于一体,便于实现分布式传感或多点传感器的重复使用。光纤的宽频带与高数据传输率,即使在强风、强腐蚀、强磁场、有爆炸性气体等恶劣环境下,也能够进行高精确度、高速度和安全的远距离检测等优良特性,使其成为智能结构首选的信息传输与传感载体。为此重点开展了光栅光纤传感变形监测技术研究。研究包括以下内容。

1) 光纤光栅变形监测技术室内试验研究

在国内外调研和考察的基础上,进行了光纤光栅变形监测技术的室内试验研究。研究包括相似材料模型和钢筋混凝土梁抗弯拉伸试验研究。通过室内试验研究,了解光纤光栅传感器的安装程序、监测技术、信息读取和分析;同时,针对竖井井壁钢筋混凝土结构的分布式光纤埋设施工,开展了现场竖井井壁中埋设的施工技术和测试手段的可行性分析与可靠性研究。

2) BOTDR 分布式光纤在二矿区围岩变形监测中应用研究

金川二矿区 14 行风井的变形垮塌破坏,主要是由于地下采矿引起的岩层移动所致。因此,进行采场围岩和充填体变形监测,由此采用 BOTDR 分布式光纤变形监测技术,进行采场围岩和充填体的变形监测,由此评价和预测岩移对竖井工程稳定性影响。BOTDR 分布式光纤变形监测在二矿区变形监测中的应用有两个方面:

(1) 二矿区 14 行风井围岩锚索加固钻孔的光纤埋设和变形监测。为了提高二矿区 14 行风井的稳定性,二矿区在已经返修后的 14 行风井,采用在竖井围岩从地表打下向钻孔注浆和锚索进行围岩加固处理。借助于锚索钻孔工程,在钻孔内埋设了 BOTDR 分布式光纤传感器,由此监测风井围岩的变形,实现对风井的安全监测和风险预测。

(2) BOTDR 分布式光纤应用于采场围岩和充填体变形监测。在采场的不同水平中的巷道工程中,埋设 BOTDR 分布式光纤,由此全面监测深部不同深度的采场围岩和充填体变形,由此监测地下采矿所引起的采场围岩和充填体变形速率,揭示围岩变形对竖井工程稳定性影响。

3) FBG 点式光纤光栅传感技术在Ⅲ矿区主副井系统中应用研究

金川Ⅲ矿区是一座正在开发中的矿山,目前正在进行矿山开拓工程建设。由于工程地质条件复杂,完成施工的主副井工程以及破碎站硐室发生不同程度的变形破坏。因此,矿山对此进行返修加固。为了对返修后的主副井工程以及 1165m 水平破碎站硐室的安全评价和长期稳定性预测,采用 FBG 点式光纤光栅传感器,进行主井结构和破碎站硐室支护结构的变形监测,开展主副井系统工程的安全监测和风险评价研究。

4) 金川二矿区监测信息管理与在线分析系统研究与开发

为了全面管理和综合分析矿山监测信息,开展了监测信息管理与分析系统的开发研究,实现对所监测的信息的动态管理和在线分析,并借助监测信息,进行等效模式识别,建立可靠的数值分析模型,由此预测深部采矿岩移规律,从而提出安全可靠的控制技术,确保矿山的安全生产。

9.2　二矿区 14 行风井围岩变形监测

二矿区 14 行风井由于受地下采矿影响,于 2005 年 3 月发生了垮冒。经过两年多的返修施工,于 2008 年 5 月再次投入使用。为了提高返修的 14 行风井的稳定性,矿山在竖井围岩从地表打注浆钻孔进行注浆加固;同时,监测返修风井的变形发展,是进行风井稳定性评价和风险预测的基础。但风井返修已经完工,在井筒内埋设应变光纤已不现实。因此,结合竖井的注浆加固工程,开展了注浆钻孔中埋设光纤进行竖井围岩变形监测方案。

根据竖井加固设计方案,竖井钻孔注浆加固共设计 9 个钻孔,孔深 150m。根据现场情况和对 14 行风井垂直位移监测工作的需要,设计在 9 个钻孔安装了分布式光纤传感器。钻孔内光纤的设计长度在 150~160m。钻孔光纤监测的设计方案如图 9.1 所示。

考虑钻孔布设光纤在施工中易于破断,在每个孔中布设两种类型光纤:即单模应变光纤和凯拉高强度光纤。其中单模应变光纤布置两根,凯拉高强度光纤布置 1 根。每个光纤长度 $150+20=170(m)$,单模应变光纤总长度为 $170\times8\times2=2720(m)$。凯拉高强度光纤总长度为 $170\times8=1360(m)$。

孔口采用 PVC 管把光纤穿入其中加以保护,用砂子把 PVC 管埋入土下,防止施工过程中破坏光纤。在准备组成测试网络前把 PVC 管从砂子中挖出,在测试的分布式光纤和光缆熔接处采用接线盒保护好接头,在全部钻孔注浆加固结束后熔接组成监测网络,分布式光纤的测试头引入风井控制室,并用接线盒保护好。分布式光纤的熔接工作均由品傲公司的技术人员承担。

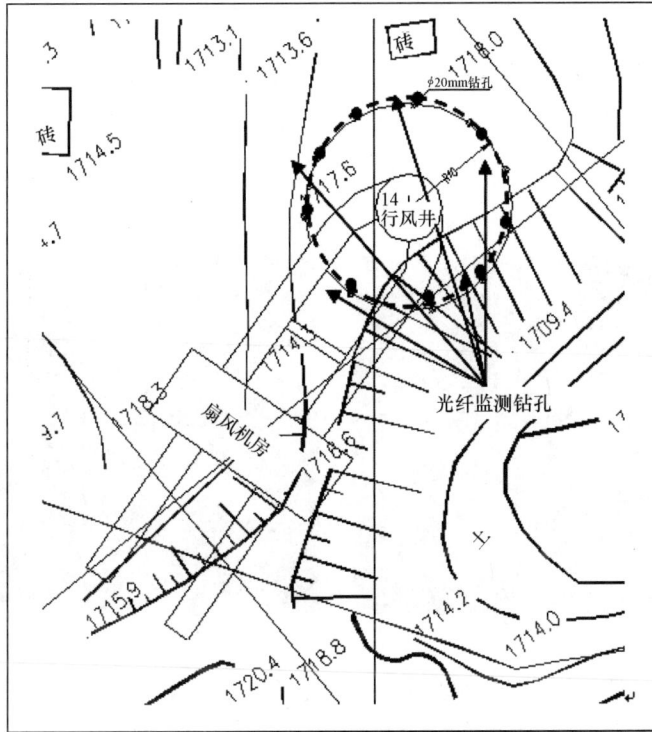

图 9.1　二矿区 14 行风井地表浅部光纤监测设计平面布置图

9.2.1　现场安装光纤钻孔与数量

埋设竖井光纤是结合注浆钻孔工程同步开展,与注浆钻孔施工同步安装施工。钻孔进度平均每 15 天能安装一个钻孔。从 2009 年 7 月～11 月由北京科技大学、金川镍钴设计研究院的研究人员和二矿区工程质量科以及矿山工程公司的技术人员,共同安装了 9 个钻孔的分布式光线传感器。安装施工钻孔光纤与距离见表 9.1。

表 9.1　二矿区 14 行风井分布式光纤传感器安装施工数据

钻孔编号	1	2	3	4	5	6	7	8	9
光纤根数	1	3	3	4	3	2	3	3	3
距井壁/m	2.0	3.0	3.0	3.0	3.0	3.0	3.0	3.0	3.5

由于现场施工条件的复杂性以及对分布式光纤安装经验不足,在第 1 孔仅安装了 1 根凯拉式光纤。经研究分析后决定在第 2 个钻孔中采用 3 种方法:第 1 种方法是在下钢丝绳之前先在钻孔中放一根单模应变光纤;第 2 种方法是在下放钢丝绳的过程中单模应变光纤随着钢丝绳一起下入钻孔;第 3 种方法是在下完钢丝绳后再在钢丝绳和钻孔之间的空隙,在光纤前部绑上短钢筋垂入钻孔。

经过对 3 种方法的试验的比较,前两种方法均在钢丝绳下到孔底之前已经破断。只有第 3 种方法能成功地将光纤下入钻孔,为了保证光纤安装的成功率,在每个钻孔中安装了两根单模应变光纤,两根单模应变光纤是分别下入钻孔的。

9.2.2　光纤与锚固钢丝绳头的固定

首先将光纤穿入绑扎的铁丝内,再将光纤绑在锚固钢丝绳的端,见图 9.2(a)。在下钢丝绳的过程中,光纤随着钢丝绳一起下入钻孔,为了保证在开始下钢丝绳的过程中不弄断光纤,有工人扶着光纤和钢丝绳缓慢地下放见图 9.2(b)。

(a) 　　　　　　　　　　　　　　　　　　(b)

图 9.2　光纤和锚固钢丝绳前端的固定及开始下放过程

9.2.3　锚固钢丝绳下放过程

钢丝绳由钻机的提升机提起,缓慢地下入钻孔。每次下入钻孔的钢丝绳长度为 8～9m,在下放钢丝绳的过程中,由两个卡子轮流固定下入钻孔的钢丝绳(图 9.3)。由于 3 根直径 45mm 钢丝绳在绑扎过程中不可避免地存在长短不齐现象,必然造成钢丝绳与钻孔壁之间的摩擦,正是这种摩擦导致光纤在钻孔中破断。

(a) 　　　　　　　　　　　　　　　　　　(b)

图 9.3　钻孔锚索钢丝绳下入孔技术

9.2.4　光纤随锚索下放过程

在下放锚固钢丝绳的过程中钻孔口有工人作业,同时考虑安装过程中人员的安全,采用把凯拉式和单模应变光纤的轮子架起来,见图 9.4(a)、图 9.4(b),让光纤随着钢丝绳一起下入钻孔见图 9.4(c),技术人员在现场指导安装见图 9.4(d)。当光纤在下入钻孔的过程中有断了的情况时,把光纤从钻孔中提出。采用补救措施,即在光纤前端绑上短钢筋在钢丝绳和孔壁之间的空隙中放入钻孔内。

(a)

(b)

(c)

(d)

图 9.4　纤随锚索下放过程

9.2.5　孔口光纤的保护

光纤在钻孔口的保护采用光纤外穿上 PVC 管见图 9.5(a)、图 9.5(b),同时在 PVC 管上再埋上 20cm 厚的砂子见图 9.5(c)、图 9.5(d),以防施工过程中对钻孔外露光纤的破坏。由于在光纤安装工程中每个钻孔是依次安装的,要等到设计安装钻孔全部安装结束后统一组网引入风井风机控制室,钻孔的外露线头将来还要熔接光缆,所以钻孔外露线头的保护就成为钻孔内光纤安装成功的关键。

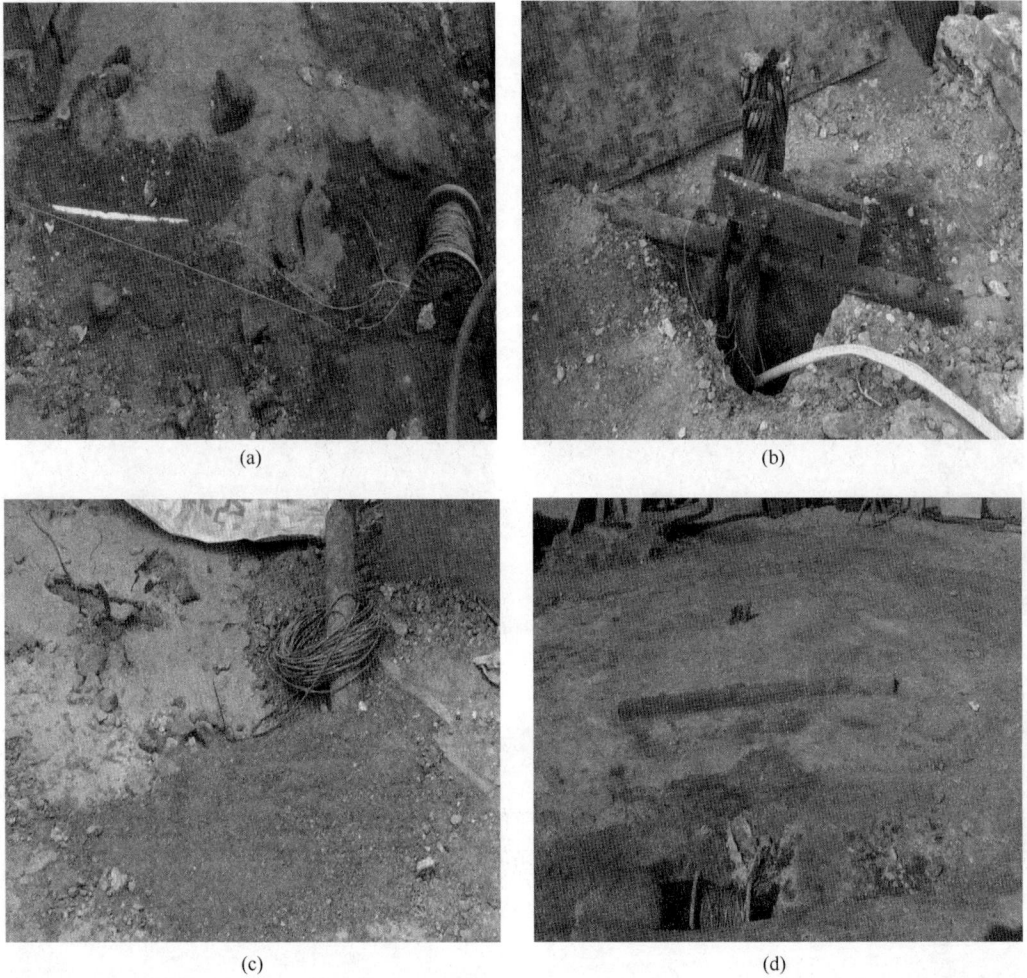

(a)

(b)

(c)

(d)

图 9.5　孔口光纤保护措施

9.2.6　孔灌浆情况

钻孔锚固钢丝绳和测试光纤安装结束后,由矿山工程公司负责钻孔灌浆。由于 $1^{\#}\sim$ $4^{\#}$ 钻孔均打到了冒落层,钻孔中的泥浆漏入冒落层。钻孔灌浆由搅拌机拌水泥砂浆直接灌入钻孔,浆液在冒落空区内起到充填和固结作用。而 $5^{\#}\sim9^{\#}$ 钻孔没有钻到冒落层,采用水泥浆翻浆,即用水泥浆从孔底把泥浆逐渐排除,在孔内水泥浆初次凝固前把钻杆从孔内提出。不论采用直接灌浆还是钻孔内翻浆,都会对已下入钻孔内的光纤造成二次损伤破坏;同时光纤也容易在灌浆和提钻杆造成损坏。图 9.6(a)、图 9.6(b) 显示了钻孔灌浆后孔口的情况,为了保护孔口光纤不被损坏,在孔口光纤上套了 PVC 管以保护光纤。

9.2.7　钻孔光纤和光缆的熔接

首先挖开埋 PVC 管的砂子找到光纤的线头见图 9.7(a),揭开 PVC 管由课题组成员

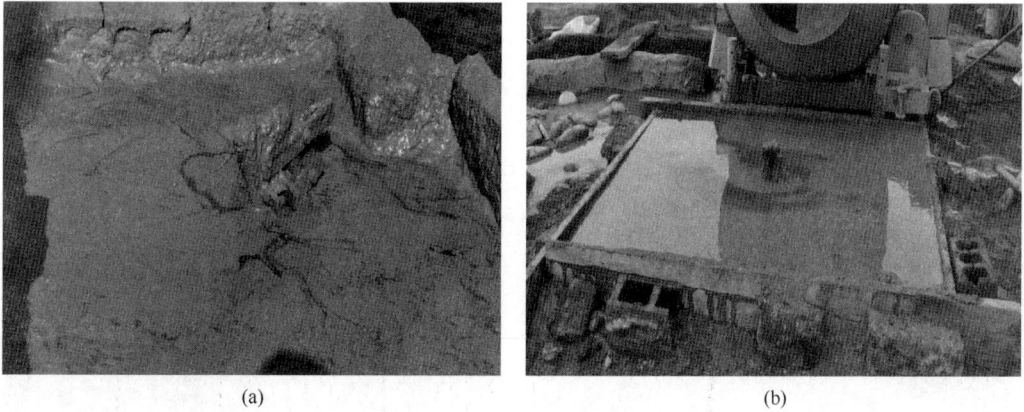

(a)

(b)

图 9.6　钻孔灌浆情况

进行,以防在此环节弄断 PVC 管内的光纤,在每个钻孔内有两根单模应变光纤和一根凯拉式光纤见图 9.7(b)。在熔接前先去掉已受损的部分光纤,熔接头放在保护盒内见图 9.7(c),凯拉式光纤和凯拉式光纤熔接,单模应变光纤和双芯光缆熔接见图 9.7(d),组成测试网络。

(a)

(b)

(c)

(d)

图 9.7　钻孔熔接情况

9.2.8　二矿区14行风井钻孔光纤组网

每个钻孔的光纤熔接组成光缆测试网络,引出的光缆通过电缆沟进入控制室,见图9.8(a)。通过协商,由二矿区安排钻井施工单位的工人挖沟,把地面光缆埋入地下,见图9.8(b)。由于在14行风井翻修期间地面用混凝土浇筑的挡土墙和稳车基础施工的工人挖不动。经与二矿工程质量科协商采用埋设的方法对地面光缆进行保护。

(a)　　　　　　　　　　　　　　　　(b)

图9.8　二矿区14行风井钻孔光纤组网施工

9.2.9　光纤传感器在风机控制室线头的保护

光缆通过电缆沟进入控制室,传感器的线头的保护采用接线盒保护。由于控制室地方有限,见图9.9(a),只能将光缆的线头引到控制室的一角。同时控制室内没有220V电源,每次测试都要到操作室引电线,见图9.9(b)。

(a)　　　　　　　　　　　　　　　　(b)

图9.9　光纤传感器在风机控制室线头的保护

9.2.10　监测钻孔测试与结果

由于钻孔光纤埋设是根据二矿区注浆加固钻孔的施工而进行的,所以在长达半年多的钻孔施工过程中,进行了光纤的埋设和保护的现场施工。现场测试由项目组人员进行,见图 9.10(a)、图 9.10(b)。表 9.2 给出了埋设光纤长度与实测的有效长度。由此可见,由于现场施工的复杂性以及施工工艺对埋设光纤的影响,实际埋设的光纤在钻孔中已经被破坏,实测的有效长度较小。

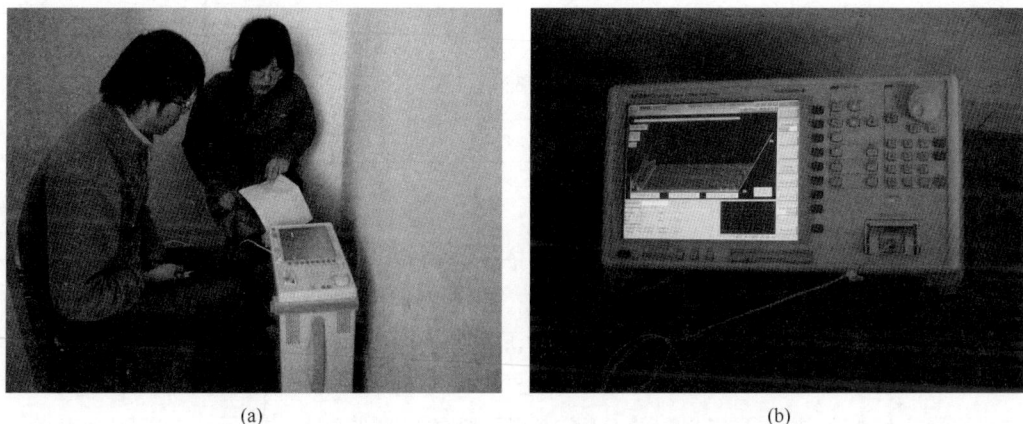

(a)　　　　　　　　　　　　　　　　　　(b)

图 9.10　二矿区 14 行风井监测钻孔测试

表 9.2　二矿区 14 行风井钻孔光纤埋设有效长度测试数据

钻孔编号	光纤种类	设计钻孔内长度/m	钻孔口到风机控制光纤长度/m	实际测试光纤长度/m	实际测试光纤有效长度/m
1	凯拉式光纤	150	80	114.3	34.3
2	单模应变光纤	150	80	100	20
	单模应变光纤	150	80	96	16
	凯拉式光纤	150	80	18	0
3	单模应变光纤	150	80	104	24
	单模应变光纤	150	80	100	20
	凯拉式光纤	150	80	75	0
4	单模应变光纤	150	80	104	24
	单模应变光纤	150	80	108	28
	单模应变光纤	150	80	100	20
	凯拉式光纤	150	80	126	46
5	单模应变光纤	150	80	93	13
	单模应变光纤	150	80	96	16
	凯拉式光纤	150	80	130	50

钻孔编号	光纤种类	设计钻孔内长度/m	钻孔口到风机控制光纤长度/m	实际测试光纤长度/m	实际测试光纤有效长度/m
6	单模应变光纤	150	80	69	0
	凯拉式光纤	150	80	214	134
7	单模应变光纤	150	80	102	22
	单模应变光纤	150	80	100	20
	凯拉式光纤	150	80	124	44
8	单模应变光纤	150	80	108	28
	单模应变光纤	150	80	18	0
	凯拉式光纤	150	80	75	0

9.3 二矿区采场围岩与充填体变形监测

二矿区开采导致工程围岩的变形破裂在逐渐向外扩展,目前已经发展到地表,从而在地表呈现出规模不等的张裂缝和剪切带。尤其 14 行风井的突然垮冒,更加引起人们对竖井工程稳定性的关注。正在监测的 GPS 监测系统的最新监测结果显示,二矿区地表最大沉降已经超过 1m,并且还有继续发展的趋势。随着深部多中段矿体的连续开采,采场围岩和充填体的变形规律以及影响范围值得关注。因此,有必要立即开展深部围岩和充填体的变形监测,以便及时了解围岩和充填体的变形规律,并及时对矿区竖井的稳定性做出动态分析和风险预测。

1. 变形监测设计依据

金川二矿区 14 行风井的变形破坏,除了不利的断层因素外,主要还是竖井位于采动影响区内,受采动岩移影响所致。因此,在竖井的不同标高的马头门通往采场的巷道围岩内布设应变光纤,直接监测竖井围岩的位移,这类似于巷道围岩变形监测中的多点位移计。并且在竖井地表通过挖沟埋设光纤,这样就构成了竖井在不同高度的围岩变形监测系统。通过对竖井围岩的变形监测,可以直接了解 14 行风井围岩的变形大小和方向,对竖井工程的稳定性做出直接的判断和分析;同时,还可以基于此所监测到的竖井围岩位移,建立竖井围岩数值分析等效模型,由此建立用于竖井安全评价和风险预测的力学模型,用于对竖井的分析和评价。

2. 光纤布设原则

基于与风井连接的巷道埋设光纤监测竖井围岩水平位移的原则如下。
1) 沿水平位移最大梯度方向布设
从 GPS 位移监测等值线图上可见,竖井围岩位移矢量指向采场中心,因此,光纤布设应沿着位移变形最大梯度方向。

2）可靠性原则

为了提高光纤监测的可靠性，每一巷道或开挖沟槽内埋两三根光纤，避免单一光纤破断后其他光纤仍能进行正常监测。

3）竖井围岩变形三维监测系统

为了进行竖井围岩的三维变形监测，即通过不同高程的巷道监测空间的水平位移，在基于垂直钻孔内的光纤监测垂直位移。

9.3.1 连接风井水平巷道围岩变形监测设计

1. 监测范围和手段

为了预测和评价采场围岩和竖井工程的稳定性，不仅需要监测整个采场围岩和充填体的空间变形状态，而且还需要对竖井结构进行直接监测。但是由于 14 风井和主井正处于使用状态，直接监测存在很大困难。因此，目前现阶段主要对采场围岩和充填体进行全方位监测。在监测传感器埋设中，尽可能接近竖井工程围岩，以便更直接了解竖井围岩的变形状态，对竖井工程做出稳定性预测。

采场围岩和充填体深部位移监测通常采用多点位移计。此种监测手段主要是在巷道围岩内打钻孔，在钻孔内安装多点位移计。这种监测手段不仅费时费力，耗费大量的工程费用，而且监测范围有限，并且数据监测不方便。

为此，此次深部位移监测采用光纤传感器件，即在可以利用的巷道内的底板围岩或充填体内，将传感光纤埋入其中，使其光纤与围岩紧密接触。当围岩发生变形时，光纤发生相应的变化。通过监测通过光纤的光频率的变化，获得围岩的变形。此种监测手段不仅施工简单，而且对环境和施工要求低，能够将光纤埋入任何可以到达的地方，无需打钻孔。

2. 二矿区围岩和充填体变形监测方案

根据二矿区地下采场现有的巷道调查，初步确定从地表到采场各个中段巷道内埋设光纤。需要强调的是，为了全面了解深部围岩和充填体的变形随开采过程的变化规律，以便建立整个采场三维空间位移场，有必要充分利用现有的巷道工程，尽可能监测整个采场的不同高程和不同位置的变形，从而为采场稳定性和竖井失稳风险预测提供可靠的理论依据。

图 9.11～图 9.16 分别给出了二矿区不同标高的围岩和充填体分布式光纤埋设方案。图 9.17 和图 9.18 分别针对在巷道中埋设光纤穿越轨道和光纤出口应采取的光纤保护措施的设计方案。表 9.3 给出二矿区采场围岩与充填体各水平埋设的监测光纤长度。由此可见，此次在二矿区 5 个水平高度共用光纤长度 2662m，监测的围岩和充填体长度为 1231m，开槽工程量 74.14m^3。

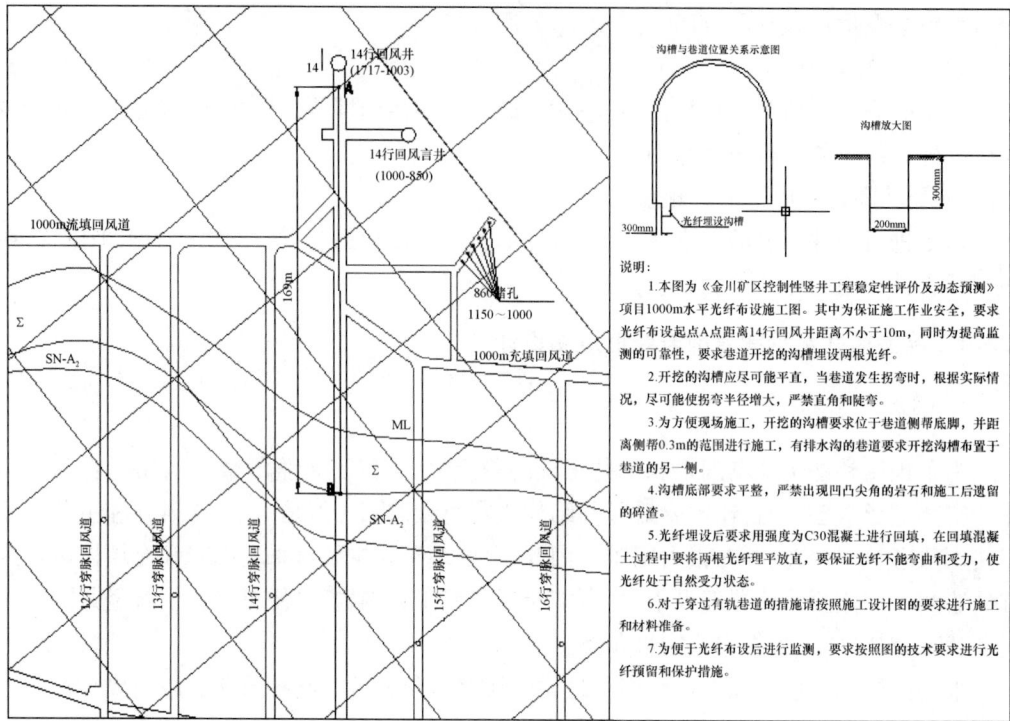

图 9.11　二矿区 1000m 水平光纤监测设计方案

说明：

1.本图为《金川矿区控制性竖井工程稳定性评价及动态预测》项目1000m水平光纤布设施工图。其中为保证施工作业安全，要求光纤布设起点A点距离14行回风井距离不小于10m，同时为提高监测的可靠性，要求巷道开挖的沟槽埋设两根光纤。

2.开挖的沟槽应尽可能平直，当巷道发生拐弯时，根据实际情况，尽可能使拐弯半径增大，严禁直角和陡弯。

3.为方便现场施工，开挖的沟槽要求位于巷道侧帮底脚，并距离侧帮0.3m的范围进行施工，有排水沟的巷道要求开挖沟槽置于巷道的另一侧。

4.沟槽底部要求平整，严禁出现凹凸尖角的岩石和施工后遗留的碎渣。

5.光纤埋设后要求用强度为C30混凝土进行回填，在回填混凝土过程中要将两根光纤理平放直，要保证光纤不能弯曲和受力，使光纤处于自然受力状态。

6.对于穿过有轨巷道的措施请按照施工设计图的要求进行施工和材料准备。

7.为便于光纤布设后进行监测，要求按照图的技术要求进行光纤预留和保护措施。

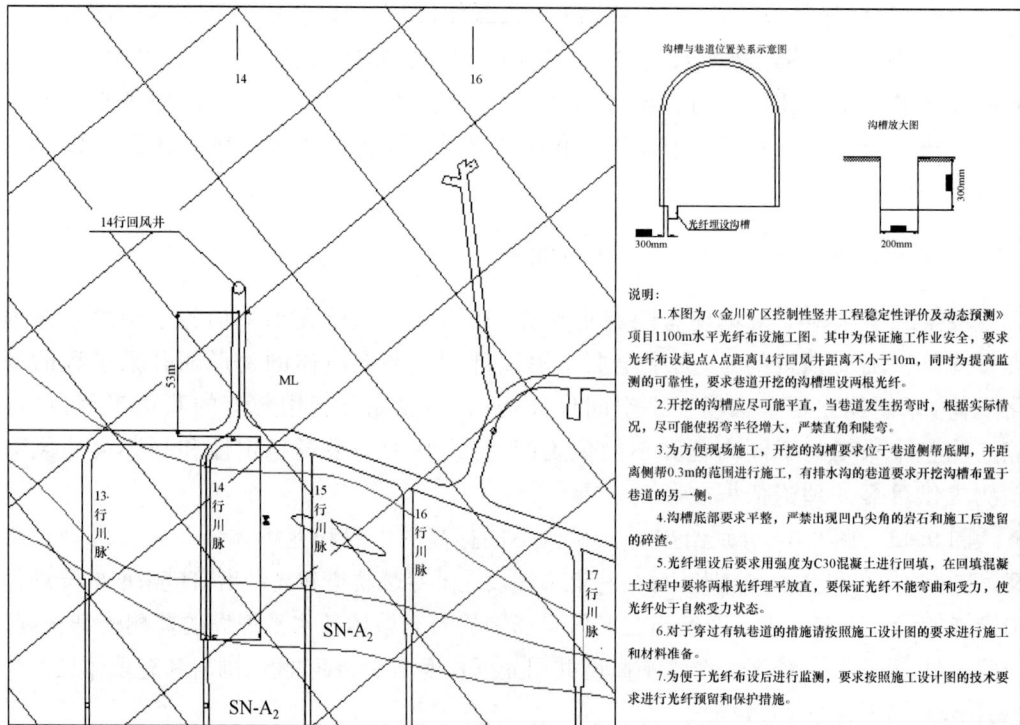

图 9.12　二矿区 1100m 水平光纤监测设计方案

说明：

1.本图为《金川矿区控制性竖井工程稳定性评价及动态预测》项目1100m水平光纤布设施工图。其中为保证施工作业安全，要求光纤布设起点A点距离14行回风井距离不小于10m，同时为提高监测的可靠性，要求巷道开挖的沟槽埋设两根光纤。

2.开挖的沟槽应尽可能平直，当巷道发生拐弯时，根据实际情况，尽可能使拐弯半径增大，严禁直角和陡弯。

3.为方便现场施工，开挖的沟槽要求位于巷道侧帮底脚，并距离侧帮0.3m的范围进行施工，有排水沟的巷道要求开挖沟槽置于巷道的另一侧。

4.沟槽底部要求平整，严禁出现凹凸尖角的岩石和施工后遗留的碎渣。

5.光纤埋设后要求用强度为C30混凝土进行回填，在回填混凝土过程中要将两根光纤理平放直，要保证光纤不能弯曲和受力，使光纤处于自然受力状态。

6.对于穿过有轨巷道的措施请按照施工设计图的要求进行施工和材料准备。

7.为便于光纤布设后进行监测，要求按照施工设计图的技术要求进行光纤预留和保护措施。

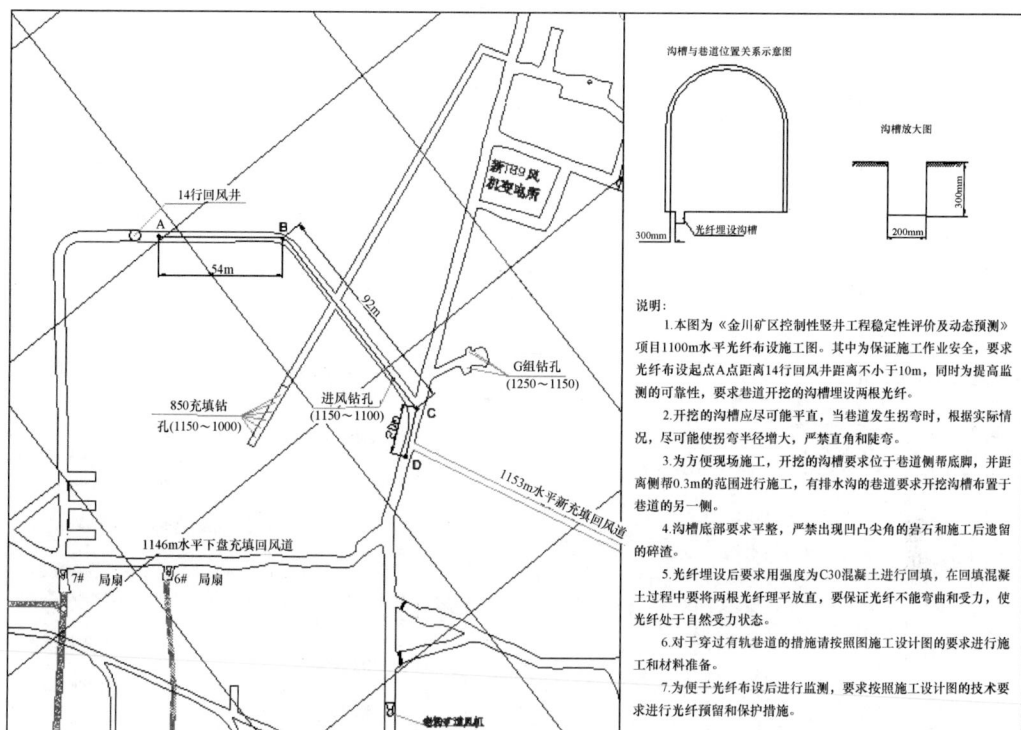

图 9.13　二矿区 1150m 水平光纤监测设计方案

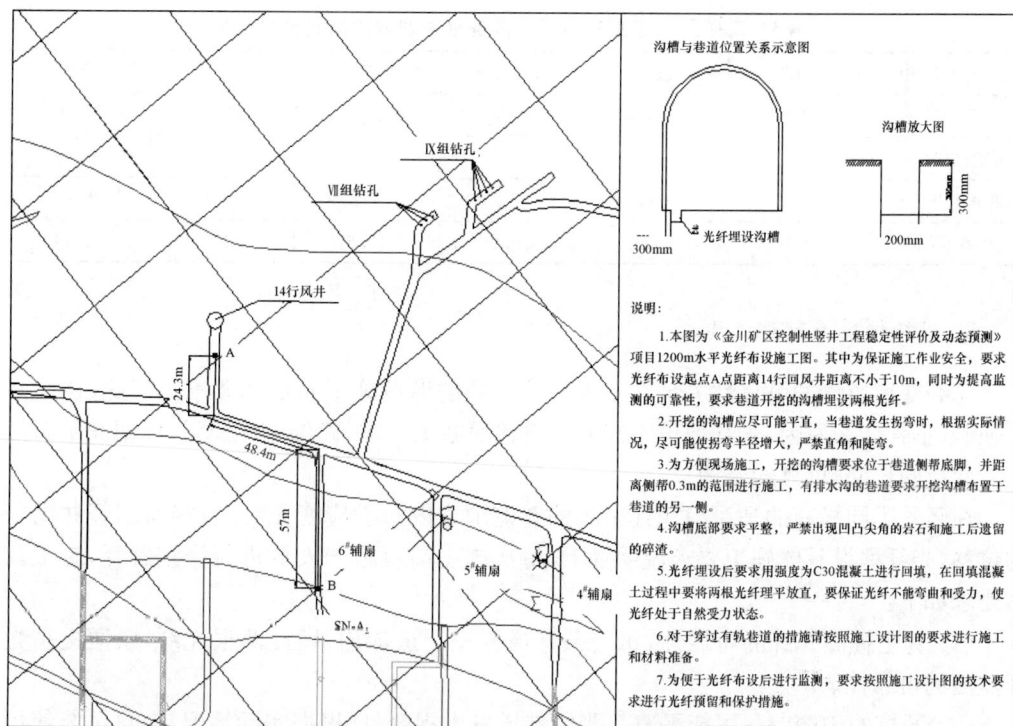

图 9.14　二矿区 1200m 水平光纤监测设计方案

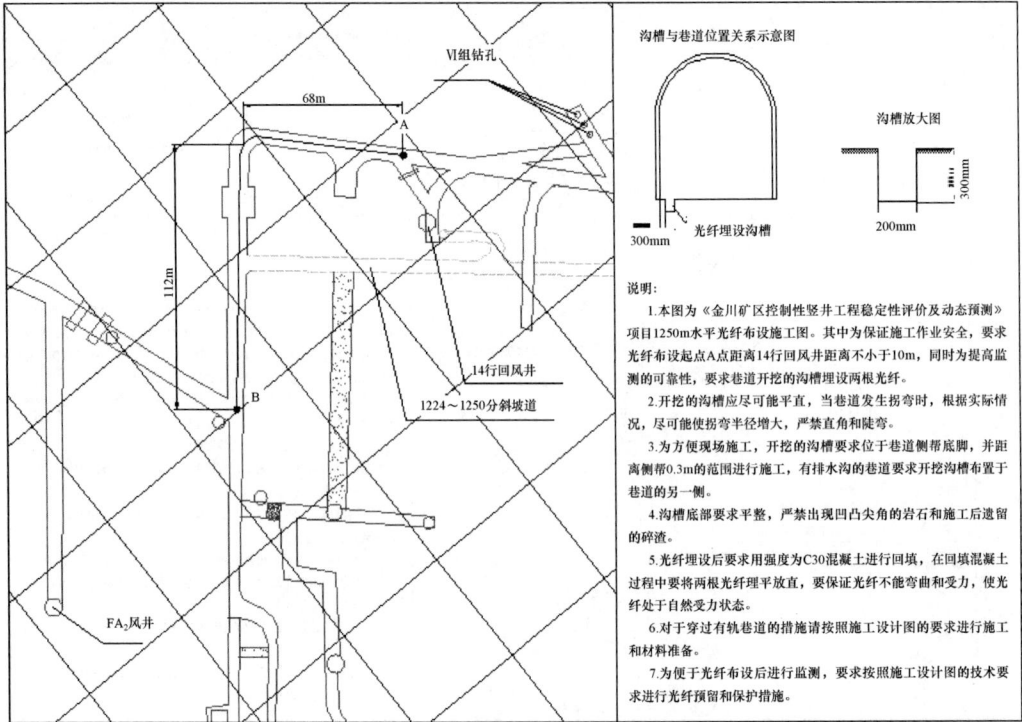

图 9.15　二矿区 1250m 水平光纤监测设计方案

表 9.3　二矿区采场围岩与充填体各水平埋设的监测光纤长度

监测水平/m	1000	1100	1150	1200	1250	合计
光纤长度/m	189	300	186	276	380	1331
监测长度/m	169	280	166	256	360	1231
两根长度/m	378	600	372	552	760	2662
开凿量/m³	10.14	16.8	10.0	15.6	21.6	74.14

3. 光纤传感监测施工要求

光纤变形监测的可靠性关键在于光纤传感器的埋设施工质量和要求。因此，在此必须强调，不管什么原因，光纤埋设一定要严格按照施工要求，确保施工质量，以便满足深部围岩变形的长期、可靠的监测。

在竖井不同标高的马头门通往采场的巷道围岩内布设应变光纤，直接监测竖井围岩的位移，光纤埋设具体施工要求说明如下，每次施工前对施工人员进行详细解释，施工具体要求如下：

（1）为了提高光纤的可靠性，每一条巷道开挖一道沟槽，埋设两根光纤，以便提高光纤监测的可靠性。

（2）开挖的沟槽应尽可能平直。当因巷道发生拐弯是，根据实际情况，应尽可能使拐弯半径增大，坚决杜绝直角和陡弯，这样光影响光的通路。

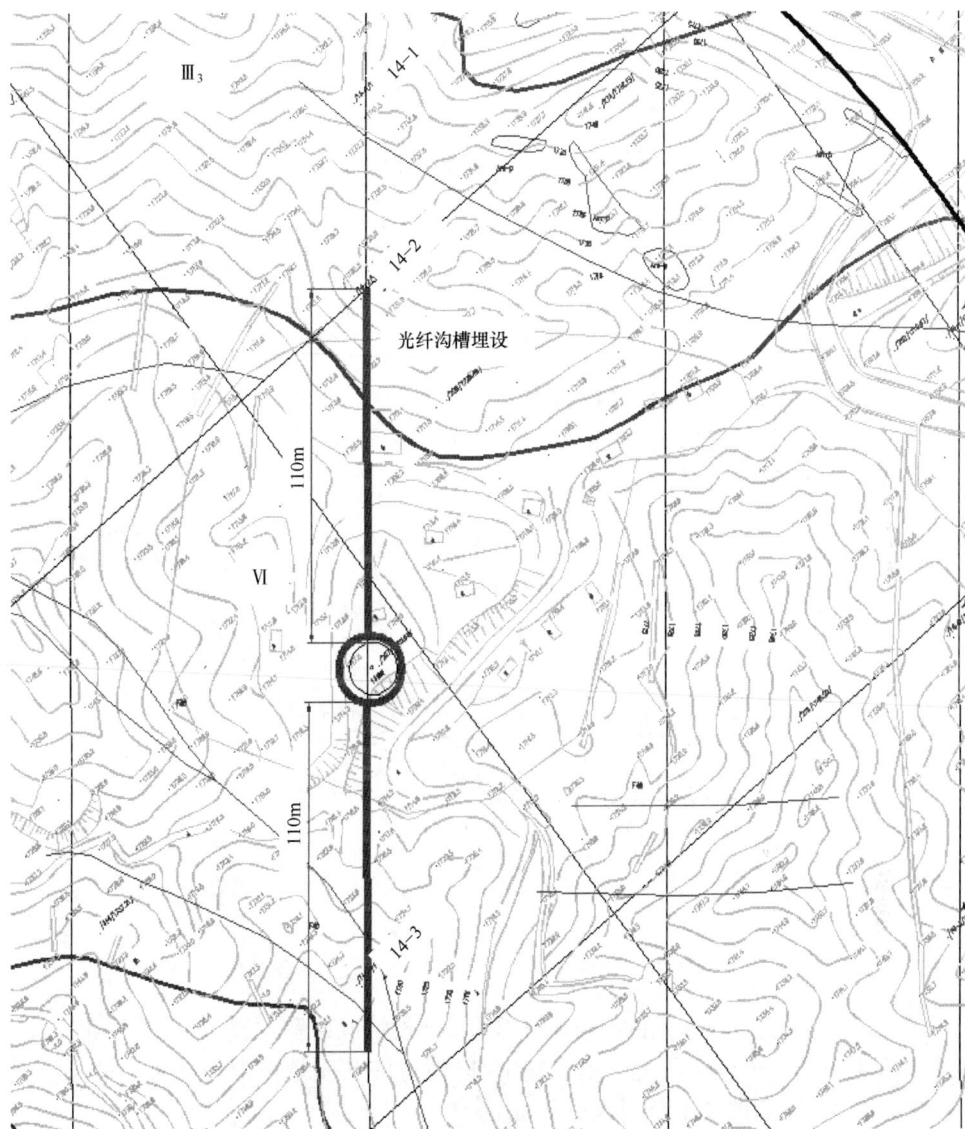

图 9.16　二矿区 14 行风井附近地表光纤监测设计方案

（3）在巷道内的沟槽距离巷道底脚 0.3m 的范围，以方便现场施工。

（4）巷道开挖沟槽深度为 0.3～0.5m，保证光纤埋入稳定岩体内。

（5）埋入光纤前一定要清理沟槽底部，保证光纤位于平整岩石上，以防止埋设过程中凹凸尖角的岩石剪断光纤，具体施工过程由课题组成员现场指导。

（6）埋设光纤的回填材料采用 C30 碎石混凝土。在回填混凝土，要将两根光纤理平放直，既不能弯曲，也不要使光纤受力，使光纤处于自然受力状态。

（7）现场考虑到施工安全问题，开槽位置距离风井井口留设 10m。

（8）埋设光纤穿过有轨道的沿脉巷道的措施，见图 9.17。采用 ϕ50mm 钢管或 PV 管保护，钢管的长度根据现场实际情况。钢管两端水平段 30cm 要求埋入沟槽底，钢管光纤应比钢管长 50cm,以防钢管变形剪断光纤。具体安装由课题组成员现场指导。

图 9.17 光纤埋设穿越轨道的保护措施设计方案

(9) 在埋设光纤巷道的端部要留有大于 5m 的光纤,以便连接分析仪进行监测。为了保证光纤出口以及预留光纤不被破坏,在光纤出口前 1m 和出口的光纤采用 PV 管进行保护。光纤在沟槽出口处的埋设如图 9.18 所示。

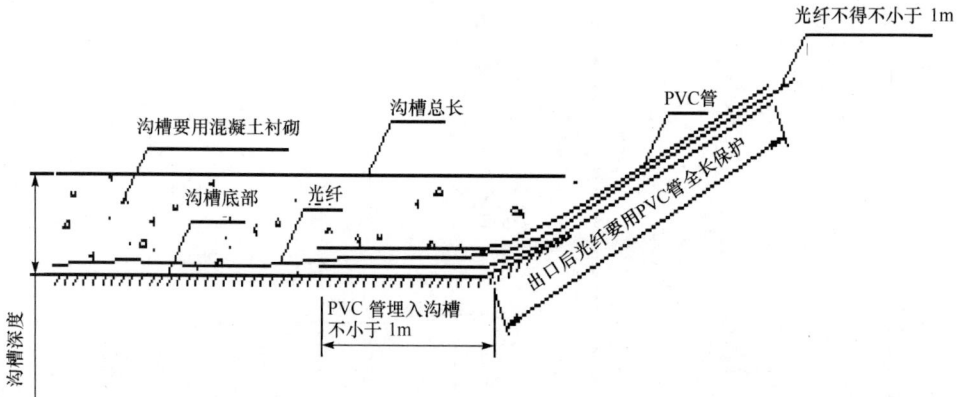

图 9.18 光纤在巷道围岩的开槽中埋设埋设出口保护措施

(10) 课题组成员应对埋设的光纤施工质量、埋设情况以及位置、编号作详细记录,并和施工主管人员在每天施工段记录单上签字,以便对施工质量作责任认可。如果因施工质量问题,主管人员和课题组负责人员负责。

(11) 其他未考虑到应根据具体情况作适当调整。

9.3.2 光纤埋设的实施过程

1. 施工准备

为了井下埋设光纤的现场施工顺利进行,首先要到现场熟悉和了解施工环境见图 6.9(a),只有了解了具体的施工环境,才能指导施工队作业和相应材料的准备。其次要做好技术交底工作,把施工具体要求交代给现场技术人员和工人。另外,要准备相应的材料,如 PVC 管、分布式光纤、喷漆、尺子等工具见图 9.19(b)。

2. 井下巷道挖埋设光纤的槽

根据监测方案设计,巷道内开挖埋设光纤的槽距离巷帮距离为 30cm,如图 9.20(a)

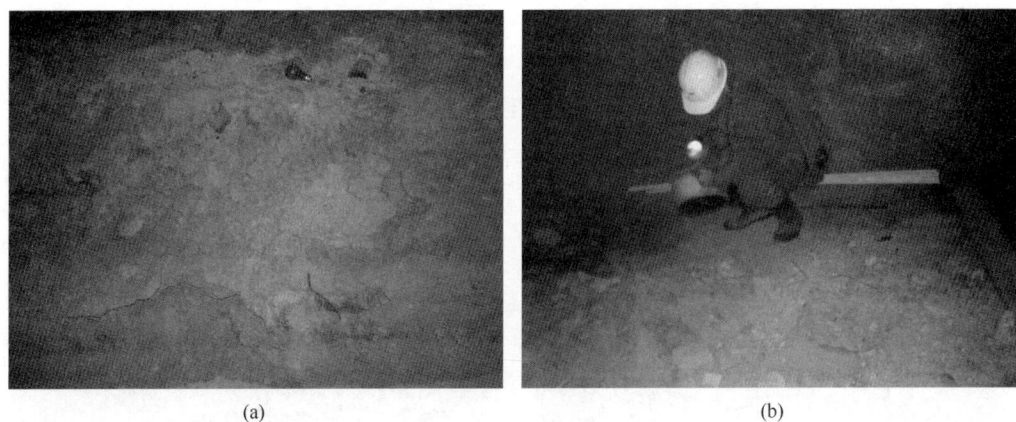

(a)　　　　　　　　　　　　　　　　(b)

图 9.19　熟悉现场和施工准备

所示。地面布设光纤挖槽根据 14 行风井和矿体之间方位关系,挖槽方向尽量垂直矿体走向方向,如图 9.20(b)所示。由于布设光纤的巷道均为回风巷道,没有车辆和设备通过,在局部可以调整挖槽的位置。在光纤通过轨道时,按照设计图 9.7 采用 PVC 管保护光纤通过沿脉轨道,具体施工如图 9.20(c)所示。在所挖的槽内布设 4 条光纤,如图 9.20(d)所示,以保证每个标高光纤埋设成功率。

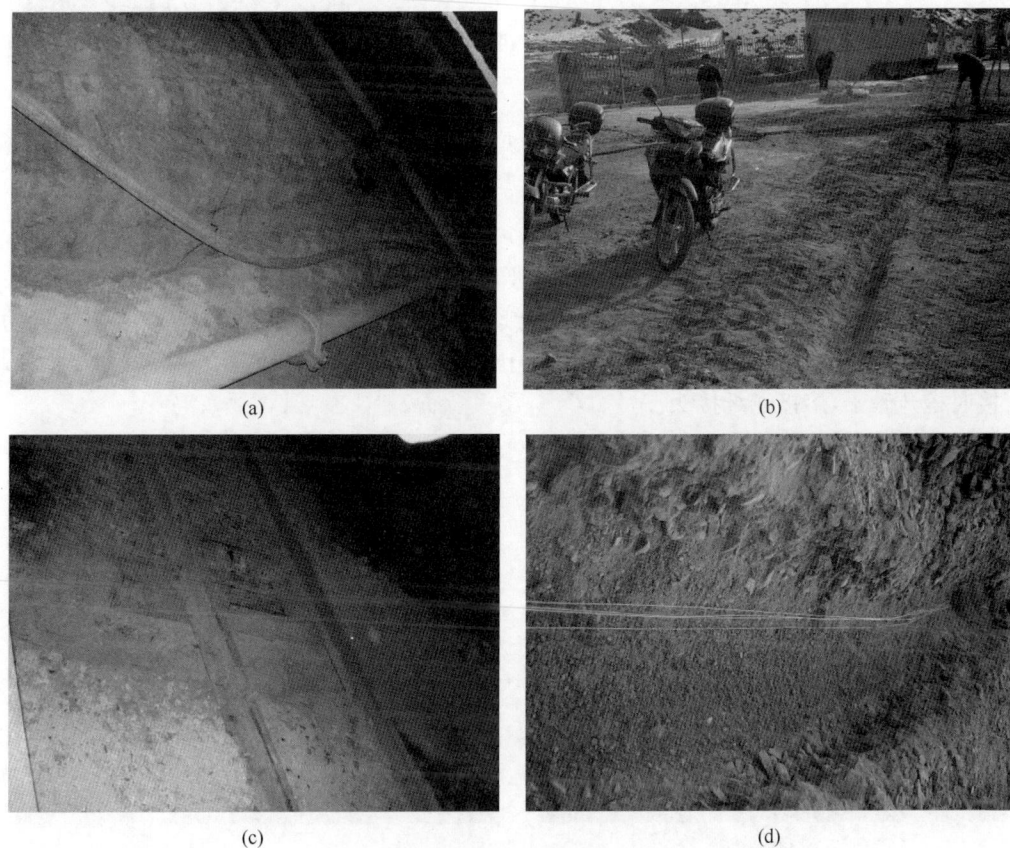

(a)　　　　　　　　　　　　　　　　(b)

(c)　　　　　　　　　　　　　　　　(d)

图 9.20　巷道内挖埋设光纤的沟槽

3. 光纤埋设

为了保证在埋设光纤的过程中不损坏光纤,同时又能满足监测采场围岩的变形,根据埋设光纤的经验和现场实际情况,第一,对施工队挖的槽进行查验,保证槽底平整,同时要求工人把槽底的石子捡出;第二,在槽底铺一薄层砂子,如图 9.21(a)所示。以填平槽底小的坑凹;第三,布设光纤,如图 9.21(b)所示,在布设过程中要保证光纤不打结,同时布设 4 道光纤;第四,灌水泥浆,通过水泥浆的渗透作用把光纤与砂子和围岩固定在一起;第五,在槽内浇注水泥砂浆。

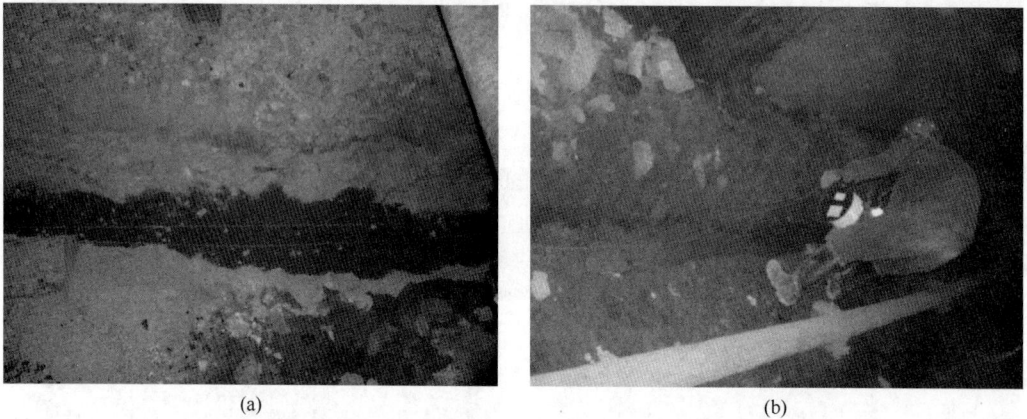

(a)　　　　　　　　　　　　　(b)

图 9.21　钻孔锚索钢丝绳下入孔技术

4. 光纤线头的保护

分布式光纤线头的保护是现场施工的重要环节,根据监测方案设计采用 PVC 管来保护线头,如图 9.22(a)、图 9.22(b)所示。为了后续光纤熔接工作,首先在用砂子把套有光纤的 PVC 管口埋上,如图 9.22(c)所示。并在巷帮上标注光纤线头所在位置,如图 9.22(d)所示,熔接时挖开砂子,熔接光纤接头。

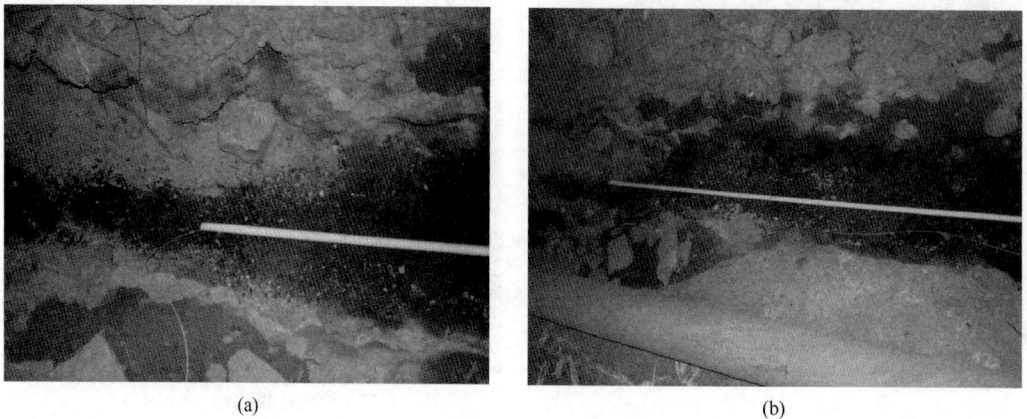

(a)　　　　　　　　　　　　　(b)

图 9.22　钻孔锚索钢丝绳下入孔技术

9.4　本　章　小　结

二矿区 14 行风井井下巷道内光纤施工,对于监测矿体和风井之间岩体移动有重要的作用。在竖井中不同标高的马头门通往采场的巷道围岩内布设应变光纤,直接监测竖井围岩的位移,这样就构成了竖井在不同高度的围岩变形监测系统。

(1) 根据 14 行风井和矿体之间已有的巷道工程设计了光纤监测系统,巷道的标高依次为 1000m、1100m、1150m、1200m、1250m 和地表,通过布置在巷道和地表的光纤来监测风井与矿体之间的岩体移动。

(2) 在不同标高的巷道内分别进行了光纤现场埋设施工,形成了 14 行风井和矿体之间岩体变形监测系统。结合 14 行风井加固钻孔内竖向分布式光纤组成既有竖向又有横向的光纤监测系统。

(3) 2009 年 9 月~12 月经过 4 个月的现场施工完成了监测系统的形成工作,为长期监测 14 行风井和矿体之间岩体移动奠定了基础。

矿山竖井等关键工程的稳定与矿区正常生产密切相关。及时对竖井稳定性和安全性做出准确评价,预测和预报竖井运营过程中危险区域,为消除竖井的安全隐患、降低治理费用和经济损失、保证施工人员安全提供了重要的依据,同时也为二矿区中深部开采的岩移控制和竖井稳定性措施提供了理论依据和开采决策。

通过研究,获得以下结论:

(1) 建立了金川二矿区 14 行竖井、西主井光纤监测系统,能够实时掌握竖井变形状况,为矿山安全管理提供决策依据。

(2) 开发了配套的监测管理及安全预测系统,分析处理监测数据。该系统能够完成对数据的备份、还原、导入、查询等功能。此外,还能够查询各监测任意时刻的变形值,并绘制变形曲线。通过调用 Surfer 绘制各时刻的地表岩移曲面图。此套监测管理系统将监测数据形象直观地展示给管理者,以便作出更加准确的决策。

通过上述研究现有的研究获得如下结论:

（1）鉴于金川矿山竖井的监测要求和条件，经过大量查阅文献、讨论和调研，最终确定采用光纤光栅传感监测技术，并对光纤光栅传感监测技术进行了调研和考察。考虑到金川竖井监测存在的困难，制订了金川关键工程的变形监测方案。

（2）为了确定光纤光栅传感分析仪在工程监测中的可靠性，通过对模型试验，并采集数据进行了分析，不仅能够获得采场内部围岩和充填体的变形，而且其测量精度较高，获得的变形曲线平滑。试验结果表明采用光纤传感进行变形监测具有较大的优势，能满足金川矿山围岩与结构变形监测的需要。

（3）为了确定光纤光栅在矿山围岩和结构中安装施工的可行性，在实验室内做了用光纤光栅监测梁中各点应变值，并就存在问题进行了分析，为现场光纤光栅传感器的在矿山围岩和结构中的安装提供了经验。同时从梁的监测试验中验证了分布式光纤传感器和FBG点式传感器的可行性。

（4）经过5个月的14行风井分布式光纤传感器安装施工，在监测网络形成后进行了测试，结果显示钻孔内光纤的有效长度最长134m达到了预期设计深度，从测试数据显示目前风井井筒稳定，仍需要长期定期进行监测。由于钻孔最深只有160m，风井井筒下部和矿体之间的岩体变形还要依靠井下巷道光纤监测数据来补充。

（5）14行风井井下巷道内光纤施工，对于监测风井和矿体之间岩体移动有重要的作用。在竖井中不同标高的马头门通往采场的巷道围岩内布设应变光纤，通过布置在巷道和地表的光纤来监测风井与矿体之间的岩体移动。结合14行风井加固钻孔内竖向分布式光纤组成既有竖向又有横向的光纤监测系统，为长期监测14行风井和矿体之间岩体移动奠定了基础。

（6）开发了光纤光栅传感监测技术配套的监测管理及安全预测系统，该系统能够完成对数据的备份、还原、导入、查询等功能，能够实时掌握竖井变形状况。此套监测管理系统将监测数据形象直观地展示给管理者，以便作出更加准确的决策，为矿山安全管理提供决策依据。

参 考 文 献

八冶井巷公司.1977.对金川二矿区巷道地压与支护的看法.冶金部金川资源综合利用第二次科研任务落实会议资料.

北京大学地质系.1984.金川矿区地质构造研究中的几个问题.金川第7次资源综合利用科研会议交流材料.

北京科技大学,金川镍钴研究设计院,金川集团公司二矿区,等.2010.金川矿区控制性竖井工程稳定性评价及动态预测.技术报告.

北京科技大学,金川镍钴研究设计院,金川公司二矿区.1997.金川公司二矿区二期工程大面积连续开采的稳定性及其控制技术研究.研究报告.

北京科技大学,金川镍钴研究设计院,金川公司二矿区.2001.金川二矿区采矿系统优化与决策研究.研究报告.

北京科技大学.2011.特大型矿床深部开采综合技术研究."十一五"国家科技支撑计划课题(专题六).大面积开采地压及灾变控制技术研究.研究报告.

陈得信.2012.特大型矿床深部开采综合技术研究.国家科技支撑计划.研究报告.

陈怀利,张海军,梁庭栋,等.2010.受多中段采动影响的竖井工程稳定性数值模拟.矿业研究与开发, 30(2):31-33.

陈俊彦,陈迪文,库克,等.1985.金川镍矿二矿区采矿方法岩石力学研究报告(第1卷).技术报告.

陈宗基.1989.地下巷道长期稳定性的力学问题.金川岩体稳定性分析法材料之二.内部资料.

陈宗林.2010.金川二矿区1178m分段道中长锚索支护应用.中国矿山工程,3:1-5.

邓清海,马凤山,杨长祥.2010.金川二矿区14行风井返修支护效果分析.中国地质灾害与防治学报, 21(1):81-86.

邓清海,马凤山,袁仁茂,等.2009.基于GIS与ANN的金川二矿地表移动预测.金属矿山,402:93-98.

邓清海,马凤山,袁仁茂.2009.基于GIS的矿山地表移动信息管理与分析系统.工程地质学报,17(5): 630-696.

杜国栋,李晓,韩现民,等.2008.充填采矿法引起的地表变形数值模拟研究.金属矿山,379:39-43.

付宁宁.2008.金川二矿区西主井稳定性分析与安全评价.北京科技大学硕士论文.

高建科,郭慧高.2008.金川集团二矿区科技创新及所面临的问题与对策.采矿技术,8(4):38-49.

高谦,吴永博,王思敬.2007.金川矿区深部高应力矿床开采关键技术研究与发展.工程地质学报,15(1): 38-49.

高谦,杨志强,王正辉.2010.预应力锚索支护参数优化研究及在金川二矿区的应用.岩土力学,29(5): 1361-1366.

高直,张海军,郭慧高,等.2008.金川二矿区地表裂缝沉降变化规律及形成机制分析.采矿技术,8(4): 40-44

侯哲生,李晓.2008.金川二矿开采过程中的位移及变形特征分析.辽宁工程技术大学学报,27(2): 215-217.

金川公司二矿区,长沙矿山研究院.1989.金川二矿区西1采大面积充填体稳定性作用机理研究.研究报告.

金川集团有限公司.2007.第十七次金川资源综合利用科技大会会议材料.内部资料.

金川集团有限公司.2010.第十九次金川科技攻关大会论文集.内部资料.

金川井巷公司.1983.北京钢铁学院.金川巷道工程围岩分类.内部资料.

金川镍钴研究所.1984.金川矿区片裂现象调查报告.金川第7次资源综合利用科研任务落实会议资料.

金川有色金属公司,北京有色设计研究总院.1988.中国-瑞典关于中国金川二矿区采矿技术合作岩石力学研究.技术报告.

金川有色金属公司.1986.矿山二期工程建设情况.金川资源综合利用科技工作会议资料.

金川有色金属公司二矿,北京钢铁学院.1984.金川二矿区上向机采盘区采准巷道喷锚支护的设计与试验.内部研究报告.

金川有色金属公司科协.1989.金川矿区不良岩层巷道地压活动规律及控制方法研究.金川岩体稳定性分析法材料之二.内部资料.

金川有色金属公司科协.1989.金川岩体稳定性分析方法.金川岩体稳定性分析法材料之二.内部资料.

李德贤,雷扬,顾金钟.2011.金川矿山两体岩石力学问题初探.金川科技,3:1-5.

李晓.2008.金川二矿开采过程中的位移及变形特征分析.辽宁工程技术大学学报(自然科学版),27(2):215-217.

刘同有,金铭良.1995.中国镍钴矿山现代化开采技术.北京:冶金出版社.

刘卫东,李峰.2010.金川Ⅲ矿区主井工程地质影响因素分析.甘肃科学学报,22(1):85-89.

刘增辉.2011.金川二矿区大面积采场整体失稳风险评价与控制研究.北京科技大学博士论文.

马长年,徐国元,倪彬,等.2010.金川二矿区厚大矿体开采新技术研究.矿冶工程,30(6):6-9

马崇武,宜晨虹,慕青松,等.2008.采矿引起的构造应力场变动与地表开裂的关系.西安科技大学学报,28(1):36-40.

马凤山,邓清海,陈德信.2009.采动影响下金川二矿区14行风井变形破坏机制探讨.工程地质学报,17(6):769-779.

马凤山,赵海军,陈德信.2010.金川二矿区14行风井再加固方案的可行性研究.工程地质学报,18(3):398-406.

陶龙伟.2008.金川Ⅲ矿区主井返修方案分析及长期稳定性预测.北京科技大学硕士论文.

田永绥.1998.金川岩体稳定分析法介绍.内部资料.

汪萍.2007.金川二矿区地下采场围岩参数模式识别和采场稳定性分析.北京科技大学硕士论文.

王朔.2010.金川二矿区大面积连续开采采场地压监测及控制技术.北京科技大学硕士论文.

王永才,康红普.2008.金川二矿区高应力碎胀蠕变巷道稳定性数值分析.中国矿山工程,37(2):4-7.

王永才,康红普.2010.金川矿山深井高应力开采潜在的问题与关键技术研究.中国矿业,19(12):52-55.

吴满路,马宇,廖椿庭,等.2008.金川二矿深部1000m中段地应力测量及应力状态研究.岩石力学与工程学报,27(增2):3785-3790.

武拴军,辜大志,张海军.2011.降低膏体料浆沿程阻力损失的试验研究.采矿技术,4:37,38.

许兵.孙玉科,田永绥,等.2000.金川铜镍矿山采掘的工程地质力学研究.内部资料.

许凤光.2011.大面积深部开采地压规律及灾变机理研究.北京科技大学博士论文.

杨长祥,辜大志,张海军,等.2008.镍矿资源深部开采面临的技术问题及对策.采矿技术,8(4):34-36.

杨金维,高谦,余伟健.2010.金川二矿区机械化盘区双穿脉分层道采矿设计方案与应用研究.金属矿山,413(11):64-67.

杨靖韬.2009.金川二矿区14行风井加固方案与优化决策研究.北京科技大学硕士论文.

杨晓柄.2009.金川二矿区关键工程变形监测与安全预测系统研究开发.北京科技大学硕士论文.

杨志强,高谦,等.2008.预应力锚索支护参数优化研究及在金川二矿区的应用.岩土力学,29(5):1361-1365.

杨志强.2008.金川矿区岩石力学综合研究与采场稳定性监测及分析.北京科技大学博士论文.

余伟健,高谦,张周平,等.2009,金川矿区监测技术的应用与发展.矿业研究与开发,24(2):5-9

余伟健.2008.高应力构造围岩支护设计及工程稳定性研究.北京科技大学博士论文.

袁仁茂,马凤山,邓清海,等.2008a.基于 Elman 型神经网络的金川二矿地表岩移时序预测模型.工程地质学报,16(1):116-123.

袁仁茂,马凤山,邓清海,等.2008b.急倾斜厚大金属矿山地下开挖岩移发生机理.中国地质灾害与防治学报,19(1):62-67.

翟淑花.2008.等效岩体参数智能识别及其在金川二矿区采场和竖井工程中的应用研究.北京科技大学博士论文.

张海军,陈宗林,陈怀利.2010.深部开采面临的技术问题及对策.铜业工程,1:25-28.

张海军,李涛,等.2011.特大型水平矿柱底柱资源回收的技术问题分析及对策.有色金属(矿山部分),3:1-5.

张梅花,高谦,翟淑花,等.2009.金川二矿贫矿开采充填设计优化及数值分析.金属矿山,11:28-31.

张梅花.2010.竖井工程变形破坏分析与返修设计及长期稳定性评价.北京科技大学博士论文.

张向阳,曹平,赵延林,等.2009.金川深部超基性岩水化作用及对力学性能影响.矿业工程研究,24(3):14-18.

张亚民,马凤山,赵海军.2010.基于最优加权组合的金川矿 14 行风井变形预测.中国地质灾害与防治学报,21(2):68-73.

赵海军,马凤山,李国庆.2008.充填法开采引起地表移动变形和破坏的过程分析与机理研究.岩土工程学报,30(5):670-676.

赵其祯,郭慧高,张海军.2008a.特大型水平矿柱稳定性数值模拟.有色金属(矿山部分),60(3):28-31.

赵其祯,郭慧高,杨长祥.2008b.大型坑采矿山主回风井修复技术研究与实践.采矿技术,8(4):83-86.

中国科学院地质与地球物理研究所,金川集团公司.2001.深部多中段回采地压规律及灾变失稳预测与控制研究.研究报告.

中国科学院地质与地球物理研究所,金川镍钴研究设计院,金川公司龙首矿,等 2003.金川矿区地表岩移的 GPS 测定与井下系统研究.研究报告.

中国科学院地质与地球物理研究所,金川镍钴研究设计院,金川集团有限公司龙首矿,等.2007.金川矿区.地表岩移 GPS 监测、岩层移动变形规律与采动影响研究.研究报告.

中国科学院武汉岩土力学研究所,金川有色金属公司.1991.金川镍矿二矿区不良岩层巷道稳定性研究.研究报告.

中南大学,金川集团镍钴研究院,金川集团二矿区.2007.金川二矿区矿房、矿柱两步回采与大面积连续回采工艺的对比研究.总结报告.

周冬冬,高谦,翟淑花,等.2009.BOTDR 分布式光纤传感技术在充填法采矿模型试验中的应用.金属矿山.398(8):169-172.

周桥,陈怀利.2010.破碎带斜坡道超前锚杆加固技术应用.西部探矿工程,22(7):93-95.

周桥,高谦,师皓宇.2009a.破碎带工程围岩超前锚杆加固参数数值模拟研究.金属矿山,11(增刊):362-366.

周桥,高谦,许海涛.2009b.破碎带工程围岩超前锚杆加固外插角研究.煤炭学报,34(12)1594-1598.

周桥,高谦.2009c.基于 DDA 理论对超前锚杆加固在破碎带工程围岩起销钉作用机理研究.煤炭工程,8:109-111.

周桥,高谦.2009d.破碎带工程围岩超前锚杆加固施工方法.煤炭工程,7:31-33.

周桥,高谦.2009e.样条权函数神经网络算法在超前锚杆加固方式中的应用研究.金属矿山,11:18-20.

周桥,高谦.2009f.破碎带工程围岩分类及其应用.湖南科技大学学报(自然科学版),24(4):66-69.

周桥,高谦.2010.破碎带工程围岩超前锚杆加固拱结构研究.北京科技大学学报,32(6):97-701.